德国主力舰

图解百科

1871—1918 年

[英]艾丹·多德森 著

刘杨 译

民主与建设出版社

·北京·

© 民主与建设出版社，2021

图书在版编目（CIP）数据

德国主力舰图解百科：1871—1918 年 /（英）艾丹·
多德森著；刘杨译 . -- 北京：民主与建设出版社，
2021.5
书名原文：The Kaiser's Battlefleet: German
Capital Ships 1871-1918
ISBN 978-7-5139-3493-0

Ⅰ . ①德… Ⅱ . ①艾… ②刘… Ⅲ . ①战舰－德国－
图解 Ⅳ . ① E925.6-64

中国版本图书馆 CIP 数据核字 (2021) 第 074487 号

THE KAISER'S BATTLEFLEET: GERMAN CAPITAL SHIPS 1871–1918 by AIDAN DODSON
Copyright: ©2016 BY AIDAN DODSON
This edition arranged with Seaforth Publishing
through BIG APPLE AGENCY, INC., LABUAN, MALAYSIA.
Simplified Chinese edition copyright:
2021 ChongQing Zven Culture communication Co., Ltd
All rights reserved.

著作权合同登记图字：01-2021-2792 号

德国主力舰图解百科：1871—1918 年
DEGUO ZHULIJIAN TUJIE BAIKE 1871—1918 NIAN

著　　者	[英]艾丹·多德森
译　　者	刘　杨
责任编辑	彭　现
封面设计	王　涛
出版发行	民主与建设出版社有限责任公司
电　　话	（010）59417747　59419778
社　　址	北京市海淀区西三环中路 10 号望海楼 E 座 7 层
邮　　编	100142
印　　刷	重庆国丰印务有限责任公司
版　　次	2021 年 5 月第 1 版
印　　次	2021 年 5 月第 1 次印刷
开　　本	889 毫米 ×1194 毫米　1/16
印　　张	20
字　　数	279 千字
书　　号	ISBN 978-7-5139-3493-0
定　　价	149.80 元

注：如有印、装质量问题，请与出版社联系。

目录

序言

与那些描写纳粹德国（1933—1945年）时期规模小得多的那支海军力量的著作相比，关于德意志第二帝国（1871—1918年）时期战舰史的著作在英语世界中则要少见的多。现有的主要资料来源是国际范围内的少数作品［如康威（Conway）出版社的《全球战舰》］和（或）一些集中反映第一次世界大战时期"无畏舰"的著作。要说例外，主要是埃里希·格罗纳（Erich Gröner）所创作的关于1945年前[1]所有德国海军战舰的不朽作品的部分英文翻译资料。虽然这是一个有关德国战舰技术数据的珍贵宝藏，但它对相关舰艇的战斗生涯内容几乎没有提及，有关舰艇改装的信息又往往在一些细节和时间问题上显得很粗略。

此外，这些作品中有许多地方也存在着重大的错误，有些错误可以追溯到第一次世界大战期间来自协约国的错误情报，另一些则是源于对格罗纳德文原版著作内容的明显误读，再加上早期的英文资料经常被抄袭，而这类作品又没有去参考近年发表的一些德语战史学术研究成果。关于后者，如今包括由阿克谢尔·格雷梅尔（Axel Grießmer）[2]撰写的一些关于"无畏舰"时代主力舰起源的详实专著，以及一系列关于这类舰艇早期起源的论文，这些论文在发表时已经写到了拿骚级（Nassau class）[3]战列舰。

虽然有关第一次世界大战时期的一些主力舰的资料最近在加里·斯塔夫（Gary Staff）[4]和诺曼·弗里德曼（Norman Friedman）[5]的作品中已有出现，但并没有人尝试创作一本英文的专著，其内容涵盖从1871年德意志第二帝国建立到1918年解体期间主力舰详细的设计和服役历史。而本书便打算这样做，内容将包括所有根据德国"1900年舰队法"被列为（或原本计划按此设计建造，而且设计方案现存的）"战列舰"（Linienschiffe）或"大型巡洋舰"（Große Kreuzer，包括英国人后来列为"战列巡洋舰"的舰只）的所有主力舰艇——从当时的普鲁士海军订购的第一批装甲舰开始写起，直到德皇海军在其政权最后一年里设计的最后一批只存在于纸面上的造舰方案。

在本书的创作过程中，作者有意识地试图避免一种枯燥的逐级描述的行文结构，而倾向于通过主力舰这面镜子来审视和讲述德意志第二帝国海军的故事。内容包括不同级别主力舰诞生的政治和战略背景及其演变和改装过程，书中的叙述结构考虑到了如何将为维持和加强舰队作战能力而进行的新舰建造与现有舰只的改装和重建联系在一起。此外，书中还对这些舰只的作战服役情况进行了概述，特别重点描写了部分战列舰和大型巡洋舰的作战活动和遭受战损的情况，并辅之以显示这些舰只改装和作战情况的照片。为外国建造和（或）设计的少量主力舰也涵盖在内，以令读者对德国的造舰能力形成完整而全面的印象。

这一核心部分还附有第二部分内容，其中包括所涉及舰只的技术细节概要、建

① 1. E Gröner, *German Warships 1815–1945*, I: *Major Surface Vessels*, revised and expanded by Dieter Jung and Martin Maass (London: Conway Maritime Press, 1990).

② A. Grießmer, *Große Kreuzer der Kaiserlichen Marine 1906–1918: Konstruktionen und Entwürfe im Zeichen des Tirpitz–Planes* (Bonn: Bernard & Graefe, 1996) and *Linienschiffe der Kaiserlichen Marine 1906–1918: Konstruktionen zwischen Rüstungskonkurrenz und Flottengesetz* (Bonn: Bernard & Graefe, 1999).

③ P Schenk, D Nottelmann and D M Sullivan, 'From Ironclads to Dreadnoughts: The Development of the German Navy 1864–1918', Parts I–II, *Warship International* 48 (2011), pp.241–273; 49 (2012), pp.59–84; D Nottelmann, 'From Ironclads to Dreadnoughts: The Development of the German Navy 1864–1918', Parts III–VI, *Warship International* 49 (2012), pp.317–355; 50 (2013), pp.209–249; 51 (2014), pp.43–90; 52 (2015), pp.137–174, 304–321.

④ G Staff, *Battle of the Baltic Islands 1917: Triumph of the Imperial German Navy* (Barnsley: Pen and Sword Maritime, 2008); *German Battleships 1914–18*, 2vv (Oxford: Osprey Publishing, 2010); *Battle on the Seven Seas: German Cruiser Battles 1914–1918* (Barnsley: Pen and Sword Maritime, 2011); *German Battlecruisers of World War One: their Design, Construction and Operations* (Barnsley: Seaforth Publishing, 2014).

⑤ N Friedman, *Fighting the Great War at Sea: Strategy, Tactics and Technology* (Barnsley: Seaforth Publishing, 2014).

造历史和最终命运的统计表格，以及对其作战生涯的简要描述。书中还用草图来描述舰上装甲和机舱的布置情况以及舰艇外观的演变。应该强调的是，这些仅仅都是草图，而并没有打算充当正式技术图纸使用，特别是一些舰船装甲布置的细节情况仍然在某种程度上显得模糊不清，而且在不同出版物之间也存在着较大差异（在某些标准著作中甚至有一些明显的重大错误）[1]。本书的其他方面同样如此，在存在矛盾的情况下，书中所提及的数据援引自尽可能权威的资料来源（某些情况下在注解中进行说明）。当然，对此进行更进一步的研究也可能会带来一些细节内容的改动。

我要对所有为我提供资料、图片以及其他帮助的人士表达感激之情，尤其是伊恩·伯克斯顿（Ian Buxton）、斯蒂芬·登特（Stephen Dent）、盖尔·哈尔（Geirr Haar）、克里斯蒂安·延奇（Christian Jentzsch）、斯图亚特·利思戈（Stuart Lythgoe）、英尼斯·麦卡特尼（Innes McCartney）、斯蒂芬·麦克劳林（Stephen McLaughlin）、布莱恩·纽曼（Brian Newman）、德克·诺特尔曼（Dirk Nottelmann）以及理查德·奥斯本（Richard Osborne），同时还要感谢所有那些以各种方式帮助过我的人。最后，我必须感谢我的妻子黛安·希尔顿（Dyan Hilton）为本书作最后的校阅，在我创作这本书（当时我还在愚蠢地同时创作另外两本书）的时候给予我最大的包容。因此书中如有谬误和任何不合理的推断之处，责任仍然完全在我！

艾丹·多德森
2015 年 8 月于布里斯托大学

---

[1] 如作者布雷尔（S. Breyer）在其作品中对赫尔戈兰级（Helgoland class）战列舰的水平装甲布局的描述便是不实的，详情可参见：*Battleships and Battle Cruisers, 1905–1970: Historical Development of the Capital Ship* (London: Macdonald, 1973), p.268。

引言

　　1871 年至 1919 年间，德国海军从世界上最优秀的二流部队发展成为全球第二大规模的海军力量，而在第一次世界大战战败后则再次被降为二流水平。不过，和美国等其他国家海军力量在这一时期普遍得到了惊人的扩充不同，庞大的德国舰队的发展目标往往是很难用实用主义的方式来描述的。与美国拥有的广阔海岸线不同，德国海岸线较为短小，这就为这支庞大的海军部队提供了明确的目标，即本土海岸线防御，而非远海防御。德国的殖民地（主要分布在西南非、东非和太平洋群岛地区）则被托付给舰队中的一小部分力量，事实证明，这在任何与联合王国的战争中都是难以支撑的。

　　相反，它存在的最主要目的其实并不是为了在战争中取得胜利，而是为了发挥与德国在世界上的地位直接相关的政治和战略性作用。正如阿尔弗雷德·冯·提尔皮茨（Alfred von Tirpitz）所言，这支舰队是"针对英国"而生的，但与其说是为了与英国皇家海军作战，不如说是为了在所谓的"冒险理论"下促成英国与德国结盟。当然，这支德国"公海舰队"实力明显要比英国皇家海军弱，后来却对英军舰队造成了严重的打击，以至于后者有可能失去对大洋的控制权，进而受到英国传统的敌人——法国和俄国的威胁。然而，正如历史所充分证明的那样，这一概念只是一种空想。真实的结果是，德国的威吓企图迫使英国与先前的竞争对手建立了友好邦交关系——这与理想中的英德同盟恰恰相反。

　　作为"现役舰队"的海军力量，其存在的规模和构成都由顶层政策所决定，首先是普鲁士时代的"舰队计划"，后来则是"舰队法"，特别是后者，其列举了计划建造的每一种高水平舰只的类型，而不是持续进行某种需求分析：在 19 世纪 90 年代，所谓的"需求"基本上都被冻结了。1898 年以后，通过将这种顶层设计方法纳入法律条文，所有关于造舰计划的灵活性都不复存在，而最终的可笑结果也是被大战经验所证明的：严格区分战列舰和大型巡洋舰现在已经成了一个过时的概念，而将这两种类型的舰只结合在一起发展却必然被视为非法！这最终导致了这一造舰计划的破产，因为"无畏舰"时代的到来从根本上改变了战列舰和大型巡洋舰的性质，其结果则是通过立法规定的造舰方案变得越来越负担不起。

　　然而，在政权体制内产生的造舰设计往往是有趣和富有价值的，而且又往往被其潜在和实际的对手高估。1888 年以后，在其他国家中从未出现过的独特的德国战舰设计过程，主要的一个因素是德国皇帝的积极参与，他是一名海军爱好者和业余战舰设计师。这是一把双刃剑，因为这意味着海军得到了国家元首的积极支持，而设计师们往往需要找到一种巧妙的方法来指出德皇某些"建议"的不切实际（例如无法浮起这类根本问题）。更重要的是，他们还要解决德皇威廉二世的干预所造成的在某些关键节点造成的计划延误问题。

　　在接下来的章节中，我们将首先关注德国主力舰的故事——从铁甲舰时代的黎明开始，在德意志第二帝国建立的头几十年中舰队的逐步发展，到德皇威廉二世参与后的迅猛扩张，再到它在第一次世界大战中最终走向徒劳无益结局的这些部分。倒数第二章将作为尾声，首先聚焦 1918 年之后的几年中大多数德国舰只被舰员破坏和拆船方拆毁的情况，然后是少数幸存舰只的晚年生涯。虽然在大多数情况下这些幸存舰只不过是在和平时期里的拆船厂码头上继续度日，但有一艘舰却是例外，它有着打响第二次世界大战第一枪的独特命运，还有一艘则是在大战结束前几天才沉没的，也是最后一艘德国海军在役战列舰。

德国战舰的命名方式

到 19 世纪 90 年代时，德国海军战舰的命名方式已经基本得到确立。

战列舰

德国海军战舰的命名都能让人联想到德意志第二帝国、其行政区划和统治者们。德国第一艘铁甲舰"阿米尼乌斯"号（Arminius）以日耳曼切鲁西（Cherusci）部族首领的名字命名，他在公元 9 年的条顿堡（Teutoburg）森林战役中击败了一支罗马军队。而其他早期的铁甲舰则包括"王储"号（Kronprinz）、"威廉国王"号（König Wilhelm，普鲁士国王威廉一世）、"德皇"号（Kaiser）和"德意志"号（Deutschland）。普鲁士级（Preußen class）和萨克森级（Sachsen class）把帝国各组成部分的地名引入了舰名大杂烩当中["奥尔登堡"号（Oldenburg）也是如此]，但也纪念了 18 世纪的普鲁士国王弗里德里希大帝（Friedrich Der Große）和 17 世纪的勃兰登堡"大选帝侯"（Großer Kurfürst）弗里德里希·威廉，后者的威名也在勃兰登堡级（Brandenburg class）中得以重现，即"弗里德里希·威廉选帝侯"号（Kurfürst Friedrich Wilhelm）。

勃兰登堡级（这一命名来源于普鲁士王国的核心邦国）战列舰在德国战舰的命名体系中引入了对史上重大战争的纪念，"沃斯"号（Wörth）和"魏森堡"号（Weißenburg）战列舰都是以纪念普法战争中战役的胜利而得名的，但这一主题后来并没有延续下去。同样，神话中北欧诸神和英雄的名字在齐格弗里德级（Siegfried class）战列舰命名中的使用也没有永久固化下来。对于这种情况，可能只是因为海防装甲舰作为一种战舰类型的终结。

后来的各级舰的命名都遵循着"帝王"这一体系，德皇弗里德里希三世级战列舰即是以当朝德国皇帝、他的父亲和祖父的名字命名的["德皇威廉大帝"号（Kaiser Wilhelm der Große），这使得德国海军在 20 世纪里同时拥有两艘为纪念同一个人而命名的战舰]，再加上纪念神圣罗马皇帝查理曼（Charlemagne，公元 8—9 世纪）的"德皇卡尔大帝"号（Kaiser Karl der Große）和纪念弗里德里希一世"巴巴罗萨"（Friedrich I Barbarossa，12 世纪）的"德皇巴巴罗萨"号，该级舰从命名上就将第一和第二德意志帝国联系了起来。维特尔斯巴赫级（Wittelsbach class）战列舰则以德国皇家和大公府的名称命名："维特尔斯巴赫"号[Wittelsbach，巴伐利亚（Bavaria）的维特尔斯巴赫家族]，"策林根"号[Zähringen，巴登（Baden）的策林根家族]，"韦廷"号[Wettin，萨克森（Saxony）的韦廷家族]，"施瓦本"号[Schwaben，曾包含了符腾堡（Württemberg）的施瓦本公国]，"梅克伦堡"号[Mecklenburg，梅克伦堡 - 什末林（Mecklenburg-Schwerin）和梅克伦堡 - 施特雷利茨（MecklenburgStrelitz）的梅克伦堡家族]。布伦瑞克级（Braunschweig class）战列舰是以帝国的组成部分命名的，而德意志级战列舰的各舰（除了首舰之外）则是以普鲁士王国各省份命名的。

"普鲁士省份"的命名体系后来得到了延续，即拿骚级战列舰和混合了同名岛屿、奥尔登堡大公国和普鲁士省份名的赫尔戈兰级战列舰。德皇级战列舰的命名混合了当时去世不久的巴伐利亚的摄政王（路易特波尔德）和萨克森的国王（König Albert，阿尔贝特国王）的名字，同时再次通过命名纪念德皇弗里德里希大帝。后来的国王级战列舰的命名则再一次混合进了历史人物（1918 年更名的"王储"号战列舰即是为了纪念当时的皇太子），巴伐利亚级战列舰的出现则又恢复到了以帝国组成部分命名的主题。

巡洋舰

直到 19 世纪 90 年代，德国巡洋舰才开始广泛采用各种各样主题的命名，包括历史上的著名战斗、德国王室和神话中的女性人物以及政治和军事领袖等。后一命名体系在 1899 年首批被列为大型巡洋舰的舰只中得到了应用，如"奥古斯塔女皇"号（Kaiserin Augusta）巡洋舰就是以威廉一世皇后的名字命名的，而"维多利亚·路易丝"号（Victoria Louise）巡洋舰则是以威廉二世独女的名字命名，同级其余各舰则以神话人物的名字命名，而"俾斯麦侯爵"号（Fürst Bismarck）巡洋舰则以舰名纪念了这位德国前总理。

不过，后来的德国大型巡洋舰的命名还是转向了军事领袖和海军将领的主题上来，纪念了当时还在世的将领，如"海因里希亲王"号（Prinz Heinrich）、"艾特尔·弗里德里希亲王"号（Prinz Eitel Friedrich）、"兴登堡"号（Hindenburg）和"马肯森"号（Mackensen），以及纪念当时已经过世了的将领（主要是陆军将领）的"弗里德里希·卡尔"号（Friedrich Carl）、"罗恩"号（Roon）、"约克"号（Yorck）、"沙恩霍斯特"号（Scharnhorst）、"格奈森瑙"号（Gneisenau）、"布吕歇尔"号（Blücher）、"冯·德·坦恩"号（Von der Tann）、"毛奇"号（Moltke）、"戈本"号（Goeben）、"塞德利茨"号（Seydlitz）、"德弗林格尔"号（Derfflinger）以及"吕佐夫"号（Lützow）巡洋舰等，"斯佩伯爵"号（Graf Spee）巡洋舰则是为了纪念在科罗内尔海战中获胜而又在福克兰群岛战役中丧生的海军将领马克西米利安·冯·斯佩。

直到 19 世纪末，德国的小型巡洋舰都一直在沿用神话的命名主题（包括一些"传统"命名方式）。后来不来梅级巡洋舰开始使用德国城镇的名字，这此后也成了德国小型巡洋舰的标准命名方式。有所例外的是"布雷姆斯"号布雷巡洋舰［Bremse，又称"马蝇"号（Horsefly）］和"布鲁默尔"号［Brummer，又称"鲈鱼"号（Growler）］，二者都是由原装甲炮舰改装而来，此外还包括"弗劳恩洛布"号（Frauenlob）巡洋舰——为了纪念在日德兰海战中沉没的瞪羚级（Gazelle class）巡洋舰。德国海军巡洋舰的命名模式一直被沿用至魏玛共和国和纳粹德国时期，而所谓"大型巡洋舰"的命名体系如今则适用于战列舰了。

临时命名

从德意志第二帝国海军诞生之日起到第二次世界大战，一艘新舰的名字在下水前是不会被对外透露的。在此之前，新舰将被冠以临时舰名，其取决于这艘舰是计划作为一艘现役战舰的补充者（特别是《舰队法》第55、59—60、72、80、90、92—94页内容所强调的）还是替代者而设计建造，被替代者要么属于服役期"合法"结束，要么就是已经损失。如果是续建，那么就会在其舰种分类后加一个序列字母作为临时舰名，如"战列舰A"或"大型巡洋舰A"。这批新舰的建造也可能是在建造方案完成后又重新开始启动的，因此可以看到装甲舰A至D型各存在两艘——"巴伐利亚"（i）（Bayern）/"勃兰登堡"号；"萨克森"（i）/"沃斯"号；"巴登"（i）/"魏森堡"号；"符腾堡"（i）/"弗里德里希·威廉选帝侯"号。①

而对于"替换"建造的舰只，其临时命名方式为"代舰（Ersatz）-X"，其中X指的被替代者的舰名。随着战舰代代更替和舰名命名体系的不断延续，这种"代舰-X"的临时命名方式也随着时间的推移不断重复，其在德国巡洋舰中尤为常见。一个有些古怪的例子就是"代舰-威廉国王"号。在"威廉国王"号被重新归为巡洋舰后，作为未来的战列舰"德皇威廉大帝"号的临时舰名而首次使用。四年后，这艘巡洋舰被后来的"弗里德里希·卡尔（ii）"号（Friedrich Carl）所取代。此外还有一个绝无仅有的同名舰替换同名舰的例子，即"芙蕾雅（i）"号（Freya）被大型巡洋舰"代舰-芙蕾雅"号所取代，而后者在下水时则沿用了"芙蕾雅"（ii）号这一舰名。

临时被海军俘获和征用的舰只当然不属于这一命名体系的范围，但由于大多数这类舰艇仅在德国海军序列中大量存在（如鱼雷艇和一些吨位较小的舰艇），这并不是一个主要问题。原俄国海军皮劳级（Pillau class）轻巡洋舰在被德军扣押期间被冠以了新的舰名，当时"埃尔宾"号（Elbing）轻巡洋舰——原俄国海军"涅维尔斯科伊海军上将"号（Admiral Nevelskoy）轻巡洋舰尚未完工下水。而在第二次世界大战期间，被德军俘获的原荷兰皇家海军的KH1号〔原"七省联盟"号（De Zeven Provincien），战后完工并改名为"德·勒伊特"号（De Ruyter）〕和KH2级〔原"团结"号（Eendracht），原"凯敦"号（Kijkduin）和原"德·勒伊特"号〕巡洋舰都在建造期间分别被更名为"代舰-埃姆登"号（Ersatz-Emden）和代舰-柯尼斯堡级（？）〔Ersatz-Königsberg（？）〕②。

值得一提的是，根据《凡尔赛条约》，德国投降后被移交的战舰都是通过字母重命名的，其中战列舰分别为B、D、F、G〔威斯特法伦级（Westfalen class）〕③、H、K、L和M（赫尔戈兰级）。其中空缺的字母则分配给了小型巡洋舰。

到第二次世界大战后，德国海军结束了传统的临时命名体系，未完工或者刚刚计划建造的都保持原名不变，其他各国海军也多半如此。

西德海军从英国获得的六艘护卫舰以军事领袖/海军将领的名字命名，其中大部分采用了以前德国海军用过的类似舰名，如"格奈森瑙"号、"沙恩霍斯特"号，"希佩尔"号（Hipper）、"斯佩伯爵"号和"舍尔"号（Scheer）④。六艘原美国海军驱逐舰被重新编号（Z1至Z6，即再次使用了纳粹德国海军时期的舰艇编号命名）。陆军/海军中翘楚的命名主题也被用在了吕特晏斯级（Lutjens class）导弹驱逐舰上（每艘分别纪念海、空、陆军中的人物），但后来所有的大型作战舰艇都被不分青红皂白地以联邦德国各州和主要城市混杂着命名。东德海军也广泛采用了以地名和几位德国共产党领导人和思想家名字的战舰命名体系。

① 实际上，有三艘德意志第二帝国海军装甲舰同时采用了字母和代舰舰名命名方式。

② 译注：原文如此。

③ 译注：原文如此，应为拿骚级（Nassau class）。

④ 另两艘分别被命名为"劳勒"号（Raule，17世纪末勃兰登堡选侯领地的海军总监）和"布罗米"号（Brommy，1848年德国历史上第一支海军——国民议会海军总司令），两艘舰的得名都是来自两位"德国海军之父"，在此之前还从来没有用在主力舰的命名上，只有两艘旧式原扫雷舰改装为摩托扫雷母船时采用过。

本书习惯表述

从总体上来说，本书中的德语术语将被翻译成意思最接近的对应英语表达。"Reich"一词没有直接翻译成英语，因为英文中并没有一个意思直白的单词作为解释（也许最好的解释是"无须君主存在的帝国"），而对于"Kaiserlich"这个词，才将其翻译为"帝国"。

这其中也包括舰种的命名——特别值得一提的是"Große Kreuzer"始终被翻译成了"大型巡洋舰"。与1912年的英国皇家海军不同，德国人并没有把"前无畏舰"时代的"装甲巡洋舰"和"无畏舰"时代的"战列巡洋舰"区分开（Schlachtkreuzer——"战列巡洋舰"一词是在1939年中途夭折的O级舰上第一次也是唯一一次使用）。同样，直到20世纪30年代，"驱逐舰"这一分类才首次用于舰队型舰只的命名。而在这以前，它们的正式舰种名其实叫作"鱼雷艇"或"大型鱼雷艇"[1]。

唯一需要指出的一个重要的例外是，"Linienschiff"一词被译为"战列舰"。这是因为直译的"战列线战斗舰艇"在英国皇家海军术语的具体含义中专指18世纪至19世纪时期的一级至三级木制战舰，因此会产生一定的混淆（Schlachtschiff——"战列舰"在德国首次正式使用是在1935年的沙恩霍斯特级战列舰[2]上）。

"巴伐利亚"号

◁德国主力舰的炮塔命名

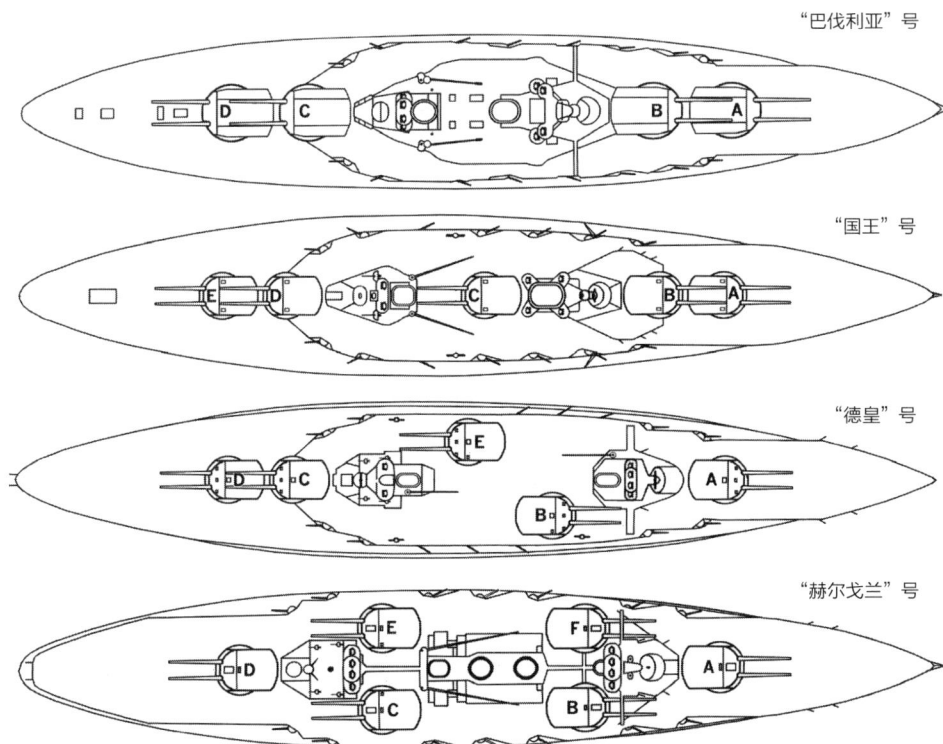

"国王"号

"德皇"号

"赫尔戈兰"号

[1] 到大战爆发时，根据对外合同而获得的一批大型战斗舰艇被统一俗称为"鱼雷艇驱逐舰"，官方命名仍然是所谓的"大型鱼雷艇"，如排水量达到了2000吨、配备15厘米口径火炮的S113级舰。

[2] 在一些英文文献中常常被误称为"战列巡洋舰"。

至于炮塔的命名也遵从了德国的惯例，从舰艏处的 A 炮塔开始向后，沿着右舷一侧向舰艉移动，然后沿左舷一侧向舰艏返回。因此，除舰艏的 A 炮塔外，只有对相关舰艇上炮塔的数量和布局十分清楚的情况下，才能推断出给定字母代表的炮塔的位置。相反，在英国皇家海军，炮塔的命名是按照这样的方法进行的：最前方的炮塔为 A，舰艏方向的附加炮塔为 B，舰艉方向（或者是舰艉唯一的）的炮塔为 X，舰艉最后位置的炮塔则为 Y。舰体舯部如果有炮塔则为 Q，如果还存在第二座舯部炮塔则为 P。副炮的命名采用字母和数字的组合，例如 S3 代表的是从舰艏方向位于右舷的第三座副炮，P5 指的是从舰艏方向左舷的第五座副炮。

火炮的口径表述通常是由海军方面自己定义的，必要时翻译成公制。因此，德国海军较大口径的火炮口径以厘米为单位，法国海军的火炮口径为毫米，英国和美国海军舰艇的火炮口径为英寸，公制单位统一为毫米。装甲的厚度则始终以毫米为单位，至于装甲带不同的厚度分布则是从舰艉方向朝前依次给出。

在本书内容所涉及的时间段内，所有的地名都是按照德语用法来命名的。在适当的情况下，会在括号中加上其现代称谓。对于其他德语术语，则使用以下翻译 /缩写。

德语术语	中文翻译
Admiralstab	海军参谋本部
Aufklärungsgruppe	侦察集群
Befehlshaber	集群司令
Geschwader	分舰队
Marine-Inspektion	海军总监
Marine-Kabinett	海军内阁
Matrosen-Division	水兵步兵师（参加西线战斗的海军人员）
Oberkommando der Marine	海军总司令部
Ostasiengeschwader	东亚分舰队
Panzerfahrzeug	装甲舰
Reichs-Marine-Amt	帝国海军舰船局
Schulverbande	训练单位
Sucherverbande	扫雷单位
Stammschiff	母船（预备役力量中的一种配备了全部舰员的舰只）
Verband	作战单位
Vermehrungsbauten	补充建造舰只
Vorpostenflottille	前卫舰队

缩写	中文翻译
AA	防空
BA	德国联邦档案馆（图片提供）
BCS	战列巡洋舰分舰队
BLR	后膛装填火炮
BRT	英国注册吨位
BS	战列舰分舰队（英国皇家海军）
CinC	总司令
CS	巡洋舰分舰队（英国皇家海军）

续表

缩写	中文翻译
DF	驱逐舰中队（英国皇家海军）
Div	支队
DW	载重吨位
F	旗舰
FF	舰队旗舰
FO	舰队司令
HC	复合平卧式
HSE	平卧式单胀
QF	速射炮
kt	节
LCS	轻巡洋舰分舰队（英国皇家海军）
MLR	前膛装填火炮
MMS	摩托扫雷艇（F-Boat）
NHHC	美国海军历史中心（图片提供）
nm	海里
SG	侦察集群
Sqn	分舰队
SNO	高级海军军官
SO	高级军官
t	吨（公制）
T	吨（长吨）
TBF	鱼雷艇中队
TT	鱼雷发射管
VTE	垂直三胀式
WZB	威廉港日报图片社（图片提供）
2F	第二旗舰

第一部分：舰队的沉浮

1 德意志第二帝国之前
BEFORE THE EMPIRE

直到 19 世纪，所谓的"德国"只是一大批分裂、独立而各自为政的政治实体，其地位和联合形式随着时间的推移而不断地发生变化——从城邦国到一些成熟完整的王国，大多数直到 1805 年以前都属于日渐式微的神圣罗马帝国。1815 年维也纳会议上，这些政治实体被由 39 个邦国组成的松散的德意志邦联（Deutsches Bund）所取代，后来又陆续增加了六个邦国。一个所谓的"德意志关税同盟"（Zollverin）逐渐使各邦国更紧密地联系在一起。1848 年革命后成立的短命的法兰克福国民议会（Frankfurt National Assembly）试图使这一同盟成为一个正式的帝国。这一倡议以及奥地利反对派创立的埃尔弗特联盟（Erfurt Union）的相继失败，导致这一松散的联邦一直延续到 1866 年。

而就在那一年爆发了普奥战争，其结果直接导致了普鲁士于 1867 年成立了所谓的北德意志邦联（Norddeutscher Bund），这其中又把奥地利、巴伐利亚、符腾堡、巴登和他们的盟友排除在外。1870 年普法战争又导致巴伐利亚、符腾堡和巴登加入了该邦联组织，1871 年 1 月 18 日，由 27 个领地组成的德意志第二帝国在凡尔赛成立，普鲁士国王威廉一世加冕德意志第二帝国皇帝。

在历史上的德意志各邦国中，只有普鲁士曾断断续续地试图维持一支海军[1]，这些努力在 1815 年拿破仑战争结束后得到了巩固。1848 年至 1852 年期间，在法兰克福国民议会的支持下曾组建了一支所谓的"帝国舰队"。虽然其中大多数舰队舰只都被转为商船使用，但两艘炮舰（一艘蒸汽舰，一艘风帆舰）被转交给了普鲁士海军。普鲁士海军在 1854 年至 1870 年间任普鲁士海军总司令的阿达尔伯特亲王（Prince Adalbert，1811—1873 年）的指挥下获得了长足的发展，其中包括 1865 年建立基尔海军基地和 1869 年在奥尔登堡大公国领地内建立威廉港海军基地，以及不断购买炮舰和较小型的舰只。1867 年 10 月 1 日，普鲁士海军作为新成立的北德意志邦联内唯一的一支海军力量，改编为新的（仍然由普鲁士领导）联邦海军，此后一直作为一支"德意志"军事组织存在着，这与废除邦联制后以及德意志第二帝国时代归属于各州的军事力量形成了鲜明的对比。

与"新"的舰队伴随而来的是一项新的舰队计划，这就是普鲁士海军分别在 1862 年和 1865 年提出的修正计划（遭到了普鲁士议会的否决）。然而，1867 年提交的舰队计划终于得到了新的议会的批准，按照该计划，到 1877 年舰队将拥有 16 艘装甲舰、20 艘无装甲海防舰、8 艘巡逻舰、26 艘炮舰和一批辅助舰艇，以构成本土和海外海上力量。与 1865 年的舰队计划相比，新的计划削减了四艘装甲舰和六艘海防舰，这一点正是阿达尔伯特亲王反对的，也同时反映出当时正在展开的大辩论，那就是在建设和维持一支本土作战舰队，以及打造一支能够在世界范围内部署的巡逻舰队之间如何取得平衡。

[1] 关于普鲁士和德国海军截至 19 世纪 90 年代的历史，参见：L Sondhaus, *Preparing for Weltpolitik: German Sea Power Before the Tirpitz Era* (Annapolis: Naval Institute Press, 1997)。

△ "阿米尼乌斯"号建成时的情景，
注意其舷墙已经竖起（BA 134-
B0164）

"阿米尼乌斯"号

在法国海军和英国皇家海军开始配备装甲舰之后，特别是在美国内战期间 ① 装甲舰概念得到充分印证后，一些规模较小的海军力量也开始部署自己的装甲舰。与当时的对手丹麦（1848—1851年以及1864年因石勒苏益格-荷尔斯泰因的所有权而开展）一样，普鲁士也从一家英国造船厂——泰晤士河上波普拉（Poplar）的萨穆达兄弟公司（Samuda Bros.）订购了一艘小型双炮塔铁甲舰，这与丹麦皇家海军从位于克莱德（Clyde）的纳皮尔（Napier）船厂购买的"罗尔夫·克拉克"号（Rolf Krake） ② 十分相似。

这艘名为"阿米尼乌斯"号的普鲁士铁甲舰由其造船厂安排在1863年铺设龙骨开工建造（赶在这时开工可能是因为当时普鲁士方面注意到了试图在欧洲购买战舰的美国南部邦联） ③ ，普鲁士订购这艘战舰的部分资金来自民众的捐款。"阿米尼乌斯"号的设计方案来自英国皇家海军的考珀·菲普斯·科尔斯（Cowper Phipps Coles，1819—1870年）上校，舰上按照其原始设计安装了两座炮塔，显然打算配备一对阿姆斯特朗20.3厘米（68磅/8英寸）口径前膛装填火炮。然而，该舰实际上装备的是克虏伯的后膛装填火炮，可能起初配备的是21厘米/12.25倍径炮，最后才配备21厘米/19倍径炮。承担防护任务的铁壳舰体安装在229毫米厚的柚木背衬上，整体锻打加工成型，从前至后从114毫米厚过渡到76毫米厚。炮塔铁甲厚度从114毫米到119毫米不等，而指挥塔上则配备有114毫米厚的装甲。"阿米尼乌斯"号安装有四台横向筒状火管锅炉和一台双缸卧式发动机，额定功率1200马力，航速约10节。虽然普鲁士人希望该舰能在1864年9月前做好出航准备，但受到与

① 关于从"阿米尼乌斯"号到德皇级的第一代装甲舰的详细说明，参见：Schenk, Nottelmann and Sullivan, 'From Ironclads to Dreadnoughts: The Development of the German Navy 1864‒1918, Part I: The First German Armored Ships‒The Foreign-built Ironclads'。

② A A Putnam, 'ROLF KRAKE, Europe's First Turreted Ironclad', *Mariner's Mirror* 84/1 (1998), pp.56‒63; H C Bjerg, 'When the Monitors Came to Europe: The Danish Monitor Rolf Krake, 1863', *International Journal of Naval History* 1/2 (2002).

③ 参见：D. M. Sullivan, 'Phantom Fleet: The Confederacy's Unclaimed European Warships', *Warship International* 24 (1987), pp.13‒32。

丹麦之间爆发的第二次石勒苏益格战争的影响，"阿米尼乌斯"号铁甲舰未能及时交付。1866 年 10 月 3 日，这艘铁甲舰与到访的美国浅水重炮舰"米安托诺莫"号（Miantonomoh）在基尔港外海进行了一次对比试验，结果证明"阿米尼乌斯"号的航速要比后者高出 2 节。

该舰采用了多桅布局，桅杆竖立在舰体末端位置，结果桅杆及其帆索结构严重影响炮塔旋转射界。事实证明，在配备帆索的情况下操纵这艘铁甲舰作战几乎是不可能的，于是在该舰进行第一次改装时，舰上的帆索结构就被拆除了。

"阿达尔伯特亲王"号

就在订购"阿米尼乌斯"号后的第二年，对于普鲁士而言，订购另一艘铁甲舰的机会出现了——拿破仑三世下令法国造船商卢西安·阿曼（Lucien Arman）将两艘在建的铁甲舰对外转售。两艘舰名义上是为埃及建造，而实际上的买主是美国南方邦联，因此自 1863 年 2 月以来一直处于被扣留状态。

关于这两艘舰的处置方式，法国人与丹麦人实际上已于 1863 年 12 月开始展开接触并进行了初步谈判 [1]。丹麦方面最初打算同时购入这两艘舰 [2]，但当时的资金只够购入一艘，即"斯芬克斯"号（Sphinx），双方于 1864 年 3 月 31 日签定了订购合同。两个月后的 5 月 25 日，普鲁士方面买下了"基奥普斯"号（Cheops）。于是，在不久的将来分属于第二次石勒苏益格战争（1864 年 2 月至 8 月）中交战双方的两艘铁甲舰就这样在波尔多港内并排停靠在一起，继续进行着建造。

丹麦人名下的这艘铁甲舰被更名为"斯特克科达"号（Stærkodder），它后来的建造过程，不断受到建造方提出的种种难以履行的合同条款的约束和阻碍，以至于直到 10 月份这艘舰从波尔多起航并于 11 月 10 日抵达哥本哈根之后，双方的讨价还价仍在继续。尽管期间该舰也进行了一些海试工作，然而与建造方旷日持久的谈判最终还是破裂了。可能是受到丹麦人对这艘铁甲舰技术评估结论的影响，再加上与普鲁士的战争宣告结束，到了次年 1 月，"斯特克科达"号在丹麦水域被移交给了美国南方邦联，并更名为"石墙"号（Stonewall）[3]。

[1] R S Steensen, *Vore Panserskibe* (Copenhagen: Marinehistorisk Selskab, 1968), pp.178－195.

[2] 丹麦方面还在克莱德买下了一艘原属美国南方邦联的装甲舰，后来更名为"丹麦"号。

[3] 由于该舰进入美国水域的时间太晚，无法在美国南北战争中发挥积极作用，该舰后来落入北军手中，然后被转卖给了日本政府并更名为"甲铁"号（Kotetsu）和后来的"东"号（Azuma）。该舰一直服役到 1888 年，并在 20 年后被拆解。

△普鲁士没有买到的铁甲舰——"斯芬克斯"号一度悬挂丹麦国旗时的情景，当时名为"斯特克科达"号，摄于转交美国方面前夕。该舰在美国南北战争结束后被美利坚合众国政府接管，最后以"甲铁"号的身份卖给日本政府，后来又更名为"东"号① (NHHC NH 43994)

◁"阿达尔伯特亲王"号，摄于1870年 (BA 134-C0066)

　　普鲁士方面，"基奥普斯"号的交易也曾一度被取消，但在1865年1月又恢复进行，并于当年10月以"阿达尔伯特亲王"号的身份最终成功完成了交付。这艘铁甲舰与"阿米尼乌斯"号有着很大的不同，首先该舰采用了木制舰体、舷侧内倾和巨大的冲角设计。与英国建造的同类舰只的旋转炮塔不同的是，"阿达尔伯特亲王"号的舰艏和后甲板上都安装有固定的箱式炮台，火炮只能朝特定的方向射击（一门安装在前炮台，两门位于艉部）。另一方面，该舰采用了双轴双舵布局以确保良好的海上操纵性。

　　抵达普鲁士后，"阿达尔伯特亲王"号立即加装了克虏伯炮。事实证明，该舰当时的状况很差，舰体也存在很严重的渗漏，这一系列明显缺陷都要在1868年至1869年期间在格斯特明德（Geestemünde）进行大修，其中包括重新安装舰体装甲。在普

---

① 译注：值得一提的是，"东"号（这里"东"泛指日本古时京都以东的令制国）与装甲巡洋舰"吾妻"号（舰名来自日本福岛县北部的吾妻山）的读音相同，都为"Azuma"。

鲁士国内进行的其他改装还包括将主桅进一步后移（事实证明主桅对于该舰的航行几乎百无一用）。然而，舰上质量不佳的木材严重缩短了该舰的服役寿命，相比"阿米尼乌斯"号要少四分之一个世纪。

"弗里德里希·卡尔"号和"王储"号

无论是"阿米尼乌斯"号还是"阿达尔伯特亲王"号，都主要适用于沿海水域的作战活动。相比之下，普鲁士海军获得的下一型铁甲舰才是真正的远洋作战舰只。在 19 世纪 60 年代的时代背景下，这种配备帆索装置和舷侧武器的战舰构成了英国和法国新建主力舰的骨干力量。

当时的人们已经认识到，为了维护普鲁士王国的利益，其海军力量必须扩充更多的舰只以对付潜在的敌人（特别是丹麦人），抗击任何地方的登陆行动和打破封锁。如上所述，1865 年普鲁士议会收到了一项舰队建造计划，但未获通过。有鉴于此，一项关于确定海军预算的皇家法令于 7 月 4 日颁布，其中就包括提供两艘装甲巡防舰的经费，其中一艘将在英国建造，另一艘在法国建造，每艘舰的排水量都比"阿米尼乌斯"号和"阿达尔伯特亲王"号大四倍左右。

就这样，第一份订单——由法国方面建造的"弗里德里希·卡尔"号铁甲舰于1866 年 1 月 9 日签署合同。四天后，由"阿米尼乌斯"号的建造方再次承建的"王储"号的订单也敲定落地，英国皇家海军总监造师爱德华·里德爵士（Sir Edward Reed）主持设计。这两艘舰的吨位大小、防护水平和作战能力基本相似，不过按照设计方案，"王储"号的武器装备要稍强一些［32 门对 26 门 203 毫米口径（72 磅）火炮］，而且速度也要快得多。另一方面，"弗里德里希·卡尔"号也配备了面积更大的帆布。虽然在 1867 年至 1868 年间进行的一系列试验中，火炮膛线出现了一些问题，造成两艘舰在安装武器前都在锚地闲置过相当长一段时间，但实际上到服役之时，二者都同样配备了克虏伯后膛装填炮。这实际上就意味着对当时标准的格雷纳（Kreiner）后膛炮的弃用，以及直到克虏伯设计的新式火炮武器交付为止的漫长等待。

▷"弗里德里希·卡尔"号，摄于
1867 年（**作者本人收藏**）

△建成状态的"王储"号（作者本人收藏）

于是，"弗里德里希·卡尔"号铁甲舰于 1867 年 10 月首次在法国服役，其舰员与"王储"号的舰员一同在前往地中海的途中由"赫塔"号（Hertha）和"美杜莎"号（Medusa）海防舰运送回来。"弗里德里希·卡尔"号在国内闲置了近两年，直到 1869 年 7 月配套火炮才开始交付。同样，1867 年 9 月在朴次茅斯服役的"王储"号于 1867 年 10 月 28 日抵达基尔港，但却于 11 月 1 日被告知暂时除籍，等待舰上火炮的交付，直到 1869 年 5 月 11 日才重新开始服役。当两艘铁甲舰正式开始服役时，舰上已经装上了 16 门 21 厘米口径火炮，14 门 19 厘米口径火炮，另有两门 21 厘米炮作为舰艏和舰艉副炮。其防护包括完整的水线装甲带（舰艉较薄），炮塔上的装甲以均匀厚度向上延伸。

在吨位、武备和其他主要方面，两艘舰都与 1859 年和 1861 年分别开工建造的英国皇家海军防御级（Defence class）和赫克托耳级（Hector class）铁甲舰以及法国海军的加冕级（Couronne class）非常相似。这些英国铁甲舰可谓是铁壳铁甲舰"勇士"号（Warrior，1860 年下水）的缩小版，从一开始就被认为是大不列颠的二等战舰。另一方面，加冕级则代表了当时法国海军绝大多数铁甲舰的典型尺寸，也是唯一的铁壳铁甲舰。其余的木壳铁甲舰［包括两艘稍微大一点的马룴塔级（Magenta class）］与铁壳铁甲舰相比，生存能力和耐用性是要大为逊色的。"王储"号的舰艏设计十分独特，虽然该舰具有那个时代常见的舰艏冲角，但在水面上方的斜坡位置安装了伪装舰艏，给人的印象是该舰的舰艏是垂直设计的。

普奥战争

当这些新的铁甲舰尚在建造中时，普鲁士再次对外开战了，这次是针对奥地利的战争。1866 年年中冲突爆发时，"阿米尼乌斯"号和"阿达尔伯特亲王"号两艘铁甲舰正在基尔，但前者还是迅速通过斯卡格拉克海峡（Skagerrak）和卡特加特海峡（Kattegat）疾行至汉堡，在 100 小时内航程达到了 1740 千米，平均航速为 9.2 节。

在战争的剩余时间里，"阿米尼乌斯"号以格斯特明德为基地，主要在威瑟河口地区针对奥地利的盟友汉诺威的要塞作战，并协同木制炮舰"虎"号和"独眼巨人"号（Cyclop）掩护普鲁士军队越过易北河攻击汉诺威市区目标。1868 年 11 月付薪后，"阿米尼乌斯"号进行了一次重大改装，拆除了舰上的帆樯，从前炮塔后方竖起了一个架空甲板直至舰艉，通风机也升到同样高度，并加装了柱樯，主樯则于 1870 年全部拆除。

"威廉国王"号

与"弗里德里希·卡尔"号和"王储"号为代表的二等舰相比，更大的英国铁甲舰——勇士级、"阿喀琉斯"号（Achilles）和弥诺陶洛斯级（Minotaur class）的排水量都在 9300 吨到 10900 吨之间。1866 年，普鲁士获得这类铁甲舰的机会再次出现——土耳其奥斯曼帝国当局放弃了他们正在英国伦敦泰晤士钢铁厂（Thames Iron Works）建造的"法提赫"号（Fatih）铁甲舰并宣布对外转售。1867 年 2 月 6 日，普鲁士方面出面买下了这艘舰，最初将其命名为"威廉一世"号，在当年 12 月舰名又变更为"威廉国王"号，而该舰于次年 4 月正式下水时也沿用了此舰名。除此之外，发生在 1867 年春天的另一次潜在的购舰机会后来被法国人抢走了——美国的"邓德贝格"号（Dunderberg）铁甲舰最终被法国购得并更名为"罗尚博"号（Rochambeau）[1]，并且在不久的将来，它会出现在针对普鲁士的普法战争的战场上。

建造完工后，"威廉国王"号被普遍认为是当时世界上最为强大的战舰，与英国的"大力神"号（Hercules）相比，后者排水量小了 1800 吨，长度短了 10 米，舰炮也更少[2]。"威廉国王"号的大块头最初是个大问题，因为当时的德意志国内并没

▷建造完工时的"威廉国王"号铁甲舰，原本该舰是为土耳其设计建造的（BA 134-B0171）

① S S Roberts, 'The French Coast Defence Ship *Rochambeau*', *Warship International* 30 (1993), pp.333 - 345; W H Roberts, '"Thunder Mountain"：The Ironclad Ram *Dunderberg*', *Warship International* 30 (1993), pp.363 - 400.

② 关于该舰海试情况的报告内容，参见：*The Engineer* 27 (1869), pp.156 - 157。

△原美国冲角铁甲舰"邓德贝格"号（1865年）是另一艘普鲁士潜在的对外购舰对象，然而最终却被法国人买走，并更名为图中这艘"罗尚博"号（**作者本人收藏**）

有一个足够大的码头可以停靠系泊。因此到了 1869 年 8 月，"威廉国王"号不得不跑到英国去清洗舰底。后来人们发现该舰可以勉强（但是极为困难）停靠在威廉港，但伴随着德意志国内船坞的快速建设和发展，没过多长时间停靠系泊这类大吨位舰只就不是什么难事了。既有干船坞的限制一直是制约各国新一代主力舰发展的一个重要因素，一个很好的例子就是在第一次世界大战爆发前几年法国建造的无畏舰[1]，而在 1916 年至 1918 年期间德意志第二帝国的最后一代主力舰上则再次得到印证。

与"弗里德里希·卡尔"号和"王储"号相似，"威廉国王"号原本也计划配备 33 门 203 毫米口径（72 磅）火炮，但实际上安装的是位于火炮甲板的 18 门 24 厘米 /20 倍径炮以及 5 门 21 厘米 /22 倍径炮。与之前各舰一样，该舰配备的火炮武器在交付上同样遭遇到了延误，直到服役七个月后的 1869 年 9 月才算真正配齐舰上的火炮。其中的三门 22 倍径炮安装在艏楼装甲炮塔上，另两门并联安装在舯部后方上层甲板上 152 毫米厚的装甲炮塔上，后者炮塔甲板和装甲带厚度都达到了 203 毫米，纵向厚度过渡到 152 毫米。舰体外壳厚 50 毫米，装甲带则安装在 560 毫米厚的柚木层上。

"汉莎"号

装甲护卫舰"汉莎"号（Hansa）的设计概念要追溯到 1861 年，当时主要设计用于针对敌岸上堡垒的作战，多年后该舰却成了第一艘在德国国内建造的装甲舰[2]。1868 年 11 月，"汉莎"号在但泽码头投入建造，当时该舰采用的英国里德式设计与

---

[1] 这意味着，法国孤拔级（Corbet class）和布列塔尼级（Bretagne class）的舰体尺寸被限制在了同样水平上，而诺曼底级舰也仅仅是稍微大一点而已，这对上述舰只的实际作战能力都带来了负面影响。

[2] 关于从"汉莎"号到"奥尔登堡"号这一系列德意志本土建造的主力舰的图文资料，参见：Schenk, Nottelmann and Sullivan, 'From Ironclads to Dreadnoughts: The Development of the German Navy 1864–1918, Part II: The German-built Ironclads'.

△建造完成的"汉莎"号（**作者本人收藏**）

1865 年下水的"帕拉斯"号（Pallas）铁甲舰并无二致。与"帕拉斯"号一样，"汉莎"号也拥有一副木制舰体，但总体尺寸稍大一些，武器装备也更强。

在"帕拉斯"号和与其同一时代但排水量大的"柏勒罗丰"号（Bellerophon）上，设计师里德采用了中央炮位的概念，即把火炮武器布置在舰身舯部有装甲防护的方箱内，而不是简单地在火炮甲板上分散布置。另外，"汉莎"号还设计有一个上层炮位用于中轴线方向火炮射击，这与英国大胆级（Audacious class，1869—1870 年）的布局非常相似。"汉莎"号于 1872 年 10 月下水，次年 8 月由伏尔铿造船厂（AG Vulcan）拖曳至斯德丁（Stettin）继续建造并于 1874 年 12 月最终完工，然后于 1875 年 1 月 3 日转移到基尔的一个浮船坞内进行最后的舾装。

普鲁士级

德国海军历史上的第一批通用规格的主力舰全部在国内船厂进行建造，最初均是效仿以前的德国装甲舰将武器布置在舷侧位置，而奥匈帝国海军新型中央炮位布局主力舰"库斯托扎"号（Custoza）[1] 则被看作是当时的典型。这艘装甲舰设计有双层炮位，旨在最大限度地发挥中轴线方向的舰炮火力。然而，在首艘同级舰"大选帝侯"号开工建造后，该舰的总体设计被完全改造为类似于英国皇家海军"君主"号（Monarch）那样的炮塔式装甲舰，即在低矮的舰体上布置英国科尔斯（Coles）式双炮塔，但为改善适航性而将舰艏舰艉部分进行了加高（同时配备有完整的帆索）。就像那个时代的许多其他类似的铁甲舰一样，其艏楼和舰艉的甲板线由铰链舷墙沿船舯部分进行延伸。为了弥补 26 厘米 /22 倍径炮塔的前向火力的不足，在艏楼和舰艉处还分别安装了 17 厘米 /25 倍径的副炮。

这些炮塔都是由蒸汽动力驱动的，安装在原本设计成炮台甲板的位置上。炮塔

① R F Scheltema de Heere, 'Austro-Hungarian Battleships', *Warship International* 10 (1973), pp.21 - 31.

的正面设计有 260 毫米厚的装甲，其余部分也有 210 毫米的装甲防护。舰体舯部水线部分的单层装甲厚度为 235 毫米，水线下方装甲厚度则变薄到 185 毫米，水线上方为 210 毫米，末端厚度变薄到 105 毫米，所有的舰体装甲都安装在木制衬背上。

　　与"汉莎"号一样，在经验欠缺的国内船坞里建造的"大选帝侯"号将是威廉港新船坞完工的第一艘舰，"弗里德里希大帝"号则是位于基尔的船坞计划投入建造的第二艘舰，这也导致该舰的建造时间有所延长。而对于船台上的"大选帝侯"号，由于设计方案进行了变更，这种建造延误的情况就更明显。实际上，最终率先下水和建造完工的是私人性质船厂建造的"普鲁士"号，其竣工日期要比国有船厂建造的"弗里德里希大帝"号提前一年。

帝国黎明来临之前

　　服役后，"威廉国王"号装甲舰担任完成改革后的新分舰队旗舰，该分舰队还包括"王储"号和"弗里德里希·卡尔"号。1869 年八九月间，该分舰队与多艘其他舰只协同进行了海上演习。次年五月，三艘装甲舰连同"阿达尔伯特亲王"号一同前往英国访问时，"弗里德里希·卡尔"号在大贝尔特海峡（Great Belt）海域不慎搁浅，螺旋桨受损，因此不得不前去基尔维修，然后前去普利茅斯（Plymouth）与舰队伙伴重新会合。7 月 1 日，各舰正式组成训练舰队向亚速尔群岛航行。然而，随着与法国之间紧张局势的加剧，"阿达尔伯特亲王"号奉命前往达特茅斯（Dartmouth）待命。7 月 13 日，分舰队其余舰只也抵达达特茅斯与之会合。在大战一触即发的情况下，各舰随即返回本土。而由于航速不够快，由"王储"号拖曳前行的"阿达尔伯特亲王"号于 16 日方才抵达。

　　1870 年 7 月 19 日，普法战争爆发，表面上是法国皇帝拿破仑三世认为在西班牙王位的未来继承人问题上发生的争执受到了普鲁士一方的外交轻视，但实际上，这是

△"弗里德里希大帝"号战列舰位于基尔的船台上时拍摄的照片，注意其左侧背景中的俄国海军巡防舰"斯维特拉娜"号（Svetlana）以及右侧远处的"王储"号和"宁芙（i）"号（Nymphe）（参见：Die Gartenlaube [1874], p.715）

▷建造完成的"普鲁士"号（BA 134-C0072）

德意志逐渐统一所产生的压力达到了顶峰的一种表现，而法国人认为这种压力威胁到了自身的利益。虽然在陆地上，法国军队的规模仅仅是普鲁士、北德意志联邦和南部诸邦（11 月正式加入联邦）兵力的三分之一，但法国海军的实力却远远优于普鲁士，从而在开战之初便迅速对后者的海岸线形成了封锁。

当时，普鲁士海军中最大的铁甲舰"弗里德里希·卡尔"号、"王储"号和"威廉国王"号一开始都是以威廉港为基地活动，而"阿米尼乌斯"号则被迫从基尔出发，利用其吃水较浅的优势突破了海上封锁，一路摆脱了三艘法国海军装甲巡防舰的拦截，沿着海岸线抵达北海。"阿达尔伯特亲王"号铁甲舰与三艘小型炮舰当时也具备作战能力，只是前者尚不具备远洋作战能力，因此整个战争期间只能作为易北河地区的防御力量进行部署 [①]。

① C Jones, 'The Limits of Naval Power', *Warship* 2012, pp.162-168 for a full account of the Franco-Prussian naval war.

△"亚特兰大"号（1868年），普法战争期间法国海军部署在德意志水域的装甲舰之一（**作者本人收藏**）

　　法国人尽管占据数量优势，却没能对普鲁士海军基地发动任何攻击，仅仅是满足于占据赫尔戈兰附近的一个封锁点，相反普鲁士方面则多次出击进入北海一带活动。1870年8月初，"阿米尼乌斯"号、"弗里德里希·卡尔"号、"王储"号和"威廉国王"号首次进入北海，后三艘舰途中都发生了引擎故障，导致此后"阿米尼乌斯"号不得不成为作战主力，甚至执行了40次以上的出航任务。不过，这些作战行动也仅限于与法国海军装甲巡防舰"高卢"号（Gauloise）和装甲护卫舰"亚特兰大"号（Atalante）在赫尔戈兰地区的一次短暂的小规模冲突。9月11日，三艘普鲁士巡防舰加入"阿米尼乌斯"号铁甲舰编队，准备实施另一次海上扫荡行动，但由于法军地面部队在色当遭遇惨败，拿破仑三世被俘，其海军力量已于9月里撤退，因而此番出击并没有遭遇到法国海军舰只。然而，这场战争还是一直持续到了新年的到来。这时有人提议，由刚刚完成大修的"王储"号铁甲舰在2月初对瑟堡实施一次突袭行动。结果就在突袭行动发起之前的1871年1月28日，交战双方签署了停战协议。

　　1870年12月10日，北德意志联邦更名为德意志第二帝国。1871年1月18日，就在战争最后四个月巴黎被围困期间，普鲁士在凡尔赛正式宣布威廉一世加冕皇帝。这样，除奥地利之外的所有德意志联邦合并为一个完整的政治实体，战争还导致阿尔萨斯的大部分地区和四分之一个洛林移交给了德意志第二帝国，由德意志第二帝国政府而不是其中任何一个联邦直接统治管辖。阿尔萨斯-洛林在德意志第二帝国内的存在后来一直是法德关系中的一大痛处。

2 威廉一世时代
THE ERA OF WILHELM I

到普法战争结束，当时的德意志海军已拥有六艘装甲舰，另外还有四艘正在建造中。如前所述，德意志第二帝国海军不同于陆军之处在于，虽然其起源要追溯至普鲁士时代，但它仍然是一支真正的帝国军事力量。德意志第二帝国海军部的第一任部长是阿尔布雷希特·冯·施托施（1818—1896年），他曾是普鲁士陆军一名杰出的参谋官，而他出色的军事行政管理能力是他于1872年1月1日得到这一重要任命的关键，因此当时许多德意志高级海军军官并不对此感到意外。

1872年，根据1867年最初为北德意志联邦制订的造舰计划，德意志第二帝国海军部起草了一份海军基金计划。这一1872年版本的计划包括建造8艘装甲巡防舰、6艘装甲护卫舰、7艘浅水炮舰、2艘浮动炮台、20艘轻型护卫舰、6艘通报舰、18艘炮舰和28艘鱼雷艇。所有这些舰只都将在接下来的十年中得到预算资金并付诸建造，而其中四分之一的费用将由法国在普法战争结束时支付的赔偿金承担。

施托施关于装甲舰舰队的设想主要是用于加强德国海岸线的防御，以免其受敌攻击，而巡洋舰则在公海上进行海上商业破袭。大型战舰的服役寿命预计为30年，这意味着直到1897年，老迈不堪的"弗里德里希·卡尔"号和"王储"号装甲舰才能得到替换。

在当时在役的舰只中，"阿达尔伯特亲王"号已经被认为是几乎没什么战斗价值了，而且由于渗漏严重，很快就退出了现役。根据战争中的经验，德意志第二帝国海军方面对其余舰只进行了一系列的大修，特别是取消了一些舰只的帆索装置。此外，还有两艘战前下达订单的新舰也于1871年至1872年间在英国的船厂投入了建造。虽然施托施以需要发展和培育本土造船工业为由对此提出过反对，但由于当时的德意志第二帝国国内确实还缺乏必要的造舰能力，而且军方也对相关船厂的技术能力存在极大质疑。要知道这些造舰订单乃是以前建造过"阿米尼乌斯"号和"王储"号装甲舰的萨穆达兄弟公司拿到的，而要让当时德意志国内的船厂具备完成战前这些大型战舰建造订单的能力，确实还有一段很长的路要走。

德皇级

德意志第二帝国海军最后一批由外国船厂建造的大型舰只——"德皇"号和"德意志"号仍然是里德主持设计的。其炮台采用凸出舷侧的布局，因此可以进行轴向射击。上层甲板的布置则有些不寻常，特别是主桅后的第二个烟囱。不过与其他一些采用这种烟囱布局的舰只［例如1862年的英国皇家海军王夫级（Prince Consort class）以及一些木制战列舰］有所不同的是，其引擎室布置在两个锅炉房的后方。

虽然这批舰只的排水量小于"威廉国王"号，但它们的主炮口径增加到了26厘米，并且增加了一门舰艉21厘米口径副炮。装甲带最厚处为254毫米，炮塔装甲厚达 203 毫米。两艘舰建造完成后于 1875 年先后抵达德国进行舰上武器安装。"德皇"号于同年 5 月入役，而它的姊妹舰直到 1876 年才交付海军（但两艘舰仍比普鲁士级大为提前）。虽然德皇级仍然是一种配备帆索和舷侧武器的装甲舰，其设计理念正在逐渐落后于那个时代，但该级舰仍被认为是当时同类舰只中性能最出色的，特别是英国皇家海军订购了同级舰最后两艘——"亚历山大"号和"鲁莽"号（Temeraire）[1]后，二者的潜在威胁便更为凸显。

1873 年舰队计划

到了 1873 年，尚未完成的 1867 年舰队计划进行了修订，其中将装甲舰的建造数量增加到了 23 艘，但其中只有 14 艘是远洋巡防舰和护卫舰，其余则是由 7 艘浅水炮舰和 2 艘浮动炮台组成的。在吨位较大的装甲舰计划中，有八艘是巡防舰，在德皇级加入舰队服役时这一目标便顺利达成。而在计划的六艘护卫舰中，第一艘建成的是"汉莎"号，另外五艘将在 1883 年前相继投入建造，四艘萨克森级舰于 1874 年至 1876 年间开工建造。1873 年曾有报告说，里德被要求准备进行一艘装甲防护水平相当于意大利杜伊里奥级（Duilio class）[2]的 550 毫米标准的装甲舰设计方案，或许这就将是为新型舰只提供的新替代方案。

萨克森级

与德皇级舰的公海远洋作战设计思路不同的是，接下来的一批新型主力舰——从 A 到 D，是首批完全在德意志第二帝国政权体制内建造的，新批次的主力舰将成为德意志第二帝国一体化海防体系的组成部分。同级舰中的两艘（"巴登"号和"巴伐利亚"号）建造订单交给了基尔造船厂，另两艘（"萨克森"和"符腾堡"号）则由斯德丁的伏尔铿船厂负责建造，该级舰同时被正式归类为装甲护卫舰，也被称为"突击护卫舰"。这种舰只将在岸上堡垒基地掩护之外的海域作战，并且战斗力强大，当德意志第二帝国的地面部队通过铁路运送到一些高威胁地区作战时，这些舰只将足以

△ 1886 年的"巴伐利亚"号，注意其建造过程中的短烟囱布局（作者本人收藏）

应付来自波罗的海上的任何威胁，在近岸沿海水域，萨克森级舰将得到排水量 1100 吨的黄蜂级（Wespe class）装甲炮舰的支援，后者配备一门 305 毫米 /22 倍径主炮，计划取代原先设想建造的浅水炮舰和浮动炮台。所有萨克森级舰都在 1876—1881 年间相继下水（包括两艘采用改进设计的舰只），事实证明它们都是远洋性能非常差的舰只，后来也很少参战。其中个别舰只的寿命很长，并且承担过一些辅助作战的角色，如其中一艘曾作为浮动起重船坞一直服役到 20 世纪 60 年代。

萨克森级是首批取消了帆索装置并采用了可改善海上冲撞时稳定性的双轴推进的德国主力舰。该级舰强调"遭遇战"概念，为此配备了六门 260 毫米 /24 倍径（原

① J Beeler, *Birth of the Battleship: British Capital Ship Design 1870–1881* (London: Chatham Publishing, 2001), p.192.

② 同上，第 120 页。

△建成完工时的"德皇"号,注意其舯部炮台的位置布置在凸出舷侧外的位置,从而保证了主炮具备一定的轴向火力射界(作者本人收藏)

计划为 305 毫米口径)火炮为主战武器,分别布置在舰艏双联炮塔和舯部两个舷侧。从理论上说,有四门主炮可同时朝前方扇面实施齐射,不过在实战中会因为火炮射击时的爆炸效应而难以实现。建成后不久,主炮炮台又补充了六门 87 毫米 /24 倍径炮和一批 37 毫米口径炮。到了 1886 年,又对 3 具 350 毫米口径鱼雷管进行了改装,其中两具埋入舰艏的水线以下,舰艉的一具则位于水线上方,可同时用于作战和训练。萨克森级采用了复合装甲带(即"三明治"式,分四层布置,由铁、木材料交替构成)和 50—70 毫米厚的装甲甲板,并且贯穿全舰艏艉。

萨克森级舰的外形较为独特,四座烟囱呈正方形布置,舰体舯部安装一根单桅。虽然舰楼位置较高,但由于干舷低,因此上层甲板常被海浪弄湿。在基尔建造的首批该级舰最初安装的是较短小的烟囱,不过在 1886 年至 1889 年间,舰上烟囱进行了加高,从而与其他船厂建造的姊妹舰统一。至于冲角的形状,在伏尔铿和基尔建造的不同舰只之间也略有差异。前三艘舰都存在一定的缺陷,解决这些问题导致了"巴登"号的完工时间较晚。此外,萨克森级舰的海上适航性也受到了许多批评,此外还包括易横倾以及航速指标要低于之前的装甲护卫舰等问题。

19 世纪 70 年代的作战情况

普法战争结束后,三艘装甲护卫舰相继入役。"王储"号偶尔被临时当作拖船使用,包括在 1871 年 6 月从斯维内明德(Swinemünde)拖曳一个浮动码头前往基尔港,"独眼巨人"号炮舰和皇家游艇"普鲁士鹰"号(Prußischer Adler)伴随护航。"王储"号还担任过一支分舰队的旗舰,该舰队由"弗里德里希·卡尔"号、三艘护卫舰和两艘炮舰组成,准备于 12 月派往巴西向当地政府施压,要求释放"宁芙"号上因打架斗殴而被捕的水手。

1872 年 9 月，"弗里德里希·卡尔"号与"伊丽莎白"号（Elisabeth）护卫舰和"信天翁"号（Albatross）炮舰一同起航，组织了一次环球航行，途中"伊丽莎白"号的姊妹舰"维内塔"号（Vineta）和"瞪羚"号（Gazelle）于加勒比海域加入了该编队。从 19 世纪 70 年代中期开始，大型舰只一般会在冬季进入封存状态（只保留一两艘作为哨戒舰在役，并且缩减舰员人数），夏季则在训练舰队服役。而随着"汉莎"号、德皇级和普鲁士级舰陆续加入舰队服役，德意志海军的大型舰只数量正在不断增加。

在 1875 年的例行巡逻航行中，整支编队由"德皇"号、"王储"号、"威廉国王"号和"汉莎"号组成，但航线仅限于本土水域。1876 年组成的编队最终由"德皇"号、"德意志"号、"王储"号和"弗里德里希·卡尔"号组成，与较早前计划的编队组成有所差异，这主要是为了应对当时德国驻奥斯曼帝国萨洛尼卡（Salonika）领事被杀的突发事件。由于担心当地的德意志公民可能遭到进一步的袭击，这些舰只于 5 月里被紧急派往地中海地区。不幸的是，"德意志"号在 5 月 30 日当天离开普利茅斯港时便遭遇机械故障，临时充当拖船的"德皇"号不得不在升起风帆航行的同时进行海上应急抢修工作。结果在整个航行过程中，"德意志"号一直饱受着舰上机械故障的困扰。在"波美拉尼亚"号（Pommerania）通报舰和"彗星"号（Comet）炮舰的加入后，两艘德意志海军装甲舰与法国、俄国、奥地利和意大利海军的舰只一同参加了在萨洛尼卡进行的武装示威。到了当年八月，随着紧张局势的逐渐缓和，这支德意志海军编队也随之拔锚起航返回本土，于九月顺利抵达并开始准备冬季入港封存的工作。

1877 年夏，一支由"德皇"号、"弗里德里希·卡尔"号、"普鲁士"号装甲舰和"猎鹰"号（Falke）通报舰组成的编队起航前往地中海海域，造访了爱琴海和黎凡特（Levantine）沿岸地区。在这次航行过程中，一向运气不佳的"德意志"号在基克拉迪群岛（Cyclades）的锡罗斯岛（Syros）附近海域再次不慎搁浅，不得不被同行的姊妹舰拖走，结果后来在返航途中又两度遭遇舵机故障。在其后的六年里，所有德皇级舰都被入港封存起来，在此期间各舰进行了大修，加装了 150 毫米口径副炮和鱼雷发射管。

▽左：萨克森级的侧面装甲结构，外层为 203 毫米厚的铁板，然后是 200 毫米厚的柚木，接着又是 152 毫米厚的铁板，最内层是 230 毫米的柚木（**《布雷西海军年鉴（1888）》**）

▽右：1889 年在斯皮特黑德（Spithead）拍摄到的"巴登"号装甲舰，注意其加高的烟囱（按合同计划建造的"萨克森"和"符腾堡"号则一开始就采用了这种布局）。这张照片展示了萨克森级独特的方形烟囱布局，其前方设计有双联重炮位，舯部则设计有一个单独的炮位（**作者本人收藏**）

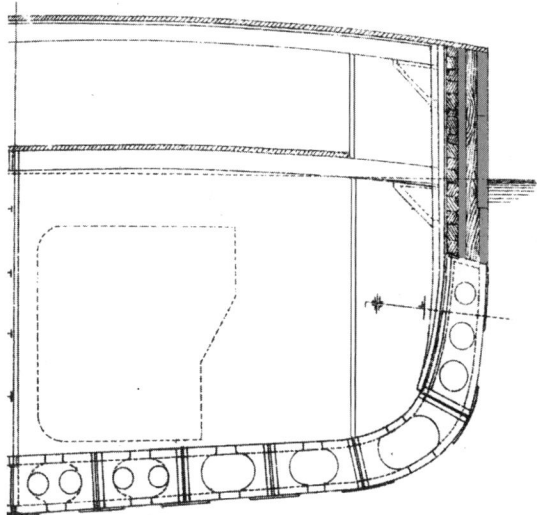

1875 年 6 月 3 日，"汉莎"号加入装甲舰训练分舰队服役，在夏季任务结束时进行了付薪，直到 1878 年 7 月才重新入役，并于当年秋天被派往西印度群岛部署。从 1879 年 1 月起，"汉莎"号在该地区进行了一系列的港口访问。随着南美太平洋战争（1879 年至 1883 年）的爆发，该舰又奉命调往南美水域维护德意志第二帝国在这一地区的利益，计划先后前往巴西的巴伊亚（Bahia）和秘鲁的卡亚俄（Callao）。"汉莎"号于 1879 年 9 月 8 日抵达首个目的地，直到 1880 年 6 月底才返航。

1878 年 5 月 31 日，羽翼未丰的德意志海军遭受了和平时期里最惨痛的一场灾难——就在一个月前，装甲舰训练分舰队像往常一样准备执行夏季训练巡航任务，包括"威廉国王"号和普鲁士级舰的前两艘，5 月 6 日刚刚服役的"大选帝侯"号也加入其中（当时德皇级舰还在港封存中）。噩梦从才服役六个月的"弗里德里希大帝"号身上开始——首先是这艘饱受引擎故障困扰的装甲舰于 5 月 22 日从基尔起程前往威廉港途中，在丹麦的尼堡（Nyborg）海域不慎搁浅，因此未能参加此后的夏季演习。

剩下的三艘舰于 5 月 29 日从威廉港出发，"威廉国王"号和"普鲁士"号位于编队前方位置航行，"大选帝侯"号居于右舷位置。5 月 31 日晨，当编队航行至福克斯通（Folkestone）附近海域时，编队前方突然出现了两艘帆船。为了及时规避，"威廉国王"号立即左转舵，结果"大选帝侯"号也在左转规避，于是横了"威廉国王"号的正前方，两艘舰当场撞在一起。由于大量进水，"大选帝侯"号不到 8 分钟便宣告沉没，舰上 284 人丧生。"威廉国王"号也在撞击中受损严重，一度到了要考虑全体弃舰的地步。所幸的是舰上的抽水泵及时排出了大量进水，"威廉国王"号这才得以摆脱沉没的命运，前往附近的朴次茅斯港进行临时抢修，后来又返回本土威廉港进行一场为时甚久的大修，维修工作直到 1882 年方才结束。事已至此，整个出航计划随之宣告破产。直到 1903 年，打捞"大选帝侯"号的努力才最终被放弃，这艘舰的残骸至今还静静地躺在 15 米至 25 米深的水下①。

① 参 见 http://www.wrecksite.eu/wreck.aspx?114。

▽ 1876 年在马耳他拍摄到的德意志装甲舰编队，位于前景位置上的是"王储"号，其后分别是"德意志"号、"德皇"号和"弗里德里希·卡尔"号（BA 183-B0167）

△这张描绘了 1912 年时地中海各国形势的示意图，涵盖了 1871 年至 1918 年间对德意志海军具有重要意义的一些地点（作者本人绘制）

"大选帝侯"号装甲舰的沉没是德国海军历史上的一个关键事件，这一事件折射出当时的德意志海军内部以及德意志第二帝国政权内部涉及海军事务方面的诸多紧张关系。事后的调查工作在许多方面演变成了一场政治迫害，各种长期存在的个人不满陆续被揭露出来，据此开设的军事法庭审判三次被迫搁置，然后又按照不同的判决重新启动。而事实上，当时的人们似乎很少或者根本没有考虑到需要从整个事件中吸取任何技术方面的教训。这一事件造成的一个直接影响就是施托施本人和海军整体地位的下降，更反映在了 19 世纪 80 年代德意志海军预算的逐步削减上。

1879 年 5 月，大型舰只的夏季演习计划重新启动。当时，"弗里德里希·卡尔"号（旗舰）、"弗里德里希大帝"号、"普鲁士"号和"王储"号装甲舰已重新开始服役，各舰组成的编队在挪威水域展开航行活动。1880 年，"萨克森"号取代了演习分舰队中的"王储"号，舰队行动范围也仅限于德意志本土水域和波罗的海地区。然而，这艘新舰却因引擎故障而推迟到 6 月才出海加入这支分舰队的行动。

第二年，"王储"号重返夏季训练分舰队（当时"萨克森"号仍在封存状态中），该舰队又一次在本土及其周边水域活动。这次舰队的基本行动计划与 1883 年时的如出一辙，但这次包括了模拟基尔遭受攻击的情形（由大型舰只充当假想的"来自东方的敌人"），由"路易斯"号（Luise）和"布吕歇尔"号护卫舰以及四艘鱼雷艇负责基尔地区的防御，结果演习最终判定防御的一方获胜。

出口型战舰

1875 年，当时的清政府由于受到来自日本的战争威胁设立了海防基金，并订购了一批英国制造的"伦道尔"（Rendel）式炮舰。虽然其吨位较小，但主炮口径却高达 380 毫米[①]。到了 1880 年，又有人提议清政府继续购买四艘现代化装甲舰。结果由于俄国政府的阻挠，原本计划再次从英国购买炮舰的计划流产，于是这笔订单便落到了德国人手里。这次，曾负责建造萨克森级装甲舰的伏尔铿船厂给东方的客户留下了良好的印象（承诺建造交付时间仅为基尔船厂的一半）[②]。

① 关于 19 世纪末至 20 世纪初中国海军的发展史，参见：R N J Wright, *The Chinese Steam Navy, 1862–1945* (London: Chatham Publishing, 2000)。

② 关于中德两国造舰关系史，参见：C Ebersþaecher, 'Arming the Beiyang Navy, Sino–German Naval Cooperation 1879–1895', *International Journal of Naval History* 8/1 (2009), pp.1–10。

△清政府的第二艘外购舰"镇远"号，摄于 1894 年（**作者本人收藏**）

就这样，1881 年 1 月双方签署协议，由伏尔铿船厂为清政府建造两艘改进型萨克森级舰（将其归类为装甲护卫舰）[①]以及十艘鱼雷艇，所有舰艇承诺在 18 个月内交付。到了 9 月 13 日，清政府又追加订购了三艘装甲护卫舰和五艘吨位较大的装甲舰。结果受到预算资金短缺的限制，后者最终未能付诸实施，其中一艘装甲护卫舰的建造计划则改为 2475 吨的防护巡洋舰（拥有穹形装甲甲板的护卫舰，即"济远"号）[②]，其余两艘也分别降低规格，改为吨位较小的设计建造方案（由计划中的 7200 吨改为 2900 吨）[③]。

实际上，在订单正式签署之前建造工作就已经着手进行了，第一艘"装甲护卫舰"于 1881 年 3 月 31 日开工建造，第二艘也于 1882 年 3 月 1 日铺设了龙骨。"定远"号于 1881 年 12 月 28 日正式下水，"镇远"号则于 1882 年 11 月 28 日下水。该设计方案（在德意志政府的许可下）在萨克森级舰的舰体方案基础上基本没有变化，但其武器配置则完全不同，安装双联装 305 毫米 /35 倍径火炮的带炮罩露炮台按炮塔斜置法（En echelon）布置，舰艏和舰艉分别布置一座安装单管 150 毫米 / 倍径火炮的炮塔，此外舰上还配备有 350 毫米口径水线上方鱼雷发射管，两具位于舯部，一具在舰艉。原型舰的四个烟囱减少为两个，动力系统升级为更高功率的复式发动机，舰体结构采用钢材料而不是铁，"三明治"式的装甲也用 355 毫米厚的单层装甲代替。此外，无装甲防护的上层建筑[④]从舰艏延伸到露炮台再到舰艉，这种布局非常类似于当时英国皇家海军的"不屈"号（Inflexible）、身形稍小的"阿伽门农"号（Agamemnon）和"巨人"号以及意大利海军的鲁杰罗·迪·劳里亚级（Ruggiero Di Lauria class）装甲舰。前桅采用横帆设计，主帆上设有前后帆索，但在交付后就被拆除了，取而代之的是在前桅上增加的一个位置较低的瞭望台。这批舰上还载有两艘 15.7 吨的鱼雷艇，其艇艏装有两具 350 毫米口径的鱼雷发射管，航速可达 15 节。鱼雷艇吊挂在烟囱后方的吊艇柱上，操作时用蒸汽驱动。

[①] A Mach, 'The Chinese Battleships', *Warship* VIII (1984), pp.9–18; R N J Wright, 'The Peiyang and Nanyang Cruisers of the 1880s', *Warship 1996*, pp.95–110.

[②] 1883 年下水，配备两门 210 毫米 /35 倍径炮和一门 150 毫米 /35 倍径炮，拥有 75 毫米厚的甲板，参见：D Kisieliow, 'Kr,a'zownik pancernopok'ladowy "Jiyuan"', *Okr,ety Wojenne* 113 (2012), pp.15–29.

[③] "经远"号和"来远"号，配备两门 210 毫米 /35 倍径炮和两门 150 毫米 /35 倍径炮，装甲带厚度 240 毫米，1887 年下水。1894 年 9 月 17 日，"经远"号在黄海海战中沉没，其姊妹舰"来远"号于 1895 年 2 月 5 日在威海卫港沉没。

[④] 译注：这里所指的上层建筑应该不包括指挥塔，后者拥有 203 毫米厚的装甲。

△虽然清政府计划订购五艘"定远"式舰，但后三艘最终改为较小型的巡洋舰。图为其中之一——1887年下水的"经远"号（**作者本人收藏**）

　　1883 年 5 月 2 日，"定远"号开始海试，计划当月晚些时候搭载一个德意志海军水兵乘组一同前往中国，旨在替换在远东服役的德意志海军舰艇上的相关人员。然而，中法战争的爆发（法军于 8 月 23 日对福州发动突然袭击），最终导致"定远"号于 7 月被中途召回，并于 8 月回到了斯德丁。在额外进行的试验中，四门主炮均进行了试射，结果造成了严重的炮口爆炸损伤，其中一次还造成了火炮附近的烟囱发生破裂。1884 年 3 月，"定远"号的姊妹舰也开始海试，同样在 6 月 19 日于斯维内明德进行的火炮试射中发生了炮口爆炸损伤事故。根据当时德意志政府的中立规定，这批舰只暂时处于封存状态，1885 年"济远"号也加入其中，直到 1885 年 6 月中法和平条约缔结后，各舰才被批准离港，并于 10 月 9 日抵达中国 [①]。

　　其实，德国为清政府提供战舰的兴趣并没有随着 19 世纪 80 年代计划的履行而终止。到了 1894 年，德皇曾提议位于基尔的日耳曼尼亚船厂（Germaniawerft）买下

◁ 1882 年大修期间的"德意志"号装甲舰，图中可见拆除了帆布和上层帆桁，加装了防雷网和探照灯（**作者本人收藏**）

① 另两艘在德国建造的巡洋舰"南瑞"号和"南琛"号则被获准放行，舰上所有火炮都将由英国阿姆斯特朗公司提供和安装，然后由英国政府批准离港前往中国。

近期刚刚付薪后的"王储"号和"弗里德里希·卡尔"号装甲舰，并将其转售给清政府。如此一来，便可以避开因为中日甲午战争而产生的相关国家之间的交易禁令。然而，由于一系列的困难，这笔交易最终没能达成。

卡普里维时代的到来

1883 年 3 月，施托施最终辞职，在此之前，他与同僚们、特别是与德意志第二帝国总理奥托·冯·俾斯麦（Otto von Bismarck，1815—1898 年）进行过多年不休的争吵。他的继任者是另一名曾经的士兵——列奥·冯·卡普里维（Leo von Caprivi，1831—1899 年），他于 1890 年就任总理。

卡普里维就任时，1872 年计划建造的八艘装甲巡防舰已经建造完成（其中一艘为已损失的"大选帝侯"号），此外六艘装甲护卫舰中的五艘也已建成。1883 年举行的演习（也是在本土水域进行）中涵盖了老舰"弗里德里希·卡尔"号、"王储"号、"德皇"号以及六年来首次重新入役并再次遭遇引擎故障的"德意志"号。这也是演习编队首次全程使用蒸汽动力航行，各舰的桅杆虽然还在原处，但帆已经全部卸下了。

1884 年夏，萨克森级舰全部建成，德意志第二帝国海军第一次具备了将四艘主力舰编成统一水面支队的能力（除"萨克森"号之外，其余各舰均为首次加入舰队服役），"巴登"号担当旗舰，装甲巡防舰则作为后备力量。在演习的高潮期里，这批舰组成了截至当时德国海军历史上最大规模的舰队——第 1 支队。此外还组建了四个支队，分别由黄蜂级装甲舰、蒸汽护卫舰、风帆舰和鱼雷艇组成。1885 年，只有一艘萨克森级舰——"巴伐利亚"号奉命调出，与"弗里德里希·卡尔"号和"汉莎"号一同行动，当年还组建了一支无装甲水面支队和两个鱼雷艇支队。

然而，后"大选帝侯"时代造成的国会资金预算短缺，导致第五艘也是最后一艘装甲护卫舰直到 1880—1881 年才获批准建造，而即便如此也仅能保证建造一艘舰的资金，要知道这艘舰已经比本来吨位不大的萨克森级舰还要小三分之一。

"奥尔登堡"号

这就是 1883 年开始动工建造的"奥尔登堡"号。"奥尔登堡"号回归到了中央炮位的设计理念，也是世界上最后开工建造的同类型战列舰[①]。除了炮位内的火炮外，"奥尔登堡"号还在其炮位上方的开放式炮位上安装了两门火炮，类似的布局在法国海军"可畏"号（Redoubtable）、"孤拔"号和"蹂躏"号（Dévastation，1876—1882 年下水）也有采用。另一方面，"奥尔登堡"号的八门 240 毫米口径火炮是 30 倍径的火炮武器，相比早期装甲舰上安装的"短款"火炮这是很大的进步。尽管当时还没有尽数配齐，这艘装甲舰还是带着四门 150 毫米 /22 倍径的临时舰炮武器出海试航了。

"奥尔登堡"号是德国海军第一艘设计有大型钢制建筑的战列舰，配备圆柱形（而非方形）锅炉，并安装有复合装甲带。在 19 世纪 80 年代的改装（参见"19 世纪 80 年代的现代化改进"一节）中，该舰又加入了许多新的特征，包括加装舰艏探照灯、舰艉探照灯和鱼雷发射管，而艏踵位置的鱼雷发射管将一度成为德国主力舰的标准配

① 土耳其海军的"哈米迪耶"（i）号（Hamidieh）是这一舰种中最后一艘建造完工的舰只，该舰在经历了为期 20 余年的建造历程后，终于在 1893 年宣告完工。

△ 1898 年的"奥尔登堡"号战列舰，摄于其远洋活动服役后期（**作者本人收藏**）

置。然而总的来说，"奥尔登堡"号的建造是一次糟糕的军备投资，实际完工的该舰与设计航速还相差 0.2 节，而且在顶浪航行时的航速损失相当严重。

这艘新舰及时入役并赶上了参加 1886 年的海上演习。在这次演习行动中，"奥尔登堡"号与"萨克森"号、"符腾堡"号和"巴登"号组成第 1 支队，当时位于基尔港的警戒舰"汉莎"号与头一年冬天组成训练分舰队的四艘护卫舰以及当时已大量服役的鱼雷艇组成第 2 支队。不幸的是，在这次行动中，尽管"萨克森"号和"符腾堡"号两艘较新的装甲护卫舰表现令人满意，却再次遭遇到了推进系统的故障。

19 世纪 80 年代的现代化改进

在"奥尔登堡"号获准建造后，直到 1888—1889 年造舰计划出台建造新主力舰的计划才得到批准。然而，正如前文已经指出的，在这一中间过渡时期，德国海军为在役装甲舰队制订了一项现代化改进计划。直到 1882 年之前，受到碰撞损坏的"威廉国王"号一直处于大修改装状态，在此期间，该舰不仅换装了新的舰艏和冲角，而且还换装了锅炉和新艏楼，并对舰上武器装备进行了改进，主炮口径统一为 240 毫米，其中一门副炮换为更现代化的 150 毫米口径炮，此外还加装了轻型火炮和鱼雷发射管。

后来在其他舰只上进行的改装工作也是与之类似的。例如在 1883 年，"王储"号拆除了帆索，舰艏部分立刻显得空旷突兀，该舰后来又换装了锅炉，加装六门 37 毫米口径机炮和五具水线上方的鱼雷发射管，其中两具位于舰艏，一具在舰艉，另一具在舰体舯部，但鱼雷仅仅配备了 12 枚。到了 1885 年，舰上又加装了防雷网，由桅杆上的重型吊具进行操作。

△"弗里德里希·卡尔"号于 1885 年完成现代化改装后的状态，注意其加装的探照灯和连接在简练的桅杆上的防雷网支架（**作者本人收藏**）

1885 年，"弗里德里希·卡尔"号也接受了类似的现代化改装，锅炉的换装使该舰的烟囱布局变为一个单独的主烟囱和位于其前方的窄小的排烟道的组合。作为改装计划的一部分，德皇级舰也对舰上的武器装备进行了改进，在舯部上层甲板的炮位后方增加了 150 毫米口径火炮武器，同时加装了一门副炮。至于"普鲁士"号，则在 1883—1884 年的改装过程中增加了新锅炉和艉楼，同时加装了两门 37 毫米口径机炮。1885 年，"弗里德里希大帝"号和"普鲁士"号都加装了五具 350 毫米口径鱼雷发射管，前者位于水线上方，后者在水线下。这次改装还包括在两舰艏楼、垛墙和舰艉位置分别加装了六门和十门 88 毫米口径炮。

这一时期的现代化改装计划还注意到了老旧的"阿米尼乌斯"号装甲舰，该舰虽然在 1872 年降格为一艘工程师训练船，但在 1881—1882 年间更换了锅炉并加装了四挺机枪、一具 350 毫米口径鱼雷发射管和一对探照灯。就这样，"阿米尼乌斯"号转而成了鱼雷训练舰"布吕歇尔"号（1877 年建成的一艘护卫舰）的支援母舰。

结束美洲地区的部署后，"汉莎"号于 1880 年 11 月付薪后进入大修状态，1884 年 2 月竣工，并于 1884 年 2 月成为基尔港的一艘警戒舰，甚至一度充当工程 / 司炉训练舰，并与其他主力舰一同参加了相关演习。但到了 1888 年，"汉莎"号糟糕的舰体状况已被认为不再适合出海执行任务，因此退役后成为一艘住宿船，直到 1906 年被变卖拆解。

1887 年，一批接受过现代化改装的舰只结束后备状态开始出海活动，这一年里的第一次重大行动是参加 6 月里修建威廉皇帝（基尔）运河的开工仪式，"威廉国王"号（当时已封存九年之久）、"弗里德里希·卡尔"号、"汉莎"号、"奥尔登堡"号

和四艘萨克森级舰为此聚到了一起。修建这条运河的目的是使船只能够在北海和波罗的海之间往来，而无须绕行丹麦周边危险的水域。这条运河是在1864年从丹麦人手中夺取的领土上修建的，运河全长98公里，全程建有七个港池，以保障大型船只有序航行。此外，运河在布伦斯比特尔（Brunsbüttel）和基尔还设有船闸，通过时间为16小时。整条运河于1895年6月19日正式开通。

　　仪式结束后，萨克森级舰（除了"萨克森"号外）返回原本所属的波罗的海后备支队，其余各舰保持在役状态参加当年的夏季演习，其中主力舰队第1支队的"德皇"号也加入进来。一支波罗的海分舰队也在北海和波罗的海海域组织了演习行动。第二年春天，"德皇"号重新入役，代表德意志第二帝国参加了巴塞罗那世界博览会的开幕式，随后继续参加夏季海上演习，其他参与其中的主力舰还包括"威廉国王"号、"巴伐利亚"号和"符腾堡"号。

△"弗里德里希大帝"号在完成1883—1884年改装后的状态，注意图中加装的艉楼和拆除了帆具后的桅杆（BA 183-B0179）

▽1881年接受现代化改装期间的"阿米尼乌斯"号（BA 134-C0065）

齐格弗里德级

卡普里维面临的下一个关键问题，是海军下一步到底应该建造什么样的舰只[①]。海军部长于是就相关的战术和技术议题向海军各部门下达了一份调查函，而其主要建议是设计建造一种新型舰只，其吃水深度要满足瑞典和丹麦之间海峡海域的通航条件，配备四门 305 毫米口径火炮组成的主炮台和六具鱼雷发射管，同时设计有冲角，其动力系统采用双轴推进，航速能达到 15 节。

作为对这些设计需求的回应，海军造舰办公室按照卡普里维的设想提出了一系列可能的技术解决方案，这其中就包括一种 2500 吨位级、配备两门 210 毫米口径火炮的海防舰，另一个方案则是吨位高达 10000 吨、配有七门 305 毫米口径火炮的大型舰只。然而，国会拨款每年都在紧缩，特别是受基尔运河的巨额开支影响其情况更甚。另一方面，运河河口地区当然也需得到保护，因此确实需要合适的舰只来满足这一特定需求，对于这一点即使是那些国会的怀疑者也无法反驳。因此，在运河建造期间实施的十艘海防舰的建造方案得以通过。这一造舰计划也成为当时德国国内造船行业的主要推动力，要知道自 1884 年以来，德意志海军连一艘主力舰的建造计划都没有。

这就是后来的齐格弗里德级海防舰，起初该级舰被归类为"装甲舰"，名义上是黄蜂级装甲舰的后续建造计划，主要也是为了向海军方面的一贯"对手"——国会证明，该级舰并非近期一再被否决的那种远洋主力舰方案。就这样，作为黄蜂级和布鲁默尔级舰曾经使用过的 A 到 N 临时舰名的延续，齐格弗里德级各舰的临时舰名代号为 O 到 S。

根据批准后的 1887—1888 年造舰方案，未来的齐格弗里德级铁甲舰是以海军造舰办公室的最小吨位方案为基础设计建造的，只是吨位稍微高出了 500 吨，主炮规格也提升至 240 毫米 /35 倍径，后来又增加了第三门火炮。两门前主炮并排布置在单装炮位上，各自设计有炮位罩，这一布局充分反映出当时冲角遭遇战的理念仍在不断延续。反鱼雷艇炮位原计划配备六门 37 毫米口径武器，但通过在梅彭

▷ 19 世纪 80 年代末的"贝奥武夫"号（Beowulf），照片中展现出的是该级舰的最初面貌（**作者本人收藏**）

① 关于齐格弗里德／奥丁级以及勃兰登堡级舰的详细图文讨论，参见：D Nottelmann, 'From Ironclads to Dreadnoughts: The Development of the German Navy 1864‑1918, Part III: the von Caprivi Era', *Warship International* 49 (2012), pp.317‑355。

（Meppen）靶场针对现代化鱼雷艇的模拟射击试验，方案又改为六门88毫米/30倍径速射炮（从第二艘舰开始，多出的两门火炮布置在与主桅并排的位置），同时加装了防鱼雷网。

防护方面，全舰配备完整的水线装甲带，前四艘舰采用复合式装甲，后续各舰配备的则是由克虏伯公司新研制的新型装甲钢板，即30毫米装甲甲板和200毫米露炮台装甲，其护盾厚度为30毫米。

"齐格弗里德"号铁甲舰是首艘配备立式三胀蒸汽机的德国主力舰，1895年又成了第一艘完全使用燃油动力（出于试验目的）的主力舰。然而事实证明，当时该舰的燃油成本要两倍于其燃煤型姊妹舰，因此到了大修改装期间，"齐格弗里德"号又回复到了该级舰最初采用的混合燃烧动力系统上。

首艘大型巡洋舰："奥古斯塔女皇"号

在齐格弗里德级的建造计划获批一年后，第一艘新型大型巡洋舰也被列入了建造计划。在19世纪80年代，关于德意志海军舰队对舰队侦察巡逻和海外驻扎服役的需求已经被反复讨论多次，有关混合发展重型舰只和巡洋舰只的辩论也时有发生。

19世纪80年代中期之前，德国巡洋舰的吨位一般不超过3000吨，而且直到19世纪70年代还在采用木制主体建造［阿里阿德涅级护卫舰（Ariadne class）］。从两艘4500吨位级的莱比锡级（Leipzig class，1875—1876年）开始，然后是3000吨位级的俾斯麦级（1877—1879年），所有这些护卫舰都采用全帆桅和舷侧武装[1]。而无装甲防护帆桅巡洋舰一直继续建造到19世纪80年代，包括吨位2400吨至2600吨的卡罗拉级（Carola class）和亚历山德琳级（Alexandrine class）、2000吨位级的"水中女妖"号（Nixe）与3600吨位级的"夏洛特"号（Charlotte），基本上都是训练用途或海外驻军舰只，其作战价值很低。

[1] 除"布吕歇尔"号外，其余各舰都作为训练舰留在本土，这批舰只的大部分服役生涯都是在海外度过的。

▽ "奥古斯塔女皇"号位于美国汉普顿港群（Hampton Roads）时拍摄的照片，摄于1893年4月。注意其临时布置的混合炮位，其150毫米口径火炮位于舯部两舷侧（底特律出版公司，国会图书馆授权）

德国海军历史上的第一批现代化巡洋舰是建造于 1886 年的两艘 5000 吨位的"艾琳"级（Irene class）巡洋舰，该级舰配备有 14 门 150 毫米 /30 倍径火炮和装甲甲板，航速达 18 节，无帆索具。原本还计划建造第三艘同级舰，但后来被同时适用于本土水域作战和海外驻扎的吨位更大的造舰方案所取代。

H 号巡洋舰（即后来的"奥古斯塔女皇"号）的排水量要比艾琳级大了 1200 吨，其设计最大航速达到了 21 节，比在其之后下达建造订单的勃兰登堡级战列舰还要快上 4.5 节。为了满足其推进功率设计指标（要求高过勃兰登堡级 20%，高过艾琳级 50%），该舰首次采用了三轴推进，这种设计经过此番成功验证后又在德皇弗里德里希三世级战列舰上再次被采用，而这种动力配置方案直到第二次世界大战时一直是德国海军大型战舰的标志性特征。

从外观上看，"奥古斯塔女皇"号可以看作是 2050 吨位级的"狮鹫"号（Greif）通报舰的翻版，而后者正是在两年前由同一家私人性质的造船厂——日耳曼尼亚船厂承建的。在建造过程中，"奥古斯塔女皇"号计划配备四门 150 毫米 /35 倍径火炮（位于舰体腰部位置）、八门 105 毫米 /35 倍径火炮和八门 88 毫米 /30 倍径火炮。但到了 1896 年，舰上 150 毫米和 105 毫米口径的火炮组合被 12 门新型 150 毫米 /35 倍径火炮所取代。至于防护方面，"奥古斯塔女皇"号仰赖的是 50 毫米至 70 毫米厚的装甲甲板。考虑到该舰服役生涯中将有相当一部分将会在海外度过，因此舰体采用了蒙茨金属[1] 装甲板提供覆盖防护以减少海洋生物的滋生。建成后不久，"奥古斯塔女皇"号便横渡大西洋，代表德国参加在美国汉普顿港群举行的纪念哥伦布发现新大陆四百周年庆典仪式。而从 1897 年年底到 1902 年期间，"奥古斯塔女皇"号一直在德意志第二帝国海军舰队东亚支队服役。

[1] 由约 60% 的铜、40% 的锌和少量的铁材料加工而成。

3 新德皇的到来
THE NEW EMPEROR

1888 年 3 月，德皇威廉一世去世，由他的儿子弗里德里希三世即位。不幸的是，新德皇由于身患不定期发作的喉癌，仅仅在位 99 天便病重死去。这样，其长子威廉二世便于当年六月即位成为新的德皇。与先皇相比，威廉二世可以说是一位海军迷，他对"自己"的海军倾注了极大的个人兴趣，而且还拥有一定程度的海军技术知识，他甚至一度幻想着自己是一名海军军舰设计师。

他与当时的德意志海军可谓结下了亲密的纽带关系，这一点从他在位期间的海军夏季巡航制度便可见一斑。威廉二世主导的第一次海军夏季巡航行动于 1888 年 7 月展开，参加行动的编队由"巴登"号（旗舰）、"巴伐利亚"号、"德皇"号和"弗里德里希大帝"号、四艘护卫舰和两艘通报舰组成。而正是这支编队，组成了当年夏季演习中的"演习舰队"。

至于这场夏季演习，则是由一位新上任的海军部长现场督导的，即亚历山大·冯·蒙特斯伯爵（Alexander Graf Von Monts de Mazin，1832—1889 年）。新德皇即位不到一个月，卡普里维便于 7 月中旬辞职，其海军领导职位被这位一等水手出身的新部长所取代。然而，蒙特斯于 1889 年初逝世，同年 3 月 30 日颁布了新的海军机构改组条令。早在蒙特斯上任前，威廉二世就已经决定将海军部划分为三个机构，这

▽"弗里德里希大帝"号的最终状态，注意其经过简化了的单主桅和 1885 年加装的 88 毫米口径火炮
（作者本人收藏）

一方案也得到了前任海军部长施托施的支持。1888 年 8 月，按照已经在陆军推行的经验基础，新的海军组织架构也开始推行实施。

新的海军部包括：海军内阁（负责与德皇联络及处理人员事务）、海军最高司令部（作战行动事务）以及帝国海军办公室（发展计划和造舰事务）。这种三权分立的架构实际上意味着海军所有的控制权都集中在了德意志第二帝国皇帝的手中，而这种"改革"的恶果将直接决定德意志第二帝国海军在第一次世界大战中的命运。

海军办公室由一名实际上主持海军部长工作的国务大臣掌管。首任者是卡尔·爱德华·豪斯纳（Karl Eduard Heusner，1843—1891 年），结果他在一年多之后因健康问题辞职。跟随其后继任的是弗里德里希·冯·霍尔曼（Friedrich von Hollmann，1842—1913 年），任期直至 1897 年。新德皇政权与国会之间的对立仍在继续，而作战舰队的支持者和强大巡洋舰力量的支持者之间从上一个时代就已经开始的争论，如今则仍在继续。

进入 19 世纪 90 年代

德皇一年一度的巡航计划随着舰队的保持服役状态而继续进行，然后是夏季演习行动。1889 年，两场大型海上行动调用了 7 艘以上的主力舰。而到演习结束时，装甲舰队则进入了年度休整期，"德皇"号、"德意志"号、"普鲁士"号以及"弗里德里希大帝"号作为冬季训练分舰队继续服役。根据德皇的命令，各舰在热那亚集结，威廉二世搭乘"德皇"号，奥古斯塔·维多利亚皇后搭乘皇家游艇"霍亨索伦"（i）号（Hohenzollern），这对帝国夫妇此番将要前去参加 10 月希腊王储康斯坦丁（Constantine）与威廉二世的妹妹索菲（Sophie）的婚礼庆典。

于是编队向奥斯曼土耳其帝国进发，德皇夫妇先是在那里会见了苏丹阿卜杜拉·哈米德二世（Sultan Abdülhamid II），随后前往希腊科孚岛（Corfu）拜访了奥匈帝国的伊丽莎白皇后。

11 月，德皇夫妇在威尼斯离开了编队，这次是德国舰队首次造访奥匈帝国港口波拉（Pola）和阜姆（Fiume）。次年 1 月，编队起程前往亚得里亚海沿岸的士麦纳（Smyrna），2 月又造访了马耳他，一些意大利港口，以及（西班牙的）加的斯（Cádiz）和（葡萄牙的）里斯本。3 月，各舰返回威廉港。1890 年夏，威廉二世再次跟随舰队一同对丹麦和挪威进行访问。当年 8 月，舰队还参与了英国将战略要地赫尔戈兰归还德国的仪式。为德皇乘坐的"霍亨索伦"游艇护航的"巴登"号、"巴伐利亚"号、"符腾堡"号和"奥尔登堡"号组成第 1 支队，"德皇"号、"德意志"号、"普鲁士"号和"弗里德里希大帝"号组成第 2 支队，准备参加即将到来的演习。

1890 年的这场演习是德国海军历史上首次同时出动 8 艘装甲舰参加的大型海上演习，演习围绕沙俄海军舰队封锁基尔港的假想背景举行。演习结束后，第 2 支队于同年 10 月起程前往地中海海域参加那里的巡航行动。过程中，"弗里德里希·卡尔"号替换下了"弗里德里希大帝"号（大修期间拆除了前后桅，仅保留主桅上的战斗桅楼。"普鲁士"号也于 1888 年至 1889 年进行过类似的改装）。

在这次行动部署期间，各舰还在 11 月份里协助扑灭了亚历山大港的一场大火，然后于 12 月前往土耳其水域，并在新年时分返回意大利和奥匈帝国港口。到 1891 年

△ "王储"号在其服役生涯的最后阶段留下的照片，图中该舰展现出了早期铁甲舰在 19 世纪 80 年代采用的典型改装方案（NHHC NH 88624）

3月，编队方才起航前往德国本土，途中停靠了里斯本，葡萄牙卡洛斯一世国王受邀登上"德皇"号参观，随后各舰于 4 月顺利抵达威廉港。

当年夏天，德皇威廉二世又公布了新的海军舰队组织架构，将一个支队的舰只数量正式确定为四艘，一个分舰队的舰只数量则为八艘。此外，参与海上对抗演习的舰队地位被提升为独立编成，而不是年度演习期间临时设置的任务单位（很多时候这些参演舰只都是海军部或海外驻军司令临时调派部署的，某种意义上来讲在海军舰队中是居于次要地位的），这一举措无疑可以看作组建一支综合型舰队的关键一步。

这也构建了 1891 年年度演习的基础力量，这次演习动用了全新的"齐格弗里德"号装甲舰，由此取代了第 1 支队中的"符腾堡"号。演习中首次将第 1 支队作为防御力量的一部分加以运用。不幸的是，在四次攻防对抗演习中有三次以防御一方的失败而告终。冬季到来后，第 2 支队继续作为训练舰队服役，但在 1891 年 9 月至 10 月期间，"弗里德里希大帝"号和"王储"号顶替"普鲁士"号和"德皇"号，并留在支队里准备参加 1892 年的演习。这是"王储"号的参与的最后一次行动，而另一艘功勋老舰"弗里德里希·卡尔"号同样到了最后的谢幕时节。1892 年冬，二者终于被"齐格弗里德"号和"贝奥武夫"号海防铁甲舰所取代，"弗里德里希大帝"号则被"威廉国王"号所取代。在 1893 年的演习中，"弗里德里希大帝"号再次复出，这场演习也见证了全新的"伏里施乔夫"号（Frithjof）铁甲舰的首次行动。

勃兰登堡级

早在威廉二世登基时，德意志海军已经开始根据 1889—1890 年造舰计划对预算资金进行规划了。这一阶段的主要目标，是设计建造两艘新型主力舰，这和前文提到的造舰办公室规划的齐格弗里德级舰的设计思路完全不同。"奥尔登堡"号的经验证

△法国战列舰"霍什"号（Hoche，1886年），是法国制造的第一批采用菱形主炮炮位布局的战列舰，这一设计思路也给"代舰－普鲁士"方案带来了启发。图中该舰正在建造过程中，战斗主桅于1894—1895年改为单主桅以减轻自重，注意其低干舷特征（**作者本人收藏**）

明，这类舰艇上很难单独配备专用的反鱼雷艇武器，因此最初海军方面倾向于采用另一种类似该级舰那样的中央炮位布局。而随着近十年海军装备的发展，来自鱼雷的威胁变得越来越严峻。如上一章所述，装甲舰的高端武器——305毫米口径火炮成了首选，但当时人们担心的主要是人工装填效率的现实问题。考虑到260毫米口径火炮与沙俄海军波罗的海舰队的"亚历山大二世"号（Imperator Aleksandr II）和"尼古拉一世"号（Imperator Nikolai I，1885年开工建造）计划配备的305毫米口径火炮相比，威力相差甚大，因此后来折中选择了280毫米口径——一种广泛用于岸防阵地但尚未在海上部署的火炮口径。

当时打算付诸实施的第一个设计思路是采用四个单装炮位的布局。由于仍然需要三门能直接前向射击的火炮，可能需要采用菱形布局布置火炮，就像1886年开始在法国下水的一批新战列舰上所采用的类似布局[1]，而这种布局需要将舰体侧舷设计成明显内倾式才能确保两侧的炮位拥有良好的轴向射界[2]。造舰办公室原本设想的"重型战列舰"排水量为10000吨级，但也允许将排水量提高到11400吨的水平，这已经是现有码头设施以及船闸通行能力允许的最大吨位指标了。这样一来，富余的300吨排水量可以配备更多额外的武器装备，如果采用双联装方式，则可以安装一组六门火炮的主炮位。

实现这一布局有两种可选择的方式。其中一种就是当时沙俄海军黑海舰队的叶卡捷琳娜二世级（Ekaterina II class）战列舰那样采用一对双联并排向前射击的舯部炮位，舰艉方向则布置一个独立的向后射击的双联炮位，齐格弗里德级舰采用的就是类似的单主炮布局；而另一种方式则是把所有三个炮位都布置在中轴线上，一个位于艏楼处，一个在后甲板，另一个布置在舯部，这也是同时期建成的法国海军博丹海军上将级（Amiral Baudin class）战列舰采用的单主炮布局方案。尽管这一布局方案未能实现最大的前向射击火力，最终还是获得通过并付诸建造实施，毕竟它充分发挥了所有火炮的舷侧火力。

[1] 如法国海军"霍什"号、马索级（Marceau class）、"查尔斯·马特尔"号（Charles Martel）、"卡诺"号（Carnot）、"若雷吉贝里"号（Jauréguiberry）、"马塞纳"号（Masséna）和"布维"号（Bouvet）装甲舰以及为西班牙海军建造的"佩拉约"号（Pelayo，1887年）、为智利海军建造的"普拉特舰长"号（Capitan Prat，1890年）。

[2] 事实上火炮射击产生的爆炸效应导致这一位置并不十分理想和实用。

　　由此诞生的勃兰登堡级舰在后来的很多年里一直都是德意志海军中舷侧火力最强劲的一型舰只。直到1906年英国皇家海军"无畏"号出现，它配备的可旋转炮位重炮数量才算是棋逢对手，尽管前者的设计思想其实是基于完全不同的战术概念。

　　1888年8月，德皇威廉二世颁布命令，将计划的同级舰建造数量从原有的两艘扩充到四艘，国会后来也批准了相关拨款（国会方面愿意为首舰提供资金，但希望把其余舰只的建造资金推迟到首舰竣工时再行拨付），这也是时任海军部长的蒙特斯在其短暂任期内的主要功绩之一。所有后来被称为勃兰登堡级的舰只都是在1890年的上半年里相继铺设龙骨开工建造的，最后一艘（D号舰，"弗里德里希·威廉选帝侯"号）由于下水稍早，因此接受了先前指定给齐格弗里德级"伏里施乔夫"号的Q号舰名。起初，所有六门主炮都应该是280毫米/35倍径炮，火炮安装在带炮罩的炮位里。但就在这些舰只的建造过程中，一种新的280毫米/40倍径新型火炮问世了。如果不对原来的上层建筑布局做出的重大调整，这些新型火炮就无法安装在

△"弗里德里希·威廉选帝侯"号，注意其建成时的短烟囱（**作者本人收藏**）

舰体舯部位置上。不过，舰艏和舰艉位置的炮位都接收了新型火炮，这也同时导致了同一舰只上各炮位弹道特性的不匹配，但当时设想的海上战斗场景是发生在短距离上的，这意味着火炮性能上的差异并不是什么特别重要的影响因素。只有当射程增大时，舰上整个武器装备的统一性能表现的问题才会变得更为重要，这也是 20 世纪的头十年里各国海军不约而同放弃了不同口径混合炮组的一个最主要的原因。这些火炮炮位由炮位后方的一台吊车供应弹药，炮弹从那里被转移到一个滑道系统中输送到火炮后方位置。在这里，一台起重机把发射药抬升到火炮后膛高度，然后由炮手手动装填。虽然装弹操作十分辛苦，但这一方式毕竟使火炮炮位具备了全弹药装填能力。

舰上副炮的最初设计方案是配备 16 门 87 毫米 /35 倍径火炮，但在各舰开始建造时，它们又被新的 88 毫米 /35 倍径炮所取代。然而，当 1891 年 105 毫米 /35 倍径火炮开始投入使用时，原计划安装在主甲板上的 8 门中口径火炮又换成了这种新型火炮。与此同时，舰上还加装了一套六管鱼雷发射装置，全部安装在水线以上位置，并且具备一定的可瞄准能力。

同级舰头两艘所用的装甲是从迪林根公司（Dillingen）订购的，而第二批两艘的装甲则购自克虏伯，当时的克虏伯公司正在试验一种新的镍钢装甲板。因此，尽管头两艘舰全舰配备的是复合装甲，后续的舰只却通过采用新型装甲而使重要部位得到了更大程度的保护。

"勃兰登堡"号的海上试验在 1894 年 2 月 16 日这天受挫，当时舰上右舷发动机的阀门发生故障，一条主蒸汽管道爆裂，造成舰上 44 人当场丧生（包括 25 名海军人员、18 名船厂雇员和海试委员会的一名成员），另有 7 人受伤。另一方面，"沃斯"号成为 1894 年夏季演习期间的舰队旗舰（当时德皇也曾登舰），舰队还包括另外两支主力舰支队，其中一支是包括三艘齐格弗里德级舰的真正的主力舰支队第 4 支队，另一支则是名义上的第 3 支队，由四艘护卫舰扮演主力舰用于对抗演习。1894 年的

△ 1896 年舰队位于基尔港时的情景，前面是四艘萨克森级舰，后面是"威廉国王"号，远处是一艘白色舰体的俾斯麦级护卫舰；在画面左边中间位置的是一艘通报舰，要么是"狩猎"号（Jagd），要么是"守卫"号（Wacht）（**NHHC NH 88647**）

年度演习是最后一次由旧式铁甲舰作为主力舰参与的海上年度演习，后来"威廉国王"号曾于 1896 年和 1897 年作为一艘巡洋舰重返演习阵容。

作为德意志第二帝国近 20 年来订购建造的第一批一等主力舰，勃兰登堡级也引发了沙俄海军的极大关注。1890 年，俄国原则上批准建造六艘一等主力舰和四艘二等主力舰。然而由于建造资金不足，二等舰的建造计划被降格为海防舰，即"谢尼亚文海军上将"级（Admiral Seniavin class），其余舰只则在 19 世纪末的最后岁月里投入了缓慢的建造进程中。

勃兰登堡级舰同时代的英国对手是皇家海军君权级（Royal Sovereign class）和"胡德"号（Hood），二者的排水量要大上 40%，装甲也稍厚，主炮武器为四门 343 毫米（13.5 英寸）口径火炮，发射的炮弹重量是勃兰登堡级的两倍。与之更为类似的则是吨位稍大一点的法国海军"查尔斯·马特尔"号、"卡诺"号、"若雷吉贝里"号这批舰。后者配备的是类似的装甲，航速也比他们的英德同时代对手快一节。不过，这批法军舰只配备的是 305 毫米和 274 毫米混合口径主炮组，每个舷侧只配备三门，这样就使得勃兰登堡级在舷侧火力上拥有了 50% 的优势。在勃兰登堡级和君权级建成之后大约三年里，这批法国舰只都没能及时完工。同样遭遇工期延误的是沙俄海军的"纳瓦林"号（Navarin），其吨位大小和防护水平与勃兰登堡级舰大致相同，但干舷要低得多，航速也要慢一节，舰上配备的四门 305 毫米（12 英寸）口径火炮使它的舷侧火力提升了 25%。

奥丁级

在 1891—1892 年造舰方案里，由于首批勃兰登堡级和齐格弗里德级舰的建造成本预计将上浮 25%，因此只有"哈根"号（Hagen）和"海姆达尔"号（Heimdall）的建造获得批准。"吉菲昂"号（Gefion）巡洋护卫舰和另两艘齐格弗里德级舰的建造计划则放在了 1892—1893 年造舰方案中。然而到了那个时代，以遭遇战概念为基础的造舰设计思想已经让位给了"战列线"潮流的回归。因此，后续的齐格弗里德级舰开始接受一系列改装，以配备四门安装在舰艏舰艉方向上双联装炮塔上的240 毫米口径火炮。为了对增重进行补偿，整条水线装甲带将改为重点部位防护设计，将舰体两端位置的防护交由加厚装甲甲板进行，此外还将通过使用增强型克虏伯装甲代替复合装甲来节省重量。然而，舰上武器装备方面的改装后来并没有继续下去，因这批改装而诞生的奥丁级舰保留了装甲方面的改装，在其他一些方面则与前级舰存在一定差异，例如在服役前安装战斗桅杆以及拆除防雷网，"埃吉尔"号（Aegir）还配备了水管锅炉，从而构成了独特的双烟囱布局，其他区分之处还在于舰上安装了一对吊车。奥丁级舰的建造完成使该系列的舰只数目总共达到了八艘，列入 1893—1894 年造舰计划的第九和第十艘舰（W 和 X 号装甲舰）则被国会否决，此后再未付诸实施。

铁甲舰时代的落幕

随着勃兰登堡级舰的到来，旧装甲巡防舰便可以功成身退了。"王储"号于 1892年 10 月进行了最后一次付薪，不过直到 1901 年才除籍，成为工程师和轮机工人的训练船。为此，出于教学目的该舰还安装了现代化的锅炉设备；1892 年 9 月起，"弗里德里希·卡尔"号转为预备役，于 1895 年从现役舰队中除籍，成为一艘解除了武装的鱼雷试验船。1902 年该舰改名为"海王星"号（Neptun），原舰名则分配给了另一艘新舰使用。

"普鲁士"号在结束了 1890—1891 年的地中海地区部署后再未重新服役。至于该舰的接班人，最初计划纳入 1893—1894 年造舰计划里，不过由于国会方面的反对，直到第二年度造舰方案出炉方才得以实现。"弗里德里希大帝"号在舰队中一直服役到 1894 年，两艘舰于 1896 年一同转为港口勤务用途。

▷建造完成的"奥丁"号（NHHC NH 47886）

△建造完成的"埃吉尔"号，注意其双烟囱布局（因其配备的水管锅炉而来）和鹅颈式吊车，这也是该舰区别于其姊妹舰的最主要特征（BA 134-C0081）

◁到了19世纪90年代，萨克森级舰（图为"符腾堡"号）进行了一定程度的改装，加装了探照灯设备和鱼雷发射管，同时还与本土舰队的其他舰只一同进行了外部舰体涂装（作者本人收藏）

◁基尔运河的建成将德意志舰队带入了具备战略机动能力的新时代。图中的"萨克森"号在完成了1898—1899年的重建后，正通过1893年修建完工的勒文绍（Levensau）高桥。这座运河高桥主要用于承载基尔至弗伦斯堡之间的铁路，"萨克森"号想要独自通过运河是会遇到一定困难的（注意一旁的拖船）（作者本人收藏）

▷为了方便在远东地区服役，"德意志"号经改装重建后成为一艘巡洋舰。虽然保留了舰上原有的八门260 毫米/20 倍径主炮，但如今最有效的武器却是新型副炮——八门150 毫米/35 倍径火炮，这些火炮的火力要比当时的姊妹舰"德皇"号强得多（作者本人收藏）

在 1894 年年末至次年年初的这个冬天，秋季演习结束后各舰的部署方式有了一定调整，勃兰登堡级舰取代了第 1 和第 2 支队中的萨克森级舰，这意味着后者已不再适用于冬季海外训练用途。因此，最近一次演习中成立的新的巡洋舰支队——第 3 支队将用于海外训练用途，第 1 和第 2 支队仅在本土水域执行短距离巡航训练任务。1895 年的夏天见证了基尔运河的建成开通，这一工程的落成实现了所有德国舰只在波罗的海和北海之间的安全往来。基尔港和布伦斯比特尔港的船闸长 125 米，宽 22 米，所有舰只都可顺利出入。通过舰队活动，德意志海军的 12 艘主力舰（包括四艘勃兰登堡级、四艘萨克森级和四艘齐格弗里德级舰）、21 艘巡洋舰以及较小

▽1898 年的"威廉国王"号，该舰在改装重建过程中又拆除了重新服役后安装的轻装桅杆（NHHC NH 47943）

的舰只组成的舰队阵容也得到了充分展示。不过另一方面，一些参加仪式的外国海军的主力舰的吨位甚至比勃兰登堡级都要大。

正是同一批主力舰，构成了 1895 年演习的主干力量（加上第 3 支队中的"模拟"舰只），他们与参加演习的第 1 和第 2 支队组成第 1 分舰队，与第 3 和第 4 支队组成的第 2 分舰队展开了对抗演习，双方都有侦察舰只提供支援。这构成了下一年海上演习活动的基础，也正是从那时起，第 1 分舰队成了一个永久存在的编制。

从装甲巡防舰到巡洋舰

与其他起源于普鲁士海军时期的大型舰艇不同，"威廉国王"号、"德皇"号和"德意志"号都是在 1891 年至 1897 年之间改装重建的，其主要目的是进一步延长各舰的服役寿命，能实现良好适航性的设计也是使其继续服役的保证（与之形成对比的是干舷相对较低的"普鲁士"号，该舰也进行了更全面的现代化改装）。这次改装重建期间，各舰更换了锅炉，扩建了上层建筑，同时还加装了战斗桅杆，虽然在上层甲板上加装了现代化的中口径火炮和轻型火炮，但也保留了舰上旧有的甲板间武器。"威廉国王"号安装了 18 门 88 毫米口径炮，而"德皇"号和"德意志"号的火力则得到了更大程度的加强。

在"德皇"号上，上层甲板的 150 毫米 /22 倍径火炮被拆除（保留 150 毫米 /30 倍径副炮），其中四门换成了 105 毫米 /35 倍径炮（另有两门位于舰桥前方），其余两门换装为 88 毫米口径 /30 倍径炮，还有七门安装在舯艉两侧作为副炮；至于较晚进入船坞改装的"德意志"号，火力强化程度则更高，该舰在其姊妹舰上 105 毫米口径炮的位置上安装的则是 150 毫米口径 /35 倍径炮，舯艉副炮也进行了换装。舰上的 88 毫米口径炮炮位于舯部和舯艉的垛口上。

与此同时，舰上看似略显过时的"短形制"主炮被保留了下来，这主要是出于实战因素考虑，因为当时现代化的长身管火炮在旋转角度方面很容易受到限制。英国皇家海军在 1885 年对"柏勒罗丰"号进行武器装备改装之后也得出了同样的结论[1]，因此以 1892—1896 年期间德意志海军的思路对"大力神"和"苏丹"号进行现代化改装时，舰上的主炮都没有受到影响。

维多利亚·路易丝级

"奥古斯塔女皇"号所开创的舰队 / 海外舰队巡洋舰的基本概念一直延续到了 19 世纪 90 年代。尽管德意志第二帝国海军办公室乐见这样由大型巡洋舰及提供支援的 1500 吨位级的四等小型舰只混合编成的舰队，最高司令部方面倾向于打造的却是一支统一由 3000 吨位级的三等巡洋舰组成的舰队。在这样的情况下，到了 1895 年，三艘吨位低于 6000 吨的二等巡洋舰开工投入建造。K 号巡洋舰，即不久后的"赫塔"号，最初是根据 1892—1893 年计划草案和 1893—1894 年计划提出的建造需求，但这两个方案在提议过程中均遭到了拒绝，到了 1895—1896 年造舰计划中资金才得到拨付，这其中还包括 L 号巡洋舰（即"维多利亚·路易丝"号）和"代舰 - 芙蕾雅"（ii）号。虽然该型舰只设计有甲板装甲防护，但在布局和总体外观上，它们其实类似于同一时代设计的德皇弗里德里希三世级战列舰的简化版本，沿用了该级舰命名舰上高大

[1] 203 毫米（8 英寸）/25 倍径火炮炮身管长度比原来的 229 毫米（9 英寸）/14 倍径炮长 2 米。

的战斗前桅和杆式主桅，以及由炮塔和暗炮台混合构成的副炮位。

在排水量上，维多利亚·路易丝级比"奥古斯塔女皇"号舰要小约 6%。而建成后，舰上的武器装备也得到了加强，包括在前后甲板炮位安装的 210 毫米 /40 倍径火炮，加上八门 150 毫米 /40 倍径炮、十门 88 毫米 /30 倍径炮和三具 450 毫米水线下方鱼雷发射管。大概在 1900 年前后，舰上的 88 毫米口径炮炮台进行了改装，拆除了舰艉上层建筑上的一门火炮，并在艏楼燕窝式垛口位置则加装了两门火炮，其具体位置和外观形状因舰而异。同一时期前舰桥也发生了一定变化，舰身斜坡的装甲甲板则有所加厚，舰体再一次使用了蒙茨金属护板以提升该级舰在海外服役时的适用性。

排水量的限制，意味着该级舰安装的发动机功率并不高，其设计航速为 19.5 节，但在海上试验中没有一艘同级舰能达到这一指标。该级舰还安装了全套水管锅炉，其型号各异，主要是供试验使用。"维多利亚·路易丝"号配备的是"杜尔"（Dürr）式锅炉，"赫塔"号为"贝尔维尔"（Bellevilles）式，"芙蕾雅"号安装的锅炉则是"尼克劳斯"（Niclausse）式，而正是后者的安装试验和使用被证明是存在问题的，因此，"芙蕾雅"号的海上试验直到该舰服役一年多之后才开始着手进行。法国的"尼克劳斯"式锅炉在其他国家海军看来也是不太令人满意的[1]。1896 年，根据 1896—1897 年造舰计划，同级舰又追加建造了两艘，外观尺寸略有修改，吨位增加了约 200 吨。M 号巡洋舰——"维内塔"号配备了"杜尔"式锅炉，N 号舰"汉莎"号配备的则是 18 台"贝尔维尔"式锅炉（其姊妹舰上的安装数量为 12 台），各舰设计航速均只能达到 18.5 节。但在海试过程中，各舰都达到或超过了这一指标，"维内塔"号甚至超过了 1 节之多。

① 如沙俄海军"列特维赞"号（Retvizan）战列舰、"瓦良格"号（Varyag）巡洋舰以及美国战列舰"缅因"（ⅱ）号（Maine）等（S McLaughlin, *Russian & Soviet Battleships* [Annapolis: Naval Institute Press, 2003], p.127）。

▽建造完成的"维多利亚·路易丝"号，摄于 1899 年（NHHC NH 48235）

德皇弗里德里希三世级

如上文所述，德意志海军方面曾试图在1893—1894年造舰计划中替换掉"普鲁士"号，但却遭到了国会的阻挠，此提议到1894—1895年计划中方才获得批准。虽然"普鲁士"号（以及该舰仍在服役的姊妹舰"弗里德里希大帝"号）并不是德意志舰队中舰龄最老的，但它们的用处甚至已大不如老式的大型舷侧装甲巡防舰，后者仍然能够在世界范围内广泛部署使用。因此，正如前文已经指出的那样，这些巡防舰正进行现代化改装以进一步延长服役寿命。

在设计"代舰-普鲁士"号时，曾经一度影响勃兰登堡级舰建造计划的基础造船设施的限制因素仍然存在。因此，关于该级舰基本尺寸的权衡必须在下一艘舰建造伊始便加以考量，而早在1891年6月时德皇就已经开始进行这方面的研究了。在早期阶段，为了控制舰体尺寸，设计方决定牺牲舯部的炮塔，以确保副炮的配置能有所加强，由此相继出炉了五份设计方案草图，前四个方案为十门105毫米口径火炮和八门88毫米口径炮，五号方案则为八门150毫米口径炮和八门88毫米口径炮，所有方案的主炮统一为四门280毫米口径炮。德皇对这项设计工作也非常感兴趣，并且提出了自己的设计方案，然而该方案存在明显的重量和稳定性问题，他也因此最终放弃了自己的方案[1]。

到1894年5月，第16份设计方案草图已经制作完成，该方案主炮采用菱形布局（类似勃兰登堡级舰的法国同龄舰设计思路），采用了最理想的280毫米口径主炮。但是如果需要考虑重量因素的话，有可能要用210毫米或更小口径的火炮来代替位于舯部的火炮。该方案还设计配备至少16门105毫米口径的火炮，其中一些有希望安装在双联装炮塔内，有六门能实施轴向射击，另一个选项则是配备数量较少的150毫米口径火炮。

1894年3月，"代舰-普鲁士"号的建造经费获得批准拨付，这意味着设计方案需要尽快定型以便展开建造工作。到了当年夏天，更多的设计草图已经制作出来，采用的是火力更强的150毫米口径的副炮配置。这就反映了一种新的观点，那就是人们当时仍然认为在一场短距离的海上战斗中，副炮火力将对敌舰目标造成大部分程度的损伤，主炮的作用是在对手的装甲带上击穿出弹洞，副炮则负责摧毁敌舰未受保护的部位。

在演习分舰队司令看来，无条件地沿用勃兰登堡级舰上的280毫米/40倍径主炮的思路是值得推敲的。他认为，新型的240毫米/40倍径炮的射击速度要比280毫米/40倍径炮快2.5倍，打击效果也要好得多。因为它不仅可以充分发挥穿甲弹的作用（尤其是在当时设想的战斗射程内），而且在配合150毫米口径炮一起使用时，可以对敌方目标的非装甲防护区域产生有效的爆破毁伤作用，这些论点使德皇接受了来自海军办公室和最高司令部的反对意见。当然，后者又因海军参谋长阿尔弗雷德·冯·提尔皮茨（1849—1930年）编写的"经验总结"报告文件改变了立场。而这份报告文件——第九号服役备忘录（Dienstschrift Nr. IX），也将成为德国海军未来诸多发展方向的一大基础[2]。

采用这种240毫米口径的新型火炮，标志着德意志海军主力舰以弹药重量换取发射速率的思想开始付诸实施，而这一思想直到1913年造舰计划中的巴伐利亚级出

[1] 对于"代舰-普鲁士"号和后续的维特尔斯巴赫级舰的发展过程，参见：Nottelmann, 'From Ironclads to Dreadnoughts: The Development of the German Navy 1864-1918, Part IV: The Kaiser's Navy'.

[2] 参见：I N Lambi *The Navy and German Power Politics, 1862–1914* (Boston: Allen & Unwin, 1984), pp.68, 75, 78, 83, 86, 138, 140, 165.

现后才被打破①。使用这种较小口径火炮的"代舰-普鲁士"号和其后建造的九艘其他舰只受到了很多批评，因为火炮口径变小意味着德意志海军舰只的火力要比它们同时代的外国海军对手更"弱"。然而在日俄战争和第一次世界大战揭示出海上战斗的实际情况之前，考虑到较近射程内火炮武器的穿甲能力，240 毫米到 280 毫米口径之间几乎没有其他选择。但由于较小口径的火炮发射速度要快得多，在给定的相同时间内无疑可以投射出更大的重量的金属弹药。

就在这样的背景下，1894 年 8 月一艘 1.1 万吨位级主力舰（比英国皇家海军的同类舰只小，但与当时的法国和俄国舰只相当）的建造计划被批准通过，其主炮武器为 4 门 240 毫米 /40 倍径火炮和 18 门 150 毫米 /40 倍径炮。该舰其他的新特征是配备了水管锅炉、三轴推进（这也成了德国海军大型舰只的标志性特征）和克虏伯渗碳装甲，后者用不到一半厚度的装甲层实现了等同于 400 毫米厚的普通克虏伯装甲板所能提供的防护力。装甲带只延伸至舰艉炮塔座，再往后的部分用 75 毫米厚的曲面装甲甲板实施防护（比装甲甲板的主体扁平部分厚 10 毫米）。这一新舰及其姊妹舰将是最后一批按旧式的窄装甲带防护方案投入建造的战列舰，拜新的轻型装甲技术所赐，其后设计建造的舰只将得以采用全新的装甲防护体系。另一方面，这批新舰设计了一条新的位于装甲甲板下方、前后贯通舰体的中心线通道，这也将成为其后德国海军战列舰的一大重要特征。

至于对水管锅炉可靠性的担忧，当时许多国家的海军都有同感，这也最终导致了英国皇家海军所谓的"锅炉之战"②。后来，"代舰-普鲁士"号（下水时更名为"德皇弗里德里希三世"号）实际上只接收了四台桑尼克罗夫特式锅炉，其余的八台则是旧式的圆柱形（火管）锅炉。所有这些锅炉分布在六个锅炉房内，而最前方的一对水管锅炉机组只在需要全速航行时才会投入使用。

另一个重要问题在于，当时计划安装的 240 毫米 /40 倍径炮实际上还没有诞生，直到两年后方才正式完成研制。而一旦这种新型火炮的研制被证明失败，那么"代舰-普鲁士"号就将无法及时配备主炮武器。这些火炮的炮位是以勃兰登堡级的基础布置的，虽然它们的顶罩形状有所不同，但供弹方式是一样的。

舰上多数 150 毫米口径副炮安装在上层甲板上，六门采用单装炮塔，八门安装在炮台上；其余四门副炮则位于主甲板炮台上。舰艏方向的前四门上层甲板火炮安装在 240 毫米口径前主炮的炮位下方，其安装平面比舰艉方向后主炮的要高两层甲板的高度，因此射击指挥效果最佳。实际上，该舰的主炮和副炮的布置方案是同时期最好的，它有效避免了在恶劣海况下部分火炮武器无法正常使用的危险，要知道这是大多数副炮安装在主甲板炮位上的舰只时常常遇到的情况。与勃兰登堡级舰相比，除了可瞄准的舰艉鱼雷发射管之外，舰上所有鱼雷发射管都安装在水线下方的位置。

德皇弗里德里希三世级舰的订购消息引起了瑞典人的极大担忧。在瑞典，为了说服对海军事务拨款问题向来吝啬的国会追加订购两艘海防装甲舰，正在崛起的德意志海军舰队（以及俄国海军舰队）的威胁一度被人为炒作。"雷神"号（Thor）和"尼约德"号（Niord）是 1893—1894 年造舰方案中获批的"奥丁"号（Oden）的姊妹舰。这批排水量为 3780 吨的装甲舰配备了两门 254 毫米口径火炮，火力可与齐格弗里德级舰相提并论，是专为保护瑞典沿海水域而设计建造的，也是一系列同类舰级的一个组成部分，

① 这种思路也被引入了其他国家海军，特别体现在了奥匈帝国哈布斯堡级（Habsburg class）和卡尔大公级（Erzherzog Karl class）以及与它们相似的大型巡洋舰上。英国、意大利和俄国海军也有类似的方案（McLaughlin, *Russian & Soviet Battleships*, p.104）。

② P M Rippon, *The Evolution of Engineering in the Royal Navy, I: 1827–1939* (Tunbridge Wells: Spellmount, 1988), pp.50, 76 - 77.

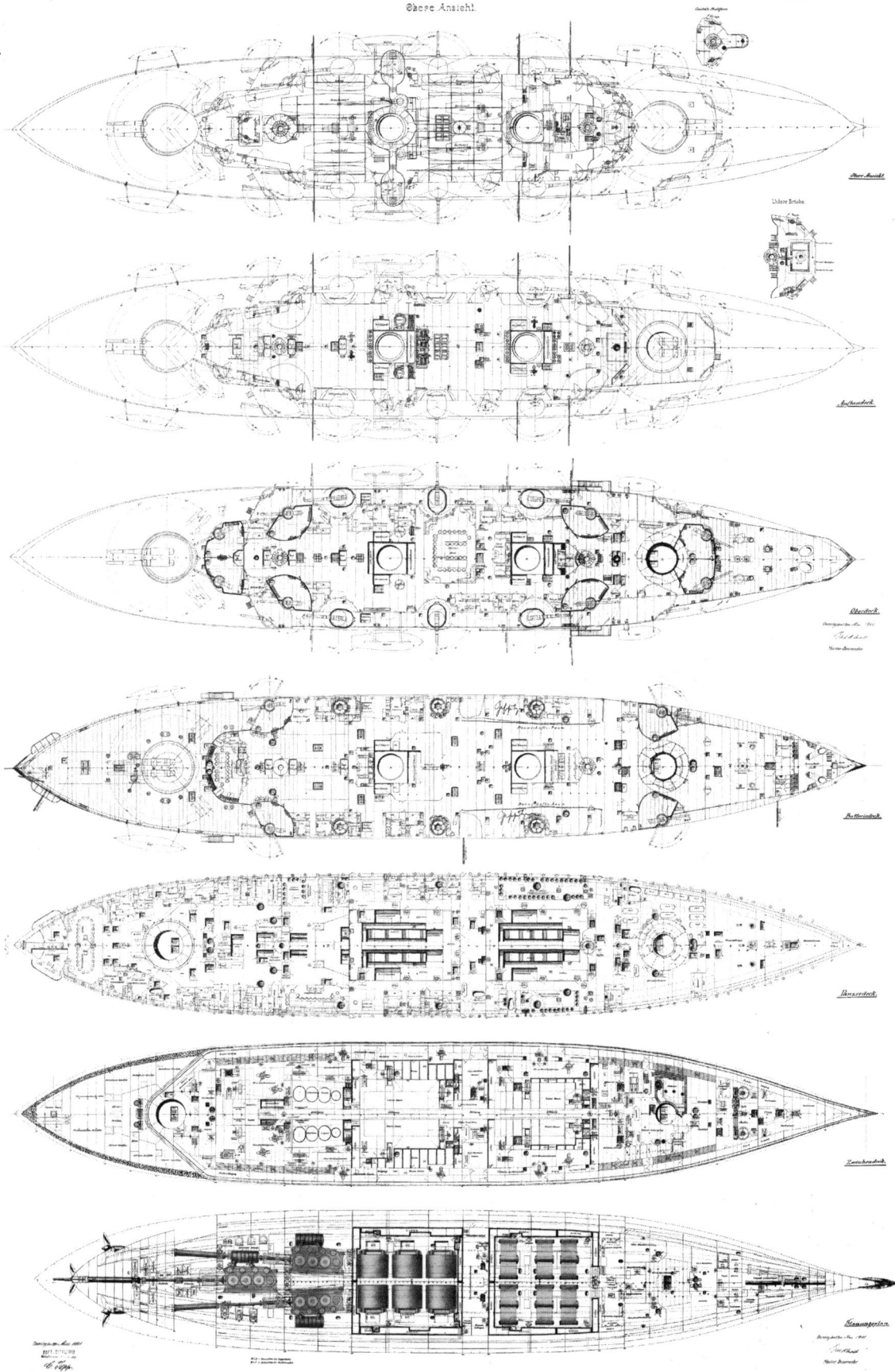

S.M. Linienschiff „Kaiser Barbarossa."

△ "德皇巴巴罗萨" 号舰最初的甲板布置方案图。炮台甲板位置上的铅笔注释内容指明了该舰后期改装重建的情况，当时这些位置加装了88
毫米口径反鱼雷艇火炮（鸣谢网站：www.dreadnought.project.org）

△尚未配备武器的德皇弗里德里希三世级海试时的面貌，注意其安装的短烟囱。高耸的战斗前桅和杆式主桅是这艘舰独有的，其舰桥设计也十分精巧（BA 134-B0682）

这批装甲舰是从 1884 年订购的斯维亚级（Svea class）开始陆续设计建造的，先后建成 12 艘，直到 1903 年造舰计划中的"奥斯卡二世"号（Oscar II）方才告终[①]。

"代舰 - 普鲁士"号和"代舰 - 弗里德里希大帝"号（即后来的"德皇威廉二世"号）的订购时间要相差一年，而其间的 1895—1896 年造舰计划中还纳入了"俾斯麦侯爵"号（Fürst Bismarck）大型巡洋舰。因此，人们对该型战列舰的设计方案又进行了复盘，并提出了一些修改意见。特别值得一提的是，最高司令部主张增加舰上主炮的口径，要么回归到 280 毫米口径，要么干脆增加到 305 毫米，后者从 1894 年庄严级（Majestic class）战列舰开始就已经成为英国皇家海军的标准主炮口径。不过，这将意味着将主炮位的火炮数量将减少到两门，副炮位的火炮数量也将损失四门，而更大口径的火炮穿透力是否就会比 240 毫米口径火炮武器大得多？这一点仍然是存在疑问的。还有一个问题在于，这样等于是把德皇弗里德里希三世级舰打造成为一种配备单一类别特殊武器装备的舰型。虽然后来有人试图在第三艘及后续的同级舰只的建造过程中重新讨论火炮口径的问题，但 240 毫米口径火炮的成功使得德皇本人也坚定地指定该口径为德意志舰队未来主力舰的大口径火炮的标准口径，并且一直沿用到 19 世纪末。

然而，火炮的生产起步极为缓慢，1898 年 10 月"德皇弗里德里希三世"号服役并进行海试时，舰上仍然未配备主炮武器。在完成了舰上机械设备试验后，该舰于 1899 年 2 月付薪，直到当年 10 月才达到全副武装状态（这不禁让人联想起 30 年前第一艘装甲巡防舰的情况）。而其余的同级舰只，包括"德皇威廉二世"号（Kaiser Wilhelm II）、"代舰 - 威廉国王"号（1897—1898 年造舰方案中的"德皇威廉大帝"号）以及和战列舰 A 和 B（"德皇巴巴罗萨"号和"德皇卡尔大帝"号，均在 1898—1899 年造舰计划中）均已舾装完毕。其中有两艘舰在建造过程中因事故工期有所延误，"德

① D G Harris 'The Swedish Armoured Coastal Defence Ships', Warship 1996, pp.9 - 24.

△"德皇弗里德里希三世"号不久后降低了战斗前桅的高度，加高了烟囱高度，不过暂时保留了双层式舰桥的设计（BA 134-C 0539）

皇威廉大帝"号因造船厂火灾而导致完工日期推迟，"德皇卡尔大帝"号则是由于从汉堡造船厂向威廉港转移途中损伤了舰体底部。该级舰最后三艘的主炮炮塔为 C/98 型炮塔，而不是前两艘舰采用的 C/97 型炮塔，这也使该舰火炮的射速提高了 15%。

　　虽然"德皇威廉二世"号（被特别任命担任新的舰队旗舰）延续了第一艘同级舰的锅炉布置，但从"德皇威廉大帝"号① 开始后续的三艘同级舰减少了两套圆柱式锅炉，使得这些后续舰只从它们安装的烟囱上就能轻易地与前面两艘同级舰区别开来——前者拥有两个尺寸相等的排烟口，而不像"德皇弗里德里希三世"号和"德皇威廉二世"号上的那样，前烟囱较粗而后烟囱较细。

　　除了烟囱以外，"德皇弗里德里希三世"号在许多方面与同级舰后续舰只都存在诸多不同之处。该舰的姊妹舰设计有两根低矮的战斗桅杆（最后三艘的桅杆上装有探照灯），而"德皇弗里德里希三世"号则安装的是一根非常高的战斗前桅和一根杆式主桅（维多利亚·路易丝级舰也是如此），外加短烟囱布局。后者的高度在海试结束后几乎增加了一倍（达到了与同级舰后续舰只相同的高度），但舰上的帆索一直保留到 1901 年，当时前桅的战斗桅杆部分高度大幅度降低，主桅低处则增加了一个探照灯平台。该舰服役时的舰桥已经改为两层式，"德皇威廉二世"号则采用的是单层设计的舰桥。不过，两艘舰后来都拆除了舰桥，并将其调整为在后续舰只早期服役阶段使用的一种更简单的开放式上层建筑。

---

① 这艘老舰不再扮演曾在战列线当中的角色，并转而被归类为巡洋舰。到 1901 年造舰计划中，该舰又将被新的巡洋舰"再次"取代。

▷"德皇弗里德里希三世"号原先硕大的舰桥最终被一种更简单的设计所取代，这种布局也在后续的同级舰上得到沿用。不过，该舰仍然可以通过其独有的杆式主桅加以辨别（**作者本人收藏**）

▷建成状态的"德皇巴巴罗萨"号，图中可见两个低矮的战斗桅杆，这也是该级舰后续批次舰只的一大显著特征（**作者本人收藏**）

　　1901 年 4 月 2 日，"德皇弗里德里希三世"号在丹麦博恩霍尔姆岛（Bornholm）西南附近海域以 16 节航速高速航行时，突然不慎触底，舰体受到了严重损伤。舰艉鱼雷舱和前机舱大量进水，更为严重的是，左舷后方的锅炉房也被淹没，右舷艏部锅炉房则因为焦油泄漏而引发了一场火灾，舰上官兵费了九牛二虎之力方才将其扑灭。据估计，当时该舰总共被灌进了 1200 吨的海水，而"德皇威廉二世"号试图临时充当拖船施救的努力也宣告失败。好在前锅炉房尚有蒸汽供应，这艘舰勉强能以 5 节的航速依靠自身动力航行，到了第二天早上，已经缓慢航行至基尔港附近海域，然后设法驶进了干船坞。当月 23 日，"德皇弗里德里希三世"号转移到了威廉港，5 月 4 日完成付薪并开始大修，同年 11 月 1 日完工并重新服役。

"俾斯麦侯爵"号

　　十年前的早期研究中就有人提出，为了提高大型巡洋舰的防护水平，应在舰上增加一条水线装甲带，这就是所谓的"11 号装甲带巡洋舰"方案，该方案设计全长126 米，宽 19 米，是勃兰登堡级舰的巡洋舰版，而且二者具有许多相似的特点，包括舰体的基本外形和炮罩式炮位。而另一方面，该设计方案还沿用了"奥古斯塔女皇"

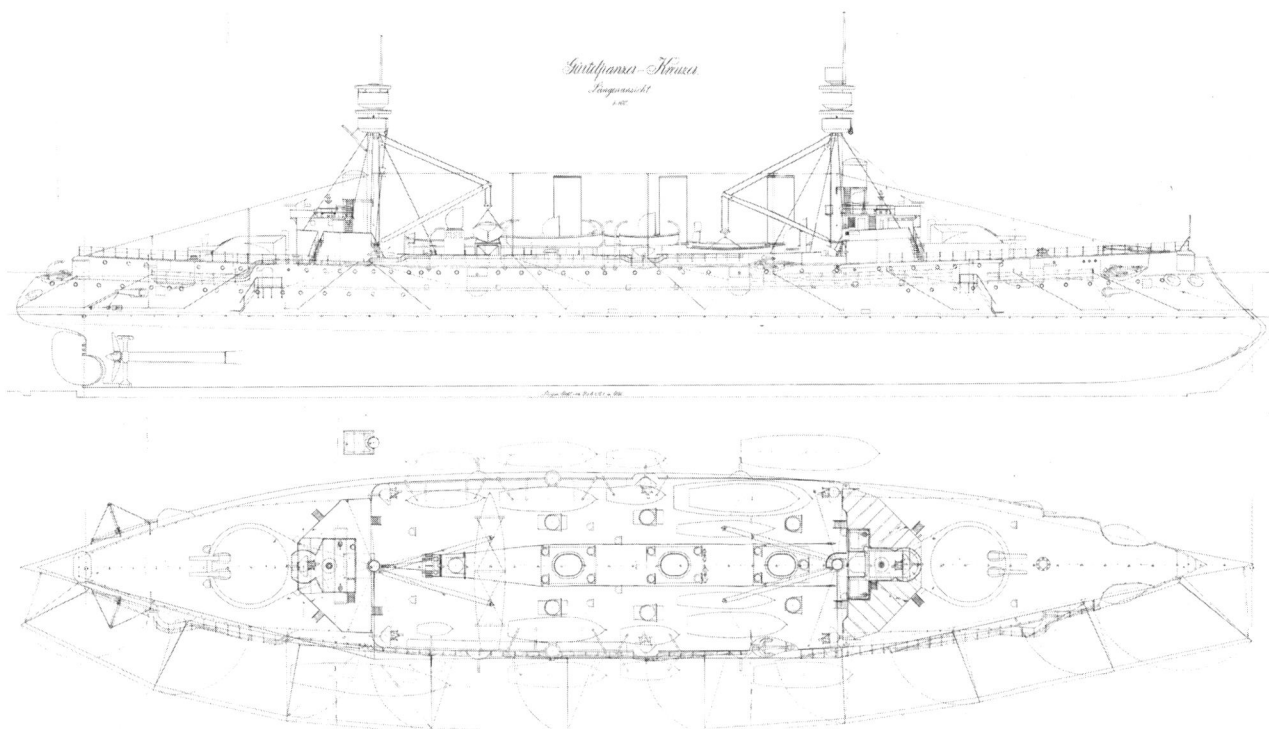

号的三烟囱布局和更强大的动力系统（但只采用了双轴推进）。武器装备则包括前后两个双联装 210 毫米口径炮位，加上 13 门 88 毫米口径火炮，均在舰体垛口和上层建筑的带防护炮位中分散安装布置。

最初的 1894 —1895 年造舰计划包含了建造一艘这种舰型的计划，后来则演变为那一年里"代舰 - 普鲁士"号（即"德皇弗里德里希三世"号）的巡洋舰版。不过该舰的建造并没在当年如愿得到批准，实际上是被纳入了 1895—1896 年造舰计划里。当年的"代舰 - 莱比锡"号（Ersatz-Leipzig，即后来的"俾斯麦侯爵"号）的吨位要比维多利亚·路易丝级舰大得多，与同时代的战列舰相比，这种新型巡洋舰配备有几乎完全相同的主炮位和六座副炮炮塔，装甲的基本布置也是一样的，其上加装了软

△图为所谓的"11 号装甲带巡洋舰"方案，这一设计概念一直可以追溯到 19 世纪 90 年代初，其实可以看作是勃兰登堡级的巡洋舰版。当这样的舰型投入建造时，它将以德皇弗里德里希三世级舰为基础，并最终以"俾斯麦侯爵"号的身份问世（鸣谢网站：www.dreadnoughtproject.org）

◁建造完成的"俾斯麦侯爵"号（作者本人收藏）

木衬。铺设龙骨开工建造时，"代舰 - 莱比锡"号沿用了"德皇弗里德里希三世"号上的短烟囱、高大的战斗前桅和单柱式主桅（按照"代舰 - 普鲁士"号的 XX 号方案其上还安装有探照灯设备）。但在最终完工时，新舰的桅杆却与"德皇弗里德里希三世"号后期采用的相同，而这也将成为前无畏舰时代结束前德意志海军主力舰的一大标准化设计。

"俾斯麦侯爵"号巡洋舰的设计航速要比"德皇弗里德里希三世"号快 1.2 节，这也预示着未来的战列巡洋舰将会是在速度更快的舰体上配备战列舰的主炮武器。实现"俾斯麦侯爵"号高航速这一目标的部分原因是因为舰身加长了 5 米（这里同样考虑到了船坞码头的宽度限制），另一部分原因是推进功率额外增加了 500 马力，不过更大程度上是通过牺牲舰上的防护措施实现的。该舰装甲带最厚的部分也只有战列舰的三分之二，而且全舰的装甲带厚度基本变化不大。"俾斯麦侯爵"号是德国海军历史上第一艘被列为一等巡洋舰的舰只，也使巡洋舰本身的性能上也实现了巨大飞跃。与"奥古斯塔女皇"号和维多利亚·路易丝级舰一样，"俾斯麦侯爵"号力求将快速舰队侦察角色与充当驻海外主力舰的能力结合起来。也正是在履行后一职责的过程中，"俾斯麦侯爵"号巡洋舰度过了自己的全部服役生涯。

正因为如此，"俾斯麦侯爵"号往往被人们与其他国家海军在同一时间开始建造的许多大型巡洋舰一起相提并论，它们的吨位大小往往与战列舰相当甚至超过战列舰，但只有"俾斯麦侯爵"号拥有与战列舰相当的主炮火力。不过到 1904 年，日本海军"筑波"号（Tsukuba）开始配备四门 305 毫米（12 英寸）口径火炮，这也预示着战列巡洋舰时代的来临。

▽ 改装重建后的"符腾堡"号（NHHC NH 47889）

重建萨克森级

虽然在 1895—1896 年的造舰计划中并没有包含新的战列舰建造计划，但却实际上为萨克森级舰的现代化改造提供了预算资金。这四艘舰于是在 1895 年至 1899 年期间进行了改装重建，各舰接收了新的锅炉（到最后一艘进入码头施工的"符腾堡"号时，已改为单烟囱布局，烟囱高度增加 1.5 米）和发动机，航速至少增加了一节。此外，舰上还增加了一个新的副炮位及其防护装甲。然而到了 1903 年，伴随着新舰的建成交付，所有这些经过改装重建的萨克森级舰都相继退出了一线战斗序列。

迎接"提尔皮茨"时代

到了 19 世纪 90 年代，海军部国务大臣弗里德里希·冯·霍尔曼与德皇威廉之间的关系迅速恶化，1897 年在涉及成立一个专门的委员会机构以分权海军事务的问题上双方矛盾达到顶峰。霍尔曼主导起草的 1897—1898 年造舰计划草案未能获得国会预算委员会通过，当年 3 月霍尔曼即提出了辞职。6 月，他的继任者从东亚分舰队司令的岗位上赶赴回国正式上任，这就是提尔皮茨。

现在，提尔皮茨终于有机会将他在最高司令部服役时提出的想法付诸实施了。提尔皮茨的设想是建立四个由四艘战列舰组成的支队，共编成两个分舰队，由一艘舰队旗舰指挥，他意图以此为基础打造新的舰队结构。这一概念再加上舰只强制轮换更新等内容，共同构成了 1898 年提交国会的一项海军法案的核心内容。事实上，这一德国海军历史上的首部舰队法案将从根本上改变德国海军的建设构想，并被认为是导致第一次世界大战爆发的一系列诱因中的关键一环。

大型巡洋舰的出口

1896 年，日本海军军令部颁布了他们的舰队条例，其中规定日本海军舰队应分别由六艘战列舰和六艘防护巡洋舰作为主力（即所谓的"六六舰队"计划）。然而，当时沙俄海军太平洋舰队实力的不断扩充引发了日本人的担忧，这六艘战列舰不一定足够应对来自北方的威胁，但同时他们又没有足够的资金来增加日本海军舰队中这类大型主力舰的数量。因此，"六六舰队"计划中设想的巡洋舰后来升级成了更为强大的装甲巡洋舰，而后者完全可以组成舰队战列线的一部分。

于是，1897 年日本海军方面订购了五艘新型巡洋舰（其中两艘被纳入第一期海军扩张计划，其余三艘则在第二期海军扩张计划名下），1898 年又追加订购了更多舰只[1]。所有这些舰只分别在三家造船厂的码头上投入了建造，其中包括英国的阿姆斯特朗造船厂（Armstrong）、法国的卢瓦河造船厂（Chantiers de la Loire）以及德国的伏尔铿造船厂。后者不仅具有为清政府设计建造前文提及的战列舰和巡洋舰的经验，还曾为沙俄建造过"博加特里"号（Bogatyr）巡洋舰并为清政府建造过三艘海容级巡洋舰。

这批日本海军新型巡洋舰武器装备的安装和总体作战能力的形成，离不开阿姆斯特朗船厂的同步协助，同级舰前两艘——"浅间"号（Asama）和"常磐"号（Tokiwa）在正式建造合同签署前的几个月就已在船台上铺设了龙骨[2]。虽然三家承建的船厂在各自负责建造的舰只的细节设计上存在些许偏差，但无论如何，这批舰只共同的设计特点构成了当时日本海军国际造舰合作规范的基础。

① 该计划细节参见：K Milanovich, 'Armoured Cruisers of the Imperial Japanese Navy', Warship 2014, pp.70 - 92。

② P Brook, Warships for Export: Armstrong's Warships 1867–1927 (Gravesend: World Ship Society 1999), pp.107 - 108。

德国承建的"八云"号巡洋舰是同级舰里计划排在倒数第二艘建造的舰只，但实际上却是第三艘交付的，该舰于 1900 年 10 月 30 日抵达日本本土。与其他五艘巡洋舰一样，"八云"号在两座双联装炮塔中配备了 4 门 203 毫米（8 英寸）/45 倍径的阿姆斯特朗炮，但只配备了 12 门 152 毫米（6 英寸）/40 倍径副炮，法国建造的"吾妻"号（Azuma）同样如此，而四艘由英国建造的同级舰则配备有 14 门该型火炮。除了同级舰中的前两艘舰采用了哈维（Harvey）钢装甲之外，"八云"号以及其余各舰采用的均是克虏伯装甲板。

与其他姊妹舰一样，"八云"号巡洋舰后来在日本海军经历了较长的服役生涯[1]。1904 年 8 月 10 日，"八云"号参加了黄海海战，1905 年 5 月 27 日至 28 日，该舰作为日本海军第三舰队旗舰参加了对马海战，并且参与了击沉沙俄海军海防舰"乌沙科夫海军上将"号（Admiral Ushakov）的战斗。1914 年 10 月，"八云"号参加了对德国海军"埃姆登"号小型巡洋舰的搜寻工作。1917 年 4 月，"八云"号和在英国建造的姊妹舰"常磐"号组成海军军官训练编队进行了太平洋地区的巡航。在第一次世界大战结束后的几年里，承担军校训练任务成了许多日本海军"六六"装甲巡洋舰的主要职责和使命。1921 年 8 月至 1939 年 11 月，"八云"号与"出云"号（Izumo）、"浅间"号以及"磐手"号（Iwate）一同[2]，在太平洋、美洲、地中海和欧洲水域又进行了 13 次远程航行任务。

1927 年，"八云"号换装了锅炉设备，推进功率下降到了原有水平的一半，但仍然足够遂行其海军训练角色。舰上的主甲板副炮于 1933 年被拆卸下来，紧随其后的第二年里上层甲板的带防盾炮位也被拆除。1939 年后，"八云"号继续积极参加海军军校训练任务，但仅限于日本内海海域，1942 年 4 月 1 日因战事吃紧又恢复到了一

① 其服役生涯的详细年表，参见：http://www.combinedfleet.com/Yakumo_t.htm。

② 更多细节资料参见：E Lacroix and L Wells III, *Japanese Cruisers of the Pacific War* (Annapolis, MD: Naval Institute Press, 1997), p.657。"常磐"号和"吾妻"号两艘军舰还在 1912 年至 1920 年各自承担了一部分巡航任务，但此后相继被改装成了布雷舰，奉命进驻舞鹤港成为驻港训练船。

◁二战结束时的"八云"号巡洋舰，图中该舰已拆除了武器，在结束了超过 40 年的远洋服役生涯后转而执行人员运输任务（**作者本人收藏**）

等巡洋舰的序列。1945 年初，"八云"号上的 203 毫米（8 英寸）口径火炮炮位被双联装 127 毫米口径高炮所取代，舰上还增加了 6 个 25 毫米口径炮的炮架（两个三联装、两个双联装和两个单装炮位），这一改装方案充分反映出当时即便是在日本本土水域的舰艇，也面临着巨大的空中威胁。这一改装方案也扩展到了"出云"号和"磐手"号上，当时这两艘日军巡洋舰都还在积极地执行训练任务，1945 年 7 月 27 日这天，两艘舰都成了美军轰炸行动的牺牲品，但"八云"号最终在大战中幸存了下来，到 1945 年 12 月 1 日方才除籍。

然而，这艘老迈的巡洋舰的漫长生涯到此仍未结束——"八云"号作为运输船被指派给盟军执行作战人员遣返任务，并于当年 12 月 7 日开始了该舰的首次人员遣返运输航行任务。到 1946 年 6 月时止，"八云"号共把 9010 名日本人从中国台湾和大陆地区运回到了日本本土，最后于 1946 年 7 月被送回日本进行拆解，1947 年 4 月 1 日拆解宣告完成。

东亚支队 / 分舰队与其他舰只在海外地区的部署情况

虽然德意志海军的舰艇较早前就已被部署到远东水域，但正式的东亚分舰队实际上却是在 1894 年中日甲午战争之后才成立的，最初这支海外部署力量是由小型巡洋舰"艾琳"号、风帆护卫舰"阿科纳"号（Arcona）和"玛丽"号（Marie）以及炮舰"狼"号（Wolf）组成的。然而，人们很快就认识到有必要向远东地区投送更多的水面舰只。因此，改装完成后的"德皇"号在 1895 年 4 月重新服役后，随即就被部署到了远东地区。该舰于当年七月抵达新加坡，接替"艾琳"号成为当地已提升为分舰队力量的旗舰。

到了第二年，"德皇"号悬挂着提尔皮茨的将旗（提尔皮茨自 1896 年 6 月起开始担任分舰队司令）组织各舰进行了一次侦察巡航行动，为远东支队寻求一个潜在的永久基地，从而消除其对他国码头设施的依赖。但还没来得及做出任何关于基地选址的决定，海军少将奥托·冯·迪德里希斯（Otto von Diederichs，1843—1918 年）就接替了提尔皮茨在远东舰队的指挥职务。

1897 年 12 月，东亚分舰队组建了全新的第 2 支队，重新服役的"德意志"号成了该支队的旗舰。然而，部署进程上的延误，再加上舰上机械系统的故障问题（"德意志"号在整个服役生涯中一直深受其困扰），导致这支编队（还包括小型巡洋舰"吉菲昂"号）直到 4 月份方才抵达部署位置。同样在 4 月里，"德皇"号也加入了远东分舰队，"奥古斯塔女皇"号（担任旗舰）、"艾琳"号、"鸬鹚"号和"威廉王妃"号（Prinzess Wilhelm）抵达菲律宾水域，与同样抵达当地的英国、法国和日本海军军舰一起，在美西战争期间美国封锁马尼拉的行动中负责保护各自国家的利益。结果，德国和美国之间因为封锁部队登上外国军舰的权利问题（主要针对的是商船）造成双方关系一度非常紧张，但在 8 月 13 日马尼拉沦陷后，上述矛盾自然就得到了化解，各国派驻当地的舰只也随即撤离了。

1899 年 6 月，"德意志"号成为东亚分舰队旗舰，"德皇"号于 9 月抵达基尔，并在 10 月最后一次付薪前接受了德皇的亲自视察。在 1900 年 3 月最终返回本土付薪之前，"德意志"号于 1899 年在中国香港地区进行了大修。接替该舰的是全新的"俾斯麦侯爵"号。与旧旗舰相比，"俾斯麦侯爵"号的到来也标志着德国东亚分舰队作战能力的巨大跃升。在接下来的几年里，随着瞪羚级巡洋舰在 1898 年至 1900 年期间的相继服役，旧的小型巡洋舰也逐渐被新一代的巡洋舰所取代，德国东亚分舰队的平均舰龄也有所下降。

"奥尔登堡"号战列舰也曾在海外地区服役，自 1897 年底到 1898 年夏之间，该舰曾在地中海海域活动，当时该舰在前往远东的途中临时取代"奥古斯塔女皇"号，参加了六国海军联合组织的针对希腊吞并克里特岛的示威行动。"奥尔登堡"号返回本土后，在服役期的最后九个月里一直被部署在本土水域，直到 1899 年 4 月进行最后一次付薪。

▽所有德皇级战列舰（图为"德意志"号正在通过威廉港船闸时的情景）都被派到过远东地区（**作者本人收藏**）

<◁排成纵队航行的勃兰登堡级战列
舰在驶出基尔峡湾通过弗里德里
希索特（Friedrichsort）灯塔时的
情景（**作者本人收藏**）

4 舰队法时代
THE FLEET LAW ERA

　　1898 年 4 月 10 日，首部德意志海军舰队法正式生效，其中很多要点值得一提。其一，该法案以官方形式公布了当时德意志海军舰队的基本力量构成。其中包括：

　　战列舰 12 艘（萨克森级、"奥尔登堡"号、勃兰登堡级以及德皇弗里德里希三世级的前三艘）；

　　海防舰 8 艘（齐格弗里德级）；

　　大型巡洋舰 10 艘（"威廉国王"号、德皇级、"奥古斯塔女皇"号、维多利亚·路易丝级以及"俾斯麦侯爵"号）；

　　小型巡洋舰 23 艘。

　　其二，舰队法为每一类舰型都规定了服役寿命（战列舰 / 海防舰为 25 年，大型巡洋舰为 20 年，小型巡洋舰为 15 年，皆从最初的订购之日时计算起），服役期满后可由新舰进行替换；第三，这部舰队法还描绘了德意志海军未来的舰队架构，具体如下：

现役舰队

　　1 艘舰队旗舰；

　　2 个分舰队，每个含 8 艘战列舰；

　　2 个支队，每个含 4 艘海防舰；

　　6 艘大型巡洋舰作为本土舰队的侦察力量；

　　16 艘小型巡洋舰作为本土舰队的侦察力量；

　　3 艘大型巡洋舰作为海外部署力量；

　　10 艘小型巡洋舰作为海外部署力量。

预备役舰队

　　2 艘战列舰；

　　3 艘大型巡洋舰；

　　4 艘小型巡洋舰。

　　其中，舰队法这样规定的初衷是确保在任何特定的时刻，至少都应该有以下力量可供使用：

一线作战力量

　　9 艘战列舰；

　　2 艘大型巡洋舰；

　　6 艘小型巡洋舰。

高战备状态预备力量

　　4 艘战列舰；

　　4 艘海防舰；

△ 20 世纪初时德意志海军第 1 分舰队在海上编队航行时的情景。图中"德皇弗里德里希三世"号领头，两艘同级舰跟随其后（**作者本人收藏**）

2 艘大型巡洋舰；

5 艘小型巡洋舰。

2 个月内具备作战能力

2 艘战列舰或海防舰。

为实现这一目标，就必须配备足够的作战人员，从而使所有现役的主力舰、小型巡洋舰（除部署在海外地区的舰只外，每艘舰都必须按照 1.5 倍的定员进行人员配置）、至少一半的鱼雷舰艇以及其他辅助舰艇都能全部配齐作战人员。对于预备役舰艇，则将配备一半舰员（其中 2/3 为工程人员）。此外，舰队法还包括了相关的资金预算的提供方法，给予了将任何预算不足的项目滚动转入下一个财政年度的可能性——这一点可谓是德意志第二帝国公共财政方面的一个新的变化。

就战列舰而言，所有这一切都意味着必须再追加建造五艘"额外建造"的新舰，以使这一舰队架构达到预期的规模和实力，同时还需要新建两艘大型巡洋舰（现有的三艘已经处于超龄服役状态）。为了确保计划迅速执行，德皇甚至在该法案正式通过之前就下达命令，称接下来计划建造的三艘战列舰——"代舰 - 威廉国王"号（即"德皇威廉大帝"号）及战列舰 A 号和 B 号（即"德皇巴巴罗萨"号和"德皇卡尔大帝"号）都将按照德皇弗里德里希三世级战列舰的基本设计思路来设计建造。

"海因里希亲王"号

大型巡洋舰 A（即后来的"海因里希亲王"号）是首艘"额外建造"的新舰。出于经济性考虑和本土海域作战的需求[①]，该舰的排水量要比较早前的同类舰只小约

① 泰勒（J. C. Taylor）在其著作（J C Taylor, *German Warships of World War I* (London: Ian Allan 1969), p.49）中曾断言，"海因里希亲王"号是设计用于海外部署的，而事实上该舰却从未承担过这类任务。

1800 吨，主炮数量减少一半，副炮也少了两门。正因为如此，特别是与同时代的两型法国海军装甲巡洋舰——"盖东"号（Gueydon，排水量 9367 吨，配备两门 194 毫米口径主炮和八门 164 毫米口径副炮，航速 21 节）和为沙俄海军建造的"巴扬"号（Bayan，排水量 7725 吨，配备两门 203 毫米口径主炮和八门 152 毫米口径副炮，航速 21 节）相比，"海因里希亲王"号才饱受批评。不过，若是与吨位大得多的英国皇家海军"克雷西"号相比，"海因里希亲王"号其实也逊色不了多少。要知道 1898—1899 年造舰计划中的"克雷西"号的吨位达到了 12000 吨，舰上配备有 2 门 234 毫米口径主炮和 12 门 152 毫米口径副炮，航速 21 节。

"海因里希亲王"号与之前的"俾斯麦侯爵"号相比，从技术上看也实现了重大的进步，并在许多方面都堪称下一代德国主力舰的样板型。"海因里希亲王"号的装甲防护理念，标志着与早期主力舰传统防护思路的重大背离，并且直到第二次世界大战时都在德国装甲舰只上不断得到应用。新的克虏伯渗碳装甲板的问世，也为相同厚度的装甲板提供了更高水平的防护强度。自勃兰登堡级舰问世以来，构成了德国主力舰侧面装甲基础的狭窄水线装甲带的防护思想，如今已被延伸到舰体舯部主甲板的装甲带的概念（仍沿整条水线延伸）所取代，这种装甲带有的采用均匀厚度设计（如"海因里希亲王"号），有的上方位置较薄（后来的很多舰只，德国人称其为"装甲堡"），但都与舰上的副炮装甲相接，并且非常靠近前后隔舱壁。

"海因里希亲王"号的副炮位主要集中在舯部区域，分布在四个炮塔和六个炮台内。这种布局不仅很好地保护了炮位中的 150 毫米口径火炮，而且还为 150 毫米口径火炮炮塔的炮座和弹药供应系统提供了良好的防护，而主炮的弹药供应系统也得到了更多的保护。与"俾斯麦侯爵"号相比，"海因里希亲王"号的装甲带厚度只有前者的一半，但舯部区域的干舷装甲却大大增强了该舰的生存能力。与此同时，这艘新舰的水线下方的舰体形状也进行了调整，特别是舰艏部分，而上层甲板的布局也进行了

▽建造完成时的"海因里希亲王"号装甲巡洋舰（作者本人收藏）

简化，战斗桅杆被杆式桅所取代。除了这些特点外，"海因里希亲王"号的许多设计思路，特别是该舰的防护体系，都被沿用到了新设计建造的维特尔斯巴赫级战列舰上。"海因里希亲王"号也成了未来德国大型巡洋舰的原型舰，对"布吕歇尔"（ii）号的早期方案研究同样提供了很好的借鉴。

与"俾斯麦侯爵"号不同的是，"海因里希亲王"号几乎整个服役生涯都是在本土水域度过的，其中只有几年是在一线舰队服役。1908 年至 1912 年期间，该舰作为一艘火炮训练舰，取代了原先专门建造的火炮训练舰"火星"号（Mars）。1912 年完成付薪后被"阿达尔伯特亲王"号替换，直到第一次世界大战爆发才正式退出现役。

维特尔斯巴赫级

后舰队法时代的第一个海军造舰计划（即 1899—1900 年造舰计划）涵盖了 C、D 和 E 号战列舰，即"维特尔斯巴赫"号、"韦廷"号和"策林根"号的设计建造事宜，这使德意志海军舰队的规模能够真正达到舰队法中所规定的水平。按计划，这批新舰的基本设计概念不应在德皇弗里德里希三世级的基础上发生较大改变，因此重新选择主炮口径的打算也就无从实现了。此外，还有人建议牺牲一定的装甲防护以增加 0.75 节的航速，或将四门 150 毫米口径炮改为两舷侧各一座的单管 210 毫米口径炮炮塔。

另一方面，一些船坞的基础设施改建工程已经在进行当中，一旦完工将提供额外 5 米长和 500 吨排水量的靠泊能力。同时，一系列战舰设计、建造和服役方面的经验教训以及新技术所带来的影响也有待进一步研究。至于后一点，继"海因里希亲王"号之后，人们在新型战列舰的设计建造过程中充分意识到了克虏伯渗碳装甲所带来的巨大益处，采用这种新型装甲可以使主装甲带厚度从上一级战列舰上的 300 毫米减少到 225 毫米，从而极大地节省舰体重量。这样除了可以采用一条全水线长的装甲带，还能增加一条上层装甲带，再加上炮位装甲的运用，这意味着舰体舯部的整个侧舷从某种程度上看都是具备装甲防护能力的。此外，装甲甲板的边缘设计有一定程度倾斜以衔接装甲带的底部位置，这样可以防止炮弹从这里穿透装甲带，这一概念于 1893 年开始在英国皇家海军"声望"号（Renown）战列舰上首次得到运用，其装甲厚度大致类似于同时代英国皇家海军可畏级（Formidable class）、伦敦级和"皇后"号[①]。这样，到前无畏舰时代行将落幕的那段日子里，德意志第二帝国海军和英国皇家海军主力舰的防护能力可谓不分伯仲。在法国海军的共和国级（République class）和自由级（Liberté class）战列舰上，装甲带是相对较厚的（280 毫米对 225 毫米），但在这些法国战列舰的装甲带上方则基本上没有受到任何防护；而俄国海军的"皇太子"号（Tsesarevich）和博罗季诺级（Borodino class）战列舰上的装甲带则显得既宽泛又较为"绵弱"。

维特尔斯巴赫级的舰体采用平甲板设计，从而使艉炮塔提升到与甲板齐平的高度，同时也额外提供了宝贵的内部居住空间。副炮炮台也进行了重新布置，虽然四门副炮仍安装在上层甲板炮塔内，但大部分 150 毫米口径火炮被移到了主甲板炮台上，从而难免出现火炮不得不在恶劣天气下作战的情况。从动力系统上看，该舰再次采用了混合锅炉机组，发动机功率增加了 5%，而烟囱间距则与德皇弗里

① 英国皇家海军老人星级（Canopus class）和邓肯级（Duncan class）战列舰的装甲带厚度则要薄上 1/3，这主要是因为上述舰只是基于轻型/快速战列舰的思想设计建造的，因此装甲防护难免会受到一定程度的牺牲。

△"韦廷"号战列舰经过基尔运河时的情景，摄于 1907 年（ NHHC NH 47897）

德里希三世级舰略有不同，总体上看，这级舰的外观要比以前的德意志海军的各级战列舰都显得更为"现代化"一些。不过与先前的舰只相比，虽然最初舰上保留了一定的舰艉鱼雷安装空间，但维特尔斯巴赫级并没有安装可瞄准的艉部鱼雷发射管，只是后来在相应位置上安装了第六具鱼雷发射管，并且直接布置在舵机左侧的水线下方。

1899 年春，国会正式批准了维特尔斯巴赫级战列舰前三艘的建造资金，F 和 G 号战列舰（"施瓦本"号和"梅克伦堡"号）则将在第二年里作为舰队法中的两艘"预备役舰只"投入建造。这五艘同级舰的设计几乎完全相同，并在 1902 年至 1904 年期间陆续入役，从而最终构成了十艘战术特征高度统一的战列舰。

阿达尔伯特亲王级

从 1900 年造舰计划时起，德意志第二帝国国会每年都会批准一艘大型巡洋舰的建造计划。这其中第一艘便是大型巡洋舰 B（即后来的"阿达尔伯特亲王"号），与维特尔斯巴赫级战列舰的最后两艘同时订购；第二艘是计划用于以巡洋舰的身份取代"威廉国王"号的［即"弗里德里希·卡尔"（ii）号］，与布伦瑞克级舰的前两艘同期订购。

在舰体外形尺寸和布局上，前两艘阿达尔伯特亲王级巡洋舰与"海因里希亲王"号极为相似。但最关键的区分之处在于，新舰不仅通过斜舱壁将上层装

甲带与炮位相衔接，而且调整并加厚了前后装甲甲板，因此阿达尔伯特亲王级巡洋舰获得了更为良好的防护能力。该级巡洋舰的动力系统也与"海因里希亲王"号十分相似，但推进功率却比"海因里希亲王"号大10%（同级舰第二艘的功率比第一艘多800马力）。由于排水量略有增加，航速上则付出了降低0.5节的代价。

不过，建造完工后的阿达尔伯特亲王级巡洋舰看上去还是与它们的原型方案存在着极大的不同——舰上设计有三座半包的烟囱（最初计划为两座），同时安装有与"俾斯麦侯爵"号、德皇弗里德里希三世级舰的后期型以及维特尔斯巴赫级战列舰相同类型的战斗桅杆。然而最重要的改动之处在于，虽然阿达尔伯特亲王级巡洋舰的副炮与"海因里希亲王"号相同（只是炮位略短），但后者的单管240毫米口径主炮位在阿达尔伯特亲王级舰上被双联装210毫米/40倍径火炮炮位所取代，从而回归到了维多利亚·路易丝级舰选择过的主炮口径上（尽管使用的是新型C/04火炮），这也被认为是更适合巡洋舰使用的火炮。考虑到这类巡洋舰上往往只配备有两门重炮，其价值更是不言而喻。210毫米口径很长一段时间里都是德意志海军大型巡洋舰主炮的标准口径，一直到"布吕歇尔"号之后的巡洋舰才开始配备280毫米口径主炮。除此之外，该舰还在位于右后方舷侧的第三个炮位上加装了两门额外的88毫米口径火炮（即35倍径C/01型新型火炮）。

在水面以下部分，螺旋桨的布置也进行了改动——两翼推进轴的轴管改短，从而更接近舰艉线，并能自撑。这一推进系统布局上的变化也在其后德意志第二帝国海军各级主力舰的设计上得到了沿用。

虽然"弗里德里希·卡尔"号在下水后18个月就开始正式服役，但由于基尔港船坞条件的限制，同级姊妹舰的服役期不得不被推迟，从下水到正式完工拖到了两年半之久，而这两艘舰在战前的大部分时间都用于训练和试验任务。事实上，"阿达尔伯特亲王"号直到1914年8月才开始进行舰队部署。

△ "阿达尔伯特亲王"（ii）号 ① 巡洋舰在海试期间拍摄的照片（**作者本人收藏**）

第二舰队法

1898 年的舰队法可以说在很大程度上实现了提尔皮茨的构想。一旦舰队法中的舰队规模得以实现、老旧超龄的舰只完成替换，那么德意志第二帝国造船工业在享用过盛宴后将不可避免地进入饥荒期。从最后一艘萨克森级舰完工到下一艘批准建造的舰只之间的空档，将直接反映在现代化替换舰的订购上。

因此，从 1905 年 "奥尔登堡" 号被替换后，到 "齐格弗里德" 号于 1912 年超龄退役之前，理论上讲都没有新舰能被订购。而在此之后的五年内，替换其姊妹舰以及勃兰登堡级舰的新舰建造订单却将多达十余艘。这种波浪式的造舰计划从造船工业的角度上看显然是不可持续的，从建造工程的操作上看也是不可取的。考虑到 1912 年后的大多数新舰都是海防舰这种已经用处不大的舰型，弊端便尤其明显。

▷ 20 世纪初的威廉港，画面左边是一艘维特尔斯巴赫级战列舰，右边是一艘阿达尔伯特亲王级大型巡洋舰，背景是船坞里的火炮训练舰 "火星" 号（**作者本人收藏**）

---

① 译注：原文如此，实际应为第三艘同名舰，即 "阿达尔伯特亲王"（iii）号。

有鉴于此，就有必要制定一项后续的海军法案，其目的不仅仅是进一步扩大舰队规模，与英国皇家海军针锋相对地提升海军实力，同时也是为了填补造舰订单缺口。新舰队法的制定工作在早期阶段经历了大量的分析研究工作，本计划在 1902 年时提交国会，然而布尔战争期间，英国皇家海军对德国商船的扣押和搜查行为给加快通过这项新法案提供了实实在在的借口。1900 年 6 月 14 日，新舰队法获准成为一项正式法案，同时取代 1898 年舰队法开始实施。根据该法案计划，德意志海军新的舰队编制构成如下：

本土舰队——现役作战舰队

1 艘舰队旗舰；

2 个各由 8 艘战列舰组成的分舰队；

8 艘大型巡洋舰作为侦察舰只；

24 艘小型巡洋舰。

本土舰队——预备役作战舰队（其中半数在役）

1 艘舰队旗舰；

2 个各由 8 艘战列舰组成的分舰队。

海外部署力量

3 艘大型巡洋舰；

10 艘小型巡洋舰。

预备役力量（其中半数在役，半数可入役参加演习活动）

4 艘战列舰；

3 艘大型巡洋舰；

4 艘小型巡洋舰。

两个各由四艘海防舰组成的支队将从舰队中被移除。但根据第二舰队法的规定，存在争议的舰只（如齐格弗里德级和奥丁级舰）将被重新归类为战列舰，直到被替换为止。虽然它们与舰队中的其他"战列舰"无法相提并论（不过当时也在实施改装重建以稍提升其作战能力，参见"齐格弗里德级和奥丁级的改装重建"一节），但这种变化至少意味着当它们老化超龄时，替换它们的将是完完全全的主力舰而不是吨位更小的海防舰。同样地，各种旧巡洋舰、炮艇和通报舰如今都被归类为"小型巡洋舰"，将来也将会被更实用的通用型巡航舰艇所取代。

▽位于基尔港内正在接受改装重建的齐格弗里德级海防舰，其后方是一艘维特尔斯巴赫级战列舰，左边是一艘瞪羚级小型巡洋舰（**作者本人收藏**）

考虑到对超龄舰只的更换，德意志海军舰队的基本力量可以罗列如下：

序号	29 艘战列舰	12 艘大型巡洋舰	29 艘小型巡洋舰
1	"巴伐利亚"号	"威廉国王"号	"齐滕"号（Zieten）
2	"萨克森"号	"德皇"号	"闪电"号（Blitz）
3	"符腾堡"号	"德意志"号	"箭"号（Pfeil）
4	"巴登"号	"奥古斯塔女皇"号	"阿科纳"号
5	"奥尔登堡"号	"赫塔"号	"亚历山德琳"号
6	"勃兰登堡"号	"维多利亚·路易丝"号	"狮鹫"号
7	"弗里德里希·威廉选帝侯"号	"芙蕾雅"号	"艾琳"号
8	"魏森堡"号	"汉莎"号	"威廉王妃"号
9	"沃斯"号	"维内塔"号	"燕子"号（Schwalbe）
10	"德皇弗里德里希三世"号	"俾斯麦侯爵"号	"守卫"号
11	"德皇威廉二世"号	B 号	"狩猎"号
12	"德皇威廉大帝"号		"雀鹰"号（Sperber）
13	"德皇巴巴罗萨"号		"秃鹰"号（Bussard）
14	"德皇卡尔大帝"号		"流星"号（Meteor）
15	C 号		"猎鹰"号
16	D 号		"彗星"号
17	E 号		"鸬鹚"号
18	F 号		"秃鹫"号（Condor）
19	G 号		"白尾雕"号（Seeadler）
20	"齐格弗里德"号		"吉菲昂"号
21	"贝奥武夫"号		"鸢"号（Geier）
22	"伏里施乔夫"号		"赫拉"号（Hela）
23	"希尔德布兰德"号（Hildebrand）		"瞪羚"号
24	"海姆达尔"号		"尼俄伯"号（Niobe）
25	"哈根"号		"宁芙"号
26	"埃吉尔"号		C 号
27	"奥丁"号		D 号
28	E 号		
29	F 号		

根据上述这份清单，在未来五年内还需要额外建造十艘战列舰和两艘大型巡洋舰，在此之后则将启动一项替代舰建造计划。第二舰队法中也规定了后者从开始实施到 1917 年之间的计划细节：

替代时间	战列舰	大型巡洋舰	轻巡洋舰
1901 年	—	1	—
1902 年	—	1	1
1903 年	—	1	1
1904 年	—	—	2
1905 年	—	—	2
1906 年	2	—	2
1907 年	2	—	2
1908 年	2	—	2
1909 年	2	—	2
1910 年	1	1	2
1911 年	1	1	2
1912 年	1	1	2
1913 年	1	1	2
1914 年	1	1	2
1915 年	1	1	2
1916 年	1	1	2
1917 年	2	—	1
总计	17	10	29

齐格弗里德级和奥丁级的改装重建

从 1899 年开始，齐格弗里德级和奥丁级舰进行了重大改装重建工作（由 1901 年至 1903 年造舰方案提供资金预算）。名义上看，此举只是为了根据 1900 年舰队法的法定要求提高上述舰只的主力舰等级，而实际上所做的只是给它们加装了两门 88 毫米口径火炮和 450 毫米口径鱼雷发射管而已。此外由于对舰上燃料舱进行了扩容，其航程有所增加。

为了实现这一点，舰体从引擎室隔舱正前方的位置被一分为二，在锅炉房处加装了一个新的中间舱段，用于容纳尺寸有所增大的新型水管锅炉以及前文提到的扩容燃料舱。对于"哈根"号而言，是无论如何都有必要更换锅炉的——自该舰建成完工后就一直在遭遇锅炉问题，而"海姆达尔"号和"希尔德布兰德"号上的锅炉也曾一度出现麻烦。此外，改装中对舰上的复合装甲也进行了延展，这样一来各舰的装甲带便出现了材料和厚度各不相同的情况。所谓的防护"间隙"部位，则在改装过程中充填了克虏伯装甲。由于这种性能优异的装甲材料具备更好的防护能力，因此只需主装甲带中段四分之三的厚度便已足够。

改装完工后，奥丁级舰与其他姊妹舰仍然存在极大的差异。这些舰只的早期型上都没有为 88 毫米口径炮设计的凸出炮座结构，而"埃吉尔"号则保留了它独特的吊艇柱，"伏里施乔夫"号、"哈根"号和"海姆达尔"号上的烟囱也要比它们的姊妹舰矮 1.2 米。

▽关于"哈根"号的改装重建
的官方方案（鸣谢网站：www.
dreadnoughtproject.org）

△改装完工后的"哈根"号，注意其缩短了的烟囱（**作者本人收藏**）

勃兰登堡级的改装重建

勃兰登堡级战列舰建成完工后，除了在1894—1895年间对舰上的烟囱进行了加高之外，几乎就没有经历过什么变化。如今，它们也在1901年至1905年期间进行了广泛的改装重建工作（由1902—1905年造舰方案提供资金），只是改装项目没有齐格弗里德级和奥丁级那样多而已。其中的一项改装建议是：用四门150毫米口径火炮炮位来替换舯部炮塔（1896年至1898年的法国海军博丹海军上将级类似的火炮布局所带来的灵感）。但由于成本原因，这一动议遭到拒绝，后来舰上的主炮台仅仅配备了新型弹药和炮瞄镜。此外，舰上换装了水管锅炉，主甲板上加装了一座后方指挥塔和另一对105毫米口径火炮。在这次改装中，该舰还拆除了舰上的可瞄准鱼雷发射管，只保留了舰艉位置的一对新的水线下方鱼雷发射管，为此还在前弹药舱前方设计了一个鱼雷舱。与此同时，探照灯从原来桅杆低处平台位置上移到了瞭望台上，这也反映出德国海军在20世纪的头十年里关于重新布置探照灯的一种被广泛采纳的方案。

老一代海上护卫舰只的落幕

伴随着1899—1900年以及1900年造舰计划中替换方案的提出，以及从1903年开始各舰的陆续服役，曾经一度作为装甲巡防舰设计建造的三艘大型巡洋舰于1904年5月开始了自己最后的亮相。其中"威廉国王"号几乎拆除了舰上所有的武器，只保留了16门88毫米口径炮（两个位于舯部的炮位被拆除）并增加了一个大甲板室，从而被改装为一艘海军军官学员的固定训练住宿船，并且先后被部署在基尔港和弗伦斯堡-穆尔维克（Flensburg-Mürwik）。

"威廉国王"号在海军中继续服役的同时，"德意志"号则在几个月后很快被

△完成改装重建后的一艘勃兰登堡级战列舰，注意其在 1910 年前后安装的现代化无线电帆桅（**作者本人收藏**）

除籍，其舰名也让给了新服役的一艘战列舰，自己则改名为"木星"号（Jupiter）。1907 年里，该舰曾一度被当作靶舰，后来被变卖拆解。其姊妹舰"德皇"号也于 1905 年更名为"天王星"号（Uranus），次年被除籍。1908 年，该舰先是作为住宿船被部署在了门克贝格（Mönkeberg），然后转移到了位于弗伦斯堡 - 穆尔维克的海军鱼雷学校，替换在一次爆炸事故中受损的"布吕歇尔"（i）号护卫舰。在那里，该舰先是将主桅移到了后桅的位置，然后经过大范围改装增加了舰上舱室，烟囱也减少到了一个。

在这一过程中，1906 年抵达这里的"符腾堡"号承担了"天王星"号的支援船的角色。"符腾堡"号后来作为鱼雷试验舰，偶尔出海与其他训练舰和试验船一同执行海上演习任务。"符腾堡"号是当时最后一艘在役的萨克森级舰，所有该级舰都是在 1900 年 2 月（"巴伐利亚"号）到 1903 年 9 月"符腾堡"号退役之间这段时间里陆续付薪的。除了"符腾堡"号之外，所有萨克森级舰都于 1906 年被降为二级预备役舰只，到了 1910 年两艘同级舰被改为靶舰，"巴登"号则成了海军水雷学校的教学船。第一次世界大战爆发后不久，"巴登"号的姊妹舰都相继被报废拆解，"巴登"号也于 1920 年开始扮演靶舰的角色，并一直幸存到了第二次世界大战爆发的前夕。

1899 年，德意志第二帝国海军的指挥结构发生了进一步的变化。由于德皇正式接管了海军的全部指挥权，最高司令部因此被海军参谋本部所取代，海军参谋本部对德皇本人直接负责，同时负责制订海军的战略计划与实施动员。不过，当时的海军参谋本部尚不具备陆军参谋本部的权威和影响力，海军办公室仍然是德意志海军权力圈子中的主导角色。

△ 改装为固定训练船的"威廉国王"号。与其他笨重老旧的铁甲舰不同，即便不再出海活动，"威廉国王"号当时仍然是一艘在役舰只[**联邦海军学院**（Bundesmarineakademie）]

布伦瑞克级

关于维特尔斯巴赫级（H、J、K、L 和 M 号战列舰）后续舰只的讨论始于 1899 年，当时该级舰的最后一批舰只甚至还没有开始建造①。特别值得一提的是，关于主炮口径的问题被再次提了出来，在当时的德意志海军第 1 分舰队司令看来，更大口径的炮弹（而不是拥有更大的穿甲威力或射程的）所具有的破坏力也更大，因此他迫切要求新舰恢复采用 280 毫米口径的火炮武器。来自海军方面的广泛共识支持这一主炮武器思路的改变，但并不支持其进一步增加到当时已在国外海军舰只上普遍使用的 305 毫米口径。其中最关键的考虑因素在于，人们希望能手动操作和装填这种火炮，而且在面对装备有更大口径火炮的潜在对手时它能保持射速上的优势。

随着主炮口径落定在 280 毫米 /40 倍径标准上（新型 C/01 型火炮），按照不同的副炮方案相继产出了一系列火炮布置设计草图。第一种方案基本复制了维特尔斯巴赫级战列舰上的布局方式，但人们担心的是，与 240 毫米口径火炮相比，280 毫米口径炮的爆炸效应要更强，从而对四门 150 毫米口径前副炮（直接安装在前主炮塔的炮口下方）产生影响，此外还会带来相应的重量问题。于是，在第二种方案草图中，前 280 毫米口径主炮炮塔的位置又降低到了上层甲板水平面上，而其中十门副炮则位于主甲板炮台中，其余的以双联装方式布置在上层甲板炮塔中。第三种方案选择将副炮的口径提高到 170 毫米，保留双联装炮塔，但将主甲板火炮的数量减少到六门。军方最初赞成第二种方案，这主要是考虑到这一方案在防护能力方面比维特尔斯巴赫级战列舰更好，特别是通过加强主装甲带减少了满载情况下主装甲带被海水浸没的危险，炮塔装甲厚度也增加到了 160 毫米。此外，在装甲厚度和覆盖区域等方面还存在其他各种调整，但基本布局概念仍与先前各级战列舰大致相同。

对于选择了较重型的副炮炮组，有关的争论一直在持续。170 毫米口径副炮的支持者提出，一些外国海军舰只上的实践经验证明这种火炮防护力较好，150 毫米口径炮与之相比就有些相形见绌，而且前者的射程也更远；至于反对的观点，则主要认为 170 毫米口径副炮给海军军械库增加了新口径武器装备，同时采用更大口径火炮也

① 关于布伦瑞克级和德意志级舰演进过程的图文说明资料，详情参见：Nottelmann, 'From Ironclads to Dreadnoughts: The Development of the German Navy 1864－1918, Part V: The Kaiser's Navy'。

△ "布伦瑞克"号战列舰在基尔港日耳曼尼亚造船厂完成舾装时的情景，摄于 1904 年初秋（**作者本人收藏**）

会相应减少火炮的数量，从而降低火炮组的发射速率。最终的决定是，为新型战列舰设计一个由 12 门 170 毫米口径火炮组成的副炮组，其中 4 门位于上层甲板的炮塔上，其余的安装在主甲板炮位上。

这种大口径重型副炮的流行趋势在当时其他各国海军中也不难见到——美国海军康涅狄格级（Connecticut class）、"佛蒙特"号（Vermont）和密西西比级（Mississippi class）战列舰都配备了 178 毫米（7 英寸）口径火炮武器［还包括一组 203 毫米（8 英寸）中间口径火炮炮位］。然而，这种大口径副炮的成功是有条件的，它具有比"标准"的 150 毫米口径火炮拥有理论上更大的命中威力，但其弹药规格已达到了便于手动装填的上限。有鉴于此，大口径副炮的有效性或许并不如人们预想的那么高。

此外，关于将轻型火炮，即反鱼雷艇火炮的口径由 88 毫米提高至 105 毫米的设想亦存在较大争议。不过在这种情况下，由于随之带来的炮位数量被迫减半及火炮射速降低的问题，这一增加口径的建议未获采纳。88 毫米口径火炮也一直沿用到了第一次世界大战期间，直到轻型火炮的概念被放弃为止。1897 年的试验结果表明，为了达到最佳的打击效果，反鱼雷艇火炮应该布置在上层建筑结构和垛墙之间的主甲板水平面上、前甲板和后甲板的下方以及两个 170 毫米口径炮组之间的舯部位置，从而覆盖到整艘战列舰的各个不同方位。尽管人们一直对这种布局方式在恶劣海况下的实用性表示担忧，这一甲板布置方案仍然成了那个年代德国主力舰的一大标准特征，直至 1909 年造舰计划方才有所改变［德皇（ii）级和"塞德利茨"号］。竣工后，布伦瑞克级战列舰配备了 20 门 88 毫米口径火炮（新型 35 倍径 C/01 型），但人们很快发现舰桥上与指挥塔并列安装的两门火炮严重干扰了航行指挥操作，因此很快就被拆除了。而同级舰的最后一艘——"洛林"号（Lothringen）则是在正式服役之前才拆除的。

△刚刚展开跨越六十年服役生涯的"黑森"号，图中展示了位于指挥塔两侧的88毫米口径火炮，而它们在建成后不久就被拆除了（**作者本人收藏**）

在整个设计过程中，舰体的最大宽度能否匹配威廉港船厂入口船闸的宽度成了一个关键问题。最后确定的舰体宽度为22.2米，纵向上舰体增加了1.5米的长度以确保整体线条和谐。有鉴于造船基础设施对新舰的设计造成的重重限制，到了1901年，威廉港还启动了一项升级改造方案，对船厂其中一条滑道进行了扩建，同时还建造了三个新的干船坞和一个新的船闸入口（III号船闸），所有这些升级改造工程都预计在1909年前完成。

新型战列舰设计方案中的一项细节调整是用三烟囱布局代替了先前的双烟囱布局，这主要是考虑到烟囱的腰身可能会阻碍从舰桥向舰艉方向的视线，而通过合理分配三个烟囱之间的锅炉蒸汽，就能实现整体更流畅和阻碍更少的舰体外形。同级舰最后一艘"洛林"号上的烟囱比先前完工的姊妹舰要矮2.5米，但不久后就升到了"正常"高度。至于锅炉本身，这次采用的又是圆柱式和水管式锅炉混合机组，而人们围绕水管锅炉应采用杜尔型还是舒尔茨 - 桑尼克罗夫特（Schultz-Thorneycroft）型又进行了一番争论。结果，后者的主张占了上风，共将八台舒尔茨 - 桑尼克罗夫特式水管锅炉安装在六台圆柱式锅炉旁。

H和J号战列舰［即"布伦瑞克"号和"阿尔萨斯"号（Elsaß）］是根据1901年造舰方案订购建造的，而K和L号战列舰［"普鲁士"（ii）号和"黑森"号（Hessen）］则是于次年下达了订购单，M号战列舰（"洛林"号）则是在1903年造舰计划中正式订购的，该计划中也包括第一艘计划改装的该型舰。第一批新舰订单下达后，设计建造方案上的修改仍在继续——通过详细的计算表明，排水量要比设计指标少了50吨，因此最后三艘同级舰将采取一些有限的装甲防护增强措施，而原设计方案中舯部主甲板炮位中的88毫米口径炮则被额外的一对170毫米口径火炮所取代，两门88毫米口径炮则被挪到了上层建筑附近。

△"罗恩"号刚刚建成时拍摄的照片
（贝恩新闻社，国会图书馆授权）

罗恩级

在 1902 年和 1903 年的造舰计划中，舰队序列中最后一批原装甲巡防舰："德皇"号、"德意志"号将由大型巡洋舰替换。最终，两艘新舰分别被命名为"罗恩"号和"约克"号，这也可以看作是对"海因里希亲王"号 /"阿达尔伯特亲王"号总体设计方案的又一次适度的改进，其中一项是将舰体舯部位置稍加延长以容纳两套额外的锅炉，动力随之增加 2000 马力，最大航速则小幅提升了 0.5 节。同时，排水量增加了约 500 吨，弹药舱容量也略有增加，舰上武器装备方面则加装了更多的 88 毫米口径火炮。

虽说罗恩级巡洋舰最初设计的舰体外形与阿达尔伯特亲王级大体上是相同的，但额外配置的锅炉也随之带来了排烟系统的变化，为此舰上安装了四座烟囱，即与英国和美国同时代的装甲巡洋舰一样的烟囱布局。和先前的大型巡洋舰一样，在船坞建造的罗恩级首舰经历了两年多的舾装，而后来在私营船厂投入建造的姊妹舰"约克"号则提前半年即宣告建成完工。结果，完工后的两艘罗恩级巡洋舰都没有达到 22 节的设计航速，长宽比（根据威廉港码头尺寸决定的指标）也被认为设置得并不合理。

1903 年的舰队重组方案

1903 年 6 月 29 日，内阁下达了德意志海军舰队重组的命令，该命令于 9 月 22 日正式实施，将在现役舰队的基础上对舰队进行重组，而这一基础一直持续到了德意志第二帝国海军时代的落幕。根据命令，现役作战舰队由常设舰队总司令指挥（最初由第 1 分舰队司令兼任），下辖两个战列舰分舰队，以及一个侦察集群，预备役支队的所有舰只重组后成为常备的第 2 分舰队。命令实施时，第 1 分舰队由德皇弗里德里希三世级和前三艘维特尔斯巴赫级战列舰组成，第 2 分舰队（当时的规模只相当于支队）由四艘齐格弗里德级舰组成。侦察集群包括"海因里希亲王"号（旗舰）、"维多利亚·路易丝"号和六艘小型巡洋舰。然而，伴随着一批新舰建造和旧舰改装工作的完成，到 1904 年时，第 2 分舰队已经可以配齐规定数量的战列舰了，舰队总司令也有了专门的人选而不再由第 1 分舰队司令兼任，不过从战术编组上看舰队旗舰则仍然归属于第 1 分舰队。

德意志级

按照起初的计划，布伦瑞克级战列舰应完成 10 艘设计上完全相同的同级舰的建造工作。然而在 1903 年造舰计划中的两艘战列舰里，M 号（"洛林"号）确实是布伦瑞克级中的一员，而第二艘则是按照修改了的方案建造的新舰。除了装甲防护上的改进外，上层甲板 170 毫米口径火炮从炮塔挪到了炮台内，腾出了之前炮塔及其支撑结构所占据的空间，从而得以更合理地布置舰上火炮的位置。拆除炮塔还为额外的两门 88 毫米口径炮提供了安装空间，前主甲板上的四门火炮武器则安装在凸出的"燕子窝"结构中。

在作为舰队旗舰设计的 N 号舰［即"德意志"（ii）号］上，上层建筑内提供了更多的空间供额外增加的人员住宿之用。在 P 号舰［即"汉诺威"号（Hannover），

▽"德意志"（ii）号战列舰采用了早期的帆索和锅炉罩，二者高度大致相当（NHHC NH 64266）

1904 年造舰方案〕上，由于该舰将作为分舰队旗舰服役，因此设计上也有相类似的考虑。在其他三艘归属于新舰级的舰只上，舰艉上层建筑降低了一层甲板的高度，这使得上层建筑上的所有 88 毫米口径火炮都可以布置在开放式炮位上。不过，"德意志"号和"汉诺威"号各有一对 88 毫米口径炮被安装在了垛墙内。除此之外，其他设计上的修改还包括采用半包式烟囱以及增加艉望台。"德意志"号和 O 号舰〔"波美拉尼亚"（ii）号（Pommern），1904 年造舰计划〕设计有一个放大了的双层结构前指挥塔，但其余的同级舰上则省略了综合火控系统的位置，采用的是一种新的单层式指挥塔。

1904 年计划建造的新舰以及 1905 年造舰计划中最后批准订购的两艘舰，即 Q 号舰"石勒苏益格 - 荷尔斯泰因"号（Schleswig-Holstein）和 R 号舰"西里西亚"号（Schlesien）与"德意志"号还存在一些不同，如前者舰上起重吊臂的位置更为靠后，而且统一由 12 台水管锅炉组成锅炉机组，而不是当时仍大行其道的混合式锅炉机组。其发动机推进功率增加了 1000 马力，但燃煤储量和与之相关的航程指标则稍低。锅炉机组的改动也节省了舰上重量，从而得以进一步加强装甲防护——主装甲带和炮位防护装甲各增厚了 7%，前后装甲带增厚 20%，炮位上方的上层甲板也获得了 35 毫米厚装甲板的防护。后来，"德意志"号建成后立即接替"德皇威廉二世"号成为德意志海军现役舰队的旗舰，并于 1907 年 2 月 16 日成了公海舰队的旗舰。

沙恩霍斯特级

大型巡洋舰〔C 和 D 号舰，即"格奈森瑙"（ii）号和"沙恩霍斯特"号〕是与 1904 年和 1905 年造舰计划中的德意志级战列舰一并获得建造预算的，该级舰可以看作是从"海因里希亲王"号开始的大型巡洋舰基本设计思路的又一次延续和发展。不过这一次，新舰的设计排水量增加了 2000 吨，标志着新型大型巡洋舰从尺寸、战斗力到航速方面都有了很大的提升。根据海军参谋本部提出的要求，只要有必要，它们随时可以在战列线上替换任何一艘受损的战列舰。因此，虽然与罗恩级舰的外观非常相似，但沙恩霍斯特级舰的主炮数量增加了一倍，该级舰上的 210 毫米口径火炮组替换了以前各级主力舰的 150 毫米口径炮塔，而主甲板上的副炮则减少到了六门。

至于轻型火炮炮位的防护，也得到了进一步的加强，在主甲板上的舰艏和舰艉两侧垛墙 / 凸出部上都有两门火炮的装甲防护升级到了战列舰的水平。原本打算在舰桥上与指挥塔并排加装一对火炮，但参照布伦瑞克级战列舰的经验，后来都取消了安装计划。此外，通过在梅彭靶场对模拟"海因里希亲王"号的侧舷进行射击试验，结果表明当前使用的 100 毫米厚装甲带不足以抵御中口径炮弹的打击，因此又将装甲带增厚了 50% 至 150 毫米的水平。

由于额外加装了两套锅炉，推进动力也随之增加了 7000 马力，因此"格奈森瑙"号和"沙恩霍斯特"号的航速要比罗恩级高出一截（参见"罗恩级"一节）——在海试期间，两舰均轻松地超过了后者。因此，虽然按照德国大型主力舰的传统惯例，它们的主炮口径要明显小于英国皇家海军爱丁堡公爵级（Duke of Edinburgh class）、

△ "沙恩霍斯特" 号巡洋舰正在造船厂安排下进行海试（**作者本人收藏**）

勇士级和弥诺陶洛斯级巡洋舰上配备的 234 毫米（9.2 英寸）口径主炮和美国海军田纳西级（Tennessee class）的 254 毫米（10 英寸）口径主炮，但并不妨碍沙恩霍斯特级巡洋舰成为第一种能真正与英国和美国海军同时代对手相抗衡的德意志海军大型巡洋舰。

在最初取代 "约克" 号成为德意志公海舰队侦察集群的旗舰之后，"沙恩霍斯特" 号巡洋舰于 1909 年 4 月 1 日起航赶赴远东，接替 "俾斯麦侯爵" 号担任东亚分舰队的旗舰。返航后的 "俾斯麦侯爵" 号在前往基尔港进行重大改装前进行了付薪。1910 年 9 月 8 日，"格奈森瑙" 号离开德国前去与其姊妹舰会合。直到第一次世界大战爆发时，两艘舰都一直部署在远东地区。

早期大型巡洋舰的改装重建

1903—1907 年期间，"奥古斯塔女皇" 号巡洋舰根据 1903 年造舰计划进行了大范围的改装，只是外部可见的变化仅限于抬升了烟囱以及扩建了舰桥。不过，从 1905 年起开始进行改装的维多利亚·路易丝级舰的变化则要大得多（1905 年造舰计划中的 "芙蕾雅" 号，1906 年造舰计划中的 "赫塔" 号和 "维多利亚·路易丝" 号，1907 年造舰计划中的 "汉莎" 号，1909 年造舰计划中的 "维内塔" 号）。各舰的上层建筑和桅杆都被截短，后方一对 150 毫米口径火炮也被拆除，以增加空间容纳未来参加海上远洋训练的海军军官和学员。舰桥的结构也进行了改动，"维多利亚·路易丝" 号的上层舰桥要比其他姊妹舰更长。此外，除了最先进入船坞改装的 "芙蕾雅" 号之外，其他各舰都换装了锅炉（"芙蕾雅" 号在第二次改装时才享受到这一待遇，当时该舰还安装了新的起重机，并在主桅顶上加装了探照灯）。

① 根据格罗纳著作中的说法（Gröner, German Warships 1815–1945, I, p.49），该舰舰艉的一对 150 毫米口径炮也被拆除，但改装完工的照片显示其仍在原处。

1909 年从远东返回本土后，"俾斯麦侯爵"号于 1910 年进入基尔港进行改装重建。但相关工作似乎并没有立即开始，结果直到第一次世界大战爆发时，该舰都没能重新入役。"俾斯麦侯爵"号接受改装的思路与维多利亚·路易丝级舰大致相同，即用桂椴取代了战斗桅杆，并通过截短部分上层建筑进一步减轻了舰体自重。不过，就"俾斯麦侯爵"号的情况而言，舰上的动力系统和武器装备基本上没有变化①。军方的意图是在其完成改装工作后，接替"符腾堡"号作为驻弗伦斯堡的鱼雷训练舰，因此舰上的鱼雷舱也相应地进行了扩大。

▷ 1909 年改装完工后的"赫塔"号在哈德逊河（Hudson river）上拍摄的照片。该舰换装了锅炉，烟囱数量也减少为两座（底特律出版公司，国会图书馆授权）

▽ 第一次改装重建完工后的"芙蕾雅"号，注意其保留了原有的锅炉和三烟囱布局（作者本人收藏）

△完成再次改装后的"芙蕾雅"号，此时该舰与其姊妹舰已经有了明显的区别，特别是加装了全新的起重机和桅顶的探照灯（**作者本人收藏**）

1914 年，"海因里希亲王"号按照同样的思路在基尔港的船台上进行了有限程度的改装。1913 年 9 月曾有将该舰改为一艘训练舰的建议，但是并未获准实施。改装过程中，"海因里希亲王"号上层建筑舷墙被截短，桅杆也进行了修改，其他部分则基本保持不变。到第一次世界大战爆发前，"奥古斯塔女皇"号、"俾斯麦侯爵"号和"海因里希亲王"号都没能及时重新入役，改装重建完工后的维多利亚·路易丝级舰则在大战爆发前最后的和平年代里一直承担着自己既定的训练任务。

德皇弗里德里希三世级的改装重建

随着布伦瑞克级和德意志级战列舰陆续开始服役，德皇弗里德里希三世级舰改装重建计划的及时撤销成为可能。该计划自 1905 年以来一直处于讨论审议之中，并纳入了 1908 年造舰计划中付诸实施。德皇弗里德里希三世级战列舰的一个最主要问题在于，舰上的装甲带在满载条件下几乎全部浸没在水线下方，因此，适当减少排水量是相当可取的一个改进方向。为此，改装重建所采用的方法非常类似于改装维多利亚·路易丝级舰的思路，改装完工后的同级各舰外观上看起来也是非常相似的——截短了上层建筑，拆除了战斗桅杆，取消了主甲板 150 毫米口径火炮的同时又增加了一对 88 毫米口径炮，对反鱼雷艇火炮的布局进行了全面调整，将一些火炮挪到了新的主甲板垛口上。上述这些改动都反映出了 1897 年的一系列反鱼雷艇试验得出的结论，那就是相关的火炮安装位置应该尽可能低。当然在现实条件中，这些位置较低的火炮在恶劣海况下基本上是无用的。此外，除了"德皇巴巴罗萨"号之外，各舰的起重吊臂也换装为起重机。而同级舰中的最后一艘"德皇卡尔大帝"号却一直没有接受过改装，大概是因为当时人们已经意识到了战列舰的地位和作用已经开始发生变化（参见"无畏舰的世界"一章）。

▷改装完工后的"德皇巴巴罗萨"
号战列舰，图中显示了该舰大幅截
短了的上层建筑、烟囱罩以及在主
甲板上加装的 88 毫米口径火炮组。
该舰是同级舰中第一艘入坞接受改
装的，同时也是唯一一艘保留了鹅
颈式起重吊臂的（作者本人收藏）

▷改装完工后，"德皇威廉二世"号
（以及"德皇弗里德里希三世"号）
依然保留了它们较粗的前烟囱。图
中还可以看到在最后三艘接受改
装的同级舰上，拆除了原有前起重
吊臂之后在主桅旁加装的新起重机
（NHHC NH 46818）

▷"德皇卡尔大帝"号一直没有进
行过改装重建工作，不过和同时期
的其他舰只一样，还是接受了高空
无线电装置的改装（作者本人收藏）

关于 1900 年舰队法的 1906 年修正案

　　1900 年舰队法第一修正案于 1906 年 6 月 5 日正式生效，修正案中将德意志海军海外分舰队的规模增加到了 10 艘大型巡洋舰的水平，并要求两艘大型巡洋舰作为预备役力量，总共形成 20 艘的规模。因此，所需的额外六艘巡洋舰便构成了大型巡洋舰 E 号至 K 号（I 号暂缺）。事实证明，这些舰只与先前的大型巡洋舰相比几乎找不到什么共同点。实际上，在 1906 年和随后的几年里，德国主力舰面貌上的变化可以说是彻头彻尾的。

5 | 无畏舰的世界
THE WORLD OF THE DREADNOUGHT

1905 年，Q 号战列舰（即"石勒苏益格 - 荷尔斯泰因"号）的开工建造，标志着促成德意志海军舰队达到 1900 年舰队法所设定规模的进程告一段落。根据舰队法的相关条令，萨克森级舰已经严重超龄。因此，下一批投入建造的新舰就将是第一批替代萨克森级舰的舰只。 1908 年 4 月 6 日，1900 年舰队法第二修正案正式生效，该修正案将战列舰和巡洋舰的服役寿命统一规定为 20 年。这也就意味着，在"奥尔登堡"号被替换之后，"齐格弗里德"号也将在 1912 年到达服役年限，为了避免在二者之间出现长达七年的空窗期，"齐格弗里德"号获准在 1907 年就由新舰进行替换。考虑到在相对较短的时间内建造完工的齐格弗里德级和勃兰登堡级舰的数量，战列舰的建造节奏同样可以大为增加。然而在这种情况下，在"代舰 - 巴伐利亚"号（即后来的"拿骚"号）开工建造之前还将有为时两年的间隙，这充分反映出当第二修正案在国会获得通过时，德意志海军关于战列舰概念构想的巨大变化。

拿骚级

在 1903 年德意志级战列舰的建造工作开始后，人们随即考虑了下一步的建造计划，于是到了 1906 年，新舰首舰便顺利铺设了龙骨[①]。当时的德皇对世界各国正在建造的大型装甲巡洋舰印象深刻，并开始思考德意志海军是否也应该将主力舰阵容统一为这种舰型。因此，关于 1906 年造舰计划中的"战列舰"是否应该按照一种大型巡洋舰的思路设计建造，而不是继续建造传统的战列舰这一问题，开始引发大量争论。12 月，德皇提出了一项所谓的"建造建议"，主张建造一艘配备有四门 280 毫米口径火炮和八门 210 毫米口径火炮武器、航程较远、航速达 18 节、排水量为 13300 吨的新舰，海军造舰办公室负责草拟相应的备选设计方案。

德皇的这一造舰建议同样也顺应了当时在一些外国海军主力舰中常见的装备中间口径火炮武器的潮流。其中，美国海军 1900—1904 年造舰方案中的弗吉尼亚级、康涅狄格级和密西西比级战列舰上重新出现了（曾在先前各级舰上大量配备的） 203 毫米（8 英寸）口径火炮；英国皇家海军 1901—1902 年以及 1902—1903 年预算案中爱德华七世国王级（King Edward VII class）战列舰也计划配备 234 毫米（9.2 英寸）口径火炮；在意大利，玛格丽特王后级（Regina Margharita class）和埃琳娜王后级（Regina Elena class）战列舰（1898 年、1901 年和 1902 年造舰计划）都装备了 203 毫米（8 英寸）口径火炮；法国海军 1901 年开工建造的自由级战列舰也将副炮由先前标准的 162 毫米口径升级为 194 毫米口径；奥匈帝国海军同样将哈布斯堡级战列舰上采用的 150 毫米口径火炮调整为卡尔大公级战列舰上的 190 毫米口径火炮（1902 年造舰计划）。德皇的建议，基本接近于意大利海军的埃琳娜王后级和法国海军战列舰的火炮方案，这种相似性不仅仅体现在火炮武器的口径上，

① 关于从此时到第一次世界大战之间战列舰设计建造的详细情况，参见：Grießmer, *Linienschiffe der Kaiserlichen Marine 1906–1918*。对拿骚级舰情况的论述，参见：Nottelmann, 'From Ironclads to Dreadnoughts: The Development of the German Navy 1864 - 1918, Part VI: "The Great Step Forward"'。

还体现在这些舰只配备的 210 毫米口径火炮都不是定位于主炮与副炮之间的一种中间口径火炮武器，而是干脆取代后者作为副炮，只留下 88 毫米口径炮作为舰上的轻型火炮武器。

到了 1904 年 1 月，三种配备 210 毫米口径火炮、航速可达 21 节的新舰设计方案已被提出，分别为：5A 方案（四门 210 毫米口径炮安装在单管炮塔上、四门安装在炮台内），5B 方案（四个双联炮塔）和 6 号方案（四门位于上层甲板炮台内，六门安装在主甲板炮位中）。在这其中，5B 方案的火炮射界最好，但两套 5 号系列方案都被认为火力有所不足，因此人们才对 6 号方案进行了更深入的研究和分析。得出的其中一个结论却是，该方案与德意志级舰相比没有任何实质性优势；另一个结论是，除了反鱼雷艇武器外，新舰没必要配备两个以上不同口径的火炮武器。从这一点上看，如果把 210 毫米（或 240 毫米）口径炮炮位布置在 280 毫米口径主炮炮位旁的话，参考同时期其他国家的一些战列舰不难发现，舰上的 150 毫米 /170 毫米口径的火炮武器应该是完全可以省略的。

然而到了二月，德皇又提出了进一步的"建议"，要求造舰办公室和基尔帝国海军船坞设计一种 14000 吨位新舰，其中间口径炮组应由至少十门 210 毫米或 240 毫米口径炮构成。结果造舰办公室提供的是在 6 号方案基础上演变出的配备 210 毫米口径火炮的设计方案（基尔方面的方案资料已丢失）和一系列配备新的 240 毫米口径火炮武器的方案（方案 10A 和 10B）。由于受到在英国建造的智利海军宪法级（Constitucion class）"快速"战列舰 [最终还是成了皇家海军迅捷级（Swiftsure class）] 的影响，上述设计方案并没有正式提交，而德皇也建议将主炮武器口径减少到 240 毫米，同时将装甲带厚度缩减到 150—160 毫米水平，从而与布伦瑞克级战列舰相似。这就催生出两个新的方案，即根据这一概念设计的 1A 和 1B 方案。此外，包括从 7 号到 9 号的一些其他设计方案是独立于德皇的建议草拟的。其中，7A 和 7B 是 6B 和 6C 方案的衍生方案，其中主要是增加了两门 210 毫米口径火炮，吨位稍大而速度稍慢；而 8 号方案吨位将进一步增加 1000 吨，拥有不少于 16 门的 210 毫米口径火炮武器，并首次采用了水下部分多层装甲防护设计，这也将成为后续德国主力舰的一大标准；至于 9 号方案则大体与之相似，只是减少了两门 210 毫米口径火炮。

上述 6 系列、10 系列和 1 系列的方案连同国务大臣的相关评审结论于 4 月里呈交给了德皇。关于 10 系列方案的结论认为，相较于其有限的排水量，火力配置有些过度，从舰上的 240 毫米口径炮塔必须安装在主甲板水平面上以保持稳定就可见一斑。1 系列方案也是存在一定问题的，尽管关于这一系列方案的改进工作一直持续到同年 6 月，所有这些设计方案最终还是仅仅停留在了纸面上，后来的设计成果乃是在海军办公室的设计方案中产生的。海军办公室曾明确表示，应该用 210 毫米口径的火炮武器取代 170 毫米口径火炮（这主要是考虑到可供安装的 240 毫米口径火炮武器太少，而对于德意志海军而言，另一种新型的 190 毫米口径火炮武器是否适用还存在着诸多的疑问）。于是，配备有 12 门 210 毫米口径火炮的"A 方案"就这样诞生了（即后来的"I 号方案"），而吨位更大的'B 方案'（即后来的"II 号方案"）则配备有 16 门 210 毫米口径火炮，此外还有一个配备 8 门 240 毫米口径火炮的"III 号方案"（设计有 4 门 280 毫米口径主炮的炮位）。

4 月底，出于预算经费以及 "II 号方案" 通行基尔运河能力的考虑，"I 号方案" 开始占据上风。在此基础上，"I 号方案" 形成了两个版本，即 "IA 号方案"（炮台式火炮布局）和 "IIB 号方案"（上层甲板火炮为单管炮炮塔布局），其总体外观分别类似于原来的 6 号和 8 号方案。IA 于 1904 年 5 月获得德皇批准，到了同年 9 月，一纸命令将选择 240 毫米口径火炮作为副炮的设想彻底扑灭，而关于 210 毫米口径火炮布局的争论（特别是关于这种大口径火炮炮台安全性的担忧）则一直持续到了当年年底。12 月里还诞生了一项所谓的 "7D 号方案"，该方案设计有四座 210 毫米口径双联装火炮炮塔，另外四门安装于炮台上。至于 "8 号方案"，则是首次提出了强调水线下方装甲防护方案，该方案于 1904 年 1 月 7 日获得了德皇的批准。

然而，就在该方案刚刚获得批准后不久，德皇就收到了一份最新的报告，报告中表明英国皇家海军纳尔逊勋爵级（Lord Nelson class）战列舰将拥有十门 254 毫米（10 英寸）口径火炮作为副炮〔实际上该级舰配备的是 234 毫米（9.2 英寸）口径副炮〕，其吨位为 18000 吨（实际吨位为 16500 吨），并且下一批新舰还将配备火力更强的武器装备。为了打造能对抗这些潜在强大对手的新舰，不仅需要全新的设计，而且新的设计方案势必要比当时吨位最大的新舰方案成本更为昂贵，这意味着要在未来造舰预算资金允许的情况下订购这种新舰，就需要将其他防务项目上的预算也相应削减到能够承受的水平。

为此，新一轮的设计又重新展开了。这次要么在六座双联装炮塔内布置 210 毫米口径火炮，即 A 方案（原 7D 号方案）、B1 和 B2 方案，要么将 280 毫米口径火炮的数目增加到八门，安装在两座双联装和四座单管炮炮塔中，加上四门单管火炮炮台，外加 170 毫米 /150 毫米口径火炮作为备用火力，分别对应 C、D 方案 /E 方案。而在所有这些方案中，装甲带的厚度都增加到了 260 毫米，使得新舰的排水量超过了 15000 吨，总体建造费用比 "德意志" 号战列舰高出了 25% 至 30%。作为一种全重型火炮战列舰设计方案，这些设计方案都充分印证了造舰办公室曾于上一年四月份制作的一份报告文件的内容，这份报告指出了外国海军未来可能出现的装备大口径海军武器的发展趋势，而且认为任何一艘德意志海军主力舰都应该最大限度地增加 280 毫米口径火炮武器的配备数量。最终在这批备选设计方案中，C 方案于 1905 年 3 月 18 日获得了德皇的批准。

于是，针对原始方案的改进设计工作随即展开，其中包括增加舰体宽度，重新进行后半部分副炮的布局以及采用新的重炮安装方式和炮塔布局等等。其内部布局就与先前几个级别的战列舰形成了诸多的不同之处，而外观倒是与那个时期英国皇家海军主力舰的外观相当接近了。然而在 1905 年 4 月的意大利之行中，埃琳娜王后级战列舰高达 22 节的航速给了德皇相当深刻的印象。在他返回德国后，马上指出德意志海军新主力舰的设计建造要转向与之类似的 "战列 - 巡洋舰" 概念，而这一设想与一年前的 1A/1B 方案是非常相似的。对此，国务大臣指出，根据舰队法，要将战列舰和大型巡洋舰这两类舰只进行有效合并是不大可能的（在此之后的几年里这一问题还将不止一次地被提出），而且无论如何这都会给造舰办公室带来过于沉重的负担和大量无法有效完成的工作。按照德皇本人的性格，他的思想和决定是不会轻易受到影响和偏离的，直到当年秋天，这件事才被暂时搁置一边。

1905年9月，对基本型C方案设计（已分为A和B两种版本）的讨论又派生出了C1至C3和F两个系列的衍生方案，而每种方案在结合了对原始方案的批评意见后，总体排水量都有所提升，从而直接导致新舰设计吨位方案不断上涨以至于其越来越难以通过基尔运河的船闸（其船闸设计指标为125米×22米）。至于F方案，则用双联装炮塔取代了两侧280毫米口径单管炮炮塔，由此节省出来的舰体宽度可允许应用一套完整的水下装甲防护体系，然而最终结果将是设计出一艘根本无法通过基尔运河的战列舰，而且它的建造成本会是"德意志"号的一倍半之多。该设计还将计划配备的8门170毫米口径火炮改为12门150毫米口径炮以提高火力投射效率，考虑到该方案主炮炮位将消耗更多的金属材料并带来额外的重量，这一减小副炮口径的选择无疑是合理的。

新一阶段的设计方案修改形成了G方案，于10月4日这天由德皇批准通过。但设计人员在子方案G2上又做了进一步的修改工作，如在前方两个锅炉房、后方两个锅炉房与机舱之间增加了弹药舱，并为这些弹药舱加装了简化弹药舱的布局，G3方案将所有280毫米口径炮炮塔都布置致的结果却是，舰上所有主炮中只有一半能用于舷侧射击，这种解法被接受的。因此，G2方案后来进一步完善成为G7方案，其中G3月3日获得批准。

一个月后，G7b方案演变为G7d方案，其后方的一对烟囱合二为一，用全新的舰艏设计替换了原来舰艏的冲角结构，该方案于4月14日经德皇批准通过。虽然当时"代舰-巴伐利亚"号已经于5月31日下达了订购单，但直到6月21日建造命令才正式签署。另一方面，原本计划在威廉港展开的建造工作迟迟未能正式实施，直到次年7月方才开工。1906年造舰计划中的第二艘新舰——"代舰-萨克森"号［即后来的"威斯特法伦"号（Westfalen）］也是直到11月才铺设龙骨。上述两艘新舰的开工日程实际上都排在了一对姊妹舰之后——即根据1907年造舰计划批准建造的"代舰-巴登"号［即后来的"波森"号（Posen）］和"代舰-符腾堡"号［即后来的"莱茵兰"号（Rheinland）］。

◁建成完工的"威斯特法伦"号战列舰，注意其笨重的无线电斜桁天线，这也是拿骚级战列舰前两艘的重要特征，当时该舰尚未安装防鱼雷网（NHHC NH 45196）

△"莱茵兰"号战列舰，注意其采用的较轻巧的无线电斜桁桅杆（作者本人收藏）

就在新舰订购和开工建造之间的间隙期里，建造方案又有了进一步的调整。有人曾提出关于将舰上的往复式发动机替换为涡轮机的建议，但并没有付诸实施，而且这也忽略了舭龙骨的问题（该结构实际上对舰只的航行性能产生了负面影响，后来才对其进行了相关设计改进）。同时，考虑到支撑无线电天线所需的高大桅杆结构需要更良好的稳定性，人们还计划用一对四条腿的桁架桅取代原有的柱式桅杆。这种新式桅杆不仅计划用于德意志海军新一级的主力舰，而且还将用于 1907 年造舰计划中的大型巡洋舰以及 1908 年造舰计划中的战列舰和大型巡洋舰。然而，进一步的改进设计工作表明，只要无线电设备的布线能够进行更好的绝缘，就可以避免安装使用这种特别高大笨重的桅杆，特别是这种格子桅杆还会占用过多宝贵的舰上空间。而且这种高大的桅杆一旦在作战行动中被击毁，很可能会对海上作战行动造成重大的阻碍。因此，到 1908 年 5 月又恢复了柱式桅杆的布局，前桅也被挪到了前烟囱的前方位置，在那里桅楼不容易受到烟囱排烟的影响。"拿骚"号和"威斯特法伦"号采用了笨重的斜桁结构来支撑它们的无线电天线，但其后的两艘同级舰上安装的则是更轻的无线电天线，后来这前两艘同级舰也在 1911 年进行了类似的改装。1908 年 2 月又有了进一步改进——有鉴于当时鱼雷武器的威力越来越大，因此计划在未来的主力舰上（包括"拿骚"号）安装配备防鱼雷网，而在后来日德兰海战中的事实将充分证明因鱼雷造成的战损将对舰只构成如何重大的威胁。

虽然与早期的德意志海军战列舰相比，这已经是一种颠覆式的进步了，但若与英国皇家海军的"无畏"号相比，当拿骚级首舰才刚刚开始建造时对手就已经建成完工了，拿骚级舰不仅舷侧火力更弱（尽管火炮总数要比英国人多两门），而且航速更慢。虽然人们有理由认为这反映的是德国人设想未来在北海海域作战时交战距离较近，因而更注重提高炮口初速（以及射速）的愿望，但最终所选择的火炮口径却是当时德国无力研制更大口径火炮的尴尬缩影。至于航速慢的问题，则是依赖往复式蒸汽机，而不是英国舰只上采用的涡轮机的结果。这种动力布局也给位于舰体舯部中轴线上炮塔的布置带来了一定问题，造成了 12 门主炮事实上呈"六角形"排列的这种极不经济的布局（当然这里也有关于在战斗中保持全方位火力和保留一组备用火炮是否可取的问题）。另一方面，拿骚级战列舰首次将测距仪布置在了上层甲板上拥有装甲防护的位置以便副炮使用，这一思路在其后直到 1918 年前的所有德国主力舰上都有所体现。

舰上的副炮（一种新型 150 毫米 /45 倍径 C/09 型火炮）按惯例布置在主甲板上，而轻型火炮则按照当时的标准成对布置在前后甲板下方的垛口和前后上层建筑上；在舰艏舰艉以及中间炮位两侧的舷侧位置，还布置了可轴向发射的鱼雷管。至于装甲带，拿骚级比德意志级要厚 25%，但甲板防护水平则大致相似。不过，拿骚级战列舰采用的一项重大改进措施在于增加了 30 毫米厚的反鱼雷舱壁，这是后来所有德国战列舰的一大特点[①]。拿骚级的另一大特点是对水下部分的防护得到了更广泛关注。上述两大特点可以说都是从日俄战争中吸取的教训得来的——首先，大型舰只特别容易遭受水雷的攻击。另外，1901 年 4 月"德皇弗里德里希三世"号搁浅的惨痛经历也表明抽水泵和水密舱的配置都需要加强[②]。

拿骚级战列舰位于水线处机舱位置的主装甲带厚度为 290 毫米（"拿骚"号为 270 毫米），两头延伸至前后炮塔位置时逐渐变薄，到顶端下缘即水线下方 1.6 米最薄（170 毫米），在其上方是 170 毫米厚的上层装甲带；往前，装甲带变薄至水线位置的 140 毫米，下缘和主甲板上方的最薄处为 100 毫米；舰艏处装甲带厚度减少到 80 毫米，但延伸到了上层甲板以及水线下方；装甲带的后半部分从 120 毫米到 90 毫米厚度不等，由 90 毫米厚的隔舱壁衔接，而从装甲甲板延伸到主甲板上方的 210 毫米厚的主横舱壁衔接舰体中段，到上层甲板处时变薄至 160 毫米；炮台装甲厚度同样是 160 毫米，后壁厚 20 毫米，每两门火炮之间设有隔板，炮台顶部装甲厚度则在 25 毫米至 30 毫米之间；舯部装甲甲板平直处厚度为 38 毫米，倾斜处为 58 毫米，前后部分为 55 毫米，舵头部分装甲厚度为 80 毫米。

主炮炮塔正面装甲厚度为 280 毫米，侧面厚 220 毫米，背部厚 260 毫米。顶部平直位置装甲厚 60 毫米，倾斜处 90 毫米。甲板以上部分的炮座装甲厚度为 200—250 毫米，前部位置加厚至 280 毫米。不过，装甲带后方的炮座装甲和炮位装甲变薄至 50—80 毫米；指挥塔前方的装甲厚度普遍为 300 毫米，火炮射击指挥位置的装甲厚度则加厚至 400 毫米，顶部为 80 毫米。指挥塔后方的装甲厚度最大处为 200 毫米，顶部为 50 毫米。考虑到各国舰只装甲防护方法的不同，这套防护体系可能具有与当时英国皇家海军柏勒罗丰级战列舰类似的防护效果。

由于订购进程上的延误，1906 年和 1907 年造舰计划中的战列舰都按照同样设计投入了建造（这同时也是出于确保组成一个分舰队的 4 艘战列舰舰级上高度统一的考虑），并于 1908 年下水，在 1909 年秋至 1910 年夏之间陆续正式服役。1908 年底的一天，"拿骚"号由于海水阀未关闭，在建造泊位上不慎进水触底，四天后该舰被成功打捞抬起，后来依然成了第一艘投入使用的同级舰。所有拿骚级战列舰都配备有 C/06 型舷侧炮塔，而第三和第四艘舰配备的是更新的 C/07 型前后炮塔。

① 关于德国无畏舰装甲防护的更多有益的分析，参见：N J M Campbell, 'German dreadnoughts and their Protection'. Warship 1/4 (1977), pp.12 - 20。

② S McLaughlin 'The Underside of Warship Design: A Preliminary History of Pumping and Drainage, Part II: The Dreadnought Era', Warship 2006, p.31.

建造完工后，拿骚级战列舰随即取代了第 1 支队中最后两艘在役的德皇弗里德里希三世级舰以及前两艘维特尔斯巴赫级舰，被替换的各舰则加入新成立的波罗的海及北海预备役分舰队。两艘德皇弗里德里希三世级舰（"德皇卡尔大帝"号和"德皇巴巴罗萨"号）奉命加入波罗的海分舰队，与改装重建完工后的姊妹舰一起加入预备役。而所有德皇弗里德里希三世级舰（除了未经现代化改装的"德皇卡尔大帝"号）都将加入第 3 支队并参加计划于 1911 年举行的海上演习，其中"德皇弗里德里希三世"号及"德皇威廉二世"号都是于 1910 年重新服役的。

皇帝的竞标

正如前文所提到的那样，德皇威廉二世长期以来（而且之后还将继续）主张建造一种速度更快、武器装备稍弱和拥有较好装甲防护的战列舰，但这一想法并没有引起国务大臣的共鸣，后者反倒是在尽所有努力使德皇走出这一错误的轨道。尽管"代舰 - 巴伐利亚"的 1A 和 1B 方案以及德皇威廉后来所青睐的类似埃琳娜王后级战列舰方案的热情最终被没能付诸实施，德皇仍然对他自己的想法没能得到更充分的施展而感到沮丧和不甘。于是，他在 1906 年 5 月发起了一项新型快速战列舰的竞标计划，从而为自己证明这种新型舰只的可行性。这种新型战列舰既可以充当舰队的快速侧翼力量，同时也可以承担巡洋舰的作战任务。具体战术需求包括：排水量 19000 吨，配备四门 280 毫米口径炮、副炮和轻型火炮，作战使用上与巡洋舰类似，而其装甲防护水平则可与最新的德意志海军战列舰相媲美，试验航速应达到 23.5 节。按照要求，竞标方案材料应于 1907 年 1 月 1 日前呈交。

至于获胜的中标设计方案，则是于 1907 年 3 月 27 日正式宣布的——即来自不来梅的威悉船厂（AG Weser）。他们提出的波勒摩斯级（Polemos class）战列舰方案设计吨位为 19100 吨，拥有双联装（分别位于前、后和舷侧）方式安装的八门 280 毫米口径火炮，装甲带厚度为 270 毫米，航速 24.5 节。虽然这个竞标的获胜者最终没能拿到建造订单，但该设计方案的一系列特征却与 1907 年造舰计划中的大型巡洋舰"冯·德·坦恩"号极为相似，主要区别仅仅是而后者的装甲带厚度要比前者薄 7.5% 左右而已。

拓宽基尔运河

由于新一代战列舰无法通过北海和波罗的海之间的基尔运河（甚至布伦瑞克级和德意志级战列舰也必须收拢舯部的 170 毫米口径炮才能确保安全通过船闸），而一旦爆发战争，特别是在新出现的水下武器的威胁下，取道丹麦水域就会成为极大的问题，德意志海军新型战列舰的战略价值无疑就会受到极大削弱。因此，1908 年的造舰计划为扩建船闸进行了相关准备，计划中基尔运河船闸的最大宽度将增加到 102 米，船闸水深则将增加到 11 米。与此同时，基尔和布伦斯比特尔还将再建造两座长 310 米、宽 42 米的新船闸，以确保未来战时水道的畅通。船闸的通行水道将增加到十个，其中部分水道的宽度足以使一艘主力舰就地转向。扩建工程完工后，基尔运河于 1914 年 6 月 24 日重新开放，而其重要性又因不久后第一次世界大战的爆发而得到加强。然而另一方面，北海和波罗的海之间战略水道的通行能力又被以下事实削弱了：首先基尔运河的可用水深仍然极为有限，最初仅为 8.5 米（当年 11 月增至 8.8 米），这意味着任何比"德意志"号（从 11 月起为"拿骚"号）更晚下水的战列舰都需要减重后方能通过运河，其中就包括被迫卸载大量的燃煤和弹药。因此，德意志海军第 1 和第 3 支队的无畏舰和第 1 侦察支队的现代化大型巡洋舰通过基尔运河进行战略机动的时间仍将需要四到五天，这是取道丹麦水域所需时间的两倍，但至少这条路径是安全的，这才是战时最为关键的问题。因此，基尔运河是德意志第二帝国的一种战略资产，而不是战术资产[1]。

"布吕歇尔"号

1906 年的大型巡洋舰（E 号）是该年度"舰队法修正案"中第一艘额外增建的新舰，其建造也因为一番曲折的设计过程而受到了延误[2]。一系列设计方案中，前两套（即 A 和 B 方案，1905 年 3 月命名为 E1 和 E2 方案）得到了进一步发展，可以将其看作是沙恩霍斯特级巡洋舰的提速版。其中第一套方案配备有 8 门 210 毫米口径火炮，另一套方案则在六座双联装炮塔中配备了 12 门 210 毫米口径火炮（二者都改进了装甲防护水平，装甲带增厚了 20%）。为了提升推进功率，新舰需要配备第五个锅炉舱，因此 E1 方案烟囱的数量也有所增加，但在后来的设计方案中还是恢复到了四个；至于 E2 方案，其额外增加的 4 门 210 毫米口径火炮使成本大幅增加，最终通过修改演进为 E3 方案，其舷侧火炮的数量减少到每侧 3 门，并被重新布置在炮台内。此外还考虑过一些其他的选择，其中就包括所谓的 E5 方案，该方案的主炮数量再次被削减到了 8 门，艏部舷侧各有一个炮塔，但配备的副炮数量更多；1905 年 5 月的 E6 方案计划用 8 门 170 毫米口径火炮取代 E5 方案中的 10 门 150 毫米口径副炮（排水量也因此额外增加了 500 吨，与当时新型战列舰的吨位呈同步增长之势）；E7 方案代表了总体设计方案上的进一步变化（尺寸略小一些）；E8 方案则恢复到了 150 毫米口径副炮方案，但将火炮数量维持在了 8 门的水平，以便多安装一对 210 毫米口径火炮。

虽然方案草图中采用的是与 E2 和 E5 方案中 210 毫米口径火炮相同方式布置的 240 毫米 /45 倍径炮，但毕竟后者体积太大也更昂贵，于是新一轮的设计工作又再次展开，并在 1905 年 9 月形成了 E9 方案。该方案在排水量 14400 吨的舰体上安装了 12 门 210 毫米口径火炮，相比于先前的设计方案吨位更大，火力也更强；E10 方案将副炮数量从 8 门减少到了 6 门；而 E11 方案又改为 8 门，同时增加了舷侧炮塔之间的间距（根据日俄战争中吸取的经验教训），吨位小幅增加了 600 吨，推进功率提升了 2000 马力。到了 9 月底，在 E11 方案的基础上又形成了 E15 方案，这也确立了未来"布吕歇尔"号巡洋舰的基本特征，不过新舰要在两年后才能正式开工建造。

在此期间的 1905 年 9 月至 1906 年 3 月，又衍生出了一系列使用 6 门至 8 门 240 毫米口径火炮的方案，即 E17 至 E23 方案，人们又在此基础上进行了一系列的研究工作。然而，从造舰的成本上来看结果并不令人鼓舞（这批新方案的成本要比 E11 方案高出 100 万马克）。后来 E15 方案进一步改进为 E16B 方案，改动包括增加了 0.5 节的航速以及将两座烟囱的烟道并联至一个排烟口中。考虑到需要额外增加三个月的设计工作，因此放弃了配备安装涡轮机的打算。建造令是由德皇于 1906 年 6 月 21 日正式签署的，新舰的最终布局与同时期的战列舰拿骚级战舰大致相当。

[1] J Goldrick, Before Jutland: The Naval War in Northern European Waters, August 1914 - February 1915 (Annapolis: Naval Institute Press, 2015), p.72.

[2] 关于从"布吕歇尔"号到一战时期之间的大型巡洋舰设计和发展的详情，参见：Grießmer, *Große Kreuzer der Kaiserlichen Marine 1906–1918*。

△ "布吕歇尔"号巡洋舰在基尔港舾装时的情景，背景中是一艘小型巡洋舰，可能是"柏林"号或"慕尼黑"号（**作者本人收藏**）

当大型巡洋舰 E/ "布吕歇尔"号于 1907 年 2 月投入建造时，三艘新的英国皇家海军无敌级（Invincible class）装甲巡洋舰（不久后归为战列巡洋舰）正接近下水，其 305 毫米（12 英寸）口径火炮的火力明显超过了德意志海军的新舰。这一巨大差距是在 1906 年 5 月大型巡洋舰 E 的设计方案得到最终批准一周后才被发现的，而当时不仅为时已晚，而且任何有意义的方案修改措施都是负担不起的（1906 年造舰计划的预算资金已于 5 月 26 日由国会批准拨付）。一个常被人提及的坊间传闻是，"布吕歇尔"号的最终武器装备方案其实是来自一份伪造文件的建议，这份文件中描述的英国人的无敌级巡洋舰主炮口径仅为 234 毫米（9.2 英寸）。不过，在当时德国国内相关的设计文件中找不到任何支持这一论断的信息，而且这也与英德两国各自主力舰设计过程的时间先后顺序并不吻合。

虽然主炮火力不及英国对手，但"布吕歇尔"号的装甲防护能力却是比它的对手高出一截（80—180 毫米厚装甲带对比无敌级舰的 100—152 毫米厚装甲带）。虽然动力系统采用的是往复式蒸汽机，航速也只是慢一节而已，总体上看"布吕歇尔"号仍然是一个相当好的平衡化的设计方案。鉴于"布吕歇尔"号巡洋舰的火炮射程与无敌级基本相当，其实是完全可以凭借一己之力对抗英国皇家海军早期战列巡洋舰的，特别是考虑到后者仅仅配备有限的装甲防护。对于最后一批"传统型"大型巡洋舰——英国皇家海军的弥诺陶洛斯级、美国海军的田纳西级和法国海军的瓦尔德克 - 卢梭级（Waldeck-Rousseau class）而言，"布吕歇尔"号也足以应付，毕竟这些老舰的速度都比较慢，防护效果也要差得多。在武器装备方面，法国舰只仅配备由 14 门 194 毫米口径的"全重型火炮"组成的炮组（舷侧火力仅 9 门），英国舰只配备的则是 4 门 234 毫米口径和 10 门 191 毫米口径火炮组成的混合炮组（舷侧火力为 4 门 234 毫米口径火炮和 5 门 191 毫米口径火炮），美国舰只为 4 门 254 毫米口径火炮和 152 毫米口径副炮。

△ "布吕歇尔"号巡洋舰担任侦察集群旗舰的两年中拍摄的照片（**作者本人收藏**）

◁ "布吕歇尔"号经改装后在德国海军历史上首次安装了三角前桅（**作者本人收藏**）

　　1909 年 10 月，"布吕歇尔"号正式服役，随后取代"约克"号担任侦察集群的旗舰。当时的德意志海军侦察集群力量还包括"罗恩"号（第二旗舰）和"格奈森瑙"号巡洋舰，加上小型巡洋舰"美因茨"号（Mainz）、"柯尼斯堡"号、"德累斯顿"号、"柏林"号、"吕贝克"号和"斯德丁"号。然而到了 1911 年 9 月，"布吕歇尔"号很快就被新服役的"冯·德·坦恩"号替换，转而成了一艘火炮试验舰。1912 年，"布吕歇尔"号又重返舰队前往丹麦水域巡航，作为第 2 分舰队旗舰参加了那一年的海军演习。1913 年 5 月 28 日，"布吕歇尔"号在大贝尔特海峡的罗姆瑟岛（Romsoe）海域不慎搁浅，直到 6 月 1 日才被"奥格斯堡"号（Augsburg）小型巡洋舰成功拖走。后来在"韦廷"号战列舰和"斯图加特"号（Stuttgart）巡洋舰的一路伴随和轮番拖曳下，"布吕歇尔"号才逐渐恢复了自身动力，顺利返回基尔港靠岸。

△试航中的"冯·德·坦恩"号巡洋舰（**作者本人收藏**）

在随后的改装大修过程中，"布吕歇尔"号加装了试验性的三脚前桅，这是德国海军历史上首次采用此种设计，这使得前桅上能够安装一个空间更大的可配备测距仪的桅顶。"布吕歇尔"号这次安装三角桅的经验深刻地影响了 1913 年及以后的德国主力舰设计，同时也包括后来进行现代化改装的"德弗林格尔"号。第一次世界大战爆发后，"布吕歇尔"号巡洋舰和其他承担非主战任务的舰只又再次加入了作战舰队的序列。

"冯·德·坦恩"号 [①]

有鉴于无敌级的武器装备水平，已经不大可能再去重复 1906 年时为 1907 年大型巡洋舰 F 给出的设计方案了（包括 1907 年战列舰设计方案），280 毫米口径火炮显然是可接受的最低限度（甚至曾考虑过一举跃升到 305 毫米口径）。1906 年夏，一系列设计草图被摆上了桌面，围绕一艘配备八门 280 毫米口径火炮的舰只给出了不同的布置方案，其中八门 150 毫米口径副炮既有以常规布局布置，又有以四座双联装炮塔形式布置的。由于当时的观点认为无敌级的航速为 23 节（实际上是 25 节），因此新舰的设计航速也定在了 23 节。海军造舰办公室还独立提出了一个替代性方案，为六门主炮和 170 毫米口径副炮的火力组合。

三种布局方案，即 1a、2a 和 5a 方案（分别配备有两个双联炮塔加四门单管炮、四个双联炮塔、三个双联炮塔加两门单管炮，各方案的 150 毫米口径炮都位于炮廓内）于 9 月底提交给了德皇，虽然关于 5a 方案火炮布局优点的讨论持续了相当长一段时间，但最终被选中的方案为 2a 方案。2a 方案后来进一步发展为 2b 方案，其改进主要是采用炮塔斜置法布置舷侧的炮塔（这显然是受到了英国无敌级设计思路的

① 关于"冯·德·坦恩"号巡洋舰服役生涯的详细资料，参见：G Staff, *German Battlecruisers of World War One: their design, construction and operations* (Barnsley: Seaforth Publishing, 2014)。

启发）；接着到了 1906 年 11 月，方案又演进为 2b1，其动力系统由往复式蒸汽机改为涡轮机推进，预计航速也将因此提高到 24 节；方案 2c1 则进一步增强了动力和装甲防护水平，该方案构成了最终于 1908 年 3 月开工投入建造的"冯·德·坦恩"号巡洋舰的设计基础。这艘新舰的价格是"沙恩霍斯特"号的两倍之多，比"布吕歇尔"号也要贵上三分之一。建造成本上涨的影响非常重要，因为舰队法的相关筹资安排已经设定了大致稳定的新舰造价，而无畏舰时代的到来却引发了令人极为头疼的资金问题。

"冯·德·坦恩"号巡洋舰身上凝聚了大量试验性的特征。这其中就包括弗拉姆（Frahm）式减摇水舱，但实践证明这并没有起到什么效果（结果只减少了大概三分之一的横摇），反而占用了大量宝贵的舰上空间；舭龙骨的作用是较为显著的，水舱则被用作额外的燃料舱空间（最大燃煤储量增加了 180 吨）。另一项试验性改动是将军官住舱转移到了艏楼距离指挥中心更近的位置。但事实证明，这种做法同样并不成功，因此后来再也没有采用过。

相较于无敌级那种装甲带厚度为 152 毫米的标准巡洋舰等级防护水平（与之相比"无畏"号的装甲带厚度则达到了 280 毫米），"冯·德·坦恩"号的装甲带厚度只比拿骚级薄 20 毫米，这一理念在后来的德国海军大型巡洋舰的设计建造上还将得到延续。"冯·德·坦恩"号的这条装甲带水线部分在舰体前后炮座之间纵向延伸，在舯部上缘变薄到 225 毫米，前后两端则为 200 毫米，到了下缘则变薄到 150 毫米。往舰艏方向装甲带厚 120 毫米，向艉部方向则变薄至 100 毫米，上缘处为 80 毫米，往舰艉方向装甲带厚度为 100 毫米 /80 毫米，由 100 毫米厚隔舱壁衔接。上层装甲带 /炮位装甲为 150 毫米厚，由 170 毫米厚隔舱壁和 25 毫米厚鱼雷隔舱壁衔接。

舰艉最末端的装甲甲板有 50 毫米厚，在横向舱壁前方位置加厚到 80 毫米。前后炮座之间的甲板厚 25 毫米（斜面部分为 50 毫米），炮位顶部装甲厚度为 25 毫米，前炮座与舰艏之间的装甲甲板厚度为 50 毫米。炮塔装甲的最大厚度为 230 毫米，前炮座的装甲厚度为 200 毫米，其他三个炮座的最大装甲厚度为 200 毫米。前指挥塔装甲最大厚度为 250 毫米，后方指挥塔则为 200 毫米。

由于采用了炮塔斜置法布局，理论上"冯·德·坦恩"号在有限弧度内获得了八门火炮构成的强大舷侧火力，但爆炸效应的影响使得另一舷侧的炮塔无法同时射击；十门副炮以常规方式安装布置在主甲板水平面上，最后方的四门 88 毫米口径轻型火炮也呈传统方式布置在主甲板水平面上；其余的火炮则分别安装在艏楼、前后方上层建筑上；四具 450 毫米口径水下鱼雷发射管分别安装在舰艏、舰艉和两舷侧前方位置。

"冯·德·坦恩"号巡洋舰是第一艘由"帕森斯"式（Parsons）涡轮机提供动力的德国海军大型战舰，涡轮机由 18 台布置在五个锅炉房内的燃煤锅炉提供蒸汽。海上试验显示，这一动力系统提供的动力（79000 轴马力）几乎是设计指标（42000 轴马力）的两倍，最高试验航速达到了 27.4 节，而设计航速指标仅仅是 24.5 节。

海试结束后，"冯·德·坦恩"号巡洋舰随即被派往南美洲海域，此举既是对这艘新型战舰及其系统的进一步测试，也是一次海军造舰技术的展示与推销[1]。"冯·德·坦恩"号于 1911 年 2 月 20 日起航，在前往巴西里约热内卢的途中拜访了

① S W Livermore, 'Battleship diplomacy in South America: 1905 - 1925', *Journal of Modern History* (1944), pp.41 - 42.

加那利群岛（Canaries），3 月 14 日抵达目的地。当月 23 日，"冯·德·坦恩"号又造访了伊塔雅伊（Itajaha），然后于 27 日抵达阿根廷的布兰卡港（Bahia Blanca）。4 月 8 日，该舰起程前往巴西的巴伊亚并于 14 日抵达，17 日即起航返程，于 5 月 6 日顺利抵达威廉港。6 月份，"冯·德·坦恩"号巡洋舰参加了乔治五世国王的加冕礼之后，于 9 月底接替"布吕歇尔"号成为侦察集群的旗舰，直到 1912 年 7 月才被"毛奇"号替换。

赫尔戈兰级

人们很早就已经认识到，拿骚级战列舰所配备的 280 毫米口径火炮火力已经存在很大不足，但从"前无畏舰"时代向"无畏舰"时代的迅速转变为海军建设的财政预算带来了显著影响。因此，若要将德意志主力舰的主炮口径升级到 305 毫米的水平，直到 1908 年造舰计划出炉时才有这个可能，而 1908 年颁布的"1900 年舰队法第二修正案"又使这一情况进一步复杂化。这意味着在 1908 年至 1911 年造舰计划中，战列舰的建造节奏将从每年两艘提升到每年三艘的水平。

因此，根据 1908 年造舰计划，德意志海军分别订购了"代舰 - 齐格弗里德"号（即后来的"赫尔戈兰"号）、"代舰 - 奥尔登堡"号［即后来的"东弗里斯兰"号，（Ostfriesland）］以及"代舰 - 贝奥武夫"号［即后来的"图林根"号（Thüringen）］，并在 1909 年造舰计划中追加订购了第四艘同级舰"代舰 - 伏里施乔夫"号（即后来的"奥尔登堡"号），同时当年的造舰计划中还包括紧随其后建造的德皇级战列舰的前两艘。"奥尔登堡"号的承建方希肖造船厂（Schichau）在正式建造令下达之前就已经开始冒着风险收集原材料了，这导致得到消息的英国人相信所有四艘赫尔戈兰级战列舰都是根据 1908 年造舰计划投入建造的，因此滋生出的恐慌情绪，更是引发了所谓的"我们要八艘！我们不能等！"的造舰热潮，直接导致英国皇家海军在 1909 年的造舰预算案中一口气订购了六艘战列舰和两艘战列巡洋舰[1]。

据计算，在拿骚级战列舰的基础上设计建造一种配备更大口径主炮的放大版新型战列舰，需要额外增加 4000 吨的排水量。因此产生了许多替代设计方案，其中包括将背负式前炮塔（以美国海军密歇根级为代表）与"无畏"号的后炮塔布局结合的方案（14 号方案）、英国为巴西海军建造的米纳斯·吉拉斯级（Minas Gerais class）战列舰上采用的背负式炮塔与斜置法炮塔结合的方案（8 号方案）以及一种显得有些古怪的布局，即像老齐格弗里德级舰那样将艏楼炮塔并联布置（16 号方案）。最终，考虑到在未接战的舷侧保留一部分"备份"火力带来的优势，以及需要在两个舷侧同时开火的可能性胜过了其他布局方案体现出的相对经济性，最终还是拿骚级战列舰的炮塔布局方案获得了通过（13 号方案）。与 1906 年和 1907 年造舰方案中的一些设计方案一样，赫尔戈兰级舰仍然采用了格子桅，但德意志级舰采用过的传统三烟囱布局还是使新舰呈现出与拿骚级战列舰颇为不同的外观。动力系统方面仍保留了往复式蒸汽机方案（与英国、美国和法国战列舰形成了鲜明对比，这些国家当时都开始建造涡轮动力战列舰），其部分原因是为了避免向当时近乎处于垄断地位的帕森斯公司支付专利版权费。可以预见在 1909 年造舰计划中，将会有更多的涡轮机动力方案参与竞争。

① R A Burt, *British Battleships of World War One* (new revised edition. Barnsley: Seaforth Publishing, 2012), p.149.

　　防护方案主要遵循的是拿骚级战列舰的设计思路，舰体舯部装甲带整体增加到300毫米厚，在水线以下部分逐渐变薄至170毫米。上层装甲带厚度与炮位装甲相同，但与舷侧炮座并排的位置装甲厚度只有270毫米。装甲带前缘为150毫米厚，下部为120毫米，上缘为100毫米。舰艉后方部分的装甲厚度为120毫米，顶部厚度减薄到100毫米，底部为80毫米，从那里一直延伸到与装甲带其余部分相衔接。舰艏方向装甲带厚130毫米，其下缘逐渐变薄至100毫米，上部则为90毫米，刚好位于主甲板舷窗下方。舰艏舱壁厚90—120毫米，主舱壁厚170—220毫米，炮位装甲厚170毫米，后舱壁和隔断厚18毫米。舯部甲板装甲比上一代战列舰稍厚，达到40—55毫米，炮位顶部装甲则加厚到了25—45毫米。

△建造完工后的"赫尔戈兰"号战列舰，注意其短烟囱设计（**斯图亚特·利思戈授权，并致谢网站：www.thoswwardltresearch. co.uk**）

▽"奥尔登堡"（ii）号战列舰加高烟囱后拍摄的照片，其烟囱高度要比其他三艘姊妹舰的多1.5米，也因此成为一大明显识别特征（**作者本人收藏**）

炮塔正面装甲厚度增加到了 300 毫米，侧面装甲厚度增加到 250 毫米，背部增加到 300 毫米，斜面部分增加到 100 毫米，但平直部分的装甲厚度只增加到 70 毫米。炮座的装甲防护采用的是一种相对复杂的方案——炮座前方到上层甲板部分的装甲厚 300 毫米，从那里到主甲板之间的部分装甲厚度减少到了 275 毫米，到装甲甲板处则减少到 210 毫米厚。炮座其余部分的装甲厚度在 200 毫米至 275 毫米之间，装甲带和主舱壁后方部分则减少到 80—120 毫米。舰艏炮座的防护方案与之相似，但 300 毫米装甲板被 275 毫米装甲板取代，275 毫米装甲板则改为 250 毫米装甲板，80—120 毫米装甲板被替换为 40—80 毫米装甲板。舷侧炮座在艏楼甲板以上部分采用的是 220—275 毫米厚的装甲板，在炮位装甲后方厚度减少到 60—120 毫米，主装甲带后方则未采用装甲防护。前指挥塔的顶部装甲加厚到 100 毫米，后指挥塔的装甲防护则与拿骚级一致。同先前的各级战列舰一样，赫尔戈兰级战列舰的总体装甲防护水平与同时代的英国皇家海军猎户座级（Orion class）几乎并无二致，但后者的武器装备火力要强大得多，装备有十门 343 毫米（13.5 英寸）口径主炮，所有这些主炮都能向舷侧开火，投射的炮弹重量要大 75%，而且英国战列舰的航速也更快。与拿骚级战列舰相比，赫尔戈兰级舰除了主炮口径增加外，副炮也增加了两门，而轻型火炮的数量则减少了两门，即位于主甲板后部的两门。舰上鱼雷发射管的数量保持在六座，但口径增加到 500 毫米（鱼雷战斗部重量也比以前的 450 毫米口径鱼雷的重 75%），该标准一直保持到巴伐利亚级出现之前。

建成服役的"赫尔戈兰"战列舰取代的是隶属第 1 分舰队的最后两艘维特尔斯巴赫级舰以及德意志级战列舰"汉诺威"号和"西里西亚"号，后两艘舰转而归属第 2 分舰队。就这样，德意志第二帝国海军终于组建了第一支由"无畏舰"构成的完整分舰队。四艘"赫尔戈兰"战列舰都采用了短烟囱设计（18.5 米高），但后来分别于 1913 年（"奥尔登堡"号、"图林根"号）、1915 年（"赫尔戈兰"号）和 1917 年（"东弗里斯兰"号）将烟囱进行了加高，各舰烟囱加高了 1.5 米，"奥尔登堡"号有所例外，其烟囱加高了 3 米。

毛奇级

按照海军办公室的设想，考虑到英国海军主力舰开始装备 305 毫米（12 英寸）口径主炮，与前三艘赫尔戈兰级战列舰建造的同时制订的 1908 年巡洋舰造舰计划（大型巡洋舰 G，即"毛奇"号）将与之共用 305 毫米口径火炮。不过，根据建造办公室的看法，这艘新巡洋舰的建造预算足以购买一艘 305 毫米口径主炮版的"冯·德·坦恩"号了，因此宁愿保留 280 毫米口径火炮，同时增加火炮数量。5 月初，海军办公室要求对十门 305 毫米口径主炮的备选火力方案进行研究，但尚不清楚后来是否采取了相关举措来完成这一方案，毕竟除了最后一套方案（方案 2i）之外，所有的初步设计方案似乎都消失无踪了，现存档案资料中唯一提及的替代方案是方案 5，设计有八门 280 毫米口径主炮和更厚的装甲防护。方案 2i 于 1907 年 5 月 28 日获得德皇批准（曾有人质疑八门 305 毫米口径火炮的火力方案是否合适），这基本上就是一个放大版（排水量增加了 3600 吨）、加装了后部背负炮塔的"冯·德·坦恩"号。为了实现这一布局，舰体通过截短艏甲板进行了缩短，高大的艏楼设计被取消，主炮也改为 280 毫米/50 倍径规格。

直到 1909 年 1 月，"毛奇"号才开始铺设龙骨投入建造，总体设计工作因为同期进行的赫尔戈兰级战列舰的繁重建造工程而受到了延误，导致造舰办公室甚至一度建议干脆直接复制建造一艘新的"冯·德·坦恩"号。然而，这艘新舰最终还是获批按照原计划投入建造，与此同时人们对方案 2i 的基本设计作了一些修改，其中包括稍微加强了装甲防护，在炮位前方增加一对 150 毫米口径火炮，原计划在舰舯垛口位置安装的四门 88 毫米口径火炮则被取消。这主要是考虑到与先前的各级舰相比，"毛奇"号的整体甲板高度有所降低，从而导致这些火炮的安装位置与水线离得太近。此外其他一些轻型火炮也进行了重新布局以弥补舰舯方向火力的损失和不足。两门火炮从前上层建筑的垛口位置改到了后上层建筑上的开放式炮位上，与原先就安装在后指挥塔旁的四个炮位中的两个位置相近。按照那个时代的战列舰主流设计思路，格子桅被杆式桅所取代，锅炉舱的数量从先前的两艘大型巡洋舰配置的五个减少到四个。此外，双舵布置改为两个串联的舵机。这种双舵布局是有诸多优点的，其中最主要的就是降低了整个转向机构因单次命中而被损毁的概率。设计人员对舰艉的外形也进行了修改以平衡新舵布局带来的某些不利影响，使得舰艉的水下部分变得更为尖锐，从而降低了舰艉部分的浮力，而这也将影响到该舰在遭遇战损时的生存能力（参见"日德兰海战"一节）。

装甲防护系统可以说是"毛奇"号在"冯·德·坦恩"号巡洋舰基础上的一大进步，该舰在 270 毫米主装甲带（下缘减薄至 130 毫米）和 200 毫米上层装甲带之间设计有垂直装甲，其上方为 150 毫米口径火炮炮位。往舰艉方向，装甲带变薄至 100 毫米，向前则变薄至 120 毫米，舰艏为 100 毫米 /80 毫米。炮塔的装甲防护和甲板防护类似于先前的各级舰，只不过后者没有完全覆盖至舰艉，舰艉设计有一定角度以衔接舰踵。前指挥塔设计有较厚的装甲防护，鱼雷舱壁厚度增加到 30 毫米。"毛奇"号的炮塔采用了升级的 C/08 型炮塔，不过与 C/07 型相比，最大仰角由冯·德·坦恩级巡洋舰上的 20° 降到了 13.5°，这也反映出当时的人们普遍持有的未来的海上炮战将多数发生在近距离上的主流判断。此外，"毛奇"号还配备了新型的 500 毫米口径鱼雷。

虽然人们希望 1909 年的大型巡洋舰 H 采用经过改进的全新设计方案，但实际上在 1909 年晚些时候，该舰还是按照与"毛奇"号完全相同的设计方案投入了建造，这就是"戈本"号，这将是所有德国主力舰中寿命最长的一艘。建造完成后，"毛奇"号在每个烟囱上都加装了等高的外壳和浅烟囱帽。但根据海上试验的经验，前烟囱上改为安装一个凸起的烟囱帽以减少排烟对舰桥的影响。"戈本"号在建造过程中也加装了这样的烟囱帽，但后烟囱并未安装烟囱帽或外壳。

与"冯·德·坦恩"号一样，"毛奇"号于 1912 年 5 月展开跨大西洋巡航，从而揭开了自己作战生涯的序幕，7 月初又参与了另一段声望显赫的航行——即护送皇家游艇"霍亨索伦"号前往位于爱沙尼亚海岸的帕尔迪斯基港（Paldiski）。在那里，德国皇帝将与俄国沙皇举行会晤。

随后，"毛奇"号开始担任侦察集群的旗舰，率领的力量包括"约克"号（第二旗舰）、"冯·德·坦恩"号以及六艘小型巡洋舰。直到 1914 年 5 月，新"赛德利茨"号到来之后才被予以替换，"毛奇"号则计划代替"沙恩霍斯特"号担任东亚分舰队旗舰。结果，实际上的决定是指派"毛奇"号前往地中海地区替换"戈本"号，

而后者奉命回国进行改装。随着大战的爆发，这一计划也被搁置。1912 年 11 月 1 日，刚刚完成海试后的"戈本"号奉命加入新成立的地中海支队，并于当月 4 日起航离开威廉港。从此以后，该舰就再也没有返回过德国。

关于帆索与探照灯

在 20 世纪头十年的后半段，德意志海军舰队开始逐步取消主力舰上的帆索装置，代之以高大的上桅和横木，以便安装无线电设备，此外在这种新型桅杆的上部横木位置还加装了一个小观测位。

也正是在同一时期，各级主力舰上探照灯的安装布局也进行了重新设计，特别是在先前较老的各级主力舰上尝试采取了许多不同的探照灯安装方式。如勃兰登堡级战列舰在前桅楼上加装了第二个探照灯位，而主桅楼上的探照灯则被移到了后方上层建筑的后缘位置；而在德皇弗里德里希三世级战列舰上，这些变动则在各舰的改装重建过程中同步实施，探照灯布置在了主桅半高平台的位置和舰桥的后方位置。在"俾斯麦侯爵"和"海因里希亲王"号巡洋舰在改装重建过程中也进行了这样类似的布局，维多利亚·路易丝级舰将探照灯保留在前桅楼，而维特尔斯巴赫级战列舰在保留前桅楼探照灯的同时，将后部的探照灯的位置移到了战斗桅顶，并在这一平台上安装了两盏探照灯，从而扩大了探照灯的整体覆盖范围——这种布局在那些采用低战斗桅杆设计的舰艇上是较为常见的。

作为当时最为现代化的主力舰（布伦瑞克级、德意志级和沙恩霍斯特级），探照灯的布局体现得较为标准化，即前桅中下方的平台位置安装一盏、战斗主桅顶并排安装两盏、舰桥后方 / 前方烟囱并排安装两盏。在德意志级战列舰上，由于探照灯的位置与前烟囱并排，因此不得不将烟囱的外壳进行加高。一个微小的变化在于，在"汉诺威"号、"西里西亚"号和"石勒苏益格 - 荷尔斯泰因"号上，前桅楼低处位置的探照灯被直接改在了战斗桅顶，而"沙恩霍斯特"号则保留了其完工时就已采用的加长平台，后方则改为采用并列双探照灯布局。

到第一次世界大战爆发前，并非所有德意志海军主力舰都完成了上述改装，特

△"普鲁士"号，注意其在20世纪10年代接受改装后的帆索和探照灯的安装位置（作者本人收藏）

别是那些仍在预备役状态或尚在进行试航的舰只。不过，"阿达尔伯特亲王"号当时在两个战斗桅顶上都加装了探照灯平台，而"海因里希亲王"号则在前桅平台上安装了两盏探照灯。这种双探照灯布局后来也出现在了勃兰登堡级战列舰的桅杆平台上。

这些改动都是在德意志海军新一代战列舰和大型巡洋舰正在建造的过程中同步进行的。因此，伴随着各舰的相继建成完工，探照灯装置的设置也很好地反映了当时业已确立的相关布局原则。这样，所有后续建造的战列舰和大型巡洋舰上都将安装总共八盏探照灯，一半集中在主桅周围或靠近主桅的两个平台上，其余的则以同样方式安装在前桅或前方烟囱周围。

新德皇级

在1909年造舰计划中，除了赫尔戈兰级战列舰的最后一艘外，还包括两艘明显不同的舰只的建造事项——"代舰-希尔德布兰德"号［即后来的"德皇"（ii）号］和"代舰-海姆达尔"号［即后来的"弗里德里希大帝"（ii）号］战列舰，这标志着德意志第二帝国战列舰的设计建造水平又向前迈进了一大步。建造工程于1908年5月开始，按预想新舰安装的将是305毫米口径主炮，装甲防护和锅炉房尺寸均与赫尔戈兰级战列舰相同，只不过配备的是涡轮机和更高的副炮指挥位。然而，炮塔布局多少会与拿骚级/赫尔戈兰级战列舰有所区别，特别是采用涡轮机将在轴线方向释放一定的安装空间，就像前一年的大型巡洋舰G上那样，有可能再次采用背负式炮塔设计。

最初的火力配置方案包括参照当时已经建成竣工的赫尔戈兰级战列舰的设计方

▷建成后的"德皇"（ii）号战列舰
（作者本人收藏）

案以及方案 14，到了 6 月则改为方案 1a 至 1c，该系列方案综合了前后背负式炮塔以及舷侧炮塔，使得舷侧火力达到了十门火炮的水平，副炮炮位则首次全部布置到了上层甲板而不是主甲板水平面上。这一系列布局方案之间的主要区别在于炮位是沿舰体一侧串列布置，还是采用嵌入式炮位设计（每侧留一条走道）。不过，所有这些六炮塔设计方案都很不经济，因此在后续的改进方案里炮塔数量减少了一座，其中唯一能确保十门舷侧火炮火力的方案是方案 16，不过该方案需要对机械动力系统进行重大调整，包括将锅炉分成独立的两组，以便将两座炮塔采用斜置法布置在远远隔开的烟囱之间的空隙位置里。事实证明，爆炸效应造成远端炮塔无法朝另一侧射击，除非后一位置的炮塔处于非战斗状态。不过这种布局被认为是可以最大限度发挥全向火力的一种设计方案，而且当时的英国皇家海军也在"海王星"号（Neptune）[1] 和巨像级（Colossus class）战列舰上采用了类似的方案。于是，新的火炮布局方案最终于 1909 年 1 月获准通过。

　　新德皇级战列舰的主炮安装在升级后的 C/09 型炮塔上，而副炮则与赫尔戈兰级战列舰一样（安装在主甲板上）。轻型火炮的布置方式也和赫尔戈兰级一样，只是前方上层建筑中的两门火炮被取消。与此同时在先前各级舰上安装的舰艏鱼雷发射管也被取消，全舰鱼雷发射管的数量因而减少了一半。

　　与先前的两级战列舰相比，新德皇级舰的装甲防护水平有了很大的改进。主装甲带舯部位置厚度加厚至 350 毫米，满载条件水线以下 1.7 米处变薄为 180 毫米，上部装甲带变薄至 200 毫米。舰艏方向装甲带变薄到 120—180 毫米（后两艘同级舰为 120—150 毫米），舰艉方向为 130—180 毫米（后两艘同级舰为 120—150 毫米），并一直延伸到主甲板。主隔舱壁从装甲甲板到主甲板之间为 300 毫米厚，最薄处为 200 毫米 /170 毫米。炮位装甲也有 170 毫米厚，同时安装有 15 毫米至 20 毫米的附加装甲板。

　　舰体舯部装甲甲板为 30 毫米厚，舰艏方向为 60 毫米厚，舰艉方向为 60—100 毫米，舵机位置增加到 120 毫米厚。炮位的顶部装甲厚度为 30 毫米，同级舰前三艘

[1] 译注：实际上，该舰舰名理应有另一种译法，即取罗马神话中的海神之名（海王星的名字亦来源于此），为"尼普顿"号。在这艘 1909 年下水的无畏舰服役之前，皇家海军曾拥有过四艘名为"Neptune"的战舰（分别于 1683 年、1757 年、1797 年和 1832 年下水），但它们都不可能以"海王星"的名字命名，因为这颗行星在 1846 年才首次被人类发现。

舰的鱼雷舱壁厚 40 毫米，最后一艘为 50 毫米，由 30 毫米厚的过渡舱壁延伸到上层甲板处。炮塔的防护基本上与赫尔戈兰级战列舰一样，整体略有增厚。在没有其他装甲防护的部分后面，炮座装甲厚 300 毫米，有另一炮座遮挡的位置装甲厚 220 毫米，炮位装甲后方为 140 毫米，主装甲带后方为 80 毫米。后指挥塔防护方案保持不变，前指挥塔装甲侧面加厚到 400 毫米，顶部加厚到 150 毫米。

在德国战列舰发展史上，新德皇级战列舰的这一套装甲防护方案可以说是一次重大的进步，而且与同时代的英国皇家海军乔治五世国王级（King George V class）和铁公爵级（Iron Duke class）战列舰相比，其抗打击能力也是头一次占据了明显的上风。不过另一方面，舷侧火力方面的差距仍然存在，甚至在新德皇级舰的所有十门 305 毫米口径主炮能以有限的射界同时开火的情况下，英国战列舰的弹药投送量仍然要比德国对手们高出 40%。

与最终定型的方案 16a 相比，各舰在建成时都重新布置了探照灯，并大幅抬升了烟囱的高度。就像当时许多国家海军的主力舰一样，为了尽量减小舰身的轮廓，排烟道应该尽量设计得矮小，但在实践中这样通常是行不通的，为了免受烟囱排出的烟雾干扰，很多舰只在建造完工后都要将部分甚至全部烟囱进行大幅加高，赫尔戈兰级战列舰、英国皇家海军爱丁堡公爵级和勇士级装甲巡洋舰便是如此。

在新德皇级各舰中，"弗里德里希大帝"号是按舰队旗舰进行舾装的，于 1913 年 1 月 22 日替换了"德意志"号。1913—1914 年期间，该舰在后指挥塔上方加装了一个平台作为检阅甲板，后来又在前方位置安装了一座扩大了的指挥舰桥。虽然在"冯·德·坦恩"号和毛奇级大型巡洋舰上已经配备了"帕森斯"式涡轮机，但德皇级战列舰还将作为试验平台承担一些替代型号涡轮机的试验工作。因此，"德皇"号和"弗里德里希大帝"号分别由"帕森斯"式和"AEG- 柯蒂斯"式（AEG-Curtis）涡轮机提供动力。同级舰中另外三艘舰的建造工作被纳入了 1910 年造舰计划，即"代舰 - 哈根"号（即后来的"皇后"号）、"代舰 - 奥丁"号（即后来的"阿尔贝特国王"号）以及"代舰 - 埃吉尔"号（即后来的"路易特波尔德摄政王"号），"代舰 - 哈根"号和"代舰 - 埃吉尔"号安装的是"帕森斯"式，"代舰 - 奥丁"号安装的则是"希肖"式涡轮机。事实证明所有这些动力方案都是成功的，各种涡轮机在试航过程中的性能表现都大大超过了此前的设计指标（参见附录 2）。

1909 年 12 月，造舰办公室发布了一份研究报告，报告中得出的结论是，与燃煤蒸汽涡轮机相比，燃油内燃机在重量、人员配备、采购成本和燃料经济性等方面都具有巨大的潜力，而且从冷启动到全速航行的转换过程也更快。报告提及燃油动力还具有一系列更为广泛的优点，例如可显著减少烟囱排放、易于补充燃料以及免去了处理煤渣废料的必要等。

考虑到来自海军预算的压力，海军大臣提尔皮茨似乎特别容易被潜在的成本节约因素所吸引（根据发动机制造商 MAN 公司的估算，他们所生产的柴油机燃料经济性是燃煤涡轮机的四倍，而这占到了主要成本的 80%）。此外，他认为德意志第二帝国在柴油机技术方面的领先地位相较英国而言占据了显著的战略优势，而英国人则不太可能效仿［第一海务大臣约翰·费舍尔爵士（Sir John Fisher）对这项技术十分热衷〕[1]。然而，以下这些问题还是引起了当时人们的广泛关注：当时的柴油机技术是否足够成熟？对于体积巨大的柴油机其高度是否需要额外增加装甲甲板来进行防护？从燃煤到燃油燃料的转换又是否会带来总体防护力的损失？其中，最后一点不可谓不重要，毕竟燃煤燃料的存在客观上为当时的德国主力舰提供了一定程度侧面防护。

尽管存在这样那样的担忧，MAN 公司最终还是在 1910 年 2 月拿到了合同，负责开发一种适合在主力舰上使用的两冲程柴油机。首先研制成功的是一台三缸 6000 输出马力的演示机，然后是一台六缸 12000 输出马力的原型机[2]。同年 12 月，军方决定在"代舰 - 埃吉尔"号上安装这样一台柴油发动机以替换舰上原有的中央涡轮机组，在其驱动下螺旋桨能使舰只的巡航航速达到 12 节。而剩下的一对涡轮机组〔蒸汽 / 柴油机混合动力（COSAD）〕将只用于更高航速航行。不过，到该舰动力舱开始铺设装甲防护的时候，这套大块头的柴油机距离首次试运行仍有很长一段路要走。于是到了 1913 年 8 月，正式服役的"路易特波尔德摄政王"号配备的是双轴推进系统。幸运的是，与其他同级姊妹舰一样，该舰建成完工后的实际推进功率表现完全超越了设计指标，因此，最终赶上后来动力系统齐备的姊妹舰是没有问题的。除了当时还空荡荡的中央动力机舱外，"路易特波尔德摄政王"号还有一些有别于姊妹舰的地方，比方说前烟囱的外壳要比后者高出 1 米，这样就可以在烟囱周围加装一个平台，1914 年投入舾装的"弗里德里希大帝"号也是同样如此。

训练与海外访问活动

1909 年 9 月至 10 月期间，"赫塔"号和"维多利亚·路易丝"号率领德意志海军分舰队（阵中还包括"德累斯顿"号和"不来梅"号小型巡洋舰）出席了在美国纽约哈德逊河上举行的海军庆典活动，该活动旨在纪念罗伯特·富尔顿（Robert Fulton）的"北河"号（North River）明轮汽船研制成功[3]，而这艘"北河"号被普遍认为是世界上第一艘取得商业成功的蒸汽船[4]。在当地，与美国海军大西洋舰队一同参加庆典活动的不仅包括来自德国的舰只，同时在场的还有四艘英国皇家海军巡洋舰、三艘法国海军战列舰、两艘意大利海军巡洋舰、一艘荷兰皇家海军巡洋舰和一些小型的拉丁美洲国家军舰，此外一些商船也出席了活动。

在大战爆发前的最后五年和平时期里，一些主要负责执行训练、试航和其他辅助任务的"高龄"主力舰每年都要作为训练与试验舰部队〔Verband der Schul- und Versuchsschiffe，1913 年起更名为海军学院分舰队（Lehrgeschwader）〕参加年度春季海上训练演习。1909 年 3 月至 4 月，该部队由作为鱼雷试验舰的"弗里德里希·卡尔"号指挥，下辖"弗里德里希·威廉选帝侯"号（于 1910 年加入其中）、"伏里施乔夫"号、"埃吉尔"号、"阿达尔伯特亲王"号（于 1911 年加入）和"符腾堡"号以及小型巡洋舰"慕尼黑"号（鱼雷与无线电试验舰）和两支鱼雷艇分队。除了旗舰之外，老旧的"符腾堡"号和"慕尼黑"号都是随后组织开展的海上春季训练演习的固定成员，其他参与其中的德意志主力舰还包括"德皇威廉二世"号（分别于 1911 年和 1912 年参加）、"德皇巴巴罗萨"号（1910 年）、"施瓦本"号（1910 年）、"勃兰登堡"号（1911 年）、"维特尔斯巴赫"号（1912—1914 年）和"韦廷"号（1912 年）。

① I Buxton, Big Gun Monitors: Design, Construction and Operations 1914 - 1945 (2nd edition. Barnsley: Seaforth Publishing, 2008), pp.78 - 79, 82 - 83.

② 关于发动机的资料，参见：C L Cummins, Diesel's Engine (Wilsonville, OR: Carnot Press, 1993), pp.662 - 672.

③ 众所周知这里可能是笔误，应为"克莱蒙特"号（Clermont）。

④ C L Eger, 'Hudson–Fulton Naval Celebration', Warship International 49 (2012), pp.123 - 151.

这些舰只还与一线战斗舰艇联合组织了年度演习，八艘较老的战列舰组成的第3分舰队加入其中。在1909年的演习中，所有八艘原岸防装甲舰都加入了当年临时组建的第3分舰队，但演习结束后，它们都在付薪后划归预备役部队，和平时期不会再出海参与行动。在个别年份里，也出现过各种不同级别主力舰混合编成训练舰队的情况，尤其是一些新的无畏舰取代了更现代化的前无畏舰之后。

德国与美国之间的关系自19世纪80年代末便一直处于跌宕起伏之中。第一次萨摩亚内战期间，德美两个大国都在阿皮亚部署了分舰队，后来一场不期而至的台风不仅结束了两支舰队之间的紧张对峙，也顺道把双方都卷入了海底，当时只有"卡利俄佩"号（Calliope，英国皇家海军）侥幸逃脱[1]。随后，在1898年第二次萨摩亚内战时期，两国之间再次发生争端（最后直接导致两国之间关于岛屿归属的冲突）。此外，还要算上在美西战争期间两国在马尼拉发生的对峙事件。在美国海军战舰对外国港口的几轮访问期间，德国都在很大程度上被排除在外，而且一般认为那一时期的德国外交体现出的是亲英法的潮流倾向。

然而就在1911年，两支美国海军战列舰分舰队突然造访了德国。作为回报，1912年5月，由小型巡洋舰"斯德丁"号护航的"毛奇"号于当月30日抵达美国弗吉尼亚州诺福克港，与东美洲巡洋舰支队的小型巡洋舰"不来梅"号会合。随后，两艘德国战舰于6月3日驶向汉普顿港群，在那里与8艘美国海军战列舰一同接受了塔夫脱（Taft）总统的检阅。虽然这次远航的本意仅仅是一次友好访问，但美国当地媒体很快发现了这支德意志分舰队竟然在不需要额外燃煤补给的情况下就完成了横渡大西洋的航行，于是认为这种能力所隐含的威胁再明显不过（实际上德国人只是在炮位和舰上其他地方储存了更多的燃煤才做到了这一点），而且当时的美国海军过去没有、目前也没有任何能与"毛奇"号匹敌的类似的快速主力舰。

① D K Brown, 'Seamanship, Steam and Steel: HMS *Calliope* at Samoa 15 - 16 March 1889', *Warship 48* (1988), pp.30 - 36; G Koop, 'The Imperial German Navy and the Hurricane at Samoa', *Warship 48* (1988), pp.36 - 42.

▽与其姊妹舰不同，"符腾堡"号虽然后来沦为海军鱼雷学校支援舰，但仍继续出海执行任务，其中包括训练任务和试航部队的年度巡航任务（**作者本人收藏**）

① 译注：此处四艘驱逐舰的舰名采用的是《无畏之海：第一次世界大战海战全史》（章骞著，山东画报出版社 2013 年版）中的译法；其中，"Muavenet-i Milliye"较为准确的解释是"National Support"，该舰舰名是为纪念一个名为"奥斯曼海军国家支持协会"的组织；而"Yadigar-i Millet""Nümune-i Hamiyet""Gayret-i Vataniye"三艘舰舰名在英语资料中的释义分别为"Gift of the Nation""Exemplar of Patriotism"与"Endeavour of Homeland"。此外，下文两艘鱼雷巡洋舰"Berk-i Satvet""Peyk-i Sevket"与拖船"Intibah"亦采用《无畏之海》中的译法。

与土耳其的交易

1909 年 12 月，土耳其大维齐尔（相当于总理）告知当时驻君士坦丁堡的德意志第二帝国武官，称奥斯曼帝国海军正在寻求购买一艘装甲巡洋舰和一批驱逐舰，以对抗 1907 年服役的希腊海军新型装甲巡洋舰"乔治·埃夫洛夫"号（Georgios Averof）、8 艘暴风女神级（Thyella class）驱逐舰和尼基级（Niki class）驱逐舰。很快，向土耳其出售四艘鱼雷舰艇的合同就获得了批准，但吨位更大的主力舰的交易问题就没那么简单了。最初考虑的是"布吕歇尔"号，后来又讨论了尚未完工的"冯·德·坦恩"号和"毛奇"号等舰。显得有些讽刺的是，事情的最终结果却呈现反转之势——当时最新开工建造的大型巡洋舰 H，即"戈本"号被纳入考虑。然而到了 7 月，向土耳其出售大型巡洋舰的提议又被海军大臣取消，他的建议是将部分或全部勃兰登堡级战列舰卖给土耳其人。

因此，德土双方于当年 8 月签署合同，同意向土耳其出售防护力水平最好的两艘巡洋舰——"弗里德里希·威廉选帝侯"号和"魏森堡"号，这两艘巡洋舰于 9 月 1 日正式移交土耳其海军，并分别改名为"巴巴罗萨·海雷丁"号（Barbaros Hayreddin）和"图尔古特·雷斯"号（Turgut Reis）。在"民族之柱"号（Muavenet-i Milliye，原 S165 号）①、"国民之赐"号（Yadigar-i Millet，原 S166 号）、"爱国之楷"号（Nümune-i Hamiyet，原 S167 号）和"卫国之忧"号（Gayret-i Vataniye，原 S168 号）四艘驱逐舰的陪同下驶往土耳其。第二年，奥斯曼帝国政府又从英国维克斯船厂订购了一艘配备 343 毫米（13.5 英寸）口径主炮的战列舰["雷沙德五世"号（Reshad V），即后来的"雷沙迪耶"号（Reshadieh），及后来的"艾琳"号（Erin）]，不过由于第一次巴尔干战争的爆发（针对巴尔干同盟，包括塞尔维亚、希腊、黑山和保加利亚）而被推迟建造。1913 年土耳其人曾提出将剩余的两艘德意志海军勃兰登堡级战列舰

▽土耳其海军"图尔古特·雷斯"号巡洋舰（原德意志海军"魏森堡"号）刚刚交付完成后在伊斯肯德伦 / 亚历山大塔湾（Iskenderun/Alexandretta）拍摄的照片（**鸣谢彼得·尼基尔**）

也收入囊中，但最终订购的是一艘未完工的巴西战列舰"里约热内卢"号［改名为"奥斯曼一世苏丹"号（Sultan Osman I），后再次更名为"阿金库尔"号（Agincourt）］。1914年，土耳其方面又打算向维克斯船厂订购第二艘配备343毫米（13.5英寸）口径主炮的主力舰"法提赫"号，但第一次世界大战爆发后该舰就在船台上进行了拆解因而最终未能交付。

正式服役后，"巴巴罗萨·海雷丁"号（舰队旗舰）和"图尔古特·雷斯"号很快就投入作战行动中。虽然在1911—1912年期间的意大利—土耳其战争中不大活跃，但第一次巴尔干战争期间，两艘战舰都参加了作战行动，实战中两艘舰都遇到了冷凝器故障和其他问题。1912年10月，两艘巡洋舰炮击了位于瓦尔纳（Varna）附近的保加利亚阵地，并于12月与希腊海军舰艇爆发了舰队冲突，后者投入的力量包括"埃夫洛夫"号（Averof，旗舰）战列舰[①]和三艘斯佩察级（Spetsai class）[②]战列舰。在此期间，"巴巴罗萨·海雷丁"号在战斗中舰艉被炮火击中，当场造成五人死亡。艉炮塔也被已发炮弹击伤造成无法使用，炮弹碎片还损坏了锅炉，并在燃料舱引发了火灾；"图尔古特·雷斯"号也被命中击伤，但损失很小。1913年1月，两艘德国战舰还与希腊海军驱逐舰爆发了一场小规模冲突，后来又和希腊海军的重型舰艇展开交战。其间，"巴巴罗萨·海雷丁"号的中央炮塔被希腊海军"埃夫洛夫"号的炮火击中，炮塔内所有舰员丧生。战斗中"巴巴罗萨·海雷丁"号被命中20次，造成32人丧生、45人受伤；"图尔古特·雷斯"号被命中17次，造成9人丧生、49人受伤。4月，土耳其与希腊海军舰艇再次发生海上遭遇战，但这次双方都没有损伤，到5月30日《伦敦条约》签订并结束战争前，双方都再未展开舰队行动及爆发冲突。

"塞德利茨"号

1910年造舰计划中的大型巡洋舰J的设计工作始于1909年3月，总体上是对"毛奇"号可能采取的改进措施的分析。基础上加以分析和尽可能的改进。造舰办公室建议取消一座炮塔以换取进一步加强装甲防护的进一步加强，这可能是由于德国人长期以来的假设是发生在北海海域的海上战役将会在相对较短的射程内进行的（1915年，德国公海舰队的战术条令假定在6000米至8000米的射程上作战，实际上日德兰海战的交战距离开始时大约为18000米，战斗关键阶段约为12000米）。出于预算与承受能力方面的考虑，设计方案只能进行最低限度的修改和调整，不过设计人员从1909年9月开始还是考虑了一系列改进措施，得到了I号、II号和III号方案。前两套改进方案属于"毛奇"号的装甲防护增强和舰体加长版，第三套方案则为305毫米口径主炮方案，总体布局类似于"冯·德·坦恩"号。10月，II号方案的改进版（b和c）以及一个更为激进的方案IVe相继出炉，其所有炮塔都布置在舰体中心线上。尽管违背了一系列约定俗成的主力舰设计及布局准则的IVe方案更受好评，最后的决定还是在IIc方案中加入一些较温和的改动，该方案也成为德皇于1910年1月27日批准的最终设计方案，即IIe方案。

与毛奇级舰相比，这艘新舰（即后来的"塞德利茨"号）加高了艏楼，装甲带最大厚度增加到了300毫米，装甲甲板的最小厚度为30毫米（向前增加到50毫米），此外该舰还增加了三台额外的锅炉，航速也因此增加了一节。设计过程中还一度出现

① 译注：希腊方面称为"战列舰"，但通常将其归类为装甲巡洋舰。

② 译注：有些资料中也称为伊兹拉级（Hydra class）。

△ 1913 年的"塞德利茨"号，从其加高的舰楼可以很容易将该舰与毛奇级舰区分开来（**作者本人收藏**）

过将四轴推进方案改为三轴的讨论，但由于这一改动缺乏明显的优势以及这种颠覆性的重新设计将会带来的可想而知的进度拖延，这一讨论无法产生任何有意义的结果。最终，建造订单于 1910 年 3 月 28 日签署，合同于 4 月 2 日正式完成了签订。

除了装甲防护和舰楼造型的变化之外，"塞德利茨"号巡洋舰的大多数关键特征都与毛奇级较为相似，而武器装备与以前的各级同类舰只更是基本相同，只是主炮台配备的是升级了的 C/10 型炮塔，一对 88 毫米口径火炮的安装位置也从舰舵上层建筑移到了与后部背负炮塔并排的另一层附加主甲板上。

1913 年 5 月，"塞德利茨"号正式服役，其舰员绝大多数抽调于"约克"号。同年 8 月 31 日，"塞德利茨"号加入德意志舰队，并于 1914 年 6 月 23 日取代"毛奇"号成为侦察舰队的旗舰。

国王级

对于 1911 年造舰计划中的战列舰，最初给人的感觉是对"路易特波尔德摄政王"号（包括其配备的柴油机）的简单复制，从而尽量减少建造工期方面的延误。不过，设计过程中一些改进选项也被纳入考虑，其中包括配备三联装火炮炮塔（当时奥匈帝国、意大利和沙俄海军主力舰都已开始采用）和换装 320 毫米口径主炮的可能性［考虑到英国人已经于 1909 年开始换装 343 毫米（13.5 英寸）口径主炮，同时美国人也于 1910 年开始换装 356 毫米（14 英寸）口径主炮］。然而，建造成本方面的考虑以及对海上战斗交战距离的一贯认知，再次阻碍了任何增加主炮口径以及其他

△建造完工后的"国王"号战列舰，
注意其加长以及增设了司令室的舰
桥。该舰将作为第3分舰队的旗
舰度过其主要作战生涯（**作者本人
收藏**）

根本性改变的可能，设计方案唯一的让步仅仅在于最终接受了一个全中线布置的主炮布局而已。因此，所谓的战列舰S，即后来的"国王"号、"代舰-弗里德里希·威廉选帝侯"号［"大选帝侯"（ii）号］和"代舰-魏森堡"号［即"边境总督"号（Markgraf）］战列舰，都是在1911年造舰计划下按照德皇级改进型的设计思路而建造的。而未来的"国王"号战列舰将成为一艘旗舰，且将会拥有比它的姊妹舰设计更为精细的舰桥。

虽然国王级主炮和副炮位的数量没有变化（主炮安装在升级后的C/11型炮塔上），但在当时看来，较大型的轻型火炮的作用是微乎其微的，这不仅仅是因为88毫米口径火炮对现代化驱逐舰造成致命损伤的能力严重不足，而且也考虑到在任何海况下操作主甲板炮台的困难性。因此，轻型火炮最终被取消了，只有B炮塔后方的舰艇上层建筑上的六门火炮被保留下来。从另一方面来看，当时来自空中的威胁已经凸显，因此该级舰还在后方上层建筑上与主桅并排高角度安装了一对88毫米口径炮用于防空。

与先前级别的同型舰——德皇级的最后两艘舰相比，在装甲防护上国王级战列舰做出了一些改进，其主装甲带延伸到了前后横断隔舱壁。前装甲带长度的1/3部分为200毫米厚，向前变薄为150毫米，下缘为150/120毫米，后缘为200毫米。后装甲带长度一半的部分为200毫米厚，后缘为180毫米，下缘为150/130毫米。炮座设计有一层20毫米的地板，前方指挥塔顶部进一步加厚到140毫米。设计过程中人们一度考虑过安装弗拉姆式减摇水舱（如1911年型大型巡洋舰），但考虑到这将额外增重500吨，因此后来并没有实施。

到了预备开工建造时，起先打算按照"路易特波尔德摄政王"号的设计采用蒸汽/柴油机混合动力系统。不过，由于柴油机到1914年2月23日才开始首次装机运行，直同年9月推进功率才达到10000轴马力。这意味着仅仅达到采用蒸汽机三轴推进的德皇级战列舰的水准，二者不同之处只是在于国王级战列舰用三台燃煤锅炉取代了四台燃煤锅炉，其设计推进功率略高于德皇级舰而已。

在 1912 年造舰计划中，人们重新审视了主力舰的主炮口径问题，同时还讨论了与研制更大口径火炮有关的炮管的问题。这次考虑的是 323 毫米口径主炮，采用这种主炮将有望使五炮塔布局的主力舰的副炮口径减小到 120 毫米的水平。然而，到头来的决定还是维持既定步调建造 1911 年造舰计划中的国王级战列舰（特别是考虑到当年获准建造的仅有这一级战列舰）。因此"代舰 - 勃兰登堡"号（即"王储"号）与其他同级舰采用了几乎一致的设计方案，唯一的区别在于该舰在建成时采用了与扩大的炮位相适应的重型管状前桅（其下方设有鱼雷火控平台），这在德国主力舰中尚属首例。在后续建造的各级主力舰上计划配备的是三角桅，但在舰上两座烟囱之间的空间极为有限的国王级和德皇级战列舰上，这种布局却是不可行的。到了后来的改装大修期间，同级舰的其余舰只也改装了管状桅，两艘德皇级战列舰也接受了这样的改装，这成了德意志第二帝国后期和纳粹德国时期德国海军主力舰设计的一大重要特征。

德弗林格尔级

所谓的"大型巡洋舰 K"，标志着从"冯·德·坦恩"号到"塞德利茨"号巡洋舰的演进又朝前迈进了一大步。1911 年造舰计划中，关于大型巡洋舰（1906 年"舰队法修正案"中计划建造的最后一型主力舰）的讨论开始于 1910 年春季。海军造舰办公室方面认为，考虑到英国皇家海军在 1909—1910 年造舰计划中的狮级巡洋舰上计划安装的是 343 毫米（13.5 英寸）口径的主炮，未来德意志海军的大型巡洋舰需要配备口径至少为 305 毫米的主炮，而且四座 305 毫米口径火炮炮塔的重量并不比五座 280 毫米口径火炮炮塔重多少（海军武器办公室也同样支持这一观点）。此外，海军方面还希望采用全新的三轴推进系统，并在中轴线上安装一套柴油发动机，就像 1910 年造舰计划中的最后一艘战列舰和 1911 年造舰计划中的战列舰采用过的那种动力布局一样。

　　然而，海军办公室则坚持新型巡洋舰应该配备现役大型巡洋舰上的十门280毫米口径主炮，对英国人开始配备的更大口径主炮将会显著增加海上炮战距离的这一观点，则并不认同。此外，海军办公室还对提高主炮口径所带来的潜在造舰成本的上升表达了关切。前者认为，1912年才是对海军造舰计划实施重大变革的更合适的年份，特别是考虑到在这一年里，只有一艘战列舰的计划建造，而战列舰又具有比巡洋舰更大的灵活性。因此，计划建造的"大型巡洋舰K"应该是对"塞德利茨"号巡洋舰的复制。另一方面，柴油机的安装则被认为是在技术上超越潜在对手的一种重要手段。

　　然而到了9月份，局面却发生了反转——各方对于是否采用305毫米口径主炮的意见最终达成了一致。在不考虑舰体体积和建造成本的前提下，海军办公室方面希望305毫米口径主炮的安装数量保持在十门的水平。有人还建议，应该用前后背负炮塔的布局取代当时还在采用的斜置法布局（同年造舰计划中战列舰的主炮布局同样如此）。因此，1号方案（1910年5月，其本质上是安装305毫米口径主炮、采用平甲板设计、配备"塞德利茨"号装甲防护方案的"冯·德·坦恩"号）后来让路给了方案2和方案3（1910年9月，采用背负炮塔，1号方案的后炮塔与其前方的炮塔由机舱隔开，在当时的英国皇家海军虎级巡洋舰和日本海军金刚级舰上也有类似设计；2号方案的前后炮塔则挨在一起顺序布置）。这两种方案的区别还在于，方案3将其副炮炮位布置在了上层甲板而不是主甲板水平面上，采用侧面嵌入式设计（类似德皇级的方案1c2），从而更方便指挥。方案2和3两者的结合，则催生出了方案4（1910年9月），其后方炮塔彼此分离，但具有上层甲板布置的副炮炮位和平甲板设计的新特点。方案4还引入了纵骨架式的设计以增加结构强度。

　　后来到了1911年3月，经过改进，4b和5号方案都将舰体向前进行了延长，同时减少了锅炉数量，后者这一改动又使副炮位置回到了舰体外部的边缘，改进了甲板防护水平并取消了舰艏的装甲，恢复了因排水量从25600吨增加到26300吨而随时可能损失的干舷高度。至于方案5，其稳心更高，虽然赋予新舰较大的稳定性，但也更容易发生横摇。因此，不得不再次考虑采用弗拉姆式减摇水舱，就像先前在"冯·德·坦恩"号上安装的那样，带来的代价则是额外增加了300吨的排水量（同时占用了一对150毫米口径火炮的空间）。在"冯·德·坦恩"号上的经验充分证明，减摇水舱的有效性还不到30%，于是同级舰后面的两艘就没有再安装减摇水舱。和国王级战列舰一样，新舰用四套柴油机组取代了八套燃煤锅炉作为动力系统的核心。

▽建成完工后的"德弗林格尔"号巡洋舰（BA 134-B0113）

最终，5d 方案于 1911 年 6 月获得批准定型，与当时所有配备大口径主炮的大型巡洋舰一样，未来的德弗林格尔级巡洋舰将于次年 3 月在布洛姆 - 福斯(Blohm&Voss) 汉堡船厂铺设龙骨开工建造。该级舰主炮武器由八门安装在 C/12 型炮塔内的 305 毫米 /50 倍径火炮组成。与国王级配备的 C/11 型炮塔所不同的是，C/12 型可直接将炮弹从炮弹舱输送到炮位上，而不是像先前那样要先将火炮弹药输送到一个工作舱内停留（这里还负责运送发射药）。主炮炮弹舱的位置也被布置在弹药库的下方。但 D 炮塔有所例外，那里受轴线布局的影响弹药在输送的过程无法进行翻转；副炮布置在常规炮台中，舰桥下方的炮廓内安装有四门 88 毫米口径炮，四门位于前烟囱周围，四门安装在 C 炮塔周围，其余的安装在开放炮位上。建成完工后，前烟囱附近的 88 毫米口径火炮改为安装在 C/13 型防空炮塔中。

与以前的大型巡洋舰相比，德弗林格尔级巡洋舰的装甲防护方案可谓是在其基础上的进一步改进：主装甲带从前炮座处延伸到艉端炮座处，沿水线厚度为 300 毫米，底部边缘为 150 毫米，往上缘逐渐变薄为 270 毫米，最后到达最上缘处的 230 毫米，并与 150 毫米厚的炮位装甲相衔接。前后装甲带的厚度与"塞德利茨"号保持一致，后装甲甲板加厚到 80 毫米，炮位前后的上层甲板装甲厚 25 毫米，舯部炮位顶部甲板厚 50 毫米，前后两端减薄到 30 毫米，内部隔断壁厚 20 毫米，后方的纵向舱壁厚度也与之相同。与先前的各级主力舰相比，德弗林格尔级巡洋舰炮塔和炮座的装甲厚度进一步增加，前指挥塔的正面装甲同样进行了加强，鱼雷舱壁则稍微薄一些，但向舷外方向有所扩展。

和 1912 年造舰计划中的战列舰建造项目一样，德弗林格尔级大型巡洋舰中的"代舰 - 奥古斯塔女皇"号（即后来的"吕佐夫"号）算是对前一年设计方案的重复，不过也进行了一定程度的改动，在取消减摇水舱的同时增加了两门 150 毫米口径火炮，所有 88 毫米口径火炮都被拆除，鱼雷口径则增加到 600 毫米，舰艏装甲的上层列板稍微向后延伸，此外还增加了一座指挥舰桥，并升高了艉部烟囱的高度，使两座烟囱高度相等。1915 年 8 月 8 日，"吕佐夫"号在但泽码头服役时（"布吕歇尔"号之后的第一艘由布洛姆 - 福斯船厂建造完工的大型巡洋舰），舰上管道尚未安装，直到 8 月至 9 月间才在基尔港的船坞内安装完毕。然而，"吕佐夫"号在 10 月 25 日的海试中涡轮机发生严重损坏，事故原因很快查明是一个锤子被无意间遗忘在了左舷低压涡轮机的入口位置，该舰正式入列的时间也因此受到了延误。后来，在基尔港的维修工作一直持续到 1916 年 2 月，在此期间，"吕佐夫"号的前烟囱套管增高到了烟囱的全高，当时还有人建议该舰也应安装三脚式前桅（后来在另两艘同级舰上安装），但后来并没有实施。最终，"吕佐夫"号于 3 月 20 日加入德意志海军舰队，在随后一个月里，该舰加装了一对 88 毫米口径防空炮，位置与 C 炮塔并排，不久后又加装了另一对（这就与其他同级舰在前烟囱周围布置的 88 毫米口径火炮形成了鲜明对比）。同年 5 月，"吕佐夫"号成为第 1 侦察集群的旗舰，而不久后，该舰的最后一次出航任务就将以日德兰海战中的覆灭而告终。

1913 年造舰计划中的大型巡洋舰"代舰 - 赫塔"号（即后来的"兴登堡"号）是对基本设计方案的进一步改进，而不是针对同年建造的两艘战列舰在主炮口径上的不足而实施的重火力化改进。这可以看作是海军办公室被迫采取的一项改进措施，

究其主要原因，还是缺乏资金，就连对副炮配置进行加强、增加鱼雷发射管数量和加厚鱼雷舱壁在当时都被认为是负担不起的，这一点让德皇非常不满意，并直接导致了他产生了在下一批大型巡洋舰（即马肯森级）上配备 380 毫米口径主炮武器的打算。

　　对于"兴登堡"号，其主要变化是水线长度额外增加了 2.5 米，主炮位安装的是改进型炮塔（C/13 型，所有炮弹舱位于弹药库下方），锅炉布局和局部装甲防护方案也有一定调整，其中包括减薄的舰艏装甲（由加装的前方横向舱壁对其进行补偿）和舰艏甲板上的"台阶"设计，而后者主要是舰艏鱼雷舱中的快速装填机构造成的。建成完工后，"兴登堡"号巡洋舰看起来也和同级姊妹舰颇为不同，舰上的两个烟囱都安装了烟囱帽和护套，同时该舰配备了三脚式前桅和加装的探照灯。"兴登堡"号最终计划于 1917 年 8 月服役，这将是德意志第二帝国最后一艘建成完工的主力舰。

考虑到对德弗林格尔级巡洋舰的主炮火力是否足够的担忧，1912 年秋，人们针对是否有可能用 350 毫米口径火炮对其进行升级的问题展开了一番讨论（即后续建造计划中的马肯森级）。然而，一切也仅仅停留在了讨论的层面，并未有进一步的实际举措。

1912 年舰队法修正案

1900 年的"舰队法"经 1906 年和 1908 年两次修订后，其最后修正案于 1912 年 6 月 14 日正式生效。其主要目的是将现役战斗分舰队的数量从两支扩充到三支，这可能也充分考虑到了将预备役编队的战斗力提高到具备实际作战能力的水平所需的时间跨度。为此，修正案拟取消预备役舰队中的战列舰和巡洋舰，并将这四艘战列舰、四艘大型巡洋舰和四艘小型巡洋舰以及预备役舰队旗舰、三艘新建成的战列舰和两艘小型巡洋舰进行重新部署。这样一来，新的舰队编制如下：

本土舰队——现役作战舰队

1 艘舰队旗舰；

3 个分舰队，每个含 8 艘战列舰；

8 艘大型巡洋舰作为侦察力量；

18 艘小型巡洋舰。

本土舰队——预备役作战舰队（1/4 为现役）

2 个分舰队，每支含 8 艘战列舰；

4 艘大型巡洋舰作为侦察力量；

12 艘小型巡洋舰。

海外舰队

8 艘大型巡洋舰；

10 艘小型巡洋舰。

舰队法修正案还调整了海军作战人员的编成条例。1900 年舰队法和 1906 年修正案，为现役作战舰队以及一半的鱼雷艇、训练 / 试验舰和支援舰艇编制了全部舰员，同时将为预备役作战舰队和另一半的鱼雷艇力量编制骨干舰员（包括 2/3 的机舱人员和一半的剩余人员）。而 1912 年新修正案中不仅规定了现役作战舰队的全员编制，而且还对所有 99 艘非预备役鱼雷艇进行了全员编制配备。作为部分补偿，骨干舰员削减为 1/3 的机舱人员和 1/4 的剩余人员。

新组建的第 3 分舰队本来计划由新建造完成的德皇级战列舰构成，但第一批加入其中的实际上是"布伦瑞克"号和"阿尔萨斯"号战列舰，1912 年底两艘舰组建为第 5 支队。不久，"德皇"号战列舰加入分舰队，新的舰队旗舰由"弗里德里希大帝"号担任。1913 年 5 月和 7 月，"布伦瑞克"号和"阿尔萨斯"号被相继编入波罗的海预备役支队，与此同时"皇后"号和"阿尔贝特国王"号也加入了该分舰队。

不过，虽然该修正案已经获得通过，但关于造舰预算的内容却并没有同步按比例进行修订，本来就已趋于紧张的德意志国防预算也在逐步调整并向陆军装备方面倾斜。因此，主力舰的建造节奏将从 1911 年造舰计划中的三艘战列舰和一艘大型巡洋舰下降到 1912 年造舰计划中的一艘战列舰和一艘大型巡洋舰、1913 年造舰计划中的两艘战列舰和一艘大型巡洋舰以及 1914 年造舰计划中的一艘战列舰和一艘大型巡洋舰的水平。

地中海支队

1912 年 10 月爆发的第一次巴尔干战争，使德意志第二帝国海军决定组建一支地中海支队，以维护德意志在该地区的利益，这支海外舰队的力量将包括一艘大型巡洋舰和一艘小型巡洋舰。第一批部署到地中海支队的舰只是"戈本"号和"布雷斯劳"号（Breslau）巡洋舰，两艘巡洋舰于 11 月 4 日起航离开基尔港，于 1912 年 11 月 15 日抵达土耳其君士坦丁堡。从 1913 年 4 月起，地中海支队组织了一次港口出访，并于 8 月 21 日至 10 月 16 日在波拉港的奥匈帝国海军码头进行了改装大修。随后直到 1914 年大战爆发，两艘巡洋舰都一直在执行训练演习任务。

出口型战列舰

19 世纪末到 20 世纪初，英国从那些因缺乏技术或造舰能力不足而无法获得所需战舰的大国那里获得了不少造舰订单，法国的战舰出口贸易也呈现出较为繁荣的局面。正如前文已经指出的那样，德国已在 19 世纪 80 年代为中国清政府建造过两艘战列舰，同时还为中国和日本分别建造过巡洋舰，但从那时以后，德国的战舰出口贸易就已经无法与那些欧洲对手们的成功相媲美。不过，"无畏舰"时代的到来又给德意志又带来了新的机遇，这无疑也要感谢那些发起新装备国际竞争的海上力量。

在 1914 年大战爆发之前的几年里，相继出现了多轮海军军备竞赛，特别是在"无畏"号出现之后，这使得当时世界各国海军军备水平得以重新再分配。特别是在南美洲地区，随着巴西向英国订购米纳斯·吉拉斯级战列舰，当地也掀起了一场短暂的海军军备竞赛。作为回应，阿根廷也于 1908 年向一批欧洲造船厂发出了造舰招标的技术规格需求，当时德国的布洛姆 - 福斯船厂也在受邀招标之列，而最终订单却被授予了美国船厂。

出口俄国的战列舰设计方案

　　布洛姆 - 福斯船厂在战舰出口市场上是十分活跃的，在当时就已经参与了对沙俄海军新一代战列舰的投标工作。关于向俄国出口战舰相关问题的讨论始于 1906 年 4 月，5 月提出了基本设想，即设计建造一型配备有 305 毫米（12 英寸）口径主炮和 20 门 120 毫米（4.7 英寸）口径副炮、装甲厚度达 254 毫米的涡轮机动力战列舰。一批来自包括英国维克斯公司在内的俄国国内外各方的设计方案最终于 1907 年年底进入了新舰设计的国际招标提案，获邀投标的德国船厂包括伏尔铿、布洛姆 - 福斯、希肖和日耳曼尼亚造船厂，前两家船厂先后提交了正式建议书[①]，而新舰将在俄国境内船厂投入建造。

　　所有投标方案可以大致分为两类不同的炮塔布局，其一是由四座三联装炮塔组成的"直线形"布局（即全部炮塔位于一个水平面上），其他方案的布局则各有不同。布洛姆 - 福斯船厂提交了一个基本方案——627 及其 11 种衍生方案（I—X 和 Xb）。其中人们对 627-X 方案进行了详细而深入的设计。这艘计划中排水量为 22000 吨的战列舰设计有 12 门 305 毫米（12 英寸）口径主炮组成的三联装炮塔，前方两座炮塔呈背负式布置，另两座位于舯部；627-I 方案设计有六座双联装炮塔，前后方各呈背负式布置两座，另两座位于舯部；627-II 方案与前者相似，但舯部的炮塔位于中线上；627-III 方案采用了与拿骚级舰相似的"六边形"炮塔布局；627-V 方案则是三联装炮塔布局，前方以背负式方式布置两座，舯部一座；627-VII 方案设计与"无畏"号相似，前后布置两座三联装炮塔；627-VIII 方案则设计有四座三联装炮塔，其中两座位于舯部；627-IX 方案的前后炮塔都呈背负式布置；627-X 方案炮塔同样是"直线形"布局。

　　俄国海军技术委员会将 627-X 方案列入了"直线形"炮塔布局备选方案中的首位，而 627-V 和 VI 方案则位居"其他布局"备选方案中的次席。根据沙俄海军总参谋部的评估，627-X 方案排在所有招标方案中的第二位，仅次于意大利热那亚安萨尔多船厂提交的方案。在 6 月和 7 月里召开的联席会议上，双方同意只进一步考虑"直线形"炮塔布局方案，那么剩下的无疑就是 627-X 方案、安萨尔多的方案以及俄国波罗的海船厂在所谓"其他布局"方案中衍生出来的一份"直线形"方案了，而后者曾在海军技术委员会的"其他布局"方案中位居榜首。

　　在此期间，布洛姆 - 福斯船厂已经在 627-X 方案基础上制作出了一套详细完整的设计方案，此外还包含一系列衍生子方案（即 627-XA、XB、XC 等），有关舰上机械动力、甲板和其他部分的各种替代性布局方案也将在当年秋季相继出炉。当时，安萨尔多的方案已基本宣告出局，得知消息后的德皇威廉二世迫不及待地向布洛姆 - 福斯船厂发出了贺电，祝贺这家德意志船厂赢得了俄国战列舰的竞标。然而，由于法国向俄国提供的巨额贷款资金被发现最终流向了德国，此事在法国国内引发了大规模抗议活动，与此同时俄国国内也不断发出支持俄国内部造舰方案的呼声。种种压力都意味着沙俄政府向任何一家德国船厂授予合同从政治角度来看都已经是不大可能的了。因此，笑到最后的赢家乃是俄国圣彼得堡波罗的海船厂，其设计方案即后来的塞瓦斯托波尔级（Sevastopol class）。

　　然而，即将负责新舰建造的波罗的海船厂和海军上将造船厂敦促当时的沙俄政

① 参见：McLaughlin, *Russian & Soviet Battleships*, pp.189–218。另见：*A V Skvortsov, Lineninye korabli tipa "Sevastopol"*. Midel'-shpangout 1/6 (St Petersburg: Gangut, 2003)。在此还要感谢斯蒂芬·麦克劳林和谢尔盖·维诺格拉多夫（Sergei Vinogradov）协助考证一系列细节（个人通信内容，2015 年 8 月）。

△俄国海军塞瓦斯托波尔级战列
舰。出于政治方面的考虑，当时的
沙俄政府没有选择在竞标过程中胜
出的德国布洛姆－福斯船厂的设计
方案，而是选择俄国本土方案进行
了建造（NHHC NH 92416）

府买下德国人的 627-X 方案及其衍生子方案的全部设计图纸，以便为塞瓦斯托波尔级战列舰的设计建造提供参考。于是经过艰苦的谈判，沙俄政府又付出了几乎是布洛姆 - 福斯船厂首次参与竞标价格四分之一的高昂代价才达到目的。

　　1911 年另一场关于新舰设计建造的国际竞标是关于未来的伊兹梅尔级（Izmail class）战列巡洋舰的[1]。除了一大批俄国和英国公司参与竞标外，来自德国的伏尔铿船厂也提交了两份设计方案，布洛姆 - 福斯船厂则与俄国普蒂洛夫斯基船厂（Putilovskii）合作，为一开始设想的配备九门 356 毫米（14 英寸）口径主炮的造舰方案提供了 12 套初步设计以供选择。后来，招标需求更改为配备 12 门主炮，由于事前准备相当充分，普蒂洛夫斯基船厂也被列入了需按新要求重新投标的公司之列。

　　凭借良好的火炮布局设计，在俄国海军总参谋部的评估人员看来，707-XVII 方案确实是一个相当优秀的设计方案，然而该方案很快就被沙俄国内的造船当局投了反对票，理由是舰体结构和机械动力系统并不符合俄国造舰体系的实际惯例。于是，伊兹梅尔级战列舰最终按照俄国海军上将造船厂（位于圣彼得堡）的设计方案投入了建造。不过后来，布洛姆 - 福斯船厂与普蒂洛夫斯基船厂之间的联系和合作关系还是得以继续维持下去，在 1914 年初沙俄针对未来可能的海军造舰需求[2]而进行的配备 406 毫米（16 英寸）主炮的战列舰的研究上，来自德国船厂的技术人员也做出了重大贡献。

为希腊建造的战列舰

　　作为对土耳其海军不断扩充舰队规模的回应，希腊海军也于 1912 年 3 月制订了一项计划，决定设计建造一艘排水量 13716 吨的装甲舰［其吨位大小受到了比雷埃夫斯港（Piraeus）浮船坞尺寸的限制］、两艘驱逐舰、六艘鱼雷艇、两艘潜艇

① 参 见：McLaughlin, *Russian & Soviet Battleships*, pp.244 - 246; L Kuznetsov, *Lineinye kreisera tipa "Izmail": "Izmail", "Borodino", "Kinburn", "Navarin"* (Moscow: Iauza/Eskmo/Gangut, 2013), pp.17 - 51。

② 参见：S E Vinogradov, *Poslednie ispoliny rossiiskogo imperatorskogo folta. Lineinye korabli s 16' artilleriei v programmakh razvitiia flota 1914–1917 gg* (St Petersburg: Galeia Print, 1999), pp.207 - 223。另见：McLaughlin, *Russian & Soviet Battleships*, pp.278 - 281。

和一艘补给船。对于这艘主力舰的设计竞标，来自多个国家的一系列船厂和公司参与其中[①]。尽管希腊海军造舰委员会的半数成员是自1910年以来一直驻扎在希腊的英国皇家海军特派团的成员，然而这次招标进程的走向并非人们预料中英国人近水楼台先得月的局面。竞标过程中价格最具优势的是由德国克虏伯公司提出、伏尔铿船厂承建的一套方案，英国维克斯公司则在舰体和机械动力方面得分最高，而来自美国的伯利恒公司（Bethlehem）提供的方案中关于武器装备和装甲防护的设计同样备受青睐。这时，每年都会在希腊科孚岛度假的威廉二世（希腊王妃的兄弟）与时任希腊总理的埃莱夫塞里奥斯·韦尼泽洛斯（Eleftherios Venizelos，1864—1936年）举行了一次非正式会晤，后者承诺会在新一轮竞标之后向德国方面订购这艘新舰。

就这样，英国维克斯公司、意大利奥兰多公司（Orlando）和德国伏尔铿公司的投标方案在技术层面上被认定为是基本处于同一水平的，而伏尔铿公司的方案因为报价最具优势，于1912年7月30日被授予最终订购合同。这样一来，伏尔铿船厂船坞里即将建造的除了这艘新舰，还包括先前于6月29日订购的两艘为希腊海军建造的驱逐舰。为此，计划为德意志海军建造的两艘驱逐舰［原V5和V6号，即后来的"新种族"号（Nea Genea）和"闪电"号（Kervanos）］随即按照希腊海军的要求开始投入了建造。不过，武器装备和装甲防护系统的合同则被授予美国伯利恒公司。虽然后来还提出过用德国克虏伯公司的产品对装甲防护系统中的一些部分进行替代，但后来很快也放弃了，理由是担心此举会扰乱整个合同签订的进程。

根据订购合同，这艘为希腊海军建造的战列舰造价达到了110.65万英镑，舰上将配备6门356毫米（14英寸）口径的主炮，其型号与美国纽约级相同。不过，在配备10门大口径主炮的土耳其海军主力舰面前，这样一艘还未投入建造的战列舰明显落了下风，于是到了8月份就有人提议对设计方案进行修改，以提升其火力水平。起初计划将排水量增加到16500吨，后来又增加到了19815吨。虽然这一修改方案遭到了希腊总理的反对，但建造合同还是在1912年12月23日做出了相应修订。作为一艘技术方案完全成熟的战列舰[②]，这艘正式命名为"萨拉米斯"号（Salamis）的战列舰拥有8门主炮，在主炮数量上不及土耳其海军的"雷沙迪耶"号战列舰，火力上也要比土耳其海军于1914年订购的配备14门305毫米口径火炮的"奥斯曼一世苏丹"号（原巴西海军"里约热内卢"号）逊色。考虑到这一点，希腊方面又在同年订购了一艘配备10门340毫米口径主炮的法国布列塔尼级战列舰。为了及时补充舰队实力的不足，经过一番全球范围内的大搜寻，希腊海军又向美国方面订购了"密西西比"号（Mississippi）和"爱达荷"号（Idaho）战列舰，后更名为"基尔基斯"号（Kilkis）和"利姆诺斯"号（Lemnos）——毕竟，到1914年秋季两艘土耳其海军战列舰完工服役之前，希腊海军的"萨拉米斯"号和购自法国的战列舰都是难以及时部署到位的。

按照新修订的设计方案，"萨拉米斯"号于1913年7月正式投入建造，合同交付日期定为1915年3月28日，造价为169.3万英镑，按具体建造完成阶段分九期支付。截至1914年7月，希腊方面已经支付了相当于45万英镑的建造进度资金，然而大战的爆发令"萨拉米斯"号仍处于船台建造状态，来自美国的装甲

① 参见：E Fotakis, *Greek Naval Strategy and Policy 1910–1919* (London: Routledge, 2005), pp.36-41。

② 也经常被称为战列巡洋舰，包括在第一次世界大战后出版的一些官方文献中也是如此。

也只交付到位了 17%。虽然当时的舰体在结构上已经建造完整，并且已经安装了锅炉和机械动力系统的其他部分，但舰上两座背负式主炮炮座、装甲甲板、侧面装甲和指挥塔都还未安装，而炮塔、主炮和副炮更是在美国本土处在制造过程中而尚未完工。

直到当年 11 月，该舰的舰体才得以下水并将船台和滑道腾出空来。按当时的计划，这艘新舰将以新的舰名——"瓦西利乌斯·乔治斯"号（Vasilefs Georgios）正式下水，大概是为了与在法国建造的"瓦西利乌斯·康斯坦丁诺斯"号（Vasilefs Konstantinos）的舰名相搭配，不过"萨拉米斯"号这个舰名在第一次世界大战后的所有档案中都一直在继续使用。下水后，除了在甲板上的开口处加盖了几座临时性房屋令这艘未完工的战列舰处于封存状态外，建造工作几乎一直停滞不前，直到 1914 年 12 月之前才全面完成①。按照伏尔铿船厂方面后来的说法，这项建造工程的一度停摆主要是由于希腊方面未能及时支付 1914 年秋季到期的分期付款款项，而并不是战争爆发所致。

显而易见的是，"萨拉米斯"号上的美制火炮和装甲是无望在大战期间交付的，而且这些武器装备和部件在德国国内生产也需要至少两年的时间，因此将这艘战列舰建成后交给德意志海军使用也是不大可能的，当然它也绝不会像当时人们所推测的那样以"提尔皮茨"的舰名入役。事实上，主炮塔、火炮和为副炮准备的炮塔于 1914 年 11 月 10 日被出售给了英国人②，而造船厂方面声称对此一无所知，直到进入 20 世纪 20 年代美国伯利恒公司才公开承认这一切。当时这批主炮和炮塔被安装在了四艘阿伯克龙比级（Abercrombie class）浅水重炮舰上，而副炮则被用在了斯卡帕湾（Scapa Flow）的岸炮防御阵地上。

◁1915 年泊于伊姆罗兹（Imbros）附近的"阿伯克龙比"号浅水重炮舰。其炮塔和火炮最初是为希腊海军的"萨拉米斯"号而制造的（NHHC NH 63153）

---

① 根据安德伍德（H. W. Underwood）的一份"专业声明"中的陈述内容［参见：*Proceedings of the United States Naval Institute* 46/9 (1920), p.1501］，该舰曾被带到基尔港用作海军居住船之用。但无论是关于基尔的战时航空侦察照片（由诺特尔曼提供的资料）、协约国海军管制委员会（Naval Inter-Allied Control Commission）的记录（参见第 151 页至 153 页），还是大不列颠国家档案馆（Great Britain National Archives）与该舰有关的文件档案中，都没有任何论据支持。

② 参见：Buxton, *Big Gun Monitors*, pp.16 - 17, 21. Bethlehem remained reticent regarding the transaction into the post-war years, refusing permission for the British Admiralty to confirm its existence when requested to do so during the litigation regarding *Salamis* (for which see pp.153 - 154)。

为荷兰建造的战列舰 [1]

1912 年，随着日本帝国海军实力的不断膨胀，荷兰也决定扩充海军舰队的规模以维护自身在东印度群岛的利益。按照最初的考虑，自 1893 年建造埃弗森级岸防舰以来，荷兰皇家海军又建造了四艘经过几代改进的岸防装甲舰，但人们对这些舰艇的有效性表示出极大的怀疑，因此到了 1912 年 9 月，荷兰海军代表团对德国日耳曼尼亚造船厂进行了一次关于技术方案完全成熟的战列舰的考察，并且同意向德国订购一艘本质上基于德皇级设计的战列舰，不同之处在于取消了艉部的背负炮塔，余下 8 门主炮的口径提升到 340 毫米，并配备 12 门 150 毫米口径副炮武器，装甲防护方面则稍微减薄，从而多出 1000 吨排水量的富余。除了半数主炮采用斜置法布局外，还包括前后背负炮塔和其他一些局部位置的设计修改，总的来说这套设计方案与德皇级战列舰是大体相似的。

经过修改后的方案（即 753 方案）排水量增加了 700 吨，主要变化包括将副炮数量增加到 16 门，装甲防护方面也增加了 500 吨，总体外观看起来也与最初的设计有很大的不同，只设计有一座烟囱和一个三脚桅。后续的改进方案中再次增加了 700 吨的排水量，将主炮位布置改为两座四联装炮塔，同时进一步加强了装甲防护。

在方案设计的同时，荷兰方面任命了一个皇家委员会来审议新舰设计建造方面的问题，该委员会于 1913 年 8 月发布的一份报告建议订购九艘全尺寸战列舰，其中五艘将部署到东印度群岛（其中一艘为预备役），四艘部署在本土水域。新舰排水量为 21000 吨，航速为 21 节（采用燃油动力），武器装备为 8 门 343 毫米口径主炮、16 门 150 毫米和 12 门 75 毫米口径副炮。其设计服役年限为 20 年，其中 12 年在东印度群岛，8 年在本土。

经过大量广泛的讨论后，荷兰方面最终决定订购四艘战列舰，只是排水量比报告中建议的要大一些，并且将全部永久驻扎在东印度群岛地区。1913 年 11 月对新舰技术规格进行了修改，将武器装备方案设置为 8 门 340 毫米 /45 倍径火炮、16 门 150 毫米口径副炮和 12 门 75 毫米口径炮，外加 3 或 5 具水线下方鱼雷发射管。新舰设计航速为 21 节，12 节航速下最小航程为 5000 海里（9300 千米），装甲防护系统由至少 250 毫米厚的主装甲带构成，炮塔和指挥塔的装甲厚度至少为 300 毫米。1914 年 3 月，进一步的改进方案中新舰排水量达到了 25000 吨，主炮口径提高到 356 毫米，航速提高到 22 节，航程也提高到 6000 海里（11000 千米）。由于当时荷兰国内船厂没有适合这种吨位的主力舰下水的船台和滑道，所有同级舰都将在国外船厂建造。

为此，荷兰方面对外发出了 11 份招标邀请函，要求在 1914 年 6 月 4 日前反馈，而正式提交方案回复的就包括德国的日耳曼尼亚造船厂、布洛姆 - 福斯船厂、伏尔铿船厂（"萨拉米斯"号的衍生方案，火炮和装甲来自伯利恒公司）和威悉船厂在内的七家国外竞标公司。其中，有鉴于曾经与荷兰人有过造舰方面的合作，日耳曼尼亚船厂提交的 806 方案是最受欢迎的。然而还没等到贸易条款定案，该计划就因第一次世界大战的爆发而失败。倒是三艘 7000 吨位级的巡洋舰的建造合同被授予了日耳曼尼亚船厂，其中两艘——"爪哇"号（Java）和"苏门答腊"号（Sumatra）在经历了一定延误后于 1925 年建成完工，第三艘"西里伯斯"号（Celebes）的建造合同最终被取消，后来订单于 1933 年重新下达，新舰更名为"德·勒伊特"号。

① A Van Dijk, 'The Drawingboard Battleships for the Royal Netherlands Navy', *Warship International* 15 (1988), pp.353 - 361; 16 (1989), pp.30 - 35, 395 - 403.

巴伐利亚级

1911 年 6 月，德意志海军办公室注意到法国正在效仿英国和美国，在其布列塔尼级战列舰上配备 340 毫米口径的火炮，这明显超过了德意志海军主力舰 305 毫米（12 英寸）口径主炮的火力。同年 8 月，德国人也开始了关于选择 350 毫米、380 毫米和 400 毫米不同口径主炮的研究和讨论，最终决意突破现有主力舰主炮的口径，彻底扭转以往对轻型火炮的偏好。而之所以选择 400 毫米口径的上限，是因为当时的德国人（错误地）认为，英国的丝紧身管火炮制造技术根本无法支撑更大口径的火炮武器［直到 1917 年，新型 457 毫米（18 英寸）口径火炮才成功进入英国皇家海军服役］。

针对 10 门 350 毫米口径主炮或 8 门 400 毫米口径主炮武器的火力方案，新舰的备选方案相继出炉，海军武器办公室更青睐于大口径重型火炮，造舰办公室也同样如此，后者认为四炮塔布局也避免了在舰体舯部布置炮塔所带来的复杂性。考虑到在四座炮塔上安装十门主炮的可能性，后来有关方面还针对三炮塔布局方式进行了一定程度的研究。

1911 年 9 月，一份排水量 28250 吨、配备八门 400 毫米口径主炮的 D1a 方案被提交给了德皇，1912 年 1 月初又设计出了吨位为 29000 吨的方案和一个与之吨位类似、但配备有十门 347 毫米口径主炮的方案。在 1912 年上半年，主要设计工作集中在了 400 毫米口径主炮的衍生方案上，虽然进行了多种旨在削减建造成本的尝试，但在预算资金有限的 1913 年造舰计划框架下，现行的基本设计方案也是负担不起的，结果又回归到了改用 380 毫米口径火炮的思路上，并据此完成了战列舰 T 的设计方案，即后来的"巴伐利亚"（ii）号和"代舰 - 沃斯"号［后来的"巴登"（ii）号］。1912 年 9 月，新舰按照 1913 年造舰计划完成了方案定型和订购准备工作。

新型战列舰的装甲防护方案可以看作是在德皇级和国王级战列舰基础上的进一步改进。虽然新舰的舯部装甲带的下缘逐渐变薄到 170 毫米厚，但延伸到主甲板时的厚度达到了 250 毫米。为装甲带向前变薄到 75—150 毫米，作为补偿，前部装甲带进行了加高，舰艏处则缩短了 15 米，到 140 毫米厚的隔舱壁为止。后部装甲带延伸到主甲板处，厚度为 170—200 毫米，在下缘逐渐减薄至 120—150 毫米的水平，并到 170 毫米厚的隔舱壁为止。炮位顶部装甲加厚到 40 毫米，炮位地板厚 25 毫米。炮塔正面装甲加厚到 350 毫米，顶部装甲厚度也随之增加。炮座装甲厚度为 350 毫米，在没有其他装甲防护的部位厚度为 350 毫米，有另一炮座装甲掩护的部位厚度则为 250 毫米，炮座后方的装甲厚度为 170 毫米。上部装甲带后方位置的装甲厚 80 毫米，主装甲带后方则为 25 毫米。后指挥塔壁变薄至 170 毫米，顶部则得以由 80 毫米厚的装甲提供保护。

至于八门 380 毫米口径的主炮，则与当时英国皇家海军伊丽莎白女王级（Queen Elizabeth class）和君权级 [①] 战列舰相同，以背负式布局安装在前后位置，后者在抵御炮火打击能力方面也与巴伐利亚级战列舰大致相当。副炮方面，巴伐利亚级要比国王级战列舰多出两门，它们将安装在新型的 C/13 炮塔上，其射击仰角更高，射程也更远。起初还计划安装八门 88 毫米口径防空炮，但（和"吕佐夫"号一样）到完工时都未来得及安装，直到最后才在"巴伐利亚"号的后

① 译注：有的资料中也称为复仇级（Revenge class）。

△ 1919 年拍摄到的"巴登"（ⅱ）号战列舰。该舰与其姊妹舰"巴伐利亚"号很容易区分开来：作为舰队旗舰，"巴登"（ⅱ）号舰桥设计更精细，也是最初仅有的配备主桅的两艘舰之一（作者本人收藏）

烟囱周围安装了四门，在"巴登"号的烟囱旁则各安装了一对。由于舰上配备的鱼雷武器升级为新型 600 毫米口径鱼雷，内部鱼雷舱室空间进行了扩充，再加上新配备的辅助氧气瓶的存在，这一系列因素都导致"巴伐利亚"号战列舰在 1917 年不慎触雷时几乎全损。

尽管人们（再次）希望为巴伐利亚级战列舰配备蒸汽 / 柴油机混合动力（COSAD）推进系统，但考虑到当时柴油机研制进度的延误，还是决定为前两艘同级舰安装常规的三轴涡轮机动力系统。不过在当时，1914 年造舰计划中的"代舰 - 弗里德里希三世大帝"号［即后来的"萨克森"（ⅱ）号］已经开始准备安装动力系统，因此军方还是希望柴油机动力系统能在第三艘同级舰上成功实现应用。然而到了 1914 年 8 月 2 日，鉴于战争已经爆发，这种仓促选择可能会构成较大风险，因此未来的"萨克森"号战列舰也应配备全涡轮机推进系统（要知道直到 1917 年 4 月，为"路易特波尔德摄政王"号设计的大型柴油机才最终通过测试）。另一方面，直到 1919 年，原计划为"萨克森"号配备的柴油机才在日耳曼尼亚造船厂的车间里接受了协约国海军管制委员会的审查。

为了对高大的柴油机的顶部进行保护，"萨克森"号修改了其装甲防护方案，在引擎舱后部增加一个斜面装甲壁，其正面厚 140 毫米，两侧厚 200 毫米，顶部厚 80 毫米。其他方面的装甲防护则与前两艘同级舰基本一样，区别主要在于：其采用了一条 200 毫米均匀厚度的前部装甲带（下缘厚 150 毫米），延伸到舰艏处时加厚 30 毫米，所有主装甲带后方的炮座装甲厚度为 40 毫米，艏部甲板局部加厚到 50 毫米。

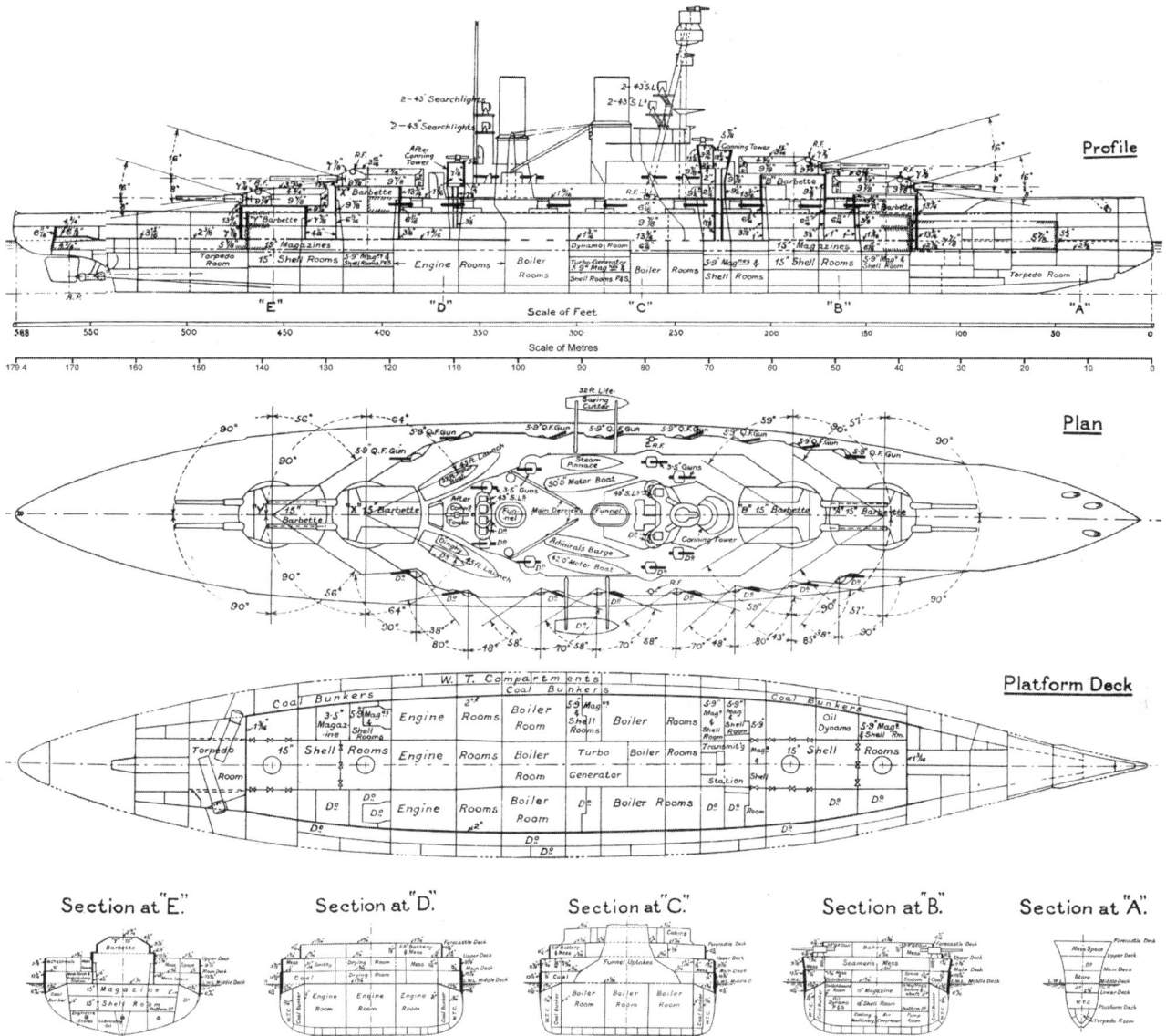

△"巴登"号战列舰的布局草图。这是 1919 年英国海军部对这艘新舰进行详细测绘后编制完成的,当时该舰从斯卡帕湾被成功救捞后正停靠在伊明赫姆港 (Immingham)(选自:S V Goodall, 'The Ex-German Battleship Baden', Transactions of the Institution of Naval Architects 63 [1921], pl. ii)

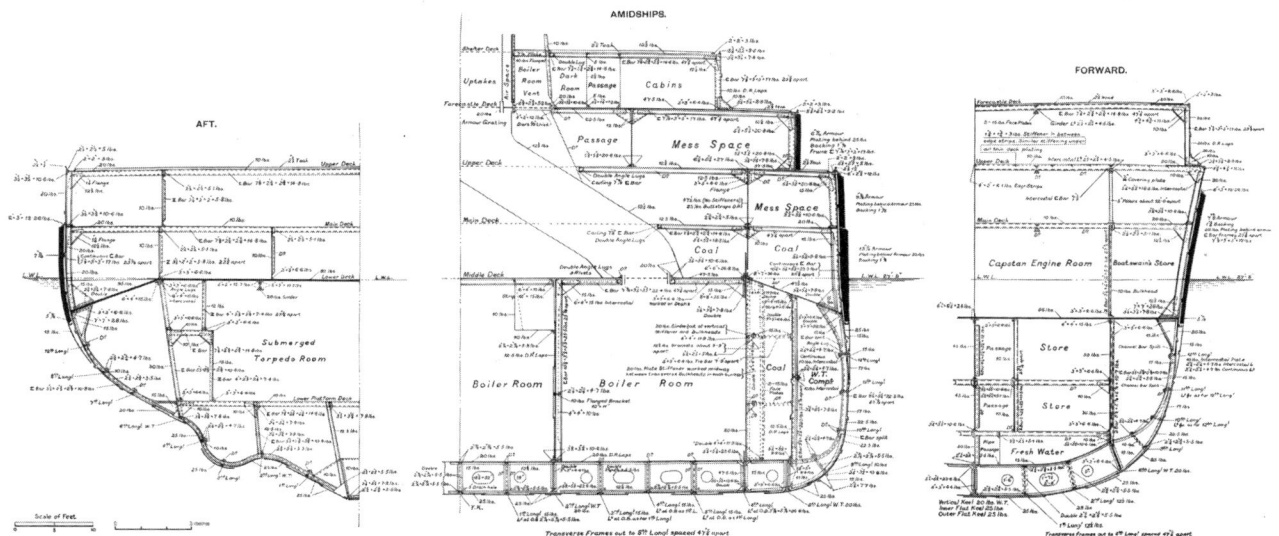

△英国海军部为"巴登"号战列舰绘制的舰体分段截面图,图中舰体结构清晰可见(选自:S V Goodall, 'The Ex-German Battleship Baden', Transactions of the Institution of Naval Architects 63 [1921], pl. iii)

马肯森级

与之前每年度的造舰计划一样，1914 年的造舰计划中同样包括了一艘大型巡洋舰，即"代舰 - 维多利亚·路易丝"号（后来的"马肯森"号）。"马肯森"号的设计过程十分复杂，尤其是考虑到德皇对 1913 年建造的舰只（"代舰 - 赫塔"号/"兴登堡"号）上的 305 毫米口径主炮武器的消极态度，特别是与当年配备 380 毫米口径主炮的战列舰相比较，这艘大型巡洋舰的地位更是尴尬。于是在 1912 年 8 月（预计于 1915 年开工建造，该阶段设计工作通常提前至少 9 个月进行），造舰办公室拿出了第一批设计方案草图，这是一艘拥有八门 350 毫米口径主炮主力舰的设计方案。虽然这还没有达到德皇预期的 380 毫米口径主炮火力水平，但很明显能看出海军造舰办公室一如既往地致力于减少造舰成本的努力。

事实上，在 9 月初还诞生了一系列新舰设计方案，其中包括 340 毫米口径主炮（A 方案）、350 毫米口径主炮（B 方案）和 355 毫米口径主炮（C 方案）等不同主炮口径的设计方案。很明显，305 毫米口径主炮方案显然是入不了德皇法眼的一个，而 C 方案也很快被认为成本太高。从吨位和建造成本的角度来看，340 毫米口径主炮的设计方案也是让人难以接受的选择。综合考虑一番后，A2 方案被认定为开展进一步设计工作的基础，但这一方案却违背了军方向德意志议会做出的承诺（即"巴伐利亚"号之后下一艘主力舰的排水量将不会超过 3 万吨），而且建造成本也要比"代舰 - 赫塔"号足足高出 10%。事实上，到新舰铺设龙骨开工建造时（作为 A3 方案于 1912 年 9 月 18 日正式动工），"马肯森"号的排水量已经上升到了 31500 吨。考虑到"冯·德·坦恩"号和"毛奇"号巡洋舰在大西洋海域的部署经验，舰体前部的干舷也进行了加高。

另一个复杂的问题是，德皇还希望强化这艘主力舰的鱼雷武器，这实际上与当时国际上将鱼雷作为一种重要的主力舰武器发展的潮流是吻合的，当时美国海军[1]和沙俄海军[2]的鱼雷战列舰方案就是最典型的例子。因此，在 1912 年 9 月底又产生了三个新的方案：在 A3 方案基础上配备 6 具鱼雷发射管（共携带 26 枚而非 22 枚鱼雷）的方案 8、方案 9 和 10（各配备 8 具鱼雷发射管并携带 30 枚鱼雷）。为了弥补这一变化所额外增加的水线下方空间（特别是一个空间加大的舰部鱼雷舱，上层建筑的位置也因此被迫向前挪动），主炮方案不得不恢复到 305 毫米口径的标准。最后，方案 9 于 1912 年 9 月 30 日获得了批准。

然而，在 1912 年年末至次年年初这个冬天，心有不甘的德国人又重新讨论了更大口径主炮的问题，确定如果能在 1913 年 4 月做出最终选择并拿出可行方案，将不会影响"代舰 - 维多利亚·路易丝"号/"马肯森"号的交付。之所以出现这一反复，主要是由于当时英国、日本和俄国的新型战列舰计划使用的 343 毫米/356 毫米（13.5 英寸/14 英寸）口径主炮以及伊丽莎白女王级快速战列舰（设计航速达 24 节）装备的 380 毫米（15 英寸）大口径火炮所带来的巨大压力。因此，又有人不失时机地提出了回归 A3 方案的可能性，不过讨论很快又转移到了使用 380 毫米口径火炮的可能性上。很明显，配备八门大口径火炮会让这艘巡洋舰的吨位迅速增加，因此在 A3 方案的基础上经改进形成了 A16 方案。而到当时为止，305 毫米口径主炮的方案已不再接受讨论，而在这种较小口径主炮方案基础上再去配置重型鱼雷武器的想法则同样被认为是一种奢求。

[1] N Friedman, U.S. *Battleships: an Illustrated Design History* (Annapolis: Naval Institute Press, 1988), pp.143 - 146.

[2] McLaughlin, *Russian & Soviet Battleships*, pp.264 - 266; a very heavy torpedo battery featured in the Russian Naval General Staff requirements for 'Battleship 1915' (ibid, pp.270, 274).

到了 1913 年 5 月，最终决定是应为这艘新舰配备六门 380 毫米口径的主炮，由此生产了 D9 和 D10 方案（后来改进为 D47 和 D48 方案，舰上都只配备有六具鱼雷发射管）。从外部来看，二者的不同是背负式炮塔的位置（D47 方案位于前部，D48 方案在后，由引擎舱隔开）；另一种选择——D52 方案中的 A 和 D 炮塔都是单主炮方式安装，其余为双联装炮塔。在这些方案中，D48 方案的主炮布局是最为可取的，因为它将单次命中同时击毁两座炮塔的风险降到了最低。后来通过进一步的改进工作，最终产生的 380 毫米口径主炮版本的设计方案为 D48a 方案。

德皇于 1913 年 6 月 28 日批准了 D48a 设计方案，但在当年 10 月底，来自德意志驻英国伦敦海军武官的一份分析报告指出：英国皇家海军的新型战列巡洋舰的建造将以配备 343 毫米（13.5 英寸）口径主炮的虎级（这点比较准确）暂告一段落，同时后续英国战列舰的建造也将恢复到 343 毫米口径主炮装甲舰只的思路上去（这点不准确）。因此到了 11 月，德国人又决定为"代舰 - 维多利亚·路易丝"号换回较小口径的主炮，起初为 340 毫米，但后来又改为 350 毫米，当月底又提出了一个新的八门 350 毫米口径的方案 58。但直到第二年春天，海军办公室才指示包括方案 58 在内的详细设计由造舰办公室负责，但 D48a 方案除外。此外，有关加装两门 150 毫米口径火炮的想法也遭到拒绝，理由是装甲带的厚度和航速都将受其影响，但同意取消装甲甲板斜面和一具鱼雷发射管，这就是最终确定的方案 60。

与德弗林格尔级巡洋舰相比，新型大型巡洋舰干舷更高，但是副炮位置又一次被设计在了主甲板水平面上。二者舰体形状也存在一些不同——新舰有球状舰艏和水平舵。动力系统方面，新舰使用的锅炉数量比先前各级舰更多，尽管单套机组体积更小，推进功率却高达 90000 轴马力，航速达到了 28 节。涡轮机首次使用了齿轮减速设计，通过安装巡航涡轮机（同样是第一次）进一步提高了经济性，预计航程要比德弗林格尔级巡洋舰高出 30%。

主装甲带依然是 300 毫米厚，下缘逐渐变薄到 150 毫米，但上缘则变薄到 220毫米（而不是 230 毫米），然后与 150 毫米厚的炮位装甲相衔接。后部装甲带仍然是100 毫米厚，但舰艏装甲统一为 120 毫米厚，鱼雷舱壁加厚到 50 毫米（艏部）和 60毫米（锅炉房前后方）。装甲甲板与德弗林格尔级巡洋舰一样，由炮位的装甲顶和主甲板水平面的装甲防护区域进行加强。炮塔和炮座大部分区域的装甲防护也进行了加强，只是炮塔顶部的装甲厚度从 110 毫米减到了 100 毫米。

舰上安装 350 毫米口径主炮的 C/14 型炮塔与巴伐利亚级战列舰配备 380 毫米口径火炮的 C/13 型炮塔是非常相似的，有鉴于早期海上战斗的经验，仰角从 16° 提高到了到 20°（后来又再次提高到了 28°）。副炮的位置位于最前方 A 炮塔旁边，因此很有可能会受到舰艏方向海浪的影响。舰上还计划安装八门 88 毫米口径高射炮，其中四门位于前烟囱和舰桥旁，其余四门位于 C 炮塔旁的上层甲板水平面上。由于加装了水平舵造成空间不足，所以省略了舰艏鱼雷管。就在英国向德国宣战三天之后，"马肯森"号巡洋舰的建造合同正式签订，其龙骨也于 1915 年 1 月底正式开始铺设。1915 年原本计划追加订购同样设计的同级舰（参见"新阶段的建造计划"一节），但到最后没有一艘完成建造。

战前最后几个月的和平时期

1913 年 12 月至 1914 年 6 月，"德皇"号、"阿尔贝特国王"号战列舰和"斯特拉斯堡"号小型巡洋舰组成了一支特遣舰队，进行了一次较长时间的海外巡航，这主要是为了测试新型涡轮机的性能。在穿越南大西洋海域造访巴西和阿根廷之前，舰队相继访问了多哥、喀麦隆和非洲西南部的德国殖民地，然后穿过麦哲伦海峡前往智利。

1914 年 7 月 13 日，舰队与搭载了德皇的"霍亨索伦"号游艇一同起航前往挪威水域。在航行途中接到了突发消息——6 月 28 日弗朗茨·斐迪南（Franz Ferdinand）大公在萨拉热窝遇刺后，奥匈帝国向塞尔维亚发出了最后通牒。得知消息之后的 7 月 30 日，各舰返回本土水域重新集结，第 1 分舰队和第 1 侦察集群前往威廉港，第 2 和第 3 分舰队奉命赶赴基尔。不过随着德国与英国开战风险的增加，第 3 分舰队的舰只通过基尔运河转移到了北海海域，按照最初的意图，第 2 分舰队应该继续留在波罗的海海域应对俄国海军的威胁。然而，几乎在顷刻之间计划就发生了改变——由于欧洲大陆上的战火已经点燃，第 2 分舰队也奉命加入了驻扎在威廉港的作战舰队，准备应对即将到来的海上战斗。

6 大战·第一篇章
WAR – I

1914—1916 年的作战情况

大战初期的动员

对德国而言，第一次世界大战的爆发始于 1914 年 8 月 1 日向俄国宣战 [1]，两天后德国又向法国宣战。继德军 8 月 4 日入侵比利时后，英国又于当天午夜时分向德国宣战，日本则按照英日同盟的有关协定于 23 日向德国方面宣战。

在大战动员之前，德意志海军公海舰队由 21 艘战列舰和 4 艘大型巡洋舰组成，相比之下，英国皇家海军本土舰队的实力则包括 28 艘战列舰、5 艘战列巡洋舰（另 3 艘部署在地中海，1 艘在太平洋）和 4 艘大型装甲巡洋舰（通过动员加强给大舰队）。在交战双方的舰队阵容中，有八艘战列舰属于前无畏舰，但英国的战列舰（爱德华七世国王级）配备有 234 毫米（9.2 英寸）中间口径的主炮。

至于短期内可供增援的力量，英国皇家海军方面有两艘战列舰 ["本鲍"号，（Benbow）和"印度皇帝"号（Emperor of India）] 和一艘战列巡洋舰（"虎"号，正在进行舾装），三艘舰将分别于 10 月 7 日、11 月 10 日和 10 月 3 日服役；另外还有两艘战列舰按照与土耳其海军之间的合同被临时征用 ["阿金库尔"号（8 月 7 日）和"艾琳"号（8 月 22 日）]；除此之外还有 11 艘战列舰正在建造中，预计将于 1915 年至 1916 年间相继建成完工（伊丽莎白女王级 5 艘，君权级 5 艘，及原属智利海军的"加拿大"号）。

在北海的另一边，剩下的三艘国王级战列舰将在年底前相继入列服役，11 月服役的"王储"号将是最后一艘，但实际上直到 1915 年初该舰才完成海试。"德弗林格尔"号的建造进度也非常理想，于 9 月 1 日顺利服役。不过，到 1915—1916 年只有三艘主力舰（"巴伐利亚"号、"巴登"号和"吕佐夫"号）有望参战，而另外两艘还在船台上建造的巡洋舰（"萨克森"号和"兴登堡"号）则得等到 1917 年才能出航，另一艘在建造计划中的舰只（"马肯森"号）当时尚未开工（关于战时造舰计划的详情，参见"新阶段的建造计划"一节）。除了主力舰数量上严重不足外，德国人还面临着一个更大的问题，那就是在 1915 年至 1916 年的英国皇家海军主力舰中，有十艘都装备了 380 毫米（15 英寸）口径的主炮，而相比之下德意志海军当时只有两艘主力舰（加上稍后服役的一艘）配备有同等火力的主炮武器。

按照既定计划，最后一艘国王级战列舰服役后，将替换公海舰队中仍然在役的布伦瑞克级战列舰（"洛林"号、"普鲁士"号和"黑森"号）。但随着大战序幕的揭开，所有这些新老战列舰都保留在了第 2 分舰队的阵容中。第 1 分舰队中的拿骚级和赫尔戈兰级战列舰继续保留，而当时德意志海军最现代化的战列舰都集中在第 3 分舰队的序列中。通过大战初期的战时动员，从预备役序列中又抽调出了三支战列舰分舰队，"维特尔斯巴赫"号、"布伦瑞克"号和"阿尔萨斯"号被编为第 4 分舰队，

△ 1912 年拍摄于基尔港的德意志海军舰队。画面左边是"毛奇"号和"约克"号巡洋舰，其后是一批布伦瑞克级战列舰，再后面还有一艘小型巡洋舰。右边是赫尔戈兰级和拿骚级战列舰，后面是布伦瑞克级和德意志级战列舰（NHHC NH 45199）

德皇弗里德里希三世级与剩下的两艘布伦瑞克级战列舰编为第 5 分舰队，"齐格弗里德"号和奥丁级战列舰组成了第 6 分舰队。在较老旧的大型巡洋舰中，"维多利亚·路易丝"号编入第 5 侦察集群，其余归入第 4 侦察集群（8 月 28 日重新编为第 3 侦察集群），但"俾斯麦侯爵"号巡洋舰除外，该舰直到战争动员完成后才结束改装工作。而到那时，一些一线的旧舰只已经进行了付薪。因此，"俾斯麦侯爵"号在改装后一结束海试，就被用作鱼雷试验的海上移动靶舰，随后便沦为一艘固定训练船直到最后退役。

值得一提的是，各舰还前所未有地统一按最新标准升级了帆索，即在上桅和桅顶的结合部安装观测位和天线分线器，不过除此之外的改动很少，特别是第 5 和第 6 分舰队中那些在 1915 年的头几个月里就退出了现役的战列舰。在第 5 分舰队中，"德皇弗里德里希三世"号和"德皇威廉大帝"号正在基尔进行维修，"德皇巴巴罗萨"号战列舰改为弗伦斯堡鱼雷学校的一艘移动靶船，"德皇卡尔大帝"号则成了一艘工程训练船。"勃兰登堡"号和"沃斯"号战列舰作为港口防御浮动炮台部署在被占领的波罗的海港口利巴瓦（Libau，或称 Liepaja），靠泊在位于其北部和西部的防波堤后，这也为该舰保留了比它年轻的分舰队同伴们更大的参战潜力。

▽"维特尔斯巴赫"号战列舰，注意其在大战初期帆索的状态。该舰与其姊妹舰都在 1914 年 8 月加入战争动员并成为第 4 分舰队的主力舰只（作者本人收藏）

◁短命的德意志海军第 6 分舰队舰
只在航行途中拍摄的一张照片，摄
于 1915 年，远处是一艘 V1 型鱼
雷艇（NHHC NH 92630）

4 月起，"德皇威廉二世"号战列舰开始承担德意志公海舰队的在港指挥部
的角色，并一直服役到 1920 年。不过其他的德皇弗里德里希三世级战列舰于
1915 年 11 月进行了付薪，第 5 分舰队于 1916 年 1 月就地解散，其剩余舰只被
编入波罗的海侦察舰队序列中。两艘勃兰登堡级舰在利巴瓦地区驻扎的时间稍久
一些，但也在 1915 年 12 月（"勃兰登堡"号）和 1916 年 3 月（"沃斯"号）分
别被撤回到但泽港付薪。1916 年，原属该分舰队的战列舰都被拆除了武器，其
中一些后来还被拆除了舷侧装甲，并在大战的剩余阶段里继续承担一系列港口支
援任务。

"齐格弗里德"号 /"奥丁"号战列舰于 1915 年 8 月底退出前线后也被调派执
行了其他支援任务，第 6 分舰队则于 1915 年 8 月底解散。1916 年 9 月至 1917 年 3
月间，几乎所有舰只都完成了付薪，只有"贝奥武夫"号仍在舰队服役，最初用作
埃姆斯河（Ems）上的警戒舰，后来又担任了波罗的海扫雷舰队的指挥舰。与大战期
间完成付薪的第 5 分舰队和其他舰队的战列舰及大型巡洋舰一样，所有第 6 分舰队舰
只的火炮——除了"贝奥武夫"和"海姆达尔"号战列舰之外——都在退役后不久
就被拆除了。

同样，第 5 侦察集群的作战生涯也是非常地短暂——"芙蕾雅"号巡洋舰在
8 月 11 日的一次意外碰撞事故中受损，在 9 月大修完成后成为一艘司炉工训练船，
1915 年 4 月拆除了一些武器装备后被重新指定为一艘童子军和候补军官训练船。"维
多利亚·路易丝"号在同年 10 月底完成了付薪，并在 11 月份的第一周里拆除了舰上
武器装备，成为驻扎在但泽港的一艘住宿船。当月里，"赫塔"号巡洋舰也被改装为
弗伦斯堡海军航空站的一艘住宿船，"维内塔"号则为海军潜艇部队人员承担类似角
色，"汉莎"号巡洋舰被分配到基尔船坞担任住宿船。不过，第 4 分舰队和第 3 侦察
集群仍然活跃在北海和波罗的海海域，直到 1915 年秋。

1914 年北海地区的作战情况 [①]

德意志海军公海舰队指挥官古斯塔夫·冯·英格诺尔（Gustav von Ingenohl，
1857—1933 年）的一个主要目标，就是对英国皇家海军大舰队实施打击，直到其战

① 关于大战爆发后的第一个冬季里这
片战场上的海上战斗情况，参见：
Goldrick, *Before Jutland*。

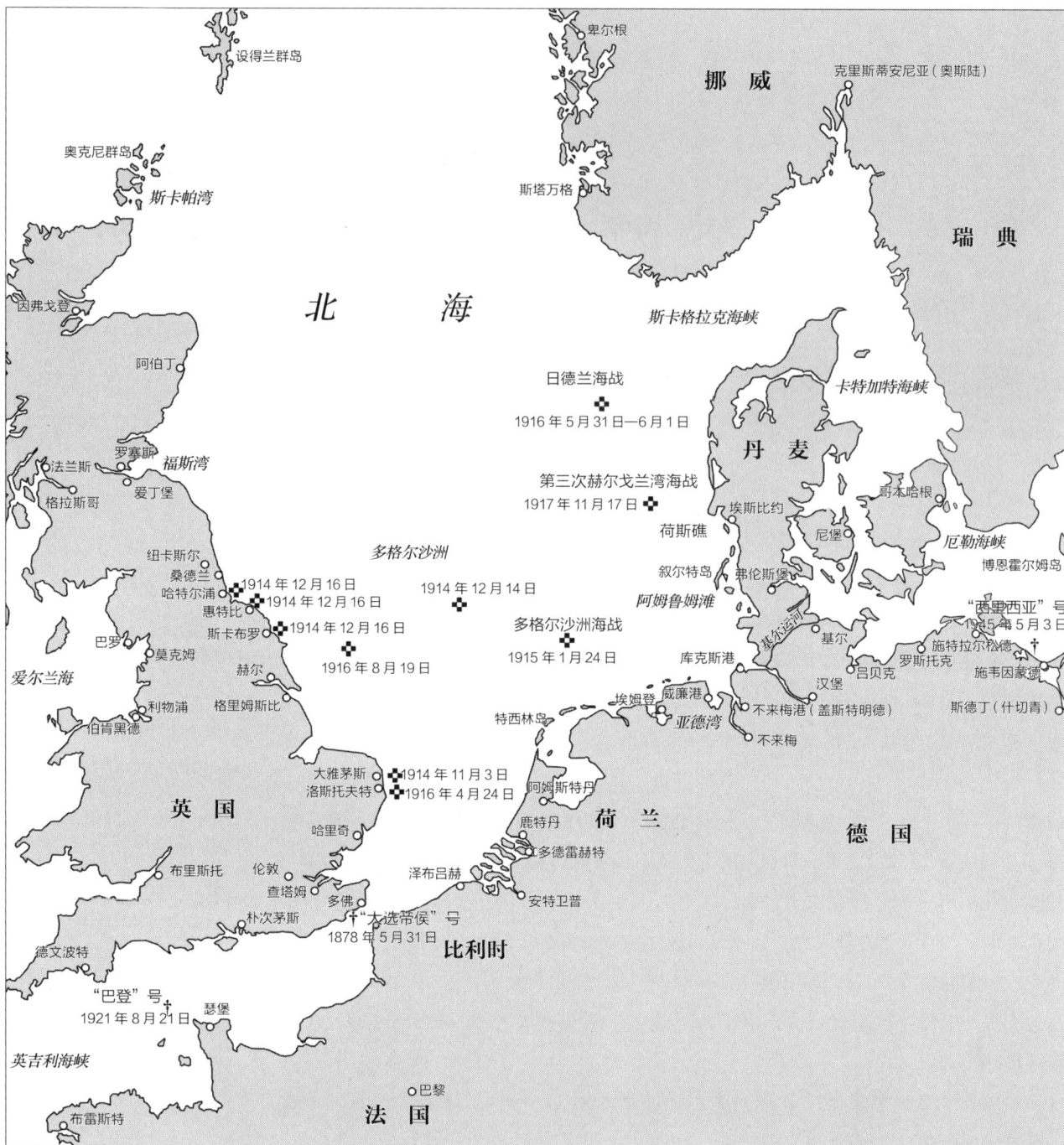

△一份北海地区示意图，图中显示了 1871—1918 年德国主力舰的主要部署位置，特别是第一次世界大战期间的作战行动（**作者本人绘制**）

斗力无法阻止德意志舰队的后续行动取得成功的程度。早在大战爆发之前，德国人就曾预计到英国大舰队将采取严密的海上封锁战略，使德意志舰队随时可能遭到水雷和鱼雷攻击的威胁。然而，英国人认识到严密封锁战略在时间上不可取，因此采取了远距离封锁的替代战略，这样可以有效地封锁北海海域的出海口以切断德国人的海上贸易线。这样一来，德国人迫切需要采取其他办法来削弱英国大舰队的兵力。除了更广泛的扫雷和潜艇活动之外，德国还决定进行规模足够大的地面作战行动以牵制一部分（但不是全部）的英国舰队，按照预期，这些作战舰队力量将被潜伏在大洋深处的德意志公海舰队给予毁灭性的突然一击，而这类行动的"诱饵"将是第 1 侦察集群的大型巡洋舰。

△大战爆发后德意志海军早期的损失来自"约克"号巡洋舰,该舰于1914年11月4日在己方布设的雷区里被击沉,当时"约克"号结束雅茅斯袭击战中的掩护任务后正在返航途中。在"约克"号巡洋舰即将驶出基尔运河水域之前,在穿过霍尔特瑙(Holtenau)船闸时留下了这张照片,出现在照片背景中的是海因里希亲王大桥。注意布置在前桅顶上的两盏探照灯,其为1910年完成的全舰队范围内的探照灯改装计划一部分(**作者本人收藏**)

雅茅斯袭击战

首次袭击作战行动是于1914年11月2日开始的,当时第1侦察集群以"塞德利茨"号(旗舰)、"冯·德·坦恩"号、"毛奇"号和"布吕歇尔"号巡洋舰作为主力,由小型巡洋舰"斯特拉斯堡"号、"格劳登茨"号(Graudenz)、"科尔贝格"号(Kolberg)和"施特拉尔松德"号(Stralsund)组成的第2侦察集群提供支援。编队赶赴雅茅斯附近海域,对岸上目标进行了炮击,并在当地和洛斯托夫特(Lowestoft)之间水域布设了水雷,作为"伏击"力量的两支战列舰分舰队和负责支援的舰艇则在晚些时候陆续起航。在第二天早上,负责近岸袭击的编队仅仅是象征性地朝雅茅斯海滩上的目标发射了几发穿甲弹(当时尚未配备高爆弹),此外与岸上配备轻武器的英军部队发生了一些小规模的战斗。直到袭击者悻悻之中开始撤退,一支由英国皇家海军战列巡洋舰组成的编队才奉命起航前往交战海域,结果这场海上伏击战对英国人造成的直接损失仅是三艘英国拖船和D5号潜艇,后者是被德军"斯特拉斯堡"号巡洋舰布设的一枚水雷命中沉没的。不过,负责掩护支援的"约克"号巡洋舰赶在其他舰只之前前往威廉港整修途中,于11月4日一早误入了位于亚德河口水域德军布下的防御水雷场,"约克"号在一片大雾中未能及时找到安全水道,结果不慎触雷沉没,舰上336人丧生。

哈特尔浦、斯卡布罗和惠特比袭击战

后续这类袭击行动同样由这批巡洋舰负责执行,这次全新的"德弗林格尔"号巡洋舰和18艘鱼雷艇也加入进来,这些舰只将于12月16日对另三个沿岸英国城镇实施炮火袭击。公海舰队的所有三支战列舰分舰队都被部署在其东面241千米(130

海里）的位置实施支援（由于全新的"国王"号战列舰正在维修，而"边境总督"号和"王储"号还需完成海试，因此当时的第 3 分舰队只有五艘具备完整战斗力），一同行动的还有第 3 侦察集群的 2 艘巡洋舰、第 4 侦察集群的 7 艘巡洋舰和 54 艘鱼雷艇。潜艇力量则被部署在了哈里奇港（Harwich）外海和亨伯河口（Humber）附近海域，主要负责攻击来自这些港口的所有英国船只。

12 月 15 日，各巡洋舰相继起航，结果德国舰只的行踪几乎立即就被英国的密码破译员们发现[1]，不过整支德意志舰队的意图他们并未觉察到。因此，英国人的反应只是派出了自己的战列巡洋舰——"狮"号、"玛丽女王"号、"虎"号和"新西兰"号（当时其余四艘英国战列巡洋舰尚部署在海外），第 2 战列舰分舰队——"乔治五世国王"号、"阿贾克斯"号（Ajax）、"百夫长"号（Centurion）、"猎户座"号、"君主"号和"征服者"号（Conqueror），第 1 轻巡洋舰分舰队——"南安普敦"号（Southampton）、"伯明翰"号（Birmingham）、"法尔茅斯"号（Falmouth）和"诺丁汉"号（Nottingham），大舰队的驱逐舰，来自哈里奇的"欧若拉"号（Aurora）轻型巡洋舰、"顽强"号轻巡洋舰和 42 艘驱逐舰，第 3 巡洋舰分舰队的装甲巡洋舰——"德文郡"号（Devonshire）、"安特里姆"号（Antrim）、"阿盖尔"号（Argyll）和"罗克斯堡"号（Roxburgh），整个这支庞大的英军水面战斗群就是专门用来拦截返航途中的德意志海军袭击编队的。

然而德军舰只在出发后不久便遭遇到了恶劣的天气，这就意味着除了"科尔贝格"号巡洋舰（携带水雷）和鱼雷艇之外的所有小型巡洋舰都被迫脱离这支袭击编队，它们于 16 日一早掉头返航。"塞德利茨"号、"布吕歇尔"号和"毛奇"号按计划将炮击哈特尔浦，而"德弗林格尔"号、"冯·德·坦恩"号和"科尔贝格"号巡洋舰将炮击斯卡布罗和惠特比。负责防御哈特尔浦的英军力量由装备 152 毫米（6 英寸）口径火炮的岸炮部队、两艘轻巡洋舰和一些驱逐舰组成，结果在反击过程英军火炮中四次命中"布吕歇尔"号：一发炮弹击毁了前方上层建筑上的 88 毫米口径炮，当场造成九人丧生；第二发击中了右舷 210 毫米口径炮炮塔，击毁了瞄准器和测距仪，但火炮仍能开火；第三枚炮弹击中了下方装甲带；第四发则击中了前桅，损坏了天线和其他一些设备。"塞德利茨"号巡洋舰则被命中三发炮弹，一发击中艏楼，一发炮弹击穿了前烟囱外护套，留下了一个 4 到 5 平方米的大洞，还有一发命中了后方上层建筑，炮弹碎片穿透了低压涡轮室，幸而没有造成人员伤亡。"毛奇"号巡洋舰也被英军火炮命中一发炮弹，前部轻微受损。

当时正在这片海域巡逻的四艘英国皇家海军驱逐舰——"杜恩"号（Doon）、"泰斯特"号（Test）、"韦弗尼"号（Waveney）和"莫伊"号（Moy）中，只有第一艘有机会对德军舰只展开攻击，不过该舰发射的三枚鱼雷全都错失了目标，自身还被击伤，随后后退出了战斗。两艘英国巡洋舰都未能真正参与作战行动，"巡逻"号（Patrol）在被"布吕歇尔"号巡洋舰命中两弹后不慎搁浅，而"前进"号（Forward）则在德国人开始撤退后才离开港口。

在针对哈特尔浦的炮击袭击中，德军舰只总共大约倾泻了 1150 枚炮弹，造成当地 7 名英军士兵和 86 名平民死亡，14 名士兵和 424 名平民受伤，300 栋房屋遭到破坏，一些工业和其他基础设施遭到严重破坏。在没有布置有效防御力量的斯卡布罗，德军

[1] 俄国人从 1914 年 8 月 26 日在爱沙尼亚海岸海域搁浅的"马格德堡"号（Magdeburg）巡洋舰上发现了一本德意志海军的电码本。当年 10 月，这份密码本的影印件被送到了英国人手中，后者于 11 月份对其进行了破译。

巡洋舰的副炮火力对当地造成了重大损害，德舰总共消耗了 333 枚 150 毫米口径炮弹和 443 枚 88 毫米口径炮弹。"冯·德·坦恩"号和"德弗林格尔"号两艘巡洋舰随后径直前往惠特比，用炮火摧毁了那里的英军信号站，两舰总共发射了 106 枚 150 毫米口径炮弹和 82 枚 88 毫米口径炮弹。完成对岸袭击任务后，德军舰只立即驶向他们的会合点，于当天 11：00 踏上了返航的航程。

与此同时，当天 05：15，英国皇家海军舰只和德国公海舰队终于碰面了——公海舰队中的"罗恩"号和"海因里希亲王"号巡洋舰率先与英军"猞猁"号（Lynx）和"统一"号（Unity）驱逐舰打了照面，但双方并没有发生交火。由于一直在尽量避免与占据优势的潜在敌水面力量展开计划之外的交战行动，这就意味着此时应当做出撤出公海舰队的决定了，这对德国人来说是不幸的。事实上，此时距离遭遇英军大舰队的分支力量其实仅仅只有几分钟的航程而已，而一旦这一战略设想实现，对方无疑将是公海舰队的牺牲品。关于这支英国皇家海军分舰队和实力更强大的德国公海舰队之间发生交战的可能结果，战史界一直以来存在争议。毫无疑问，皇家海军舰只拥有更大的航速优势（特别是考虑到德国公海舰队第 2 分舰队在速度上的短板），可以相当容易地退出战斗，当然他们也有可能决心战斗下去。考虑到在日德兰海战中出现的有关英军炮弹威力和抗打击能力的问题，对英国人来说这种遭遇战产生负面的结果其实是不大可能的。

就这样，舰队航向的改变使"罗恩"号巡洋舰恰好处于整支编队的尾部位置。05：59，这艘大型巡洋舰与新加入的"斯图加特"号和"汉堡"号小型巡洋舰再次与英国皇家海军的驱逐舰发生遭遇，后者一直跟踪至 06：40。这时，两艘德国小型巡洋舰奉命前去迎战，后来又于 07：02 被召回，并跟随在舰队后方继续航行。有关这次遭遇的消息于 07：55 送达英军战列巡洋舰分舰队，于是"新西兰"号奉命立即前去追击，分舰队中的其余舰只稍后跟上。然而，当英军舰队收到斯卡布罗遭到德军炮击的消息后，其目标就转移到了第 1 侦察集群上，这次追击行动只得暂时作罢。

大舰队剩余的舰只随后起航加入追击行动，在一天的时间里，英国和德国双方舰只发生了多次接触，但由于英军编队内部的通信出现了种种中断故障，双方并没有发生任何交战行动，第 1 侦察集群也安全抵达了母港。在公海舰队的撤退过程中，英国皇家海军的 E11 号潜艇朝"波森"号战列舰发射了一枚鱼雷，但未能命中目标，整支德军舰队最终都安全返航。

1914 年太平洋地区的作战情况

德国人早已意识到，一旦发生全面大战，东亚地区分舰队的母港是岌岌可危的，因此应该充分运用好巡洋舰以确保该基地不至于被敌封锁。斐迪南大公遇刺的消息传出时，"沙恩霍斯特"号和"格奈森瑙"号巡洋舰正在加罗林群岛海域，两艘舰于 7 月 17 日抵达波纳佩并一直停留到 8 月。分舰队中分散在太平洋各地区的小型巡洋舰奉命返回基地，"纽伦堡"号和"埃姆登"号小型巡洋舰、大型巡洋舰以及"艾特尔·弗里德里希亲王"号辅助巡洋舰和运煤船则奉命于 8 月 11 日在马里亚纳群岛的帕甘（Pagan）集合。

"埃姆登"号和"艾特尔·弗里德里希亲王"号奉命承担商船袭击舰的角色。8 月 13 日，其余舰只前往马绍尔群岛的埃尼威托克环礁（Enewetak Atoll），于 8 月 20 日抵达当地并补充了燃煤。9 月 8 日，"纽伦堡"号巡洋舰被派往火奴鲁鲁搜集情报，分舰队随后前往新近占领的德属萨摩亚，希望能在附近海域捕获落单的英国皇家海军舰只，然而直到 14 日都一无所获。9 月 22 日，德国人倒是在位于塔希提岛（Tahiti）的法属帕皮提港（Papeete）找到了点好运——在那里，"沙恩霍斯特"号和"格奈森瑙"号巡洋舰击沉了法国海军"热心"号（Zélée）炮艇。

10 月 12 日，德军舰只抵达了复活节岛，在那里与从美国水域返航的"德累斯顿"号、"莱比锡"号以及三艘运煤船会合。一周后，分舰队驶往马斯阿富埃拉岛（Mas a Fuera），然后沿智利海岸南下搜寻英国"格拉斯哥"号（Glasgow）轻巡洋舰。根据情报，当时这艘轻巡洋舰就在该地区活动。

科罗内尔之战

11 月 1 日 16 时 20 分，德军分舰队不仅如愿遭遇到了皇家海军"格拉斯哥"号，同时还与"好望角"号（Good Hope，旗舰）、"蒙茅斯"号（Monmouth）装甲巡洋舰以及"奥特兰托"号（Otranto）武装商船巡洋舰打上了照面。除了"好望角"号配备的一对 234 毫米（9.2 英寸）口径的火炮之外，英舰火炮的最大口径只有 152 毫米（6 英寸），德国巡洋舰配备的 210 毫米口径火炮的射程超出这些它们至少 2000 米。而且 152 毫米口径炮半数安装在主甲板炮台上，何况恶劣时难以正常发挥作用。因此，从火力上而言英军舰只明显不如两艘德国大型巡洋舰，更不用说还有两艘德国小型巡洋舰的存在。此外，除了"格拉斯哥"号巡洋舰以外，其他舰只都是在几个月前刚刚从预备役舰队中通过战争动员加入现役的，与具备丰富操舰和作战经验的德国舰员来说，英国人无疑就处于更加不利的地位。虽然英军编队后方的落日客观上为其提供了最初的战术优势，但德国人直到日落时才开始采取行动，此时英军舰只在海天线上的剪影清晰可见，而德国舰只却在一片黑暗中难于分辨。

19：19，德国巡洋舰率先开火，"沙恩霍斯特"号朝"好望角"号猛烈射击，第三次齐射将这艘英国装甲巡洋舰的舰艏 234 毫米口径火炮炮塔击毁，随后又相继命中"好望角"号包括舰桥在内的前部位置，中弹更多的艟部位置很快燃起了大火，艉部炮塔也被"沙恩霍斯特"号命中两弹。19：15，"好望角"号巡洋舰的烟囱和主桅之间位置发生剧烈爆炸，致使该舰在仅仅十分钟后就失去了目视接触，迅速沉没导致其全舰人员丧生。

至于"蒙茅斯"号，则完全成了"格奈森瑙"号巡洋舰的打击对象。由于德国巡洋舰完全处在自己火炮的射程之外，完全被动挨打的英国巡洋舰无法做出任何反应，前炮塔很快被命中击毁，艏楼也被前几轮齐射中燃起大火。在被命中三四十发炮弹后，舰体后部也开始起火，"蒙茅斯"号不得不撤出战斗向西逃窜。21：00 左右，撤退中的"蒙茅斯"号装甲巡洋舰被"纽伦堡"号发现，当时"蒙茅斯"号舰艏已经没入水中，舰体向左侧倾斜，很快也宣告沉没。留在海面上的英国主力舰只剩下"格拉斯哥"号，"莱比锡"和"德累斯顿"号正集中火力对其实施攻击。不过在被命中五次之后，"格拉斯哥"号却侥幸逃脱。而"沙恩霍斯特"号也被命中两发 152 毫米口径炮弹，"格奈森瑙"号中了四弹，这两艘德国巡洋舰都没有遭受大的损伤，只是消耗了将近一半的弹药。经历了这场海上战斗之后，这支德国分舰队整装前往智利港口瓦尔帕莱索（Valparaiso），按照中立国条约规定，当地只允许三艘舰只同时进入港口，而且最多只得停留 24 小时。于是，"沙恩霍斯特"号、"格奈森瑙"号和"纽伦堡"号三艘巡洋舰于 11 月 3 日进入瓦尔帕莱索港补给燃煤，次日一大早便起航前往马斯阿富埃拉岛，于当月 6 日抵达当地再次补给燃煤。11 月 15 日，"沙恩霍斯特"号、"格奈森瑙"号和"纽伦堡"号出发驶向智利东南海岸位于佩纳斯（Penas）的圣昆丁湾（St. Quentin Bay），途中将与经由瓦尔帕莱索前来的"莱比锡"和"德累斯顿"号会合。当天 21：00，各艘德国舰只完成了集结，准备穿越大西洋返回德国本土。

福克兰群岛之战

11 月 26 日，德国分舰队离开圣昆丁湾，12 月 2 日绕过合恩角后于 3 日在南美洲最南端的皮克顿岛（Picton）稍作停留。在当地，各舰经过商议后一致同意在踏上返航航程之前，对附近的福克兰群岛组织实施一次突袭行动，随后各舰于 6 日当天起航出发。

其间，两艘英国皇家海军战列巡洋舰——"无敌"号（旗舰）和"不屈"号装甲巡洋舰从英国本土出发奉命追猎德军舰只，而当"沙恩霍斯特"号和"格奈森瑙"号于 8 日当天靠近福克兰群岛时，英国人已于前一天早一步抵达这里，一同在港的还有"肯特"号和"卡那封"号（Carnarvon）装甲巡洋舰、被改装为浮动炮台的"老人星"号（Canopus）战列舰以及科罗内尔海战中的幸存者"格拉斯哥"号巡洋舰。结果在这场不期而遇的交战中，"老人星"号上的一发 305 毫米（12 英寸）口径炮弹击中了"格奈森瑙"号。原本德国人指望着带着一场针对困在港内的英军舰只突袭行动的胜果返航回国，这一美好愿望也因为德国分舰队的悻悻撤退而化为泡影。令德国人没有预料到的是，港内有航速达 25 节的英国战列巡洋舰存在，要知道最快的德国主力舰航速也只达到了 22 节。

还不出三个小时，"无敌"号（旗舰）和"不屈"号便尾随而至追上了德军编队。13：20，"沙恩霍斯特"号和"格奈森瑙"号被迫迎战，同时寄希望于其他小型巡洋舰能借机逃脱。虽然双方的主力舰已展开交火，但多数英国小型巡洋舰也奉命前去追击与自己吨位相当的德国对手们。双方编队的旗舰展开了捉对厮杀，"沙恩霍斯特"号在第三轮主炮齐射中两发炮弹命中了"无敌"号，自身毫无损伤。两艘德国巡洋舰不断尝试拉近双方距离，好让自己的 150 毫米口径副炮也能加入炮战，而英国人则小心地一面后退一面保持距离。不久之后，"沙恩霍斯特"号也连续被英军炮火击中并燃起大火，但同时也在不断命中"无敌"号。通过一次灵活的机动，英国人开始占据上风，"不屈"号的炮火也开始命中"沙恩霍斯特"号，并且将其在科罗内尔的战斗中被击伤的第三座烟囱彻底击毁。

交战过程中，"格奈森瑙"号也遭到了"不屈"号炮火的猛烈打击，大多数副炮被击毁，前锅炉房进水，另一个严重漏水。16：00 左右，"格奈森瑙"号释放烟雾试图规避，导致两艘英军巡洋舰的火力全都集中在了"沙恩霍斯特"号上，而后

△结束科罗内尔海战后抵达瓦尔帕莱索的"沙恩霍斯特"号巡洋舰，摄于 1914 年 11 月 3 日。背景中的"格奈森瑙"号隐约可见（BA 134-C0001）

者的舰艇几乎已经完全没入了海水中。16：17，"沙恩霍斯特"号在被英军俘获后拖曳回港途中宣告沉没，全体舰员丧生。奉命立即撤退逃离的"格奈森瑙"号当时的航速只剩下 16 节，此时对其进行火炮攻击的不仅仅是英军战列巡洋舰，还有"卡那封"号巡洋舰。虽然顽强的"格奈森瑙"号仍在坚持反击，并且还在 17：15 最后一次命中了"无敌"号，但此时舰上的前烟囱被击毁，前桅也严重受损，舰体大量进水，最终于 17：40 分失去动力，18：00 被迫打开海底门自沉，全舰仅 190 名舰员得以幸存。

至于小型巡洋舰方面，"纽伦堡"号被"肯特"号击沉，"莱比锡"号被"肯特"号和"格拉斯哥"号重创，只有"德累斯顿"号侥幸逃脱。结果在逃至智利沿岸马斯蒂拉岛（Mas a Tierra）附近时，"德累斯顿"号又遭遇到了英军武装商船巡洋舰"奥拉玛"号（Orama），而不久"肯特"号和"格拉斯哥"号也及时赶到，走投无路的"德累斯顿"号被迫自沉，英国人终于报了科罗内尔海战中舰队伙伴的一箭之仇。

1914—1915 年地中海和黑海地区的作战情况

若不是大战的爆发，此时正急需大修的地中海支队的舰只原本应该在 1914 年夏进行轮换，"戈本"号巡洋舰应该被它的姊妹舰"毛奇"号取代。然而，随着 1914 年 6 月斐迪南大公被刺杀，这一替换计划也随之被搁置，地中海支队相关舰只奉命前往波拉进行维修，其中仅"戈本"号就更换了舰上的 4460 根锅炉管。7 月 23 日，德国舰只拔锚起航，在意大利的里雅斯特（Trieste）进行燃煤补给，并于 8 月 2 日抵达墨西拿（Messina）。在当地驻留期间，第一次世界大战全面爆发，舰队也再次进行了燃煤补给。

大战爆发时，德意志海军地中海支队曾设想针对北非殖民地法军展开袭扰行动，然后（或者）冲破直布罗陀海峡的封锁返回德国本土。8月3日，在向法国宣战后，"戈本"号巡洋舰使用舰上副炮对菲利普维尔［Philippeville，即阿尔及利亚的斯基克达（Skikda）］进行了一次短时间的炮火袭击，而"布雷斯劳"号巡洋舰则炮击了波尼［Bone，即阿尔及利亚北部的安纳巴（Annaba）］。

炮击行动后，地中海支队接到紧急行动命令（而非普通指示）全速驶向君士坦丁堡，这次航行将不得不再次途径墨西拿，而且显而易见的是必须再次为舰队补给燃煤。在途中4日10：15左右，德军舰只与英国皇家海军"不倦"号（Indefatigable）和"不挠"号（Indomitable）战列巡洋舰遭遇。但由于当时英国还没有对德宣战，因此双方都没有采取敌对行动。虽然"戈本"号和"布雷斯劳"号巡洋舰当时已开始被英军舰只跟踪，但在当月5日德军抵达墨西拿时，这两艘英军舰只却低调地进行了规避。

尽管意大利在当月2日便宣布中立——结果造成交战国舰只只能在港口内停留二十四小时——但同情德国的意大利官员（意大利到当时为止仍旧是德奥匈意三国同盟的成员国）还是允许德国巡洋舰在此多停留半天，同时允许其通过当地一艘德国煤船进行燃煤补给。然而，就算是如此，德国舰只仍然没有足够的燃料能够确保抵达土耳其水域。经过简短的商议和考虑，德国人决定转而取道亚得里亚海或大西洋。"戈本"号和"布雷斯劳"号巡洋舰于6日起航，不久就被英国皇家海军"格洛斯特"号（Gloucester）轻巡洋舰持续跟踪了一段时间，但这艘英国轻巡洋舰很快就被德国人甩掉了。

在英国和法国两国海军指挥官看来，关于德意志海军"戈本"号和"布雷斯劳"号巡洋舰可能前往土耳其的判断并不容易被接受。考虑到德军舰只要么将试图冲入大西洋海域，要么就会加入位于亚得里亚海的奥匈帝国海军，于是法国海军舰队选择了继续留在地中海西部。当德国舰队从墨西拿起程出发，打算在爱琴海选择一处隐秘的海域补给燃煤时，位于地中海海域的三艘英国战列巡洋舰（第三艘是"不屈"号）还与之相距甚远。另一方面，英国皇家海军第1巡洋舰分舰队——装甲巡洋舰"防御"号、"黑王子"号（Black Prince）、"爱丁堡公爵"号和"勇士"号倒是在附近，但由于受到德国人最初航向的误导，英国人的第一想法却是试图在亚得里亚海入口处拦截德国舰只。

当英国人发觉自己预判有误时，"都柏林"号（Dublin）轻巡洋舰和两艘驱逐舰奉命对德军舰只展开鱼雷攻击，但在一片黑暗之中没能接战，而英国皇家海军的装甲巡洋舰继续对德军舰只展开追击。直到7日凌晨，英国皇家海军上将欧内斯特·特洛布里治爵士（Sir Ernest Troubridge，1862—1926年）得出结论认为，德国"戈本"号编队的战力十分强大，不能让皇家海军舰只冒这样的风险迎战，于是下令撤退——正是他的这一决定后来将自己送上了军事法庭（但后来被宣判无罪）。就这样，8月9日至10日间，"戈本"号和"布雷斯劳"号巡洋舰在基克拉迪群岛的佐努萨岛（Donoussa）完成燃煤补给后，于8月10日当天下午畅通无阻地进入了达达尼尔海峡海域。

△东爱琴海和黑海地区示意图。图中显示了 1914 年至 1918 年期间涉及土耳其—德国主力舰的主要行动情况（**作者本人绘制**）

1914 年 8 月 16 日，两艘德国巡洋舰被"卖"给了奥斯曼帝国海军，"戈本"号更名为"严君塞利姆苏丹"号（Yavuz Sultan Selim），"布雷斯劳"号则更名为"米迪利"号（Midilli），不过两艘舰上的舰员仍然是德国水兵，只不过换上了奥斯曼帝国海军的制服。一个月后，英国皇家海军驻土耳其海军使团返回本土，就在之后的第二天，原德意志第二帝国海军地中海支队司令受命成为奥斯曼帝国海军的总司令。

9 月 21 日，悬挂着土耳其国旗的"戈本"/"严君塞利姆苏丹"号巡洋舰首次展开行动，与土耳其海军"塔索兹"号（Taşoz）和"巴斯拉"号（Basra）驱逐舰一同前往马尔马拉海（Marmara）执行一次短程巡航任务。但在 10 月 1 日至 10 日间，该舰因锅炉故障进行了大修，最终于当月 18 到 24 日完成大修工作，期间还在黑海海域进行过短暂的训练航行。至于该舰执行的第一次攻击行动则发生在 10 月 29 日，当天，"戈本"/"严君塞利姆苏丹"号巡洋舰在"塔索兹"号及其姊妹舰"萨姆松"号（Samsun）的护航之下，先发制人地炮击了位于塞瓦斯托波尔的岸上炮兵阵地（当时德意志还没有向俄国宣战）。在俄国炮兵的反击中，三发大口径炮弹命中了"戈本"/"严君塞利姆苏丹"号舰的后方烟囱附近，炮弹碎片造成右舷起重吊臂、探照灯和一台锅炉损坏，于是不得不迅速撤出战斗。结果在返航途中，又意外地遭遇到了俄国海军"莱特南特·普希金"号（Leytenant Puschkin）、"扎尔基"号（Zharkiy）

△ "戈本"号在升起土耳其国旗并更名 "严君塞利姆苏丹" 号后不久拍摄的一张照片，其舰名牌上仍然保留着德意志海军的原舰名（**作者本人收藏**）

和 "芝伏奇" 号（Zhivuchiy）三艘驱逐舰以及 "普鲁特" 号（Prut）布雷舰。双方交战过程中，由于实力悬殊，"普鲁特" 号被迫自沉以避免被德军俘获，但几艘俄军驱逐舰却设法逃离了战场，只有 "莱特南特·普希金" 号驱逐舰被 "戈本" / "严君塞利姆苏丹" 号上的 150 毫米口径炮弹命中击伤。返航途中，德国人还捕获了一艘名为 "艾达" 号（Ida）的俄国商船。就在当天，"布雷斯劳" / "米迪利" 号和其他土耳其海军舰艇一同参加了针对俄国港口的其他行动，这一系列作战行动直接导致了俄国方面于 1914 年 11 月 2 日向奥斯曼帝国正式宣战，英国和法国也于几天后的 11 月 5 日向其宣战。

6 日，"戈本" / "严君塞利姆苏丹" 号巡洋舰和 "全能之光" 号（Berk-i Satvet）鱼雷巡洋舰一同出击，对俄国塞瓦斯托波尔进行了一次并不成功的炮击行动。9 日至 12 日期间，"戈本" / "严君塞利姆苏丹" 号再次出海，奉命为一支撤退下来的运兵

◁扩编后的一支土耳其舰队编队：从左边的轻巡洋舰 "米迪利" 号（即 "布雷斯劳" 号）、驱逐舰 "巴斯拉" 号和战列舰 "图尔古特·雷斯" 号和 "巴巴罗萨·海雷丁" 号（BA 183-36430）

船队护航，并于 14 日再次与"布雷斯劳"/"米迪利"号巡洋舰协同行动，以回应俄国潜艇对特拉布宗（Trebizond）的炮击。正是这一系列行动导致两艘德国巡洋舰于 11 月 18 日在萨利赫角（Cape Sarych）与俄国海军黑海舰队旧式战列舰编队——"叶夫斯塔菲"号（Evstafii）、"金口约翰"号（Ioann Zlatoust）、"潘泰莱蒙"号（Panteleimon）、"三圣徒"号（Tri Sviatitelia）和"罗斯季斯拉夫"号（Rostislav）之间展开了一场海上战斗。这几艘俄国战列舰正是结束对特拉布宗港的炮击行动后返航的。结果，"叶夫斯塔菲"号向"戈本"/"严君塞利姆苏丹"号展开的第一轮 305 毫米（12 英寸）口径主炮齐射就击中了舰上的 P3 150 毫米口径炮台，当场造成 13 名水兵丧生。而在德国巡洋舰的炮火反击中，"叶夫斯塔菲"号的中部烟囱也被炮弹命中，无线电天线被击毁，这次中弹也造成整支俄国分舰队的火力指挥中断。在双方战斗结束前，"叶夫斯塔菲"号又被命中三弹，造成舰上 33 人丧生。

这两艘土耳其—德国双重身份的巡洋舰与鱼雷巡洋舰"荣耀之扈"号（Peyk-i Şevket）和"全能之光"号一同，于 12 月 5 日至 6 日奉命为一支运兵船队提供护航。10 日，"戈本"/"严君塞利姆苏丹"号炮击了巴统港（Batum），随后又与"梅吉迪耶"号（Mecidiye）和"全能之光"号巡洋舰会合。21 日，"戈本"/"严君塞利姆苏丹"号继续为土耳其运兵船提供掩护（与"哈米迪耶"号一同），然后重新与"布雷斯劳"/"米迪利"号集结，奉命在安纳托利亚（Anatolia）海岸一带巡逻，以防俄国军队在圣诞节期间进行突然袭击。26 日，两艘巡洋舰起程返回君士坦丁堡，结果途中"戈本"/"严君塞利姆苏丹"号巡洋舰于距离博斯普鲁斯海峡 1.85 千米（1 海里）处连续触雷两枚。第一枚在右舷指挥塔下方位置爆炸，在舰体上炸出了一个 50 平方米的洞；第二枚在左舷侧炮座前方位置炸了一个 64 平方米的洞。不过在这两次触雷爆炸中，舰上的鱼雷舱壁都发挥了良好的作用，这次触雷仅仅造成左舷舰艏方向微倾，进水不到 600 吨。

▽俄国海军战列舰"金口约翰"号。该舰不止一次地成为"戈本"/"严君塞利姆苏丹"号巡洋舰的对手（NHHC NH 84828）

由于战局紧张，根本不允许立即着手对战损进行修理（因为这种大修需要建造围堰，而土耳其本土根本没有足够大的干船坞可以容纳一艘大型巡洋舰）。后来，"戈本"／"严君塞利姆苏丹"号巡洋舰分别于 1 月 28 日和 2 月 7 日两次掩护与俄军交战后的"布雷斯劳"／"米迪利"号和"哈米迪耶"号返航。直到 2 月 9 日，该舰才有机会撤出一线进行大修，到 23 日，港口侧围堰已经扩建就位，以便开始着手进行接下来的大修。

1915 年 3 月，英军和法军发起了达达尼尔战役，而这场海上战役的实质其实是英法海军打击舰队与由轻型舰只和潜艇支援的土耳其岸炮阵地之间的较量。结果在 3 月 6 日，德意志海军"巴巴罗萨·海雷丁"号战列舰与配备新型 380 毫米（15 英寸）口径主炮的英国皇家海军"伊丽莎白女王"号战列舰发生交火，而且前者用自己配备的 280 毫米口径火炮三次命中"伊丽莎白女王"号，炮弹击中了水线下方的装甲带，但几乎没能造成什么损伤。后来，"巴巴罗萨·海雷丁"号和它的姊妹舰奉命转作浮动炮台之用，企图于 4 月 25 日英军发起登陆行动的第一天进行炮火阻击。然而仅仅发射 14 发炮弹之后，"巴巴罗萨·海雷丁"号战列舰舯部炮塔右侧火炮中的炮弹突然发生早爆，造成整个火炮损毁。

4 月 1 日，"戈本"／"严君塞利姆苏丹"号巡洋舰重新服役，与"布雷斯劳"／"米迪利"号一同参加了塞瓦斯托波尔附近的一次海上行动，但"梅吉迪耶"号巡洋舰在同期一次针对敖德萨（Odessa）的作战行动中不慎触雷沉没，这次行动的剩余德军舰只与两艘巡洋舰一道于当月 4 日返回本土。返航途中，"戈本"／"严君塞利姆苏丹"号还击沉了两艘俄国商船，并与俄国海军巡洋舰"帕米耶·默科里亚"号（Pamiyet Merkuria）发生了交火，该舰于第二天安装了右舷堰舱，其余战损维修工作于 5 月 1 日全部完成。这两艘老旧的勃兰登堡级巡洋舰一直驻扎在达达尼尔海峡地区，直到 6 月初，"图尔古特·雷斯"号巡洋舰的一座炮塔再次发生意外爆炸事故，这两艘老巡洋舰才于随后被撤走。

1915 年 5 月 10 日，"戈本"／"严君塞利姆苏丹"号巡洋舰奉命返回塞瓦斯托波尔，在宗古尔达克（Zonguldak）以西海域迎战俄国海军"叶夫斯塔菲"号、"潘泰莱蒙"号和"三圣徒"号三艘战列舰。结果在炮战中，"戈本"／"严君塞利姆苏丹"号被"潘泰莱蒙"号的炮弹击中艏楼，炮弹穿透主甲板并在下方爆炸，前方烟囱右舷水线部分也被俄军炮弹击中，S2 150 毫米口径炮塔也被击伤，并造成一定程度的进水。就这样，"戈本"／"严君塞利姆苏丹"号还没来得及对俄军战列舰造成任何损伤就匆匆撤出了战斗。在维修过程中，舰上的两门 150 毫米口径火炮（P4 和 S4）和四门 88 毫米口径炮（位于后方上层建筑）干脆被拆除挪作岸炮使用，而后者则在年底前用相同口径的高射炮进行了替换。

两艘勃兰登堡级巡洋舰撤出战斗后，继续在战区充当弹药运输舰使用。8 月 8 日，"巴巴罗萨·海雷丁"号在运送弹药途中被英国皇家海军 E11 号潜艇发射的鱼雷击沉，当时该舰正在前往苏弗拉湾（Suvla）途中。英军鱼雷命中了"巴巴罗萨·海雷丁"号的前锅炉舱，造成该舰在 7 分钟内就发生了倾覆，舰上 21 名军官和 347 名水兵丧生。两天后，"戈本"／"严君塞利姆苏丹"号巡洋舰率领"哈米迪耶"号和三艘鱼雷艇奉命护送一支从宗古尔达克前往博斯普鲁斯海峡的运煤船队。其中一艘运煤船被俄国海军潜艇"海豹"号（Tyulen）击沉，第二天这艘潜艇甚至还尝试攻击了"戈本"/"严君塞利姆苏丹"号，但没能成功。随后，这艘巡洋舰继续掩护着这支运煤船队前行，到11月14日时又再次险些被俄军潜艇"海象"号（Morzh）击中。经历了这一系列风波之后，德国人认为这艘巡洋舰面临的危险太大，已经不再适合让它继续执行这样的任务了。

1915年北海地区的作战情况

多格尔沙洲之战

第1侦察集群对哈特尔浦、斯卡布罗和惠特比展开突袭行动的目的，乃是对多格尔沙洲（Dogger Bank）地区进行侦察，并且对那一带被怀疑为英国人提供德国舰队关键活动情报的捕鱼船队进行打击。毫无疑问，德意志海军的通信密码此时已经泄露。这次行动并没有得到公海舰队的支援——当时第3分舰队尚在波罗的海无法赶到，第1侦察集群中"冯·德·坦恩"号正在进行维修，因此突袭力量将由"科尔贝格"号、"施特拉尔松德"号、"罗斯托克"号、"格劳登茨"号巡洋舰以及18艘鱼雷艇组成。

事实上，英国人早在1915年1月23日德军舰队起锚出航5个小时前就知晓了这一行动。1914年的袭击战之后，英国皇家海军的战列巡洋舰已经从斯卡帕湾转移到了罗塞斯（Rosyth），原第3战列舰分舰队（包括六艘爱德华七世国王级）奉命加入已经部署在那里的第3巡洋舰分舰队，这两支主力舰编队的主要使命就是防止德国舰队向北移动。而战列巡洋舰力量——包括第1战列巡洋舰分舰队所属的"狮"号、"虎"号和"皇家公主"号（Princess Royal）；第2战列巡洋舰分舰队所属的"新西兰"号和"不挠"号；第1轻巡洋舰分舰队所属的"南安普敦"号、"伯明翰"号、"洛斯托夫特"号和"诺丁汉"号；哈里奇舰队所属的"欧若拉"号、"阿瑞图萨"号（Arethusa）、"大胆"号（Undaunted）轻巡洋舰以及35艘驱逐舰，则奉命对德军舰队进行拦截。至于大舰队的剩余力量也将作为后援向南展开行动。

1915年1月24日07：05，英国和德国双方的轻型巡洋舰率先遭遇，战列巡洋舰的交锋则从08：52开始。在战斗爆发后的前一个小时里，"塞德利茨"号和"德弗林格尔"号巡洋舰分别中弹两发，"布吕歇尔"号中弹一发，"狮"号则被命中一弹。除了"塞德利茨"号上的一发炮弹穿过上层甲板进入舰艉炮座，其火花穿透舱壁点燃了储存的发射药外，所有上述这些炮火打击基本没有造成什么大的破坏。"塞德利茨"号上的大火蔓延到炮塔和下方弹药舱，所幸的是炮塔内的进水阻止了殉爆的发生。然而，炮塔内部的水兵仓皇之中逃到了邻近的舱室内躲避，结果造成两座炮塔都被烧毁，全舰有159人丧生。

在接下来的45分钟里，"塞德利茨"号又被一发英军炮弹命中，但损伤不大。"狮"号则被命中四弹，造成舰上动力系统受损。10：30，一发炮弹命中了"布吕歇尔"号上前后弹药舱之间的通道，造成存放在那里的35—40枚药筒着火，大火很快蔓延至舰艉舷侧位置的炮塔，前锅炉舱通气口也被击毁，航速因此降到了17节左右，"布吕歇尔"号很快就落到了编队的后面。与此同时，"狮"号也在不断中弹，左舷发动机被击伤后被迫退出战斗。这时，英军编队犯下了一个巨大的错误，他们没有立即对

△多格尔沙洲之战中倾覆沉没的"布吕歇尔"号巡洋舰（**作者本人收藏**）

德国舰队剩余力量展开追击，却开始转而攻击"布吕歇尔"号，这就给了德国人从容撤离的机会。至于"布吕歇尔"号，很快就被至少五十至上百发大口径炮弹击中，尽管中弹无数，最终发出决定性一击的还是"阿瑞图萨"号巡洋舰发射的两枚鱼雷。而在被击沉之前，"布吕歇尔"号发射的炮弹还相继命中了英军"虎"号、"不挠"号战列巡洋舰和"流星"号驱逐舰。"布吕歇尔"号巡洋舰的沉没总共造成792名舰员丧生，260人被英军驱逐舰救起。侥幸逃脱的"塞德利茨"号前往威廉港，从1月25日至3月31日期间在那里接受大修。

多格尔沙洲之战的后续行动

多格尔沙洲之战与哈特尔浦、斯卡布罗和惠特比袭击战，以及1914年8月28日第一次赫尔戈兰湾战役中三艘德军小型巡洋舰被英国战列巡洋舰击沉的一系列战斗，都充分说明了公海舰队司令冯·英格尔的战略事实上已走向失败。于是，他的职务于2月2日由曾担任德意志第二帝国海军总参谋长的雨果·冯·波尔（Hugo von Pohl，1855—1916年）正式接替。

3月29日—5月30日和5月29日—30日，公海舰队舰只在特西林岛以北展开了一系列短促的作战行动；4月17日—18日和5月17日—18日，第2侦察集群又执行了几次海上布雷任务；4月21日—22日，舰队前往多格尔沙洲一带活动；5月

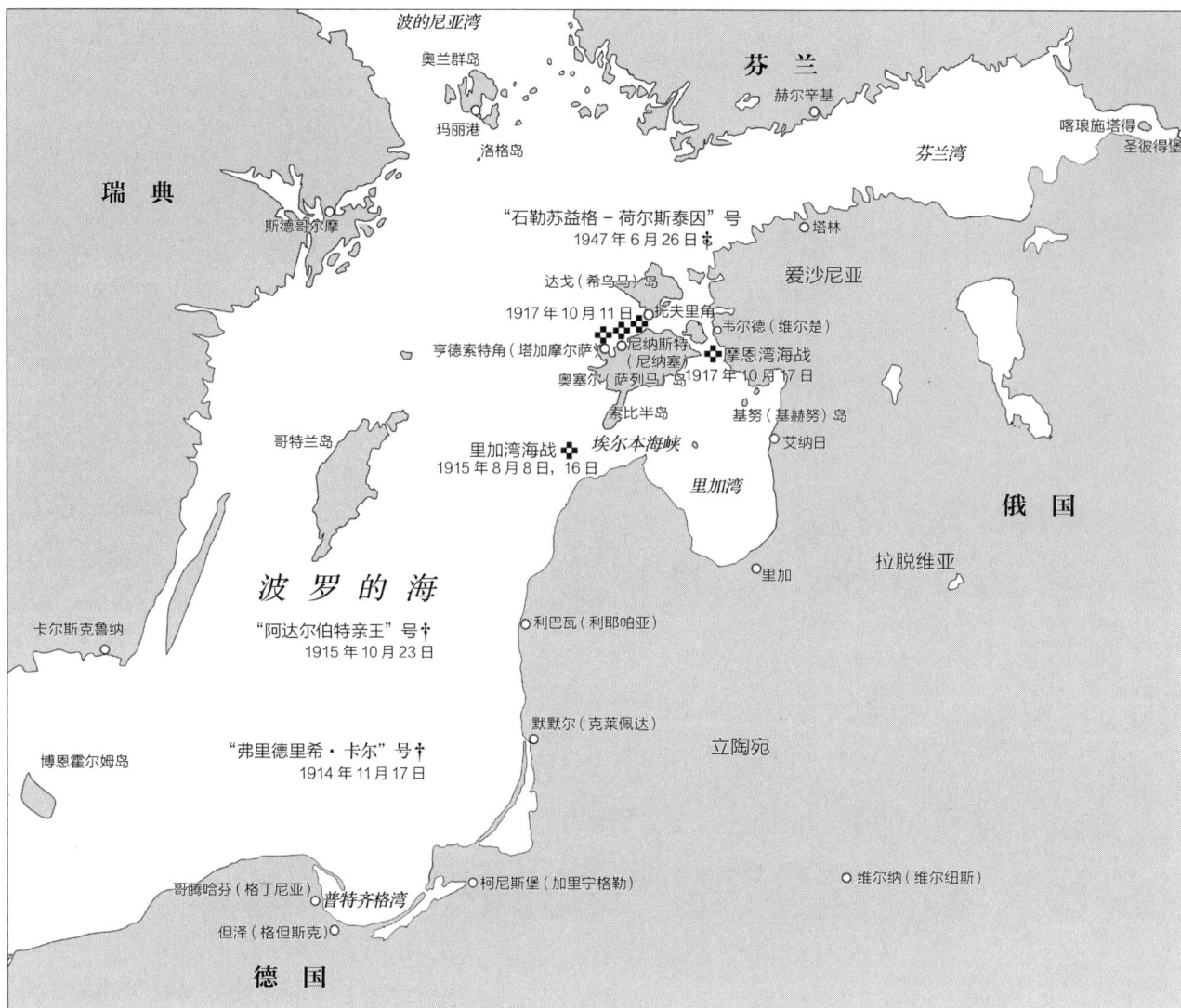

△这张波罗的海地区示意图显示了1914 年至 1918 年间德国主力舰参与的一系列主要作战行动的情况（作者本人绘制）

10 日，舰队计划掩护辅助布雷舰"流星"号返航（但该舰就在前一天被击沉）；9 月 11 日—12 日，公海舰队再次奉命掩护在特西林岛以西展开的一次小型布雷行动；10 月 23 日—24 日又前往荷斯礁附近海域掩护布雷行动。而在所有上述行动期间，都没有与英国皇家海军舰只发生接触。第 3 侦察集群舰只于 1915 年 4 月 12 日从公海舰队中脱离，转而为波罗的海的作战行动提供支援。

1914—1915 年波罗的海的作战情况

1914 年 8 月 28 日，第 4 分舰队于"马格德堡"号小型巡洋舰在爱沙尼亚海岸搁浅后突入波罗的海。9 月 3 日至 9 日，由第 1 侦察集群的"布吕歇尔"号巡洋舰率领（作为旗舰），"奥格斯堡"号、"瞪羚"号、"亚马逊"号和"斯特拉斯堡"号小型巡洋舰组成的编队再次对波罗的海展开攻势行动，行动中成功地击沉了一艘俄国商船，摧毁了一些岸上俄军阵地。9 月 4 日，"布吕歇尔"号巡洋舰也在芬兰湾入口处与俄国海军装甲巡洋舰"巴扬"号和"帕拉达"号（Pallada）发生短暂交火。"布吕歇尔"号和"斯特拉斯堡"号巡洋舰在编队返回基尔港后返回北海，第 4 分舰队也脱离了波罗的海司令部的指挥，继续驻扎在基尔。

此外，德意志海军还开展了一系列炮击行动以支持地面部队向前推进，"奥格斯堡"号小型巡洋舰早在 8 月 2 日就炮击了位于拉脱维亚海岸的利巴瓦。不过，11 月 17 日当天的炮击行动却演变成了一场灾难——较早前的 11 月 5 日，"弗里德里希·卡尔"号在梅默尔（Memel）西南偏西海域不慎碰触了一枚俄国海军驱逐舰布设的水雷。当时德国人以为自己是被鱼雷击中，于是改航向朝浅水区行驶，结果反倒重新把自己带回了水雷场，很快该舰便再次触雷，造成舰艉大量进水，发动机失灵，不久方向舵也被卡死。"弗里德里希·卡尔"号上的舰员在第一次触雷大约六小时后被转移到了"奥格斯堡"上，自身很快倾覆沉没，所幸的是只有 7 人丧生。替换"弗里德里希·卡尔"号成为波罗的海分舰队旗舰的，是从隶属于北海的第 3 侦察集群撤换下来的姊妹舰"阿达尔伯特亲王"号。

1915 年 1 月 24 日至 25 日夜间，"奥格斯堡"号和"瞪羚"号巡洋舰在丹麦博恩霍姆岛附近海域的两处彼此独立的水雷场再次触雷，水雷的威胁已经到了相当严峻的程度。而早在 1914 年 10 月，来自潜艇的威胁就已出现在德国人面前，英国皇家海军的潜艇首次部署到了波罗的海地区。正如下文所述，水雷和鱼雷的威胁最终将使德国的水面舰船无法在东波罗的海的大部分地区展开行动。1 月 24 日，为了规避水雷的危险，正沿浅水海域朝利巴瓦方向航行的"阿达尔伯特亲王"号不慎搁浅。幸运的是，在英国皇家海军 E9 号潜艇赶到该舰所在位置之前，"阿达尔伯特亲王"号最终成功地摆脱了困境。

然而面对这样的窘境，德意志海军位于波罗的海战区现有的重型水面力量在 1915 年 4 月得到了增援——当时第 3 侦察集群的剩余力量（"罗恩"号和"海因里希亲王"号巡洋舰）被重新部署在那里。此外，5 月 6 日，第 4 分舰队也为对利巴瓦方向展开攻击的德军地面部队提供了炮火支援。驻扎在哥特兰（Gotland）附近的德军舰只也奉命拦截任何可能干预德军行动的俄国海军舰只。5 月 10 日，英国皇家海军潜艇 E1 和 E9 号发现了德军分舰队，但没能成功进入攻击位置。在开展上述这些行动期间，"维特尔斯巴赫"号战列舰加装了一个伪装的第三座烟囱，使整支分舰队看起来完全像是由布伦瑞克级战列舰组成的。5 月 11 日，英军的 E9 号潜艇发现"罗恩"号巡洋舰和其他几艘德军舰只正朝利巴瓦方向航行，于是当即朝目标发射了 5 枚鱼雷，但都没能命中。

1915 年 7 月 2 日，"奥格斯堡"号巡洋舰与三艘驱逐舰掩护"信天翁"号布雷巡洋舰途中，遭到四艘俄国海军巡洋舰——"巴扬"号、"马卡洛夫海军上将"号（Admiral Makarov）、"博加特里"号和"奥列格"号（Oleg）的攻击。不久，"奥格斯堡"号成功撤退，而德国驱逐舰试图掩护遭受重创的"信天翁"号前往瑞典中立水域寻求避难，结果后者不慎搁浅，后来被扣押。"罗恩"号和小型巡洋舰"吕贝克"号立即起航为驱逐舰实施增援，抵达当地时"罗恩"号立即与"巴扬"号交火，而"吕贝克"号则向"奥列格"号巡洋舰猛烈开火。俄国方面也很快得到了大型装甲巡洋舰"留里克"号（Rurik）和驱逐舰"诺维克"号（Novik）的增援，德国舰只被迫撤退。第 3 侦察集群的另外两艘巡洋舰——"海因里希亲王"号和"阿达尔伯特亲王"号奉命从但泽前来增援，但后者在途中被英国皇家海军 E9 号潜艇发射的鱼雷命中指挥塔下方位置，造成十人当场丧生，舰体进水约 2000 吨，吃水大大增加，考虑到但泽

港的容纳能力，直接返回但泽看来是无法实现了。于是，"阿达尔伯特亲王"号勉强利用自身动力改为前往基尔港大修，并于7月4日顺利抵达。

从7月7日起，第4分舰队主要负责支援德军地面部队向里加湾方向的推进。在此期间，在"阿达尔伯特亲王"号巡洋舰不可用的情况下，"布伦瑞克"号和"阿尔萨斯"号战列舰加入了"罗恩"号和"海因里希亲王"号巡洋舰所在的侦察舰队。次月，即8月里，德军对位于里加湾地区的俄军部队实施了一次重大作战行动，当时第1分舰队舰只连同"毛奇"号、"冯·德·坦恩"号、"塞德利茨"号巡洋舰共同加入了当时已经部署在波罗的海的旧主力舰，企图一举歼灭驻扎在当地的俄军部队。而具体目标就是歼灭俄国海军"斯拉瓦"号（Slava）战列舰，并在摩恩海峡的入口处，也就是摩恩湾北面的入口处海域实施布雷行动。

8月8日，德国扫雷舰试图在海湾南部入口处的埃尔本（Irben）海峡清理出一条安全水道，但遭到俄军"斯拉瓦"号战列舰、"克拉布里"号（Khrabryi）和"格罗齐亚施齐"号（Groziashchii）炮舰的拦截射击。随后，"布伦瑞克"号和"阿尔萨斯"号战列舰在17千米外与俄军舰只展开炮战，其余的德国舰只则远远地驻留海上。傍晚时分，扫雷行动暂停，埃尔本海峡海域的水雷场此时仍未扫清，反倒是T52和T58号扫雷舰（原鱼雷艇）不慎触雷沉没。与此同时，"罗恩"号和"海因里希亲王"号巡洋舰于当月10日炮轰了俄军位于索比半岛上的阵地，炮击行动对一艘俄国海军驱逐舰造成了轻微损伤。"冯·德·坦恩"号和小型巡洋舰"科尔贝格"号则奉命前去炮击乌特岛（Utö）上的目标。

8月16日—17日，德军编队第二次尝试强突海湾，这次行动由"拿骚"号和"波森"号战列舰突前，四艘小型巡洋舰和鱼雷艇伴随行动。这次行动较为成功，尽管损失了V99号（因触雷并遭炮火重创后自沉）和T46号扫雷舰（原鱼雷艇，触雷沉没），两艘德国战列舰两次在远距离上与俄军"斯拉瓦"号战列舰交火，第一轮齐射没有取得效果，在第二轮齐射过程中则命中"斯拉瓦"号三弹。然而，德国人的成功并没能继续延续——8月19日上午，英国皇家海军E1号潜艇发射的鱼雷击中了"毛奇"号巡洋舰，造成舰艉鱼雷舱进水435吨，八人当场丧生。显然，来自潜艇和水雷的威胁（S31号鱼雷艇也于当晚触雷沉没），再加上位于奥塞尔岛［Ösel，或称萨列马岛（Saaremaa）］上的俄军炮兵阵地仍在牢牢控制着埃尔本海峡，导致德军行动于20日被迫取消。至于受创的"毛奇"号，则于8月23日至9月20日在布洛姆-福斯船厂接受大修。

9月9日至11日，刚刚从利巴瓦完成任务返航的"阿达尔伯特亲王"号和"罗恩"号巡洋舰、"布伦瑞克"号和"阿尔萨斯"号战列舰（当时"海因里希亲王"号正在基尔港维修锅炉）奉命前往哥特兰海域展开一次海上扫荡行动。21日至23日，"阿达尔伯特亲王"号、"布伦瑞克"号、"阿尔萨斯"号、"施瓦本"号、"梅克伦堡"号、"策林根"号和小型巡洋舰"不来梅"号（当时"罗恩"号也正在港修理）再次出击。9月22日，"海因里希亲王"号返回利巴瓦，与"阿达尔伯特亲王"号和"不来梅"号一同出航，于10月5日至6日期间掩护了一次扫雷行动。

10月18日，"罗恩"号巡洋舰完成大修返回战斗序列。然而就在10月23日，"阿达尔伯特亲王"号巡洋舰却在利巴瓦附近海域被英国皇家海军E8号潜艇发射的鱼雷击中，爆炸引爆了舰上的弹药舱（可能是存放舷侧150毫米口径火炮炮弹的弹药舱之一，当时炮弹弹头正朝外码放），这艘不幸的巡洋舰当场被炸成两截迅速沉没，造成舰上672人丧生。当月，英军的E18号潜艇还攻击了"布伦瑞克"号战列舰，结果未能命中。但在11月里E19号潜艇还是击沉了"温蒂妮"号（Undine）小型巡洋舰。当月里，"但泽"号小型巡洋舰触雷受创，12月里"不来梅"号、V191和S177号鱼雷艇也相继触雷沉没。到了1916年1月，小型巡洋舰"吕贝克"号和"瞪羚"号又再次触雷受创——所有这一系列事件使德国海军相信，大型舰艇在这一海域继续展开行动正在变得越来越危险。11月，维特尔斯巴赫级战列舰与"海因里希亲王"号一同返回基尔港，并一直处于较低备战状态。1916年初，所有上述舰只都进行了付薪，解除舰上武装后转入辅助作战序列。1916年8月，"布伦瑞克"号战列舰离开战区前往基尔港，在那里，该舰与"阿尔萨斯"号共同降低了补给物资和舰上的下级指挥官配额，转为训练舰之用。

▽ 1916年至1918年间，驻扎在利巴瓦的"勃兰登堡"号被改装成为一艘潜艇淡水供应船。其主炮也被拆除下来提供给了位于土耳其的姊妹舰（BA 134-B4087）

"勃兰登堡"号在"布伦瑞克"号战列舰出发前往基尔前就回到了利巴瓦，但此时却是被拖曳着而不再是一艘作战舰只了。1915 年 12 月，"勃兰登堡"号战列舰在但泽港解除了舰上武装，拆除下来的火炮武器都提供给了部署在土耳其的姊妹舰"图尔古特·雷斯"号，之后又被改装为潜艇部队的住宿船并为其供应淡水。自此，这艘原战列舰就一直停留在利巴瓦，直到 1918 年 2 月才被拖回但泽，德国人计划将其改为一艘靶船以取代当地的"奥尔登堡"（i）号，但后来改装并未实施。

1916 年北海海域的作战行动

洛斯托夫特和大雅茅斯袭击战

1916 年 2 月，莱因哈德·舍尔（Reinhard Scheer，1863—1928 年）接替患病的波尔担任德意志公海舰队司令。舍尔的基本战略思想是既要保存公海舰队的实力，又要让新的德意志海军总司令部指挥作战更为积极主动。3 月 6 日，第 1 侦察集群舰只在荷兰海岸至东安格利亚之间的中线海域展开了一次海上侦察行动，期间主力舰队在特西林岛附近海域提供支援。不过，还未等到英国人展开行动，德军编队就返回了基地。

4 月 25 日，德国人将 1914 年针对英国海岸目标的袭击行动如法炮制，以支援爱尔兰"复活节起义"运动为由展开了新的袭击战，希望以此拦截可能位于北海北部和南部海域的英国皇家海军水面舰艇编队。然而，英军舰队的北方集群（大舰队的主要力量）由于在海上扫荡任务中发生了一系列碰撞事故，造成"澳大利亚"号和"新西兰"号战列巡洋舰、"海王星"号战列舰以及三艘驱逐舰碰撞受损，早在 22 日就已经回撤了，当时已在斯卡帕湾补给燃煤。

第 1 侦察集群原本的袭击目标是洛斯托夫特地区的村镇和大雅茅斯。随着姗姗来迟的"吕佐夫"号巡洋舰的加入，这支侦察集群的力量也随之有所增强，于 3 月 20 日已经初步具备了再次出航执行作战任务的实力——"吕佐夫"号、"塞德利茨"号（旗舰），"德弗林格尔"号、"毛奇"号和"冯·德·坦恩"号巡洋舰再次加上两支鱼雷艇中队和来自第 2 侦察集群的四艘小型巡洋舰的支援。而整支德意志作战舰队都将在特西林岛以西的位置静候英国人展开行动，并为德军袭击编队提供支援。不幸的是，24 日当天 16 时，"塞德利茨"号巡洋舰右舷触雷受损，鱼雷舱的破损造成舰体进水达 1400 吨，不仅当场造成 11 人丧生，航速也降至 15 节的水平，因此不得不中途折返，后来的维修工作一直持续到 5 月 29 日。"塞德利茨"号返航后，"吕佐夫"号转而担任编队旗舰，同时改变了航线以规避触雷风险。

英国人很快也觉察到了德国舰队的动向，通过破译通信密码得知德国人的目标之一将是大雅茅斯。24 日 19：50，大舰队奉命南下，24 时左右哈里奇舰队也收到命令向北进发。25 日 03：50，率领鱼雷艇袭击编队的德军"罗斯托克"号小型巡洋舰发现了正在朝西南方向航行、试图吸引德军编队偏离航线的英军哈里奇舰队编队。然而德国人不为所动，第 1 侦察集群于 04：10 和 14：20 之间按计划对洛斯托夫特地区展开了炮击，摧毁了当地两百多间房屋和两个英军防御火炮阵地。受当地大雾的影响，再加上德国巡洋舰和鱼雷艇编队正和英军哈里奇舰队遭遇，大口径炮火火力不足，对雅茅斯的炮击行动因此暂时停止。

交战中，英军轻巡洋舰"征服"号（Conquest）被一发305毫米口径炮弹击中，25人当场丧生，航速也降至20节；"雷欧提斯"号（Laertes）驱逐舰也被德军炮弹击中锅炉，所幸没有大碍。哈里奇舰队见状立即撤退，德国人也并未展开追击，希望英国人能最终落入主力作战舰队的伏击圈里。不过，就在哈里奇舰队撤出德军编队射程外后，随即全面撤退。考虑到海上天气开始变差，大舰队也放弃了进一步的拦截行动。其实，当时英军战列巡洋舰与德军编队距离最近时仅有80千米（43海里），但双方并未尝试继续靠近。这次作战行动后，由德文郡级（Devonshire class）装甲巡洋舰组成的英国皇家海军第3巡洋舰分舰队以及由爱德华七世国王级战列舰组成的第3战列舰分舰队（以"无畏"号为旗舰），从罗塞斯转移到了希尔内斯港（Sheerness）。

1916年的舰队情况

到了1916年，虽然德国公海舰队名义上仍由三个战列舰分舰队组成，但第2分舰队一般被用来执行其他次要任务，其舰只大部分时间担任护航舰或其他次要角色（例如充当破冰船等等）。特别是在1916年4月，"普鲁士"号战列舰从该分舰队中抽离出来，在波罗的海司令部的指挥下，奉命在厄勒海峡执行护航任务。"洛林"号战列舰则一直处于物资条件匮乏的状态下，1916年3月付薪之前一直是作为一艘海防舰使用。不过当年夏天，"洛林"号进行了重新整修，计划替换部署在厄勒海峡地区的"普鲁士"号。

日德兰海战[①]

德军的下一次炮击计划的目标瞄准了桑德兰（Sunderland），这次作战的目的同样是为了吸引英国皇家海军派遣出一支水面舰队，而这支舰队将会被埋伏等待在东面海域的德国作战舰队所击溃。德军的潜艇计划将部署在斯卡帕湾、马里湾（Moray Firth）、福斯湾、亨伯以及特西林岛以北海域，而且还将派出飞艇充当第1侦察集群的空中侦察力量以防突然遭遇整支大舰队。这次行动最初计划在5月17日进行，后来由于第3分舰队的一些舰只冷凝器出现问题而推迟到5月23日，结果又发现需要更多时间来处理因触雷受损的"塞德利茨"号巡洋舰的大修工作，于是作战计划又再次延迟到当月29日。由于天气恶劣，飞艇能否有效部署值得怀疑，于是到了30日当天德国人决定用一次突袭斯卡格拉克海峡的作战来代替针对桑德兰的炮击行动。新的计划是第1、第3侦察集群舰只加上三支鱼雷艇中队负责攻击位于丹麦和挪威之间海域的协约国船只，诱使英国皇家海军舰队出动，然后利用德国潜艇对其展开攻击，然后迫使其朝公海舰队方向行进。后者原本只包括第1和第3分舰队和第4侦察集群的巡洋舰及其引导的潜艇和鱼雷艇，再加上四支鱼雷艇中队。但是在最后一刻德国人决定不惜以降低整支主力舰队最大航速为代价，再为整个作战阵容加上第2分舰队（此时"普鲁士"号已不在阵中）的力量。"阿尔贝特国王"号战列舰当时也因为冷凝器故障不在第3分舰队中，而3月份重新入役的"巴伐利亚"号当时还在进行舰上检查的收尾工作。

① 即德国文献中所谓的"斯卡格拉克海峡之战"。在关于这场战斗的无数资料档案中，坎贝尔的作品［NJM Campbell, *Jutland: an Analysis of the Fighting* (London: Conway Maritime Press, 1986)］从技术细节上看是最为详细的，包括对个别舰只遭受损伤的全面分析；而塔兰特的作品［［VE Tarrant, *Jutland: the German Perspective*. (London: Arms and Armour Press, 1995)］则是从德国人的角度描述了这场海上战斗。

　　至于英军方面，也已经计划在 6 月初实施一次重大作战行动，但当截获的通信情报显示德军将于 5 月 31 日展开某种行动时，大舰队和战列巡洋舰队也相应于 30 日完成了针对性的部署。出于训练目的而做出的替换部署，第 5 战列舰分舰队（由伊丽莎白女王级战列舰组成）没有与大舰队协同出航，而是伴随第 3 战列巡洋舰分舰队（由无敌级组成）行动。当时还有三艘战列舰和一艘战列巡洋舰尚在进行改装大修工作，但英国皇家海军仍然在主力舰的数量上远远超过了德国人，在巡洋舰的数量上更是占据了压倒性优势，仅仅是在驱逐舰 / 鱼雷艇的数量上少了一艘而已。

　　第一批与英军战列巡洋舰编队发生接触的是第 1 侦察集群（以"吕佐夫"号为旗舰）以及相关舰只。首次遭遇的导火索是双方不约而同地派出轻巡洋舰检查一艘碰巧在双方编队位置之间航行的丹麦船只。第一炮是在 14：28 打响的，第一次命中则是德国小型巡洋舰"埃尔宾"号取得的，该舰于 14：36 击中了英军"加拉蒂亚"号（Galatea）轻巡洋舰。双方主力舰之间的首次交火则发生在 15：49，这次又是德国人率先发难——"狮"号三次被"吕佐夫"号击中，第三次命中击毁了"狮"号战列巡洋舰的艉部炮塔；"皇家公主"号也两次被"德弗林格尔"号命中；"虎"号则被"毛奇"号巡洋舰命中九弹；"玛丽女王"号（Queen Mary）和"不倦"号战列巡洋舰分别被"塞德利茨"号和"冯·德·坦恩"号巡洋舰命中一弹。反过来，"玛丽女王"号也命中了"塞德利茨"号两次，一次击中舰艏位置，一次是在其后方的背负式炮座上。前者造成了相当大的内部破坏，使得"塞德利茨"号舰体内部大量进水，后者则在舰体环形舱壁上造成了一个直径约 80 厘米的大洞，炮弹碎片飞进操作室，损坏了炮塔运转机构，而且还点燃了两个药筒。爆炸产生的火焰进入了炮塔并沿着内部通道蔓延，好在德国人从多格尔沙洲之战中吸取的教训十足深刻，使得这次战损虽然当场造成了相当惨重的伤亡，但总体影响并没有那么大。"塞德利茨"号的弹药舱虽然进水，但后来大火也及时得到了扑灭。"狮"号（可能）发射的两枚炮弹击中了"吕佐夫"号的艏楼，造成了一个大洞——虽然这在当时几乎没什么直接的影响，但在以后会成为更为重要的因素。

在 16：00 至 16：10 之间这段时间里，英国人没能继续对德军编队造成损伤，反倒是"吕佐夫"号又三次击中"狮"号，两次命中"虎"号；"冯·德·坦恩"号则以两次齐射准确命中"不倦"号，导致这艘英国战列巡洋舰艉部弹药舱发生剧烈爆炸。"不倦"号舰艉迅速下沉，很快发生倾覆后沉没，全舰只有两名生还者。在接下来的 16：30，"狮"号又被"吕佐夫"号连续击中三次，而在 16：21，"玛丽女王"号则在"塞德利茨"号和"德弗林格尔"号巡洋舰的猛烈炮火下连续中弹，艏部炮塔被击毁。5 分钟后，"玛丽女王"号战列巡洋舰同样发生了弹药舱爆炸，显然是再次被两发德军炮弹击中后造成的。很快，"玛丽女王"号也宣告沉没，全舰除 20 名舰员生还外其余人员全部丧生。

▽第 1 侦察集群是在日德兰海战中首当其冲的德意志海军舰队。这张照片拍摄于 1919 年的斯卡帕湾海域，图中为"毛奇"号和"冯·德·坦恩"号，这是德国海军大型巡洋舰中受损最小（但仍然遭受了一定损伤）的两艘。照片中远处可以隐约看到"兴登堡"号和"德弗林格尔"号的三脚前桅，后者的桅杆是在修复日德兰海战中的战损时安装的（**盖尔·哈尔收藏**）

"塞德利茨"号随后将火力转移到了英军"虎"号战列巡洋舰上（"毛奇"号又连续命中其三弹），"德弗林格尔"号则转而集中火力攻击"皇家公主"号，后者也在这时首次中弹。"冯·德·坦恩"号的新目标则是率领第 5 战列舰分舰队刚刚抵达战场的"新西兰"号和"巴勒姆"号（Barham）战列舰，很快便各命中目标一发炮弹，然而自身的右舷炮塔也发生了故障无法继续使用。作为回应，16：09，"巴勒姆"号的炮弹命中了"冯·德·坦恩"号右舷艉部水线位置，造成艉部鱼雷舱大量进水并威胁到舵机。16：20，"冯·德·坦恩"号的前方炮塔也被"虎"号击中瘫痪；16：23，又是"虎"号发射的炮弹命中了"冯·德·坦恩"号与舰艉炮座并排的舰体，造成炮塔受损并引发了一场数小时内都没能完全扑灭的大火。20：00 左右，受损的炮塔恢复了手操能力，但在那之前只有射界受限、未派上用场的左舷炮塔可用。16：50，右舷炮塔也遇到了同样的问题。到了 17：00，"冯·德·坦恩"号上的八门 280 毫米口径主炮只剩下一门可用了。

"皇家公主"号于 16：15 两次击中"吕佐夫"号（但未造成严重损伤），"毛奇"号则分别于 16：16、16：17、16：23 和 16：26 被"巴勒姆"号和（或）"勇士"号（Valiant）发射的 380 毫米（15 英寸）口径炮弹击中，炮弹全部命中舰体位置，第一发炮弹命中了 S5 150 毫米口径炮下方位置，点燃了储存的弹药，当场造成炮塔内 12 人全部丧生，而相邻的两门 150 毫米口径火炮也暂时无法使用；第二发炮弹打掉了一块装甲板，造成海水从这里大量涌入；第三和第四发炮弹导致"毛奇"号右舷舱室进水。当时"毛奇"号的舰体内部已进水 1000 吨，舰艉稍有纵倾，所幸的是舰员们通过压载水舱补偿及时纠正了舰体倾斜，直到战斗结束时该舰仍能保持航速。16：50，"塞德利茨"号巡洋舰被一枚 380 毫米口径炮弹击中了艏楼，这次损伤将对舰上的水密性产生较长远影响。该舰还在 16：17 时被一发 343 毫米口径炮弹击中舰艉右舷 150 毫米口径炮炮位，炮手当场丧生，炮弹爆炸还损坏了附近的通风口，烟雾进入右舷机舱造成低压涡轮机舱被迫紧急停机排风。

16：30，德国战列舰队进入英军视野范围，16：42 开始进入战斗状态，"国王"号、"大选帝侯"号、"边境总督"号、"路易特波尔德摄政王"号和"皇后"号于 16：48 同时向英国皇家海军战列巡洋舰编队开火，但此时距离仍然太远；第 3 分舰队和第 1 分舰队的其余舰只也向英军第 2 轻巡洋舰分舰队开火，但最初的战果可能仅是"拿骚"号击中了"南安普敦"号而已。

16：44，德军第 1 侦察集群舰只开始攻击英军第 5 战列舰分舰队目标，"巴勒姆"号战列舰在这一轮射击中被德舰击中，而双方战列巡洋舰分舰队也于 16：49 再次接战，英军驱逐舰对"吕佐夫"号和"德弗林格尔"号巡洋舰的攻击遭到完全失败，发射出的所有鱼雷都错失了目标，只有几枚 102 毫米（4 英寸）口径炮弹击中目标。然而到了 16：57，"塞德利茨"号巡洋舰被英军"爆破"号（Petard）或是"汹涌"号（Turbulent）驱逐舰发射的鱼雷命中，鱼雷击中了右舷前方炮座一侧装甲带下方的位置，留下了一个 12 米 ×4 米的大洞，并将装甲带的一部分向上掀起了约 23 厘米。鱼雷舱壁在爆炸中保持得还算完整，仅有一定程度的变形和渗漏，右舷一侧有 28 米长的一段舱室进水，后来进水舱段又增加了 6 米。当时"塞德利茨"号还能保持战位并勉强保持航速，但在接下来的四个小时里，舰体进水不断增加，特别是在 15：55 分时的再次中弹造成了更大程度的进水，而一些重要传声管、电缆管道也被海水灌入，锅炉房舱壁前方的 19.5 米长的舱段全部进水。当时的损伤程度要比"塞德利茨"号在洛斯托夫特袭击战中触雷受损维修时程度要更为严重。

大约 17：00，"狮"号战列巡洋舰再次被"吕佐夫"号击中，在接下来的 10 分钟里又被命中两次，而被击伤的"塞德利茨"号则成功地击中了"虎"号，"德弗林格尔"号也四次命中"巴勒姆"号战列舰；"国王"号似乎用舰上的仅存的一门火炮击中了"马来亚"号，"冯·德·坦恩"号则几乎没有机会命中目标（尽管当时舰上又有一门火炮被修复并很快投入使用）；第 3 分舰队的"边境总督"号、"路易特波尔德摄政王"号和"皇后"号此时也未取得战果。与此同时，"德皇"号、"路易特波尔德摄政王"号、"皇后"号、"东弗里斯兰"号、"拿骚"号、"图林根"号、"莱茵兰"号和"威斯特法伦"号则一直在与英国皇家海军第 2 轻巡洋舰分舰队交战，但都没能命中目标。

从英军方面的情况来看，在 17：06 至 17：10 间，德国"塞德利茨"号巡洋舰被来自"巴勒姆"号和"勇士"号的三枚 380 毫米口径炮弹击中，前两枚炮弹击中舰楼位置，第一发在舰楼外层结构和上层甲板上打出弹洞，第二发炮弹穿过舰楼和上层甲板，碎片击穿了主甲板。这两次中弹造成了"塞德利茨"号舰体前部进一步进水，17：06 中弹造成的弹洞到了 21：00 已经逼近水线位置；而第三枚炮弹击中了右舷一侧炮塔右侧，击穿了装甲板并造成火炮无法继续使用。

17 时 13 分，"吕佐夫"号的水线部分装甲带也被英军炮火击中，造成了轻微进水。在 17：09 和 17：10，皇家海军"厌战"号和"马来亚"号战列舰分别命中"大选帝侯"号和"边境总督"号。前者被近失弹的碎片击中，后者则是右舷起重吊臂和前桅中弹，第三枚炮弹击中了"边境总督"号战列舰距舰艉 23.5 米处水线位置的 200 毫米装甲带，破坏了舰体内部的一些军官起居室和舰员舱室，爆炸还造成主甲板弯曲，舰体进水约 400 吨。17：30 左右，两艘较早前被击中失去战斗力的英军驱逐舰也遭到了德军战列舰的集中攻击，均被击毁沉没。

英国皇家海军的战列巡洋舰直到 17：41 才再次开火，而第 5 战列舰分舰队则一直在与德军第 1 侦察集群和第 3 分舰队交战。17：19，"德弗林格尔"号舰楼一侧被英军炮弹命中，主甲板、下层甲板以及一个横向舱壁受损并引起大火。虽然中弹位置位于水线上方，舰舷的弹洞还是造成了大量进水，最终舰体进水约 1400 吨；"吕佐夫"号于 17：25 和 17：30 也被再次命中，第一发炮弹摧毁了无线电室，第二发造成发报室暂时无法使用；17：15，"冯·德·坦恩"号剩余的炮塔发生故障，造成直到 18：30 修复之前该舰都没有 150 毫米以上口径的火炮可用；17：20 至 17：37 之间，英军"马来亚"号战列舰被七发炮弹击中，舰体严重受损，猛烈的大火几乎令这艘战列舰彻底被毁。此后不久的 17:44，皇家海军"南安普敦"号和"都柏林"号击中了"国王"号，后者被四发 152 毫米（6 英寸）口径炮弹命中，而"国王"号战列舰的六次齐射竟然全都没能命中目标，第 3 分舰队的其他舰只针对英军第 2 轻巡洋分舰队的炮火攻击效果则是同样如此。

英军战列巡洋舰重新加入战斗在很大程度上看收效甚微，只有"皇家公主"号（可能）在 17：45 对"吕佐夫"号造成了轻微损伤；"狮"号则在 18：05 再次被"吕佐夫"号命中。17：55 左右，英军第 5 战列舰分舰队舰只几乎同时击中了"德弗林格尔"号和"塞德利茨"号。前者可能是一次被两枚炮弹同时击中，舰艏锚链孔前方水线附近的 100 毫米装甲板中弹。爆炸造成装甲和甲板部分扭曲变形，约 250 吨海水立即涌入，后来在 17：19 的中弹则造成了进一步的进水。

17：57，"塞德利茨"号被三枚炮弹再次击中，这次中弹进一步破坏了舰体前部的水密完整性，并引起了火灾。到 18：03，大量海水涌入装甲甲板上方空间，使得舰体前部无法保证足够的浮力，而甲板下方区域则暂时未进水。18：03，"国王"号也被来自"厌战"号或"马来亚"号战列舰的一枚近失弹的碎片击中，造成轻微损伤。

17：30，英军第 3 战列巡洋舰分舰队开始由东靠近，随行巡洋舰"切斯特"号（Chester）与德军舰队第 2 侦察集群发生小规模交火，并将其引入英军战列巡洋舰的攻击范围。"威斯巴登"号（Wiesbaden）小型巡洋舰被英军"无敌"号和"不挠"号炮火命中失去了动力，而"皮劳"号（Pillau）则被"不屈"号战列巡洋舰的 305 毫米口径炮弹击中失去了锅炉舱动力。

英军大舰队主力与德军编队的第一次接触大约发生在 17：50。当时第 1 巡洋舰分舰队的装甲巡洋舰"防御"号（旗舰）和"勇士"号与德国第 2 侦察集群舰只展开了交火，击中已静止不动的"威斯巴登"号，后者后来又被一艘英军驱逐舰发射的鱼雷命中，损伤情况变得更为严重。18：13，英国装甲巡洋舰与来自同一分舰队、正与"国王"号和"塞德利茨"号交战的"爱丁堡公爵"号和"黑王子"号巡洋舰进行了会合。德国方面的"吕佐夫"号、"大选帝侯"号、"边境总督"号、"王储"号、"德皇"号和"皇后"号也随之集中火力开始攻击英国装甲巡洋舰编队。下午 18：19，"防御"号巡洋舰被德军炮火击中，位于舰艉的 234 毫米口径炮弹弹药舱发生殉爆，爆炸产生的火焰沿弹药通道蔓延至 191 毫米口径炮弹弹药舱，又在那里再次引发爆炸，造成"防御"号在不到一分钟内便宣告沉没，全舰人员无一生还。

"勇士"号巡洋舰也受到了德军猛烈的炮火打击，"边境总督"号朝"皇家公主"号开火，于 18：22 左右接连两次命中目标。这艘英军装甲巡洋舰至少被德军舰只发射的大口径炮弹命中 15 弹，舰上立即起火。18：19，"厌战"号战列舰突发转向机构故障，造成该舰在海面上盘旋一圈后与德军编队更为接近，而且还挡在了"勇士"号和德军舰只之间。要不是这样，"勇士"号极有可能会当场沉没（事实上到第二天才沉没）。后来，"厌战"号成了德军"弗里德里希大帝"号、"国王"号、"赫尔戈兰"号、"东弗里斯兰"号、"图林根"号和"拿骚"号战列舰集中攻击的目标，很快便被击中 13 弹，所幸的是没有造成严重损伤。

英国第 1 战列舰分舰队于 18：17 开火射击，他们的第一个目标是正在苦苦支撑的"威斯巴登"号巡洋舰。然而到第二天清晨时分，"威斯巴登"号仍能保持漂浮状态。直到 18：35 左右，英军大舰队主力对德国大型主力舰的攻击才开始取得一定战果，当时"铁公爵"号发射的七发炮弹和来自"君主"号的一发炮弹击中了"国王"号战列舰，结果在后者的 P1 150 毫米口径火炮炮台和前方背负炮塔并排的鱼雷舱壁上打出了一个大洞，并在堆放 150 毫米口径炮弹发射药的弹药舱内引发了大火，好在从弹洞涌入的海水很快就将大火扑灭。不过，舰体因为进水近 500 吨而造成了一定程度的倾斜，舰员们不得不通过补偿压载水仓进行损管。"君主"号发射的炮弹击中了"国王"

号后方位置的炮台装甲，从这里涌入的海水客观上虽有助于扑灭 150 毫米口径炮弹药舱内的大火，但也蔓延到了相邻的 305 毫米口径火炮弹药舱内。"猎户座"号（可能）在 18：35 时击中了"边境总督"号的 P6 150 毫米口径炮炮台，多数炮手在这次中弹中当场丧生，150 毫米口径炮因此无法继续使用，右舷火炮的弹药升降机也被打坏。

相比之下，英军第 3 战列巡洋舰分舰队的战果更为显著——"吕佐夫"号于 18：19 被"狮"号击中两弹，在 18：26 到 18：34 之间又接连被"无敌"号和"不屈"号命中八弹。虽然中弹引起了火灾，但对"吕佐夫"号的整体战斗力影响不大，只是 305 毫米口径炮弹的两处命中造成了较大损伤，中弹位置都是在水线以下位置，造成舷侧鱼雷平台进水，海水很快通过受损的舱壁和其他泄漏通道进入其他舱室，导致大约 1000 吨海水迅速涌进"吕佐夫"号舰体内部。另外还有两枚炮弹击中了舰艏鱼雷平台附近位置，这里的进水不仅淹没了储存在此处的鱼雷，更加重了后方进水的影响。17：13，"吕佐夫"号再次中弹，此时该舰已进水约 2000 吨，舰体前部吃水增加了 2.5 米。为此，"吕佐夫"号不得不暂时将航速降低到 3 节，以尽量减少舷侧鱼雷平台舱壁进水的压力。此外，击中艏楼甲板位置的 305 毫米口径炮弹也造成了一个巨大的弹洞，舰体舯部也因中弹受到了一定损伤。

"不挠"号战列巡洋舰在 18：26 到 18：30 之间三次命中"德弗林格尔"号，其中一发炮弹打在靠近 P1 150 毫米口径炮炮台一侧水线附近，造成了一定程度的进水；第二枚炮弹击中了后方两座炮塔之间的装甲带，导致舷侧通道超过 7.5 米长的区域进水；第三发炮弹击中了舰艉炮塔后方位置的装甲带，损坏了存放防雷网的舱室，"德弗林格尔"号不得不因此短暂停机以防止螺旋桨被防雷网缠绕。"不挠"号发射的炮弹似乎还在 18：34 左右击中了"塞德利茨"号，爆炸冲击在短时间内影响了该舰的转向机构。英军第 3 轻巡洋舰分舰队的 152 毫米口径炮也多次击中德军"吕佐夫"号、"德弗林格尔"号和"塞德利茨"号巡洋舰。

"吕佐夫"号和"德弗林格尔"号向"无敌"号战列巡洋舰持续猛烈开火数分钟，终于在 18：32 命中其右舷侧炮塔，炮弹穿透了弹药舱并引发大爆炸，当场将"无敌"号炸成两截，全舰只有六名舰员幸存。不过，"吕佐夫"号当时也已经严重受损，无法继续担任第 1 侦察集群旗舰，于是在 18：56 改由 G39 号鱼雷艇担任旗舰。考虑到当时遭受重创的"塞德利茨"号已无法承担这一角色，最终于 21 时左右改由"毛奇"号巡洋舰担任侦察集群旗舰。

当德国人意识到他们面对的是整支英国皇家海军大舰队，而不仅仅是原先设想的一支特遣支队，于是在 18：33 开始调转航向，并于 18：45 完成这一机动，10 分钟后又再次进行了转向以迷惑英军编队。当时在 18:54，第 1 战列舰分舰队的旗舰"马尔伯勒"号（Marlborough）被一枚鱼雷命中（或许是"威斯巴登"号所发射），英军编队为了规避鱼雷的威胁，也在采取偏离航向的机动。

不过，德国人的第三次转向机动并没能顺利完成，第 3 分舰队编队被迫停留在了迎风航向上，英军编队则抓住机会再次在视野范围内对德军舰只展开炮火打击——"大选帝侯"号被"马尔伯勒"号、"巴勒姆"号和（或）"勇士"号战列舰相继命中七弹，三发 343 毫米口径炮弹中的两枚未对"大选帝侯"号造成重大损伤，但第三枚在该舰返航途中造成了舰体前部大量进水，380 毫米口径炮弹的命中也对艏楼甲板造成了较大损伤，击毁了 P2 150 毫米口径火炮，并造成舰体多处变形，而进水导致的舰体倾斜后来也不得不通过压载水仓调节，最终"大选帝侯"号的进水超过了 3000 吨。"国王"号、"边境总督"号和"赫尔戈兰"号各被一发 380 毫米口径炮弹命中，"德皇"号则中弹两发。"边境总督"号和"德皇"号所中的 305 毫米口径炮弹是英军"阿金库尔"号战列舰射出的；击中"国王"号的则是"铁公爵"号，后者虽然仅仅是一发炮弹，却在目标舰体表面造成了较大损伤；击中"赫尔戈兰"号的可能是"勇士"号战列舰，炮弹击中了前方装甲带，造成 80 吨海水从弹洞中涌入。"边境总督"号的中弹仅仅造成了轻微的损伤和进水，"德皇"号被命中的第一发炮弹造成的损伤几乎可以忽略，但第二发弹击穿了上层甲板，好在损伤也不大。作为回应，"塞德利茨"号、"边境总督"号、"德弗林格尔"号、"国王"号、"大选帝侯"号、"德皇"号以及"路易特波尔德摄政王"号集中火力攻击英军第 2 轻巡洋舰分舰队，但没能取得战果。

19：17，德军编队开始再次调转航向。为了分散英国人的注意力，19：13，第 1 侦察集群奉命朝英军舰只转向并发起攻击。这次为首的是"德弗林格尔"号，除了丧失战斗力的"吕佐夫"号外各舰一齐朝英舰开始射击。虽然在 19：16，英军"巨人"号战列舰被"塞德利茨"号两次命中，造成了轻微损伤，但伴随着英军战列巡洋舰舰队的加入，德军第 1 侦察集群也遭到了大部分位于英军战线上舰只的集中火力打击。"德弗林格尔"号在 19：14 至 19：25 间被连续击中了 14 次，第一次中弹是被皇家海军"复仇"号（Revenge）战列舰发射的 380 毫米口径的炮弹击中了舰艉炮塔顶部，造成发射药殉爆，炮塔内除两人外全部当场丧生。此后不久，另一发来自"复仇"号的炮弹击中了后部背负炮塔并再次引发殉爆，炮塔内除六人外全部丧生。"德弗林格尔"号的所有后部弹舱和装药室都发生了进水，被击中的炮塔产生的烟气在四个引擎室内弥漫。接下来"复仇"号又连续两次命中"德弗林格尔"号舰体后部位置，第二发炮弹在上层甲板和主甲板上撕开了一个直径约 5 米的大洞，另一发炮弹穿过前烟囱后未爆炸。此外，"巨人"号战列舰也连续五次用 305 毫米口径火炮命中"德弗林格尔"号，其中一发命中机舱，造成柴油发电机一度无法使用，另一发击毁了 P3 150 毫米口径火炮，一发击中装甲带后引发了进水，一发击中装甲带后几乎未造成损伤，还有一发炮弹击中了后甲板并造成了一定损伤。从"科林伍德"号（Collingwood）发射的一枚炮弹击中了"德弗林格尔"号舰桥旁的上层建筑，这次则造成了相当大的损伤。19：20 刚过，来自"皇家橡树"号战列舰的两发 380 毫米口径炮弹对"德弗林格尔"号的舰体表面造成了一定损伤，几乎与此同时英军"柏勒罗丰"号战列舰发射的一发 305 毫米口径炮弹命中了"德弗林格尔"号的指挥塔，炮弹爆炸产生的碎片损坏了与之相邻的前方背负炮塔上的测距仪。

19：14 到 19：27 之间，"塞德利茨"号又相继被五发炮弹命中。前四发为 305 毫米口径炮弹：其中一枚来自"大力神"号战列舰的炮弹摧毁了"塞德利茨"号右舷后方的上层探照灯，另一发摧毁了防雷网并引发了一定程度的进水；来自"圣文森特"号（St. Vincent）战列舰的炮弹同样两次命中，其中一发击穿了舰桥旁的舰体一侧，损坏了炮位甲板和医务室，而上述损伤在"塞德利茨"号的舰体前部造成了更大程度的进水，第二发炮弹击中了已无法使用的背负炮塔，造成了严重的内部损伤。第五发中弹来自英军"皇家橡树"号战列舰的 380 毫米口径火炮，击中了左舷侧炮塔的右侧火炮，造成其无法使用。虽然左侧火炮未受影响，但炮塔只能采用人力操作控制，这次中弹还使得 P5 150 毫米口径火炮暂时无法使用。

"冯·德·坦恩"号只被"复仇"号于 19：19 发射的一发 380 毫米口径炮弹命中后方指挥塔的尾部，炮弹爆炸碎片穿透了瞭望台，造成内部人员非死即伤。相比之下，"毛奇"号几乎毫发无损地逃脱了。至于已经丧失战斗力、正由七艘鱼雷艇掩护的"吕佐夫"号此时也于 19：15 至 19：18 之间被来自英国"君主"号和（或）"猎户座"号的五枚 343 毫米口径（13.5 英寸）炮弹命中。其中一枚炮弹使最前方炮塔的右侧火炮无法使用，另一发击伤了舰艉炮塔，造成其只能手动操作，第三发炮弹则命中了 S1 150 毫米口径炮弹弹药舱，造成其内部进水。其余两次中弹分别造成前部背负炮塔暂时无法使用，并在 P4 150 毫米口径炮炮台上造成了一定程度的表面损伤。

德军舰只发起的一轮针对英军战列线的鱼雷攻击迫使其改变航向立即掉头，无论是海面机动还是鱼雷攻击，这两种策略都确保了德国舰队得以在烟雾的掩护下迅速撤退。与刚刚加入战斗时相比，德国舰队现在正以反向阵形航行——第 2 分舰队居首，随后是第 1 分舰队（旗舰为"弗里德里希大帝"号战列舰）和第 3 分舰队。20：00，第 1 侦察集群重新加入编队，位置在战列线的左翼，其旗舰仍是 G39 号（当时该舰尚未有机会将舰队旗转移到"毛奇"号巡洋舰上）。"吕佐夫"号则在后方蹒跚前行。英军舰队当时已经转向驶向德军编队的东北方向，他们的意图将是在公海舰队返航的航线上进行拦截。

20：19，双方再次展开交火。英国战列巡洋舰向距离最近的德国第 1 侦察集群舰只猛烈开火："皇家公主"号分别于 20：24 和 20：28 两次击中"塞德利茨"号；"狮"号于 20：28 击中了"德弗林格尔"号的 A 炮塔；"新西兰"号也于 20：31 前三次命中"塞德利茨"号。"皇家公主"号的第一发炮弹使"塞德利茨"号的 P4 150 毫米口径火炮无法工作，并造成了更大程度的损伤，第二发炮弹击毁了舰桥部分和前方探照灯。三发 305 毫米口径炮弹击中"塞德利茨"号已经无法转动的 D 炮塔和舰体装甲板，并导致燃煤舱大量进水。反过来，"狮"号战列巡洋舰则只被命中一发 150 毫米口径炮弹。一些英国战列巡洋舰还向德军第 1 和第 2 分舰队开火射击，部分炮弹碎片造成"威斯特法伦"号和"汉诺威"号轻伤，"新西兰"号和"不挠"号命中了"石勒苏益格 - 荷尔斯泰因"号和"波美拉尼亚"号，前者还对"西里西亚"号战列舰造成了碎片损伤。"波美拉尼亚"号的损伤程度当时尚不清楚，但"石勒苏益格 - 荷尔斯泰因"号的上层建筑受损，右舷后方上层甲板的 170 毫米口径炮炮台被击毁，造成三人当场丧生。反过来，只有德国"波森"号于 20：32 击中了"皇家公主"号战列巡洋舰。

在这一阶段的战斗中，英国皇家海军的战列舰一直没有进入过射程。由于天色已暗，尽管第 4 轻巡洋舰分舰队的舰只对德国第 1 分舰队发动了一次鱼雷攻击，英国人还是决定推迟到次日一早再恢复战斗。于是到了 21：17，大舰队奉命采用夜间巡航阵形——即三支平行纵队，一些被击伤的舰只则奉命返航。

至于德军方面，进入夜间后则采用了单队列编队，即第 1 分舰队居前，然后是"弗里德里希大帝"号，其后是第 3 和第 2 分舰队，紧随其后的是"冯·德·坦恩"号和"德弗林格尔"号，小型巡洋舰"雷根斯堡"号（Regensburg）殿后。"毛奇"号和"塞德利茨"号则与第 2 和第 4 侦察集群舰只一同向西朝英军舰队方向行进。22：

30、22：55 和 23：20，"毛奇"号多次发现英军第 2 支队舰只（由猎户座级战列舰组成），自身也被英军"雷神"号（Thunderer）战列舰和"博阿迪西亚"号（Boadicea）轻巡洋舰发现，但双方没有交火。由于舰体前部的损伤，"塞德利茨"号的航速开始减慢（受先前全速航行的影响进一步恶化），并且失去了与"毛奇"号的联系。很快，正行驶在英军编队驶过的航线上、已遭受重创的"塞德利茨"号被英军"阿金库尔"号、"马尔伯勒"号和"复仇"号发现，不过双方仍未交火。最终，"塞德利茨"号幸运地从皇家海军第 2 和第 5 战列舰分舰队之间的缝隙中成功脱身，于 00：12 摆脱了被英军追击的危险，踏上了返回德国本土的航线。与此同时，仍在不断进水"吕佐夫"号则勉强支撑着向南航行。

对于双方的小型舰只中队而言，作战命令中都包含了做好夜战准备的内容，而事实上不仅是小型舰只中队，在德军小型巡洋舰和皇家海军轻巡洋舰之间也发生了短暂夜间交火。"弗劳恩洛布"号巡洋舰（此次海战中舰龄最老的战舰）被皇家海军"南安普敦"号轻巡洋舰发射的鱼雷击沉，而德国鱼雷艇却未能发现英军舰队。23：30，英军第 4 驱逐舰中队开始对德国战列线发起攻击，德军第 1 分舰队的舰只也被多艘英国战列舰发现，但都没有值得向总司令部报告的战果，有关英军第 4 驱逐舰中队的所见所闻都只是和德军轻型舰只之间发生的小规模交火而已。

实际上，英军第 4 驱逐舰中队攻击的目标乃是作为德军第 1 分舰队前锋的 4 艘拿骚级战列舰。在为了规避鱼雷而进行的机动转向过程中，"波森"号不慎与小型巡洋舰"埃尔宾"号相撞，战列舰几乎是毫发无损，"埃尔宾"号的引擎室却大量进水，导致这艘小型巡洋舰失去动力在海上漂浮。而在袭击者之中，中队领舰"蒂珀雷里"号（Tipperary）遭到重创，同样只能在海面上漂浮，而驱逐舰"喷火"号（Spitfire）则撞上了"拿骚"号，后者用舰上的 280 毫米口径主炮以最小俯仰角朝英军驱逐舰射击。结果"喷火"号设法及时撤出战斗，而"拿骚"号的舷侧则留下了一个 6 米长的撕裂口，为此不得不将航速限定在 15 节，直到破损处修补完毕。此外，舰上的 P1 150 毫米口径火炮也被击毁。英军驱逐舰的炮火只对"威斯特法伦"号和"拿骚"号战列舰造成了轻微损伤，而配备重火炮武器的装甲巡洋舰"黑王子"号则在 23：36 两次以 152 毫米口径炮弹击中德国"莱茵兰"号战列舰，不过造成的损伤不大。

英军第 4 驱逐舰中队的下一轮鱼雷攻击取得的战果是击中了德国小型巡洋舰"罗斯托克"号，造成该舰丧失战斗力，不过过程中也有三艘英国驱逐舰接连发生了碰撞，其中一艘失去动力漂浮在海面上。午夜后不久，"威斯特法伦"号、"莱茵兰"号、"波森"号、"奥尔登堡"号和"赫尔戈兰"号战列舰与六艘英军驱逐舰展开了炮战，其中一艘驱逐舰很快沉没，另有一艘遭重创。"奥尔登堡"号舰桥上方位置被一发炮弹击中，造成了重大人员伤亡，舰上 P4 150 毫米口径火炮也在一次炮弹早爆中被击毁，但该舰并没有被英军鱼雷命中，反倒是又有一艘英军驱逐舰被击沉。

与此同时，英军装甲巡洋舰"黑王子"号在继"防御"号沉没、"勇士"号丧失战斗力之后也与其他装甲巡洋舰失去了联系，落在大舰队后方的"黑王子"号后来被"拿骚"号和"图林根"号发现，后者在 1100 米的短距离上朝目标集中开火，据报告共有 27 发 150 毫米口径炮弹和 24 枚 88 毫米口径炮弹相继命中这艘巡洋舰。00：07 至 00：15 之间，德军"东弗里斯兰"号、"拿骚"号和"弗里德里希大帝"号战列舰又多次击中"黑王子"号，这艘装甲巡洋舰在一阵猛烈燃烧和爆炸后迅速沉没。

英国皇家海军第9和第13驱逐舰中队于00：35左右与德国第1分舰队遭遇，其中"汹涌"号驱逐舰被德国"威斯特法伦"号战列舰击伤丧失了战斗力，该舰共计被命中29枚150毫米口径炮弹和16枚88毫米口径炮弹，"汹涌"号还被"图林根"号命中了18枚（或28枚）150毫米口径炮弹和6枚88毫米口径炮弹。尽管"汹涌"号驱逐舰承受了如此猛烈的打击，却能一度保持漂浮状态，直到01：00以后（可能）又被V71号鱼雷艇发射的鱼雷击中后才宣告沉没。

战斗最后阶段的行动是英军第12驱逐舰中队发起的，他们在01：43与德军第2和第3分舰队遭遇。"国王"号和"大选帝侯"号分别用副炮和轻型火炮向英军驱逐舰开火，后者很快便命中了"内萨斯"号（Nessus）。英军编队随后发动了鱼雷攻击，但除了一发鱼雷命中之外——即"猛攻"号（Onslaught）击中了"波美拉尼亚"号——所有的鱼雷攻击都没能击中目标。这次命中引发了这艘德国战列舰一连串的猛烈爆炸，每一次都伴随着不同颜色的浓烟，火势从右舷蔓延开来，腾起两根高大的火焰柱。很快，一次大爆炸把"波美拉尼亚"号分成两截，舰体随即翻滚倾覆，舰艉部分还在海面上漂浮了10分钟之久。这很可能是鱼雷的爆炸引发了舰上170毫米口径炮弹的殉爆，当时这些炮弹正头朝舷侧外方向存放（就像当初的"阿达尔伯特亲王"号的遭遇一样），鱼雷命中后因此产生了连锁爆炸反应，引爆了其他的炮弹。"波美拉尼亚"号战列舰最终沉没在了30米深的水下，1957年至20世纪60年代，人们还对其进行过大量打捞工作。

与此同时，"吕佐夫"号巡洋舰的进水状况一直在不断恶化，由于舰上一些抽水泵因驱动轴因战损变弯而发生故障，由此引发的抽排系统工作中断更是加剧了这一危机。很快，舰艏部分已无法再继续进行水泵抽排，由于艏楼已经没入水下，将水泵移到舰艉部分抽水也已是不可能了。舰艉伸出的螺旋桨开始不断拍打着海面，指挥塔前方所有位于装甲甲板下方的舱室都已经被海水淹没。到了午夜时分，上述部分的照明中断。在装甲甲板上方，海水通过艏楼中弹的弹孔大量灌入，通过通风井在舰体内不断扩散，此时针对舰体弹洞的修补措施已经于事无补了。

伴随着海浪不断拍打着艏楼，舰体下沉得越来越深，海水开始从最前部150毫米口径炮炮座涌入，控制室和前锅炉房的水泵已是不堪重负，这意味着这些舱段也无法挽回。此时，已有约8300吨海水进入"吕佐夫"号舰体内部，舰艏部分已下沉8.5米，舰艉抬高了4.5米，情况还在进一步恶化。到了00：05，"吕佐夫"号上的舰员开始向鱼雷艇转移，此时舰艏吃水已达17米。01：45，海水已经到达了B炮塔的炮座边缘处，G38号鱼雷艇奉命用鱼雷将"吕佐夫"号巡洋舰击沉。受舰艏下沉角度影响，第一枚鱼雷从"吕佐夫"号下方经过未命中，但第二枚鱼雷准确命中了舰体艏部位置。"吕佐夫"号右舷迅速倾斜，在两分钟之内即翻覆沉没，从而正式结束了这艘巡洋舰的垂死挣扎。最终，"吕佐夫"号沉没在了大约45米深的水下，舰体以160°的倾角侧卧在海床上，因指挥塔和炮塔的支撑作用才避免了整体侧翻。沉没过程中，"吕佐夫"号舰体前部发生了断裂，顶部朝下停落在距离舰体主体部分不远处。

当"吕佐夫"号沉没之时，全舰已被大约24枚（实际上可能多达30枚）重弹和一枚中口径炮弹击中。该舰的残骸如今倒置在大约48米深的水下，1960年曾有针对该舰的打捞作业。到了 2015 年，在对"吕佐夫"号巡洋舰的水下残骸进行的多波束勘测显示舰体上有多个大洞，通过潜水勘查至少还发现了一个弹药舱，炮弹和药筒几乎完好无损地码放在其中 [1]。

已遭受重创丧失战斗力的"埃尔宾"号和"罗斯托克"号巡洋舰也分别于 00：00 和 00：25 宣告沉没，当时德军的鱼雷艇正载着"吕佐夫"号的舰员。03：25，G37、G38、G40 和 V45 号鱼雷艇与皇家海军"冠军"号（Champion）轻巡洋舰和三艘驱逐舰交火。G40 号被一发 152 毫米口径炮弹命中，立即就被 G37 号拖走。到 04：10，对于英国人来说，很明显德军舰队已经成功退却，继续交战已无可能。于是英军舰队开始在海面上搜索掉队的德军舰只，特别是"吕佐夫"号巡洋舰（当时英国皇家海军总司令部尚未得知该舰已经沉没的消息）。随后，大舰队与战列舰巡洋舰队开始调转航向返航。

在朝威廉港全力返航的途中，一些虚假的潜艇攻击警报不断冲击着德国舰队的神经。不过在 05：20，"东弗里斯兰"号战列舰却实实在在地触雷了。这枚水雷的爆炸就发生在该舰前方舷侧炮塔下方位置，撕开了一个约 12×5 米的大洞，其边缘一直延伸至装甲带的边缘。触雷还造成"东弗里斯兰"号超过 35 米长的舷侧舱段进水，鱼雷舱壁变形撕裂，导致海水进入后方的弹药舱，进水总计达 400 吨。起初，因触雷而引发的进水几乎没有造成太大的麻烦，但到了 11：20，当"东弗里斯兰"号行至赫尔戈兰附近海域时，为了规避一艘并不存在的敌潜艇而进行的一次急转弯过程中，应力造成鱼雷舱壁的损伤骤然加剧，带来了更大程度的进水和 4.75° 的舰体倾斜。虽然航速因此下降，但后来还是逐渐增加到了 10 节，"东弗里斯兰"号战列舰也于 17：15 安全抵达德国威廉港。

05：40，"塞德利茨"号重新加入舰队，勉强跟在队列的最后方。由于舰艏仍在继续下沉，无法跟上舰队 15 节的平均航速。"塞德利茨"号的航速当时已降到了 10 节，然后又降到了 7 节。海水开始由副炮位置进入舰体，装甲甲板上方的隔舱也很快

[1] 根据英尼斯·麦卡特尼提供的资料。

▽战斗结束后蹒跚着朝德国本土母港返航途中的"塞德利茨"号巡洋舰。图中可见该舰舰艏严重进水并已向左倾斜（NHHC NH 59637）

△位于威廉港入口船闸处的"塞德
利茨"号巡洋舰。注意其严重进
水前倾的舰艏和被损毁严重的前
炮塔（NHHC NH 2407）

进水，进水量比前炮座位置的还要多，甚至蔓延至弹药舱和舷侧鱼雷舱里。07：10，进水导致控制室无法使用，使得现在的"塞德利茨"号更难操纵。为此，"皮劳"号巡洋舰奉命前去掩护支援，救捞船也奉命从威廉港紧急出发，但到了 09：00 左右，"塞德利茨"号还是搁浅在了叙尔特岛（Sylt）的南端，舰体前部吃水已达 13—13.5 米。由于舰艉和左舷部分的补漏抽排措施得当，"塞德利茨"号很快成功脱困。德国人现在担心的是，由于进水导致的舰体吃水太深，可能会无法顺利通过东阿姆鲁姆滩（Amrum Bank）。尽管舰体前倾的趋势仍在继续，德国人的决定还是让"塞德利茨"号继续前进挣扎着通过这片水域，而当时该舰舰艏部分仅存的浮力储备来自舷侧鱼雷平台（也已进水）。海水已通过炮座进入舰艉部分和燃煤舱，先前的右舷倾斜趋势正逐渐转向左舷。

到了午后时分，这艘巡洋舰确实随时有沉没的可能，因此开始缓慢倒车以减轻舰体前部进水下沉压力。17：00，舰上再次进行了堵漏抽排措施以纠正舰体左舷倾斜的趋势，当时舰体内部已进水超过 5300 吨，舰艏吃水达 14 米，舰艉 7.4 米。到了 17：30，救捞船抵达"塞德利茨"号旁，开始从炮台和锅炉房舱壁之间的装甲甲板上方舱室向外抽水。

与此同时，舰艉朝前的"塞德利茨"号以 3—5 节的缓慢航速朝亚德湾进发，途中曾一度触底，07:50 在亚德港外海抛锚时又再次触底（锚和锚链奇迹般地未受损坏），接着在下一个高潮时分安全穿过。不过到了 14：20，"塞德利茨"号不慎搁浅在了港口外的海床上，虽然在 20：00 成功脱困，但此时已很难操纵这艘严重受损、舰艉向前倒车航行的巡洋舰穿过港口水闸入口。03：25，"塞德利茨"号第三次尝试抛锚，舰上进一步采取了一些修补和水泵抽排的措施，同时将火炮和和舰艉炮塔顶拆下以进一步减轻重量。

6 月 6 日 14：30，"塞德利茨"号巡洋舰终于倒着进入了通往威廉港码头第三入口处的南部闸口。在此过程中，舰上修补和抽水工作继续进行，左舷侧炮塔的火炮也被拆除以进一步减轻重量。到了 6 月 13 日时，舰艏吃水已下降到 10.4 米，舰艉 8.6 米，舰体倾斜程度已是非常轻微。当天早晨 05：40，"塞德利茨"号缓缓离开船闸，于 08：15 抵达大型浮动码头进行大修，并于 9 月 16 日全部完工。

▽日德兰海战结束之后的"德弗林格尔"号大型巡洋舰的一张照片，图中显示了英军炮火对该舰的上部结构和副炮造成的损伤。值得注意的是舰上防雷网的状态，这很可能带来螺旋桨被缠绕的风险（NHHC NH 2415）

其余的德国舰只也成功地通过了阿姆鲁姆滩,第2分舰队奉命改为前往易北河,其余舰只继续驶往亚德湾。一些舰只在席里格港群承担了护航职责,其他舰只则通过威廉港船闸进入港口。维修工作几乎立即展开,"东弗里斯兰"号和"冯·德·坦恩"号安排在威廉港内的干船坞内进行了大修,分别于7月26日和8月2日完工;"毛奇"号也在威廉港内进行了初步的维修处理,然后再前往位于汉堡港的布洛姆-福斯造船厂的浮船坞完成整修。"大选帝侯"和"边境总督"号也计划去汉堡港的伏尔铿和布洛姆-福斯造船厂的浮船坞分别进行大修,7月16日和20日相继完工。"德弗林格尔"号在"塞德利茨"号之前已进入威廉港专门用于进行初步修理的浮船坞,然后再前往基尔的浮船坞替换掉"国王"号。战列舰的维修交由霍瓦兹船厂(Howaldtwerke)负责完成,大修工作于7月21日结束。不过,"德弗林格尔"号的维修工作直至10月15日才宣告结束。一些损伤较小的舰只都是在威廉港完成了修理,到六月底时都已具备重新出海作战的能力。残缺不全的"兴登堡"号放弃了舰上的两个炮塔和所有火炮的修复努力,大修工作直到1917年才全部完成。

日德兰海战之后

德意志海军对皇家海军大舰队分割孤立打击的战略一直持续到1916年的夏秋季,为了保持日德兰海战中取得一定战术成功的势头,德国人又发动了两次袭击作战。日德兰海战带给德国人的一大教训便是,应该部署足够的飞艇和潜艇实施海上侦察,从而有效避免遭遇到整支英国舰队的情况。在此基础上,德军于8月份发起了第一次袭击行动,围绕着直接引发日德兰海战的最初作战目标——桑德兰地区展开了炮击行动。第1分舰队的编成当时已经缩减为仅剩的"毛奇"号和"冯·德·坦恩"号巡洋舰,在"塞德利茨"和"德弗林格尔"号的维修工作完成之前,这两艘大型巡洋舰得到"巴伐利亚"号、"边境总督"号、"大选帝侯"号战列舰的支援;第1和第3分舰队(第2分舰队已不再具备实际战斗力)则将在30千米外进行支援。8月18日晚,德军舰只陆续起航,而早已得到截获通信信号情报的英国人则赶在德国人出航前就做出了战斗部署,同时出动了大舰队和战列巡洋舰舰队(加上哈里奇舰队)迎战德军。

第二天一早,皇家海军"诺丁汉"号轻巡洋舰被德国海军U-52号潜艇发射的鱼雷击沉,英军舰队一开始并不清楚该舰到底是因触雷沉没还是被鱼雷所击沉,随即改变了航向。一艘德军飞艇在英军舰队的这次改道过程中发现了这支舰队,而实际上英国人此举却意外给德军造成了对其前进方向的错误判断。此外,L-13号飞艇也发现了英军哈里奇舰队,然而却错误地将这支舰队报告为战列舰分舰队,于是公海舰队偏离了原来计划的航线,计划对英军哈里奇舰队展开攻击。不过,德国人还是在当天下午早些时候放弃了这次攻击,原因是因为一艘德国潜艇报告说,英军主力舰队正在公海舰队以北100公里的位置。当天晚间,哈里奇舰队也发现了正在撤退中的德军舰队,但已经来不及前去接战了。

虽然水面舰艇未能抓住战机,但在"诺丁汉"号轻巡洋舰受到德国潜艇攻击的同时,一艘英国皇家海军潜艇(E23号)也向位于特西林岛以北约100千米处海域的德国"威斯特法伦"号战列舰发射了一枚鱼雷。鱼雷命中了舰体舯部位置,造成约800吨的进水,鱼雷舱壁因此受损,但"威斯特法伦"号仍能保持14节的航速,并

△"波森"号随同"莱茵兰"号、"威斯特法伦"号和"拿骚"号一同出海途中（作者本人收藏）

在三艘鱼雷艇的护送下返回了母港，于 9 月 26 日完成了修理工作。不太走运的是英国皇家海军轻巡洋舰"法尔茅斯"号，19 日下午晚些时候，该舰被德国海军 U-63 号潜艇发射的两枚鱼雷击中，第二天在被拖曳返航的途中又被 U-66 号潜艇最终击沉。

10 月 18 日至 19 日，德军舰只又多次出航展开行动，但小型巡洋舰"慕尼黑"号（München）被英国皇家海军 E38 号潜艇发射的鱼雷击中（后来被 V73 号和"柏林"号成功拖曳回港，但未能重新服役）后就中断了，此事还引发了德国人对更广泛的水下潜艇威胁的担忧。11 月 5 日，英军潜艇在北海海域活动的有效性再一次得到了充分验证——当时"毛奇"号巡洋舰、"大选帝侯"号和"王储"号战列舰在丹麦沿岸海域掩护打捞救援搁浅的 U-20 号（行动最终失败，潜艇自沉）和 U-30 号潜艇（成功）。返航途中，两艘德国战列舰被皇家海军 J1 号潜艇发现，"王储"号被英军潜艇发射的鱼雷命中 A 炮塔下方位置，造成舰体进水 250 吨。在航速损失不大的情况下，"王储"号得以于 11 月 6 日安全抵达威廉港进行修理，12 月 4 日方才完工；"大选帝侯"号被鱼雷命中的是舰体后方位置，爆炸造成左舵失灵和转向平台进水。不过，该舰仍能保持 19 节左右的航速并顺利抵达汉堡港，于 1916 年 11 月 10 日至 1917 年 2 月 9 日之间在伏尔铿船厂完成了大修。正是由于这两艘德国战列舰被英军潜艇击伤，德国人决定在面临明确潜艇威胁的情况下不再贸然展开水面行动。

由于遭遇一系列事故，"大选帝侯"号直到 1917 年 4 月底才得以重返舰队服役——2 月 9 日离开汉堡后，该舰首先在克劳特松德附近的易北河口水域搁浅，损伤轻微，于是"大选帝侯"号继续经基尔运河驶向基尔港进行维修，但在返回北海海域后的 3 月 4 日不慎与"王储"号相撞，舰艏被撞凹陷，因此在威廉港的修理工作一直持续到 4 月 22 日。

7 大战·第二篇章
WAR – II

△"萨克森"（ii）号战列舰在当时
是十分先进的，虽然舰上动力设备
和一些主炮炮位已经安装到位，但
到大战结束时仍然没能完成建造。
这张照片拍摄于 1920 年，当时装
甲带已被拆除，已安装的火炮则于
1919 年被拆除（**作者本人收藏**）

新阶段的建造计划 ①

巴伐利亚级

最初制订的 1915 年造舰计划中包含一艘战列舰［"代舰 - 德皇威廉二世"号，
即后来的"符腾堡"（ii）号战列舰 ②］，并且于 1915 年初开工投入建造。

"代舰 - 德皇威廉二世"号战列舰代表的是在 1914 年"萨克森"号基础上改良
设计的进一步改进，而且德国人从一开始就打算为这艘新舰配备一套全蒸汽动力系
统，从而不再需要原来安装在舰上的汽缸盖缓冲设备。此外，该舰还设计有具备 200
毫米装甲板的指挥塔，防护力也稍有加强。

1916 年底，在日德兰海战经验教训的基础上，两艘在建的新舰都奉命进行相应
的改装。当时"萨克森"号战列舰刚刚下水，而此时该舰就已经超重，所以当时所
能做的就只是对后部指挥塔进行扩大；"代舰 - 德皇威廉二世"/"符腾堡"（ii）号当
时还在船台上建造，因此还可以着手进行更多的改装工作——除了扩建后部指挥塔
外，弹药舱和无线电发报室上方的装甲甲板也从 30 毫米增加到了 50 毫米。

事实上，这两艘战列舰都没能及时完工。"萨克森"号的下水时间整整推迟了五
个月，而"符腾堡"号也要比预定的下水日期晚了一年之久，正式建造工作到 1918
年初就全面停止了。虽然"萨克森"号战列舰计划配备的主炮炮塔和背负炮塔的火
炮已经足够先进，但在一战结束之前，德国人已经没有什么动力去彻底完成这两艘战
列舰的建造了 ③。原本专门给"符腾堡"号战列舰发电机配备的柴油机组则转而分别
安装到了"不来梅"号、U-151、U-156 和 U-157 号潜艇上。

① 关于 1915—1918 年间的造舰计划，参
见：F Forstmeier and S Breyer, *Deutsche
Grösskampfschiffe 1915–1918: Die
Entwicklung der Typenfrage im Ersten
Weltkrieg* (Bonn: Bernard & Graefe, 1970)。

② 当"代舰 - 德皇威廉二世"号于
1917 年 6 月下水并正式命名时，老"符
腾堡"号当时还在德意志海军序列中。
这样，从当时直到 1919 年 11 月之间
的这段时间里，德意志海军便同时拥
有这两艘舰名相同的战列舰。

③ 《简氏战舰年鉴（1919）》中第 515 页
内容显示：在巴伐利亚级战列舰中，
1915 年计划由位于基尔港的霍瓦兹造
船厂承建的"代舰 - 德皇威廉大帝"
号从未超过整体框架建造阶段，并
且不久便被拆除——这大概是当时协
约国人为情报错误的一个事实写照，
它会使人认为"德皇威廉大帝"号
其实是德国人在建的下一艘用于替换
的战列舰。另一方面，在 1917 年或
1918 年关于德意志海军的英国《海军
部机密手册》中都没有关于这艘神秘
的德国战列舰的参考资料。另外，后
者曾被弗里德曼援引转载，参见：N.
Friedman [ed.] *German Warships of World
War I: The Royal Navy's Official Guide to
the Capital Ships, Cruisers, Destroyers,
Submarines and Small Craft, 1914–1918*
(London: Greenhill Books, 1992)。

△虽然"符腾堡"号上的锅炉（但不是涡轮机）已经安装就位，但直到大战结束时都没能安装炮塔和大部分上层建筑结构。图中该舰的防护装甲已被拆除（WZB）

△大战结束时命运相似的"斯佩伯爵"号，照片拍摄于 1917 年 9 月 15 日该舰下水时（BA 183-R33232）

① 有趣的是，从《海军部机密手册》中的内容来看，英国情报部门对马肯森级巡洋舰产生的混淆十分值得一提。1917 年 10 月，据称"代舰 - 维多利亚·路易丝"号被当成了"曼陀菲尔"号（Manteuffel）；"代舰 - 芙蕾雅"号被当成了"马肯森"号。而两艘新舰都被当成了"兴登堡"号大型巡洋舰的姊妹舰。一年以后，在 1918 年 10 月发布的《海军部机密手册》中及时纠正了"马肯森"号的代舰身份，但仍"据信"将该舰列为"兴登堡"号大型巡洋舰的姊妹舰，而且是于 1918 年 9 月建造完工的，这就导致后来协约国方面根据停战协定对该舰提出了扣押要求。当时英国人对其余的德国大型巡洋舰也仍然知之甚少，因为虽然"斯佩伯爵"号和"艾特尔·弗里德里希亲王"号的名字已经为人所知，但它们仍然分别被当成了"代舰 - 芙蕾雅"号（其真正的"代舰 - 芙蕾雅"号在当时仍不为人所知）和一艘完全不存在的"代舰 - 维内塔"号（预计将用作又一艘维多利亚·路易丝级巡洋舰的替代舰）。另外，虽然"斯佩伯爵"号所在的造船厂已被确认，但英国人却把"艾特尔·弗里德里希亲王"号这个名字与威廉港造船厂中建造的一艘巡洋舰联系在一起（实际上那是"代舰 - 弗里德里希·卡尔 /A"号）。此外，虽然新舰都注明了"可能的……这两艘舰只是兴登堡级巡洋舰的改进型"，但它们还是被列为配备六门 380 毫米口径火炮武器的舰只，并被认为是按照所谓的 D48 方案设计建造的。

马肯森级

在 1915 年的造舰计划中，还有一艘大型巡洋舰，即"代舰 - 芙蕾雅"号 ①。虽然当时已不再计划继续建造巴伐利亚级战列舰了，但 1915 年 1 月德军五艘大型巡洋舰的损失意味着当年的造舰计划中不得不考虑继续建造替换舰的内容，而且开始的想法就是简单地重复马肯森级大型巡洋舰的设计建造方案。4 月，有人提出至少应该对局部位置进行一些改进设计，但由于当年 10 月里德国人又损失了一艘大型巡洋舰，因此迫切需要快速建造新的舰只加以补充。然而，在德皇看来，只有"布吕歇尔"号的损失才是对公海舰队具有直接影响的因素，因此只有这艘巡洋舰的替代建造方案才是应该优先考虑的。因此，"代舰 - 布吕歇尔"号（即后来的"斯佩伯爵"号）于 11 月正式动工建造，其他替代舰的建造工作则被一直推迟到了大战结束。德皇本人还再次拾起了自己长期以来秉持的信念，即未来主力舰的建造应该统一成为一个所谓的"快速战列舰"设计方案，而不是当时那样一直把战列舰 /大型巡洋舰区分开来。新舰的建造订单也遭到了国会方面的反对，因为国会议员们认为到当时为止，大型主力舰作战并不活跃，建造价格却在不断上涨，马肯森级舰最新的造价已经比最后一艘德弗林格尔级巡洋舰高出了 50%。

然而，四艘引人注目的替代舰的建造工作最终被纳入了 1915 年的战时造舰计划中，即"代舰 - 弗里德里希·卡尔"号（有时也称为"代舰 -A"号）、"代舰 - 约克"号、"代舰 - 格奈森瑙"号和"代舰 - 沙恩霍斯特"号。其中第一艘是在 1915 年 11 月正式开工建造的，与"代舰 - 布吕歇尔"几乎同时动工。"代舰 - 约克"号于 1916 年 7 月铺设了龙骨，但其他两艘舰则从未开工建造；另一艘替代舰——"代舰 - 阿达尔伯特亲王"号同样从未动工。由于船厂人手短缺，"马肯森"号和"斯佩伯爵"号巡洋舰的下水时间一直推迟到 1917 年（巴伐利亚级"符腾堡"号同样如此），一战结束时后三艘舰都还停留在船台上，自 1918 年初开始就基本处于搁置状态。

虽然"代舰 - 弗里德里希·卡尔 /A"号和先前各舰的建造都是按照最新的马肯森级设计方案（有稍加改动，这些主炮炮塔升级为 C/15 型，仰角达 28°）向前推进,但"代舰-约克"号、"代舰-格奈森瑙"号和"代舰-沙恩霍斯特"号其实都采用了大量的全新设计,从而成了一个新级别的大型巡洋舰(参见"代舰-约克级大型巡洋舰")。1916年底,"马肯森"号、"斯佩伯爵"号和"代舰-芙蕾雅"号加装了装甲防护板,弹药舱和无线电发报室也加装了30毫米厚的装甲板(和"符腾堡"号一样),炮廓后方的装甲甲板和炮座下部装甲防护也得到加强。此外,后方指挥塔也进行了扩建(和最后两艘巴伐利亚级舰一样),为此拆除了两门150毫米口径火炮以抵消增加的重量。"代舰-弗里德里希·卡尔/A"号的设计变动则更大,舰上采用了新的更厚的装甲板而非层压板来增强防护水平,部分区域的装甲防护甚至比其姊妹舰的最终防护方案还要强。德国人还计划用弗廷格式(Föttinger)液压传动系统升级舰上的传动装置,这套新型传动系统曾在汉堡至美国航线上排水量2150吨的"露易丝王后"号(Königin Luise)渡船(1914年8月5日作为扫雷舰被击沉)上进行过试验,而且当时已经在排水量52000吨的"提尔皮茨"号邮轮[1913年下水的原"冯·提尔皮茨海军上将"号(Admiral von Tirpitz),即后来的英国"中国皇后"/"澳大利亚皇后"号邮轮(Empress of China/Empress of Australia)]上安装。在这些排水量较大的船只上,这套新系统显然是不大成功,因此舰上的这整套机械动力系统在1926年至1927年间又进行了更换。

由于后两艘马肯森级大型巡洋舰从未正式下水过,因此也就从未得到过正式命名:"代舰-芙蕾雅"号理所当然地被命名为"艾特尔·弗里德里希亲王"号,但目前还不清楚最后一艘同级舰的预定舰名是什么。据相关资料显示,叫"俾斯麦侯爵"号和"沙恩霍斯特"号都是可能的。在已经下水的两艘同级舰中,"马肯森"号尚需要额外15个月的舾装工作,其部分防护装甲已经安装到位;"斯佩伯爵"号虽然开工较晚,但显然进度更快,舰上锅炉、所有4个炮座和12个炮台的防护装甲都已安装完毕,主装甲带从舰艉到艏部之间的区域都已安装完成,预计一年之后即可完工。

代舰-约克级

1916年3月17日,爱德华·冯·卡佩勒上将(Eduard von Capelle,1855—1931年)接替冯·提尔皮茨出任德意志第二帝国海军大臣。一个月后,针对"阿达尔伯特亲王"号(计划纳入例行的1916年造舰计划中付诸建造,后来又改为1917年造舰计划,而不是像根据战时应急造舰计划而订购建造的马肯森级大型巡洋舰那样)的设计方案以及后续舰只的建造问题召开了一次会议。新舰设计方案共分GK1、GK2和GK3三套,大致设计指标为:排水量3.4万至3.8万吨,八门380毫米口径主炮,航速29—29.5节,1/3的锅炉为燃油锅炉。后续关于设计方案又展开了讨论,人们对将所有马肯森级舰都按照原始设计方案建造的做法是否明智产生了一定分歧。海军办公室提出的建议是,应终止最后三艘舰的建造(如果可能的话就是最后四艘),代之以一全新的设计方案——GK6(GK1方案的28节航速和装甲防护加强版)。在这一建议遭到拒绝之后,8月份形成的一致意见是这批新舰应按照原来的设计付诸建造(当月下水的"代舰-约克"号大型巡洋舰)。

然而到了10月底,德国人获悉新的英国皇家海军战列巡洋舰"声望"号和"反击"号（Repulse）都将配备 380 毫米（15 英寸）口径主炮，计划建造的美国海军战列巡洋舰更是可能配备 406 毫米（16 英寸）口径主炮，这就意味着马肯森级大型巡洋舰的主炮口径将再次落后于潜在的对手们。为此，"代舰 - 约克"号、"代舰 - 格奈森瑙"号和"代舰 - 沙恩霍斯特"号三艘巡洋舰都对设计方案进行了调整，改为安装八门 380 毫米口径主炮（"代舰 - 弗里德里希·卡尔 /A"号则由于建造进程开始已久不便进行换装）。设计方案的调整程度被控制在最小范围之内，以确保船台上的"代舰 - 约克"号能充分使用已备好的建造材料而不受大的影响。

因此，虽然"代舰 - 约克"号因为设计变更其排水量增加了 2500 吨，舰体也略有加长，但动力性能仍能保持不变（航速仅降低了 0.75 节）。舰上将锅炉房一分为二的隔舱被取消后，两套排烟道合并为一座烟囱。此外，舯部的两门 150 毫米口径火炮被拆除，鱼雷发射管则减少到三具，安装位置位于舰艏和锅炉房后方两侧（预计将使用新型 700 毫米口径鱼雷），高射炮组则保持八门 88 毫米口径炮不变。德国人计划在 1919 年前完成建造任务，然而所有上述三艘大型巡洋舰的建造工作都在 1917 年年底之前遭到搁置。锚位上已经为"代舰 - 约克"号准备好的预制建造材料于 1920 年初被拆卸，而计划安装在"代舰 - 格奈森瑙"号上的柴油发电机也被用在了 U-151 号至 U-154 号潜艇的发动机上。

新的战列舰

早在大战爆发前，德国人就已经为 1916 年造舰计划绘制完成了新型战列舰的设计方案草图，其中包括 10 门甚至 12 门 380 毫米口径主炮，并且同时考虑了双联炮塔和双联 / 四联装混合炮塔两种主炮布局。对于英国皇家海军的伊丽莎白女王级和君权级战列舰的 8 门 380 毫米口径主炮而言，该方案无疑能确保明显的火力优势。而在一战爆发前，这些方案的进一步设计工作似乎都已经停止了。然而到了 1916 年 4 月，三套新型战列舰的设计方案（L1 到 L3）几乎与 GK1 到 GK3 大型巡洋舰的设计方案同时被提了出来。三套方案排水量相近，但航速为 25 节至 26 节不等，装甲比原方案更厚，其中 L2 方案计划配备的是 10 门 380 毫米口径主炮。

然而，直到新建大型巡洋舰的延误和"代舰 - 约克"号重新设计的完成，新型战列舰的设计建造问题才得到真正的关注。针对上述方案提出的舰上火炮武器选择包括八门 420 毫米口径、十门 380 毫米口径和八门 380 毫米口径的火炮等，前两种设计方案的航速限制在 22 节以内，第三种可达 25 节的水平，都将采用双联装炮塔布局，不过当时海军总司令部办公室主张的则是四联装炮塔所带来的优势（当时法国海军诺曼底级战列舰已经采用了这种设计）。

1916 年底，四套基于 42000 吨位级战列舰的设计方案先后出炉，其中 L20b 为八门 420 毫米口径主炮方案，L21b 为十门 380 毫米口径主炮方案，L22c 则为八门 380 毫米口径主炮方案。到了 1917 年 8 月，八门 420 毫米口径主炮方案逐渐成为首选，同时又提出了 L20e 和 L24 方案，主要不同之处在于后者的航速指标增加了 1.5 节，因此需要将舰体加长 3 米，同时要加装一对燃油锅炉（烟囱也要加大加宽）。随着进一步设计的展开（和演进），10 月里又产生了 L20e α 和 L24e α 方案，其排水量分别为 44500 吨和 45000 吨，于 1918 年 1 月正式提交。

与较早前的各型战列舰相比，新方案的副炮减少到了 12 门，而 L24eα 方案则加装了一对鱼雷发射管，安装位置位于水线上方。装甲带布局大致与巴伐利亚级相似，但也进行了一些调整。当德皇对新舰设计方案进行审批时，他又回到了自己反复提出过的主张上，即应当发展一系列合理的单一类型的主力舰，且舰只数量和舰队规模不可能一再扩充。因此，他指示应拆除掉前部背负炮塔和水下鱼雷发射管，从而建造航速更快的主力舰只。

不久，德国公海舰队总司令部便对三联装和四联装炮塔布局能否有效控制排水量、以达到 30 节的航速产生了怀疑，进一步的详细设计工作因此推迟到了 1918 年夏天，按照当时的研究结论，排水量几乎无法控制，而火炮射速则会受到明显的负面影响。据此，人们又提出了两种改进设计方案，一种为八门 420 毫米口径火炮方案，试验航速为 26 节（本质上还是 L20eα 方案），另一种为六门火炮布局方案，航速为 28 节。最后到了 1918 年 9 月 11 日，经过各方商定，L20eα 成为下一型德国海军战列舰的基本设计方案，同时定型的还有一套新的大型巡洋舰方案。德国人一度希望以一艘单一的"大型战舰"方案来代替这两艘不同的主力舰进行设计建造，但从实际角度考虑而放弃了这一打算。

从大型巡洋舰和战列舰到"大型战斗舰"

考虑到日德兰海战带来的经验教训及其对未来德国主力舰设计的影响，关键限制因素仍然来自威廉港三号入口处的船闸。这道船闸只能允许 235 米 ×31 米 ×9.5 米尺寸的主力舰通过，因此更大的主力舰要想从此通过都意味着要建造新的船闸，同时亚德湾和易北河的船坞大小和水深条件也是存在问题的。

海军办公室当时对快速战列舰［"大型战斗舰"（Großkampfschiffe）］的建造计划是十分热心的（这也与德皇长期以来的主张保持一致），并希望在未来的造舰计划中以此替代战列舰和大型巡洋舰。但公海舰队总司令部表示反对，舰队方面认为自己真正的需要是航速更快的大型巡洋舰（这明显是对日德兰海战中英国皇家海军战列巡洋舰航速的高估），更不用提需要弥补与声望级之间的火力差距以及消除日德兰海战中暴露出来的主力舰防护力上的缺陷。海军办公室指出，公海舰队的迫切需求最终可以通过在现有马肯森级舰设计基础上增加 2 万吨排水量来实现，而经过适度修改的 GK6 设计方案可能是在不依赖威廉港新船闸的情况下最好的解决方案。

10 月，扩建新船闸的计划得到了批准，但要到六年后才能完工。可想而知的是，任何新建造的大型巡洋舰的工期都势必将推迟两年，以便使其与新船闸的完工进度相吻合。正是在这种情况下，德国人才决定用 380 毫米口径主炮装备代舰 - 约克级大型巡洋舰。

就在 1918 年的头几个月里，关于"大型战斗舰"概念更为具体化的设计方案相继问世，这一系列方案被编为 GK 系列，注意这里的"GK"代表的是"Großekampfschiffe"，而不是"Großkreuzer"。GK 后面衔接的四位数数字码代表该设计方案的关键指标特性，其中前两位数代表以千吨为单位的排水量，第三位数字表示主炮炮塔的数量，第四位数字是代表该吨位级别新舰设计方案的序列号。因此，方案"GK3023"指的就是一艘排水量 3 万吨、采用双炮塔布局舰只的第三套设计方案。

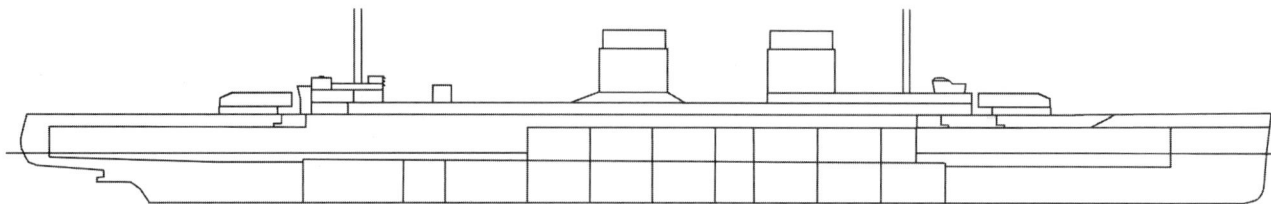

△ GK3022 "大型战斗舰" 方案布局结构图。注意其双层式锅炉舱布局（**作者本人绘制**）

在该系列方案里，巴伐利亚级和马肯森级舰上采用过的三脚前桅和轻型主桅一概取消，取而代之的是在 "王储" 号上曾采用过的那种厚重的管式桅，从而腾出了两个高位火控系统安装位，而每个位置都配备一台测距仪——此举显然是吸取了北海战场上的教训。原有的 88 毫米口径防空炮也全部换装为新型的 150 毫米口径防空炮，这大概是因为德国人已经意识到来自空中的威胁越来越大了。

这一系列设计方案都是为了达到至少 30 节的最大航速目标，因此尝试采用了不同武器装备和装甲防护方案的多种组合，而且主尺寸在大多数情况下仍在德国当时现有的船坞基础设施允许的尺寸限制范围内。不过在威廉港四号船闸扩建方案获批后，仍因为两套方案——即 GK4931 和 GK5031 的存在——把船闸长度又再次追加了 40 米之多。

所有基于上述这些设计方案的研究工作都充分表明，片面追求高航速指标会对一艘新舰其他方面的性能造成怎样的负面影响。其中吨位最小的两套方案——GK3021 和 GK3022（似乎是受到了英国皇家海军勇敢级大型轻巡洋舰的启发），已经是战前被认为所能接受的最大吨位设计方案了，其火炮配置也被限制在 4 门 350 毫米口径火炮和 4 门 /6 门 150 毫米口径火炮的范围内，主装甲带最少达到 100 毫米或 150 毫米厚（这一点非常 "反德式"）以容纳和保护达到预定航速所需的体积巨大的动力系统。动力方面，两套方案分别为配备 21 台锅炉、推进功率 14 万轴马力、航速 32 节和配备 48 台锅炉（高出装甲甲板一半位置，就如同昙花一现的美国海军星座级战列巡洋舰一样）、20 万轴马力、航速 34 节。专门为锅炉腾出空间的设计，也很好地反映出了当时的德国人不愿完全转换为全燃油锅炉动力配置的这一战略背景。

380 毫米口径火炮和 300 毫米装甲占用了额外的 5000 吨排水量，而采用 420 毫米口径主炮则会直接占用 5000 吨排水量。因此，排水量达到 45000 吨的设计方案便可以允许舰上主炮配置达到六门 420 毫米口径炮的水平（以及 350 毫米装甲）。如果主装甲带最大厚度允许降至 300 毫米水平的话，那就还能再加装两门主炮。吨位巨大的 GK4931 和 GK5031 方案恢复到了六门主炮和 350 毫米装甲的水平，后者需要 22 万轴马力的推进功率才能达到 32 节的设计最大航速。所有这一切设计工作都是为了证明兼顾高航速与公海舰队所需的武器装备和装甲防护水平，在当前的基础造舰能力面前恐怕是不现实的。因此相应地，这一系列设计方案研究最后改为回归到 L 系列战列舰的概念上。1918 年 5 月的 L27 方案重新设定为排水量 4.5 万吨、安装六门 420 毫米口径主炮，航速 29 节和 350 毫米装甲带的配置；6 月里出炉的 L28 方案节省了 500 吨的排水量（宽度也减少了 2 米），航速为 28 节。上述这些设计过程的演进直接催生了一个最终的决定，那就是一战结束后德国的第一个主力舰造舰计划仍然将按照战列舰和大型巡洋舰两类不同舰型的思路分别发展，并且仍由德皇决定其优先权。

大战期间的改装
帆樯及火控系统

正如前文已经指出的，随着一批旧舰经过动员，其帆樯布局也被提升到了当前的舰队统一标准，而这在战前是没能做到的。即使是现代化的舰只也着手进行了一些高处位置的改装工作，以在前樯上架设一个高位瞭望台。伴随着新舰的不断建造，"王储"号安装了管式樯以及设计用于巴伐利亚级和马肯森级舰三脚樯，而这类改装计划也在其他舰只上进一步推动进行。

从 1915 年夏开始，德国主力舰就已经开始着手进行一系列的改装升级工作，其中包括安装一种新型目标指示系统，即"方位指示仪"，这种新装备可以指挥所有舰上火炮朝单个目标进行集中火力射击。6 月里，第一批进行火控系统升级的舰只是"大选帝侯"号、"毛奇"号和"冯·德·坦恩"号巡洋舰，其次是"弗里德里希大帝"号和"东弗里斯兰"号战列舰。日德兰海战结束之后，为了结合火炮射程增大的需要，一些德国主力舰还安装了新的测距仪，这主要是德皇级和国王级战列舰，后者还开始换装已在"王储"号上安装过的重型管式樯，其余三艘作为旗舰使用的国王级和两艘德皇级（"弗里德里希大帝"号和"德皇"号）则在大战尾声时就已经进行了换装。此外，"边境总督"号战列舰于同期加装了司令舰桥，两艘德皇级战列舰也对舰桥部分进行了扩建（"弗里德里希大帝"号的前烟囱护套也相应地被再次加高了 1.5 米）。

◁完成前樯改装后的"国王"号战列舰建成后的状态，可以很容易通过旗舰型舰桥来区分；同样进行了主樯改装的还有"边境总督"号；"大选帝侯"号当时也扩建了舰桥，只剩"王储"号保留了舰上的原始状态（**作者本人收藏**）

◁换装了重型三角樯的"德弗林格尔"号巡洋舰，摄于日德兰海战结束后的改装期间（**作者本人收藏**）

为了给更大型的火控系统提供安装位置，新建主力舰都计划安装三角式前桅，但实际上只有一艘舰进行了这样的改装，那就是在日德兰海战后进行了深度大修工作的"德弗林格尔"号巡洋舰。由于舰上的桅杆呈大角度撑开状态，改装工作需要将其很好地结合到既有的上层建筑结构中去。此外，位于最前方的一对探照灯也要从前烟囱处改到三脚桅旁的平台上，同时还在桅杆前方位置又加装了一盏探照灯。虽然巴伐利亚级战列舰从一开始就配备的是三脚桅，但是在各舰的服役生涯的不同阶段，还是进行了不少针对桅杆平台的改装，从而到大战结束时这些舰只都呈现出了不同的布局形态。

火炮武器的换装

早在大战初期，来自飞机的逐渐加大的新威胁，就使得德国主力舰纷纷对舰上后方上层建筑顶部的四门 88 毫米口径防空炮进行换装，代之以新型 C/13 防空炮座以及同样数量的新型 88 毫米 /45 倍径炮。不过在某些主力舰上，88 毫米口径防空炮的数量到一战结束前已经减少到了两门。此外，巴伐利亚级战列舰设计配备的则是不下八门的 88 毫米口径防空炮，"巴伐利亚"号和"巴登"号在完工时尚未安装防空炮，后来也还是各自仅安装了四门（参见"巴伐利亚级战列舰"一节），因此其实际防空效果是存在疑问的。而在另一方面，低射角 88 毫米口径防空炮显然还是缺乏一定的实用性，导致这种防空武器从后来主力舰海上行动的舞台中逐渐退了出来。如"德弗林格尔"号便是于 1915 年拆除了舰桥下方的防空炮，后来在日德兰海战结束后的改装中又拆除了"C"炮塔旁的防空炮。至于第 2 分舰队中的旧舰，则将安装在后部上层建筑前方的两门 88 毫米口径防空炮予以拆除，于 1916 年夏季更换为新型的 88 毫米 /45 倍径防空炮。

日德兰海战结束之后，按照战时的经验教训，德国人还将主力舰上主炮的耳轴压低以增加火炮的仰角，而俯角也随之有所降低（参见附录 1）。长久以来，支撑着德意志海军主力舰武器发展的乃是近距离海上混战的理念，然而日德兰海战的经过却最终证明了这是多么不切实际。不论是"代舰 - 约克"号升级主炮口径的举动还是配备 420 毫米口径主炮的新舰设计方案，无疑都反映出德国人已经充分认识到了这一事实。

其他改进

正如前文已经指出的那样，与英国皇家海军和美国海军有所不同的是，德国人除了间接地将巡航柴油机配备在一些新近建造的战列舰上之外，并没有全面转为采用燃油动力的打算。究其原因，除了存在对燃油供应安全问题的担忧外，还有一个事实，那就是燃煤舱在主力舰水下部分的防护方面客观上发挥了特别重要的作用，甚至其中一些燃煤舱恰恰就是用来提供舰体"防护"的。另一方面，拿骚级和赫尔戈兰级战列舰上的一些锅炉采用了燃油型，这也是为了与较新的战列舰相匹配，不过这一新配置并没有扩展应用到当时的德国海军大型巡洋舰上去，因此这些大型巡洋舰仍然是完全采用燃煤锅炉作为动力的。这就带来了一些问题，因为德国自产的煤炭与战争爆发前使用的威尔士蒸汽煤相比，无论在热效率方面还是在残留物方面都无法与后者相媲美，特别是后者这一因素大大增加了清洗工作的负担，从而造成德国海军第 1 侦察集群的舰只在战时条件下的平均航速几乎不可能超过 24 节[1]。

日德兰海战结束之后，考虑到德国主力舰上的防鱼雷网战时容易缠绕住螺旋桨（根据"德弗林格尔"号的经验教训，参见"日德兰海战"一节），而且这种装备对当时最新型鱼雷的防护能力也差强人意，因此陆续被拆除（英国人甚至在日德兰海战之前就取消了防雷网）。后来唯一继续配备这种防鱼雷网装备的只是那些负责港口警戒的舰只，而且是花费了很长时间才在各舰暴露在外的位置安装了这种固定式的防鱼雷网，这些舰只先前都是没有配备防鱼雷网的。所以当"洛林"号战列舰于 7 月里重新服役用于厄勒海峡海防任务时，不仅在改装过程中安装了防鱼雷网，而且将舰

◁最晚加入公海舰队的战列舰是"巴伐利亚"号和"巴登"号，二者一起出现在了这张照片中，图中前景即是舰队旗舰"巴登"号（**作者本人收藏**）

① Goldrick, Before Jutland, pp.53 – 54.

△舰队旗舰"弗里德里希大帝"号战列舰（1919 年摄于斯卡帕湾）被"巴登"号取代后，成为新组建的第 4 分舰队旗舰。该舰也是同级舰中换装了重型管式桅的两艘战列舰之一，同时舰上的舰桥也进行了扩建以适应旗舰的功能需要（参见：C W Burrows, Scapa with a Camera [1921], p.107）

上副炮数量减少到了十门，绝大部分轻型火炮也被拆除了。后来，当"汉诺威"号战列舰接替其姊妹舰承担港口警戒职责后，同样也加装了这种防鱼雷网。1917 年"巴伐利亚"号触雷受损后，该舰还与"巴登"号一同拆除了曾威胁到自身生存能力的舰上前部鱼雷平台。

在本书所涵盖的德国主力舰中，涉及战时改装的内容确实很少。另一方面，1917—1918 年"罗恩"号大型巡洋舰也曾计划过进行改装，德国人打算将其改为一艘水上飞机母舰使用。与其改装思路类似但更为复杂的是"斯图加特"号轻巡洋舰，改装工作计划从 1918 年 2 月到 5 月间展开，具体工作是对舰体进行切割，去掉舯部后方的一块甲板，从而更便于装备一架舰载飞机，同时还要在烟囱后方建起一个机库。此外，改装过程中还要拆除舰上安装的所有火炮，代之以六门新型 150 毫米 /45 倍径单管炮，同时加装六门 88 毫米 /45 倍径防空炮。照此一来，改装工期预计将持续 20 个月。然而，德国人后来还是决定将尚未完工的意大利邮轮"奥索尼亚"号（Ausonia）改装成一艘"真正的"航空母舰[1]，然而这一计划后来也从未付诸实施。

1916—1918 年的作战行动
1916—1917 年北海地区的作战情况
日德兰海战后的德意志舰队

1916 年 12 月 1 日，第 2 分舰队正式从公海舰队序列中撤出，不过实际上一直保留至 1917 年，各舰到 1917 年上半年付薪之前一直转为承担各类警戒和特殊任务。1917 年 8 月 10 日，第 2 分舰队的番号正式取消，旗舰"德意志"号战列舰在一个月后进行了付薪；9 月，"汉诺威"号接替"洛林"号担任厄勒海峡地区的警戒舰，舰上武器装备仍然尽数保留并处于良好备战状态（只是补给水平有所减少）；"西里西亚"号上的武器装备则减少到仅保留几门 105 毫米和 88 毫米口径火炮的水平。但在 1918 年下半年，该舰仍偶尔出海参加了一系列海军军校的训练任务。分舰队其余的舰只都解除了舰上武装，与那些老迈的战列舰一同转为承担港口辅助任务，拆下来的舰炮则交由地面部队使用。

其中，280 毫米口径火炮后来安装在了铁路沿线的阵地上；28 门 170 毫米口径

① R Greger, 'German Seaplane and Aircraft Carriers in Both World Wars', Warship International 1(1964), pp.87‑91.

火炮则以四门为一组，部署在了佛兰德斯地区用于海岸防御；另有 30 门舰上拆下的火炮被用作铁路沿线机动部署的野战炮使用（重量太大，驮马和普通牵引车无法拖曳使用）；大战结束后，在赫尔戈兰和基尔港地区又部署了两个三门 170 毫米口径火炮为一组的火炮阵地。此外，一些岸上阵地早在大战爆发前就部署了一些原海军使用的重型火炮——有些是从早已解除武装的舰只上拆除的，有些则是大战初期从付薪后的舰上拆下，还有一些是来自未完工舰艇，另有一些是三种不同类型主力舰的剩余装备[①]，而从"布伦瑞克"号和"德意志"号战列舰上拆除下来的舰炮后来也加入其中部署为岸炮。

伴随着第 2 分舰队脱离公海舰队编制，其原有的地位也被新组建的第 4 分舰队所取代。1916 年 12 月 1 日成立的第 4 分舰队的舰只以前是隶属于第 3 分舰队的，包括四艘德皇级战列舰（不包括舰队旗舰"弗里德里希大帝"号）。此后的第 3 分舰队阵容则由国王级战列舰和具备完全作战能力的"巴伐利亚"号战列舰组成。1917 年初，全面建成完工的"巴登"号也加入该分舰队，并且于当年 3 月 14 日取代"弗里德里希大帝"号成为舰队旗舰。后者则加入第 4 分舰队它的姊妹舰当中，取代"德皇"号成为舰队旗舰。"巴登"号是倒数第二艘加入舰队的大型主力舰，最后一艘是 11 月加入第 1 侦察集群的"兴登堡"号，该舰于当月 23 日成为舰队旗舰。

第三次赫尔戈兰湾海战

1917 年 11 月，德国扫雷舰前往赫尔戈兰湾执行扫雷作业，旨在从这片水雷场中清除出一条安全水道以便德国潜艇前往公海海域作战。17 日，英国皇家海军发动了一次针对德军扫雷舰编队的突袭行动，英国人的战略之一就是迫使德国扫雷舰深入北海海域实施远距离行动，因为在那里对其进行攻击要容易得多。与此同时，如果能有效阻止德军展开大规模海上扫雷行动，无疑将削弱德国潜艇的作战能力。此外，扫雷舰位置的暴露也意味着它们需要德国巡洋舰的近距离支援（战列舰实施远距离支援），对其进行袭扰也增加了伺机摧毁德国重要水面舰艇的机会。在此情况下，第 2 侦察集群（包括"柯尼斯堡"号、"皮劳"号、"法兰克福"号和"纽伦堡"号）奉命出动掩护扫雷舰编队，从而为英军提供了一个极其有价值的目标。英军方面出动的力量则包括第 1 巡洋舰分舰队（大型轻巡洋舰"勇敢"号与"光荣"号）、第 1 轻巡洋舰分舰队（4 艘 C 级 / 阿瑞图萨级）、第 6 轻巡洋舰分舰队（4 艘 C 级）以及 10 艘驱逐舰。

战斗于 07:37 在叙尔特岛以西约 120 千米处海域打响，英军"勇敢"号率先开火。德国第 2 侦察集群及其隶属的鱼雷艇成功地将自身挡在了英军编队和德国扫雷舰之间，除一艘外所有德国扫雷舰都得以成功逃脱，而第 2 侦察集群舰只随后也在英军编队的炮火下开始撤退。10：00 左右，"反击"号与第 1 战列巡洋舰分舰队脱离后加入战斗，很快便命中"柯尼斯堡"号并引发大火。随着德军编队靠近自己布设的水雷场，"德皇"号和"皇后"号也加入了战斗。"皇后"号的一枚 305 毫米口径炮弹击中了英军"卡利登"号（Caledon）轻巡洋舰，但几乎没能造成什么损伤。"卡吕普索"号（Calypso）轻巡洋舰则被一发 150 毫米口径炮弹击伤，这次损毁情况则较为严重，其舰桥被击毁，内部所有人员包括舰长全部当场丧生。

① 关于德国海军舰炮在岸上的部署情况，参见：N Friedman, *Naval Weapons of World War One: Guns, Torpedoes, Mines and ASW Weapons of All Nations* (Barnsley: Seaforth Publishing, 2011), pp. 128 - 130。

1916—1917 年黑海地区的作战情况

1916 年 1 月 9 日，"戈本"/"严君塞利姆苏丹"号巡洋舰在从宗古尔达克港掩护运煤行动返回途中，与新服役的俄国海军战列舰"女皇叶卡捷琳娜大帝"号（Imperatritsa Ekaterina Velikaya）不期而遇，双方随即展开了短暂的遭遇战。这艘土耳其/德国双重身份的巡洋舰很快就被俄国人碾压——"女皇叶卡捷琳娜大帝"号一口气发射了 96 发炮弹，但除了一些近失弹的破片外并没有对德国人造成多大的损伤。

2 月 6 日，"戈本"/"严君塞利姆苏丹"号和"布雷斯劳"/"米迪利"号巡洋舰奉命运送人员和物资前往土耳其特拉布宗，并从 6 月底开始发起近岸打击作战行动以支援土耳其地面部队的作战。7 月 3 日，两艘巡洋舰开往高加索沿岸地区攻击俄军部队运输船，第二天，"戈本"/"严君塞利姆苏丹"号炮击了图阿普谢港（Tuapse），击沉了两艘船只。6 号，两艘德国巡洋舰在返回博斯普鲁斯海峡的途中，采取了靠近保加利亚海岸线的航线航行，成功地避开了俄国海军战列舰"女皇叶卡捷琳娜大帝"号和"玛利亚皇后"号（Imperatritsa Mariya）战列舰。7 月 9 日，驻泊在君士坦丁堡的"戈本"/"严君塞利姆苏丹"号巡洋舰突然遭到一架执行远程轰炸任务的英军汉德利·佩季（Handley Page）O/100 重型轰炸机的攻击。当这架远道而来的英军轰炸机抵达这座城市上空并投下一些炸弹后，这艘巡洋舰惊异地发现自己竟然毫发无伤。

由于燃料短缺，"戈本"/"严君塞利姆苏丹"号在 1917 年的绝大部分时间里只能处于闭门不出的状态。5 月，人们在泊位上建起了一道围堰用于修理舰上损坏的传动轴，维修工作于 8 月完成。其中在 7 月里，舰上还安装了新型的"方位测定仪"火控系统。8 月和 9 月则被一系列修理、维护和训练工作占满。火控系统的安装工作于 10—11 月间完成，12 月里按计划进行了试验。

1917—1918 年波罗的海的作战行动

"阿尔比恩"行动

正如前文已经指出的，在 1915 年末至次年初冬季因鱼雷和水雷造成的损失之后，德意志海军在波罗的海地区几乎没有再展开较大的作战活动，只有一些较小型的舰只仍保持活跃，而且同样遭受到了损失。在岸上，交战方基本处于僵持状态。1917 年 3 月，俄国"三月革命"[1]结束了俄国的沙皇君主专制，虽然当时临时政府仍在继续推动战争的进程，但压力已从遥远的西线前线朝着结束战争的方向传递开来。到了 7 月份，所谓"克伦斯基攻势"的大败，使得俄军的整个前线完全演变成了一个朝着德军前进方向敞开的大口子。

正是在这一背景下，"阿尔比恩"（Albion）行动于 1917 年 9 月打响，德国人的计划是夺取波罗的海里加湾附近的西爱沙尼亚列岛[2]，从而使德军部队和海上交通运输线免受俄军舰只和潜艇的威胁，同时对圣彼得堡方向施加压力，以期促使俄国人寻求停战谈判。

于是，从利巴瓦出发的由 19 艘舰艇运送着的近 23000 人的德军地面部队负责主

▽"皇后"号战列舰，如下图所示，是 1917 年 11 月 17 日第三次赫尔戈兰湾海战中迟到的参与者（**作者本人收藏**）

① 译注：原文如此，一般称为"二月革命"。

② 关于这次海上战役的详细情况，参见：M B Barrett, *Operation Albion: The German Conquest of the Baltic Islands* (Bloomington, IN: Indiana University Press, 2008)，关于海战部分的描述在其中第 199—220 页。另可参见：Staff, *Battle of the Baltic Islands 1917*。

攻，负责海上支援的是第 1 分舰队司令指挥的一支大型编队（以曾参加 1915 年里加湾海战的老舰"毛奇"号为旗舰）。编队力量构成包括：第 3 分舰队的"国王"号、"巴伐利亚"号、"大选帝侯"号、"王储"号和"边境总督"号战列舰；第 4 分舰队的"弗里德里希大帝"号、"阿尔贝特国王"号、"皇后"号、"路易特波尔德摄政王"号和"德皇"号战列舰；第 2 和第 4 侦察集群的"柯尼斯堡"号、"卡尔斯鲁厄"号、"纽伦堡"号、"法兰克福"号、"但泽"号、"科尔贝格"号、"斯特拉斯堡"号、"奥格斯堡"号、"闪电"号和"鹦鹉螺"号巡洋舰；第 2、第 6、第 8 和第 10 鱼雷艇中队的 43 艘鱼雷艇（以"埃姆登"号为旗舰）。此外还包括 13 艘潜艇、扫雷艇以及其他辅助舰艇。与庞大的德军编队相对应的是，俄国海军能出动的仅仅是"斯拉瓦"号和"公民"号（Grazhdanin，原"皇太子"号）战列舰；"巴扬"号、"马卡洛夫海军上将"号和"狄安娜"号（Diana）巡洋舰；"克拉布里"号、"格罗齐亚施齐"号和"基维涅茨"号（Khivinetz）炮舰；由"诺维克"号指挥的三支驱逐舰支队；外加鱼雷艇以及一定数量的其他辅助舰只。

虽然所有以德国本土基地为母港的舰只于 1917 年 9 月 24 日起航出发离开了基尔港，但受海上恶劣天气的影响，直到 10 月初编队才进入作战行动状态。起初是一轮空中轰炸行动，同时对位于埃尔本海峡的水雷场也进行了清除，结果直接导致 T54 和 M31 号的触雷和沉没，M75 号、T85 号和"克拉多"号（Cladow）触雷受损。到了 10 月 10 日，第 3 和第 4 分舰队离开但泽附近的普特齐格湾（Putzig），于次日完成了海上集结。扫雷行动没能按计划进行，而意外发生的一次导航错误，也导致当德国战列舰编队开始计划进行海岸炮击行动以支持德军部队登陆作战［"巴伐利亚"号对托夫里角（Cape Toffri）的俄军岸炮阵地进行了炮击，第 3 分舰队的其余舰只则炮击了尼纳斯特（Ninnast）地区的岸上目标，第 4 分舰队负责炮击亨德索特角（Cape Hundsort）］时，行动海域根本没有进行过扫雷作业。

11 日凌晨，"巴伐利亚"号战列舰率先开火，随后是"德皇"号、"路易特波尔德摄政王"号和"皇后"号战列舰。位于亨德索特角的俄军岸炮部队则瞄准"毛奇"号集中开火还击，大批 152 毫米（6 英寸）口径炮弹落在距该舰 100 米远的地方，第二轮岸炮齐射的炮弹都从目标上方飞过，第三轮发射的炮弹则是落在了距离"毛奇"号舰艉 50 米远的海面上。德军登陆行动开始后，"毛奇"号巡洋舰在射程缩短到 8000 米时开始动用舰炮对岸支援射击。与此同时，第 3 分舰队开始炮击托夫里角和尼纳斯特的俄军岸炮阵地，后者已经进入 4600 米射程内，因此舰上副炮也可以发挥火力。值得一提的是，虽然不久之前因为右舷前部位置触雷造成双层舰壳底部、舷侧通道和燃煤舱进水 280 吨，舰艉部分吃水增加了 10 厘米，但受损不重的"大选帝侯"号战列舰仍在炮击行动中发挥了自己的作用。

在"巴伐利亚"号朝托夫里角的 120 毫米口径岸炮阵地开火的过程中，同样不慎触雷，这次的触雷损伤则较重——舰艉和前部舷侧鱼雷平台进水，舰体进水 1000 吨，七名水兵当场丧生。很可能是鱼雷平台中的 12 个储气罐的爆炸加剧了触雷造成的损伤。不过，"巴伐利亚"号一面进行损管作业一面继续执行炮击任务，在 9300 米至 10200 米的射程上发射了 24 枚 380 毫米口径和 70 枚 150 毫米口径炮弹；在德军登陆部队到达预定位置时，"埃姆登"号巡洋舰也实施了火力支援；与此同时，"弗里德里希大帝"号和"阿尔贝特国王"号巡洋舰也在索比半岛（Sworbe）以东海域执行了一次牵制性炮击任务。完成任务后，德国大型主力舰于当晚在已结束交火的尼纳斯特和亨德索特之间的塔加湾（Tagga Bay）水域进行了重新集结。

直到这时，俄国海军才开始做出反应——"马卡洛夫海军上将"号、"格罗齐亚施齐"号、"诺维克"号和其他五艘驱逐舰在 12 月 12 日当天下午与德国鱼雷艇编队展开交火。然而，有潜艇在附近活动的情报使得第 3 分舰队除"边境总督"号战列舰外，全部奉命于当天夜间返回普特齐格湾，受损的"大选帝侯"号和"巴伐利亚"号战列舰从这里出发可以前往基尔港进行修理。"大选帝侯"号最终于 18 日当天抵达威廉港，后来于 1917 年 12 月 1 日完成大修重返舰队序列。

虽然"巴伐利亚"号一开始还能以 11 节的航速勉强跟上所在分舰队同伴的步伐，但舱壁破损进水的负担仍然导致航速不断降低。20∶00 左右，舱壁已经变形严重，"巴伐利亚"号不得不暂停航行。考虑到继续前行的风险太大，"巴伐利亚"号战列舰在"王储"号以及三艘鱼雷艇的掩护下返回塔加湾，途中又有一批鱼雷艇从塔加湾起航前来接应。不过，这艘战列舰的麻烦还没有结束，返航途中又被迫停下耽误了几个小时，直到第二天早上才挣扎着进入塔加湾进行临时修理。"巴伐利亚"号最终于 31 日返回基尔港，直到 1917 年 12 月 27 日才完成大修。第 4 分舰队仍然留在塔加湾，"国王"号和"王储"号则计划于 15 日返航。13 日，俄国海军驱逐舰（后来"基维涅茨"号炮舰也加入其中）与德国海军轻型舰艇（由"埃姆登"号提供支援）展开交战。第二天，为了控制达戈群岛［Dagö，即希乌马岛（Hiiumaa）］和奥塞尔（Ösel）之间的卡萨尔湾（Kassar Wiek）水域，"埃姆登"号和"德皇"号展开了火力支援行动，"德皇"号战列舰则与俄国海军驱逐舰"波伊德提尔"号（Pobiedtityel）、"扎比亚卡"号（Zabiyaka）、"格罗姆"号（Grom）和"康斯坦丁"号（Konstantin）进行了远距离炮战，结果俄军"格罗姆"号驱逐舰机舱被德军一发炮弹击穿，但没有爆炸。

俄军驱逐舰随后与进入卡萨尔湾的德军轻型舰艇展开交火，双方舰只互有损伤。不久，"克拉布里"号和"基维涅茨"号也加入行动，前者负责拖曳被德军 V100 号鱼雷艇重创的"格罗姆"号驱逐舰。但是很快重创不支的"格罗姆"号就被俄军遗弃，随后便被德国人捕获，德国人也未能挽救这艘严重进水的俄军驱逐舰，"格罗姆"号最终在浅水海域沉没。俄国海军"公民"号战列舰和"马卡洛夫海军上将"号巡洋舰在当天下午晚些时候加入了这场战斗，但由于双方相距太远，到夜幕降临时战斗便暂时告一段落。

第二天上午，"弗里德里希大帝"号、"阿尔贝特国王"号和"皇后"号战列舰拔锚离开塔加湾，在索比半岛外海地区执行了对岸炮击任务——"弗里德里希大帝"号负责对俄军地面部队进行炮击，"阿尔贝特国王"号和"皇后"号则负责对付泽瑞尔（Zerel）地区的俄军炮兵阵地。这一地区的俄军炮兵阵地配备了四门 305 毫米口径重炮，而且阵地射界良好。很快，在第四轮齐射中，俄军岸炮阵地开始以交叉火力集中射击"皇后"号，闻讯而来的"弗里德里希大帝"号于是也加入了对岸炮击的行动。

第 4 分舰队在第二天早上返回到了索比半岛附近海域的对岸炮击行动位置，但直到当天下午才做好准备开始开火射击，第 3 分舰队则奉命支援德军扫雷舰在埃尔本海峡地区的扫雷作业。当天晚间，"阿尔贝特国王"号和"皇后"号战列舰奉命前往普特齐格湾补给燃煤，"弗里德里希大帝"号则暂时留在索比半岛以西海域。与此同时，俄国海军"公民"号战列舰和一些驱逐舰也被派往该地区迎击德军编队，途中，德国潜艇曾多次试图攻击这支俄军编队，但后者最终得以侥幸逃脱。

"国王"号和"王储"号当时已经回到战区，16日，两艘战列舰在拦截前往摩恩湾的俄军编队途中，险些被英国皇家海军C27号潜艇发射的鱼雷击中。由于德军在塔加湾的登陆行动已基本完成，"边境总督"号奉命离开海湾海域与其姊妹舰会合。然而第二天早上，在"边境总督"号还未到达集结地点之前，俄国海军"公民"号、"斯拉瓦"号、"巴扬"号和负责支援的驱逐舰对德国扫雷舰发动了攻击，俄国战列舰与沃伊（Woi）地区的拥有五门254毫米（10英寸）口径岸炮的阵地以交叉火力朝德军扫雷舰编队展开了射击，但竟然无一命中目标。更不走运的是，在战斗的这一关键阶段，"斯拉瓦"号战列舰的前炮塔突然发生故障，因此，当"国王"号和"王储"号战列舰出现在俄国人面前时，"斯拉瓦"号却只剩下一对305毫米（12英寸）口径主炮能够迎战。

然而另一方面，虽然俄国战列舰的主炮服役时间明显比德国人长得多，但射程却超出了对手1600米之多——这再一次对德国人战前的近距离海战理论形成了讽刺。而体型更大的德国战列舰的机动能力在这片海峡海域也受到了极大的限制。"国王"号在俄国战列舰的打击下险些中弹，不得不在舰龄明显老得多的对手面前败下阵来。而俄国人也得以再次与岸炮阵地一同开始攻击德军扫雷舰。

2小时后，德国战列舰在16000米甚至更远的距离上与俄国人接战，"国王"号于10：13迎战"斯拉瓦"号，"王储"号则在4分钟后与"公民"号交火，"巴扬"号巡洋舰当时则被德国人晾在了一旁。这一次，"斯拉瓦"号战列舰被"国王"号的第三轮炮火齐射击中，两枚炮弹击中其前炮塔一侧的左舷水线以下位置，另一枚炮弹击中了与前烟囱并排的上层建筑，导致1130吨海水灌入舰体并造成8°的倾斜，好在舰上水兵的损管措施得力，很快将舰体倾斜程度减少了一半。不久，另两枚炮弹于10：24击中了火炮甲板并引起大火，但很快就被扑灭，10：39又有两枚炮弹击中了"斯拉瓦"号战列舰水线以下部分，进水程度因此明显加重，后炮塔也因弹药舱进水而失灵。

"公民"号战列舰则更幸运一些，仅被德国人命中两弹。其中一次中弹引起了火灾，但很快便被扑灭，另一发炮弹击毁了舰上的两部发电机和一些蒸汽管道。"巴扬"号巡洋舰很快也被德国人瞄准，于10：36被"国王"号发射的一发炮弹命中，炮弹穿透了上层甲板和火炮甲板，在舰体深处爆炸并引发大火，火势直到第二天才得到控制。

10：30，俄军编队已经开始朝摩恩湾航道方向撤退，德国战列舰也于10分钟后停止射击。不幸的是，"斯拉瓦"号战列舰虽然尽了最大努力进行抽排，但仍然因进水太多不得不考虑在航道上自沉以阻滞德国人，结果"斯拉瓦"号还没来得及到达既定的自沉位置就搁浅了。为了炸沉这艘战列舰，舰上水兵们离开该舰25千米后，舰艉的弹药舱被定时引爆，然而结果仅仅是炸开了炮塔的顶部。最终，"斯拉瓦"号战列舰被俄军"图克梅涅茨·斯塔夫罗波尔斯基"号（Turkmenets Stavropolskii）驱

△与德国战列舰"国王"后交战被击沉的俄国海军战列舰"斯拉瓦"号的残骸，摄于 1917 年 5 月 17 日的摩恩湾。为了自沉，其舰艉弹药舱被引爆。从这张空中拍摄的照片来看，其顶部被炸开的炮塔清晰可见（BA BA 102-03376）

逐舰发射的鱼雷击中，坐沉在一片浅水海域中，大火一直持续燃烧到第二天，舰体残骸于 1935 年解体。

德军没有再去试图追击剩余的俄国舰只，因为它们已经不再对德国扫雷舰构成威胁，而德军编队则继续推进自身的行动，"国王"号战列舰也成功地压制了位于韦尔德（Werder）和沃伊地区的俄军海岸炮阵地。不过，来自协约国潜艇的威胁依然存在，德军舰只不仅可能已被敌潜艇潜望镜观察和瞄准过，还确实遭到过攻击——12：00 刚过，英国皇家海军 C26 号潜艇就对德军编队发起过鱼雷攻击。

在当天早些时候的 09：25，"德皇"号战列舰对位于达戈群岛的塞罗（Serro）地区登陆场进行了炮火打击准备，从而正式拉开了德军登陆行动的大幕。到了当天晚上，德军在整个战区的行动已经取得了良好的进展。当时德军还曾考虑切断俄国海军在摩恩湾北端部队的退路，但当时俄军已撤回到芬兰湾，其余岛屿的守军也将撤离，负责达戈地区防御的俄军则将尽可能拖延德军的攻势。到了 19 日晚，达戈地区的俄国守军也开始撤退了。

登陆战役结束后，"皇后"号和"阿尔贝特国王"号于 19 日抽身返回北海地区，"边境总督"号战列舰于 21 日至 22 日分别对基努岛（Kyno）和艾纳日岛（Hainasch）实施了炮击，而两次炮击行动都只动用了该舰的副炮。到了 26 日，"国王"号和"王储"号都已前往北海海域，"边境总督"号也因此成了德军停留在战区内的最后一艘战列舰。不幸的是，"国王"号和"王储"号起航不久便双双搁浅，因此一到德国就需要进坞进行维修。

按计划，"东弗里斯兰"号和"图林根"号将于 30 日抵达战区，于是"边境总督"号于 29 日踏上了返航的旅程，结果起航后不久右舷便撞上了两枚水雷，舰上进水 260 吨，但没有人员伤亡。然而，这一触雷事件再次强调了德军舰只在这一海域活动的危险性，因此德国人决定撤出新抵达的战列舰和所有仍在这一地区的巡洋舰。于是，"毛奇"号、"东弗里斯兰"号和"图林根"号于 1917 年 11 月 3 日进入普特齐格湾，为里加湾作战行动而组建的特遣舰队也于当日就地解散。

芬兰远征行动

1917 年 11 月，俄国资产阶级临时政府被布尔什维克党推翻（即"十月革命"），新的政权决心使俄国从战争中脱离出来，于 1917 年 12 月 15 日宣布停战并在布列斯特-立托夫斯克（Brest-Litovsk）开始进行谈判。在此期间，芬兰于 1917 年 12 月宣布独立，在接下来的一个月里红军和白卫军之间又爆发了内战。

1918 年 2 月，瑞典海军出动"雷神"号、"瑞典"号（Sverige）和"奥斯卡二世"号装甲舰及远征部队以支援奥兰群岛（Åland）的瑞典裔平民（当时的芬兰名义上仍由俄国统治管辖）。德国随后进行了干预，于 2 月 28 日向东波罗的海地区派遣了一支由"威斯特法伦"号和"莱茵兰"号战列舰（后来又增派了"波森"号）、轻巡洋舰和扫雷舰（"贝奥武夫"号战列舰为波罗的海扫雷部队的旗舰）以及一些支援舰艇组成的水面编队。这支编队于 3 月 1 日离开但泽港，于 5 日抵达奥兰群岛并实施了登陆。波罗的海支队运送的部队随后在汉科（Hangö）地区登陆，于 4 月 3 日向赫尔辛基方向挺进，并于 4 月 12 日占领了这座城市。此后，"贝奥武夫"号战列舰曾多次以赫尔辛基为母港，先后担任过扫雷舰部队旗舰和波罗的海指挥官的旗舰。

三艘拿骚级战列舰驻扎在奥兰群岛的埃克勒（Eckerö），以防范俄国海军的干预。但由于俄国海军舰队已按照 3 月 3 日签署的《布列斯特-立托夫斯克和约》的规定撤回到喀琅施塔得（Kronstadt），因此便不再需要继续留驻当地了。于是到了 4 月 11 日，"莱茵兰"号战列舰奉命取道赫尔辛基驶往但泽。然而不幸的是，该舰在拉格斯卡尔岛（Lagskär）附近以 15 节航速快速航行时因遭遇大雾而不慎搁浅，舰上三间锅炉房进水并造成两人当场丧生。4 月 18 日至 20 日间，"莱茵兰"号曾试图自救重新浮起，但没能成功。舰员不得不弃舰，后来被重新编入已作为军官训练舰只的"西里西亚"号战列舰上。

1918 年 5 月 8 日，一台 100 吨位级的浮式起重船（原"毒蛇"号装甲舰）抵达但泽港，开始拆除"莱茵兰"号战列舰的主炮以及部分炮塔装甲，一部分装甲板也从舰艏和舷侧、弹药舱、燃煤舱和储藏室等处被拆除。舰上还有大约 6400 吨的物资被运走，舰体上的裂缝则用混凝土和围堰堵上，由威悉河造船厂建造的十个打捞浮筒也于 6 月 16 日全部运达。7 月 7 日至 9 日，"莱茵兰"号战列舰终于成功浮起，随后被拖回奥兰群岛的玛丽港（Mariehamn）进行临时修理，修理工作一直持续到 7 月 24 日。当天，两艘拖轮拖曳着"莱茵兰"号向基尔方向驶去，三天后成功到达。鉴于损坏程度相当严重，舰体也相对较为陈旧，德国人没有打算对其进行实质性的彻底大修，损坏的锅炉房虽然用水泥进行了补洞，但仍在进水，因此还需要不断抽水。于是，这艘战列舰于 10 月 4 日进行了付薪，沦为驻基尔港的一艘水兵住宿船。

▷1918 年作为扫雷舰部队旗舰的
"贝奥武夫"号是当时最后一艘在
役的齐格弗里德级战列舰。图为该
舰在 1915 年末至次年初的冬季担
任埃姆斯河警戒舰时的情景（BA
134-C0084）

　　"莱茵兰"号的姊妹舰"威斯特法伦"号于 9 月 1 日从公海舰队序列中撤出，
改为火炮训练舰。在经历了一段长时间的锅炉故障困扰之后，到了 1918 年秋，德意
志海军舰队的无畏式战列舰力量又回到了 1915 年初的水平——与英国大舰队从那时
起增加了十艘这类主力舰形成了极为鲜明的对比。

1918 年爱琴海和黑海地区的作战情况

　　1916 年，德国人为"图尔古特·雷斯"号巡洋舰重新安装了从其德国姊妹舰上
拆下的火炮武器，舯炮塔和舯部炮塔配备 35 倍径主炮，前炮塔则配备 40 倍径主炮，
安装工作在金角湾的船台上进行。1917 年 9 月，德国和土耳其间正式达成协议，在
大战结束时，德国不仅将正式向土耳其出售原"戈本"号和"布雷斯劳"号巡洋舰，
还将追加出售十余艘驱逐舰和潜艇。1917 年 12 月 15 日，随着俄国和同盟国之间停
战协定的签署，黑海地区的战斗宣告结束，大战的结束之日似乎变得越来越近。因此，
奥斯曼帝国海军也得以腾出手来开始向西展开行动。

　　于是，1918 年 1 月 20 日上午，"戈本"/"严君塞利姆苏丹"号与"布雷斯
劳"/"米迪利"号巡洋舰一同出海前往达达尼尔海峡，对位于伊姆罗兹岛和利姆
诺斯岛蒙德罗斯（Mudros）地区的英军封锁部队基地展开突袭。然而，尽管这两
艘巡洋舰早已经拿到了一份缴获到的这一地区英军水雷场分布图，"戈本"/"严君
塞利姆苏丹"号巡洋舰还是在起航后不久便不慎触雷。好在损伤不大，两舰于是
继续前进。在抵达阿利基（Aliki）附近海域时，发现锚地内几乎是空空如也，而
在前往库苏湾（Kusu Bay）锚地的途中，两艘巡洋舰炮击了位于科法罗（Kephalo）
地区的英军无线电站。

　　在当地，两艘巡洋舰先后发现了英国皇家海军巡逻驱逐舰"蜥蜴"号（Lizard）

和配备有 356 毫米（14 英寸）口径主炮的浅水重炮舰"拉格伦"号（Raglan）[1]，而驻扎在那一地区唯一的大型主力舰"阿伽门农"号战列舰当时还在蒙德罗斯地区，其姊妹舰"纳尔逊勋爵"号（Lord Nelson）战列舰则已于四天前出发前往萨洛尼卡。双方遭遇后，"蜥蜴"号驱逐舰试图发射鱼雷攻击德国巡洋舰，但被德军炮火击退，而"拉格伦"号的首轮火炮齐射也未能击中目标。同样，配备 234 毫米（9.2 英寸）口径火炮的浅水重炮舰 M28 号也未能取得战果。反倒是来自"布雷斯劳"/"米迪利"号巡洋舰的一发炮弹击毁了"拉格伦"号的火控系统，后者机舱也多次中弹；"戈本"/"严君塞利姆苏丹"号巡洋舰的一枚 280 毫米口径炮弹击中了"拉格伦"号的炮座，导致发射药起火。很快，多处中弹的"拉格伦"号炮舰上的 76 毫米口径（12磅）炮弹弹药舱发生殉爆，最终宣告沉没。M28 号炮舰再次被"布雷斯劳"/"米迪利"号击中舯部后，舰上弹药和油料引发大火，在"拉格伦"号沉没 12 分钟后于 07：27 发生爆炸并沉入海底。

两艘土耳其/德国巡洋舰随后继续前往蒙德罗斯地区执行自己的攻击计划，途中曾遭遇英军飞机的攻击，但未受损伤。不过很快，两艘巡洋舰发现自己已步入一片水雷场。07：45，"布雷斯劳"/"米迪利"号巡洋舰右舷螺旋桨触雷，无法继续前行。在尝试对其进行拖曳过程中，"戈本"/"严君塞利姆苏丹"号左舷舯部再次触雷，这次触雷造成大量进水，舰体也发生了倾斜。08：00，"布雷斯劳"/"米迪利"号又接连触发了四枚水雷，于 08：07 迅速沉没。"戈本"/"严君塞利姆苏丹"号勉强设法逃离了这片水雷场，但还是在 08：48 右舷再次触雷，位置几乎与出航时触雷的地点完全相同。不久，英军飞机又再次来袭，但两舰还是在执行护航任务的土耳其驱逐舰的掩护下成功抵达达尼尔海峡地区。然而在 10：30，由于误认浮标，"戈本"/"严君塞利姆苏丹"号又在纳加拉岬（Nağara Point）附近水域搁浅，前 1/3 部分舰体触底。土耳其海军"图尔古特·雷斯"号巡洋舰奉命脱离预备役舰队前来充当拖船试图营救，但没能成功。

这艘巡洋舰此时已是动弹不得，到了 21 日，英军的空袭卷土重来，幸运的是海上的大雾使英国人的这次空袭没有取得良好效果。但在次日，一架英军 DH4 型轻型轰炸机投掷的一枚炸弹击中了"戈本"/"严君塞利姆苏丹"号的后部烟囱，造成了一个 3 米的大洞。而一枚命中一侧拖轮的炸弹发生的爆炸又对舰桥造成了一定损伤。当时，土耳其驱逐舰"萨姆松"号和"民族之柱"号正在一旁掩护，"爱国之楷"号、"塔索兹"号驱逐舰与"阿克希萨尔"号（Akhisar）鱼雷艇负责警戒。23 日当天，英军曾组织多达九次空袭行动，但仅有一枚炸弹命中"戈本"/"严君塞利姆苏丹"号左舷后方位置。24 日晚，配备 234 毫米口径火炮的英国皇家海军 M17 号浅水重炮舰尝试从加里波利半岛的另一侧向这艘巡洋舰发动夜间攻击，但同样几乎没能命中目标，反倒是土耳其人的炮火将其击退。由于海上天气恶劣，英国人也暂时无法组织后续的轰炸行动，计划从"马恩岛人"号（Manxman）水上飞机母舰上起飞舰载机对其进行鱼雷攻击的行动也不得不放弃。

到了第二天，"图尔古特·雷斯"号巡洋舰与两艘拖船"警惕"号（Intibah）和"旗手"号（Alemdar）一同抵达现场，再次尝试协助拖曳"戈本"/"严君塞利姆苏丹"号脱困。此外，其他一些船只则负责清理海床上的泥沙，并调用了一

---

[1] 巧合的是，该舰配备的火炮原本是为"萨拉米斯"号战列舰订购的。

艘挖泥船从巡洋舰的两个舷侧清除泥沙。26 日上午，抬升这艘巡洋舰脱困的努力
再次宣告失败，当天下午，"图尔古特·雷斯"号将自己与"戈本"/"严君塞利
姆苏丹"号的右舷紧紧捆绑在一起，舰上引擎则以最大马力开动以松动海床。16：
47，"戈本"/"严君塞利姆苏丹"号终于摆脱了困境，随后一路抵达君士坦丁堡。
在接下来的两天里，英国人对这艘巡洋舰的离去竟然一无所知，还在 27 日当天派
出飞机前去该舰原来所在的位置再次发动空袭，28 日又派出 E14 号潜艇试图攻击
这艘早已扬长而去的巡洋舰，最终空手而回。"图尔古特·雷斯"号则在完成任务
后随即返航修整。

虽然因为触雷受到了严重损伤，一些舷侧舱室进水，但"戈本"/"严君塞利姆
苏丹"号的主要舱室和机械动力系统未受进水影响，因此这艘巡洋舰仍然可以认为
并未丧失作战能力。尽管如此，还是有必要进坞维修，这是在俄国退出一战以及德
军在乌克兰全境顺利推进所带来的机会。显然即使签署了"布列斯特 - 立托夫斯克条
约"，德军也没有作罢的打算。

1918 年 3 月 13 日，德军占领敖德萨，随后又于 18 日占领尼古拉耶夫，于 5 月
1 日横跨克里米亚半岛进入塞瓦斯托波尔。由于预计到了这一点，"戈本"/"严君塞
利姆苏丹"号巡洋舰已于 4 月 30 日起航驶向塞瓦斯托波尔港，舰员则早已开始从事
与占领地有关的工作，还为四年来该舰的首次海外入坞停靠做了准备。到了 6 月 7 日，
准备工作全部完成，但当时并没有尝试修复触雷造成的损伤，只限于舰体清洗和重新
涂刷船底漆，此外还进行了一些小的修理工作。

在被德国人占领期间，塞瓦斯托波尔港还驻留着不少黑海舰队舰艇，特别是"博
列茨·斯沃博达"号（Borets za svobodu，原"潘特莱蒙"号）、"金口约翰"号、"叶
夫斯塔菲"号、"罗斯季斯拉夫"号和"三圣徒"号战列舰，这些舰船被尽数扣押。
此外，数周前全新的战列舰"伏利亚"号（Volia，原"亚历山大三世"号）还在新
罗西斯克（Novorossiysk）地区，1918 年 5 月 1 日与姊妹舰"自由俄国"号（Svobodnaia

◁1918—1919 年的塞瓦斯托波尔港。前景处为"伏利亚"号战列舰，1918 年 10 月起开始悬挂德意志海军旗进行试航，其后的一排三烟囱布局主力舰分别为（从左至右）：一艘巡洋舰 [可能是"奥恰科夫"号（Ochakov）或者是"帕米耶·摩科瑞"号（Pamiyet Mercuriya）]、"叶夫斯塔菲"号战列舰及一艘训练舰"瑞恩"号 [Rion，原辅助巡洋舰"斯摩棱斯克"号（Smolensk）]（**作者本人收藏**）

◁1919—1920 年间被封存在马尔马拉海地区的"严君塞利姆苏丹"号巡洋舰（NHHC NH 63469）

Rossiia，原"女皇叶卡捷琳娜大帝"号）战列舰一同撤退，于 6 月底返回塞瓦斯托波尔港，6 月 19 日接到命令就地凿沉，但被德军及时俘获。

经过了一番漫长的争论后，德国人决心组建一支黑海分舰队，该舰队计划由"伏利亚"号战列舰、五艘驱逐舰[1] 和三或四艘潜艇组成，主要负责协助土耳其人加强达达尼尔海峡地区的防御，甚至伺机展开攻击行动[2]。德国人还曾设想利用俘获的俄国海军"叶夫斯塔菲"号和"三圣徒"号战列舰作为浮动炮台，并用六艘原俄军驱逐舰进一步加强其作战力量。1918 年 10 月 1 日，"伏利亚"号正式由德意志海军接管，并于当月 15 日开始进行了一些短暂的试航活动，但到了 11 月 24 日又被移交给了英国人，因此从未在德意志海军序列中正式更名或服役[3]。

"戈本"/"严君塞利姆苏丹"号巡洋舰于 6 月 14 日离开船坞，26 日在原俄国海军驱逐舰 R10 号（原"扎尔基"号，1918 年 5 月 1 日被德军扣押）的陪同下前往新罗西斯克，将在那里与"哈米迪耶"号和"全能之光"号巡洋舰会合。7 月 1 日，"戈本"/"严君塞利姆苏丹"号巡洋舰返回塞瓦斯托波尔，当月 7 日前往敖德萨，9 日又再次返回到塞瓦斯托波尔港。第二天，"哈米迪耶"号从塞瓦斯托波尔拖出修理

① 德军于 5 月 1 日接管了三艘较为现代化的俄国海军驱逐舰，其中一艘是在大战结束时进入德意志第二帝国海军服役的 [R01 号，原"欢乐"号（Schastlivyy）]，此外还有四艘较旧的舰只。

② 参见：H H Herwig, 'Admirals versus Generals: the War Aims of Imperial Germany, 1914 - 1918', *Central European History* 5 (1972), pp.229 - 230。

③ 1919 年 10 月，该舰被英国人转移到了马尔马拉海的伊兹米德，被改编为隶属白俄军队一方的"阿列克谢耶夫将军"号（General Alekséev），并于 1920 年 11 月与其他白军舰只一同撤退到了比塞大港（Bizerte）。在法国人的扣押下，关于该舰是否归还俄国的谈判最后以失败而告终，于是在 1928 年被变卖报废。1931 年，该舰在系泊锚地内沉没，1936 年被打捞出水，舰上拆下的火炮后来于 1940 年被卖给芬兰用于海岸防御，其中四门最终落入了纳粹德军手中。在被德国人扣押的旧式舰只中，1919 年 4 月 25 日英军撤离时舰上的引擎皆被炸毁，随后于 6 月被白俄军队接管，其中一些舰只计划作为可拖曳的浮动炮台使用，实际上只有"罗斯季拉夫"号战列舰真正被改作了这一用途（部署在亚速海，该舰后来于 1920 年 11 月 16 日在刻赤附近海域被凿沉用于封锁航道，并于 1922—1930 年间被部分拆解）。其余舰只于 1920 年 11 月被编入布尔什维克党军队一方，随后报废；关于这些俄军舰只及其作战服役生涯的详细资料，参见：McLaughlin, *Russian & Soviet Battleships*。

完工的土耳其"梅吉迪耶"号巡洋舰（该舰于1915年3月21日在敖德萨海域触雷，25日被打捞起来，1916年2月12日更名为"普鲁特"号编入俄国海军），随后于11日返回君士坦丁堡，"戈本"/"严君塞利姆苏丹"号则于11日紧随其后前往。7月至10月期间，为了修复触雷造成的损伤，大修工作中再次动用了围堰，但土耳其方面于11月1日正式签署了停战协定，维修工作随即终止。于是，德国水兵们于第二天匆匆离开了这艘巡洋舰，11月9日该舰被封存在了伊兹米特（Izmit），等待其最终的结局。

1918年北海地区的作战情况

1918年4月23日的行动经过

继1917年10月"布鲁默尔"号和"布雷姆斯"号巡洋舰对从英国出发前往挪威的船队进行了一次成功的突袭之后，德国人于12月12日又一次实施了海上突袭行动，当时四艘德国驱逐舰击沉了所有五艘商船和为另一支船队护航的两艘驱逐舰中的一艘，英国人不得不将战列舰从大舰队中抽调出来为船队提供掩护。正是由于这一机会的出现，按照德意志海军的长期战略，有望将英国舰队逐一击破。德国人计划在第2鱼雷艇支队的支援下，利用第1和第2侦察集群对协约国船队发动攻击，主力舰则随时待命，与任何可能试图干预的英国主力舰只交战。德国人还希望通过重型舰只在北部海域的突袭行动迫使当前驻扎在英吉利海峡的英国舰只进一步向北重新部署，从而给在那片地区活动的德国潜艇和轻型舰只提供更多目标和攻击机会。

行动于1918年4月23日黎明开始发起，攻击编队之后是第1、第3和第4战列舰分舰队，第4侦察集群的小型巡洋舰，第1、第6、第7和第9鱼雷艇支队负责支援。然而到了06：00，就在各舰起航出发后不久，"毛奇"号巡洋舰在航行至卑尔根西南60千米处海域时右舷内侧螺旋桨脱落，高速运转的涡轮机发生破裂，飞溅的碎片对动力设备和主控制室甲板造成了一定损伤。由于冷凝器损坏，机舱中部随即发生进水，而右舷机舱也开始有海水灌入。起先"毛奇"号还能勉强以13节的航速返航，但由于含有盐分的海水污染了锅炉给水，航速在当天08：00左右已经下降到了4节，到08：45更是降到了零。

小型巡洋舰"斯特拉斯堡"号奉命前去支援这艘失去动力的巡洋舰，"奥尔登堡"号战列舰则奉命作为拖船将其拖回母港。11:13，这艘战列舰成功地将自己与"毛奇"号捆绑在了一起，整支舰队摇身一变成了"毛奇"号的护航舰队，一同驶回德国本土水域。当天下午，潜水员成功地在水下关闭了冷凝器的阀门，进水得到了根本性控制，左舷外侧引擎重启动成功，"毛奇"号开始以半速缓慢航行。但考虑到后续仍有可能发生动力故障，该舰仍被拖曳着前行，航速保持在11节左右。20：50，拖曳缆绳突然发生断裂，到当天22：00左右才再次恢复拖曳状态，直到舰队于25日19：00左右顺利穿过水雷区，"毛奇"号才解开缆绳依靠自身动力以15节的航速继续前行。不幸的是，仅仅过去了一个小时，这艘巡洋舰就被英国皇家海军E42号潜艇发射的一枚鱼雷击中。虽然当场造成进水1800吨，但顽强的"毛奇"号仍然设法依靠自身动力最终抵达了威廉港。4月30日至9月9日期间，"毛奇"号一直在港进行大修——这也是公海舰队最后一次前往北海海域执行任务。

后无来者的最后一战

8月13日，卡佩勒辞去了德意志第二帝国海军大臣的职务，由原第3战列舰分舰队司令保罗·贝恩克（Paul Behncke，1866—1937年）接任。六周后，德意志第二帝国最高统帅部已经意识到了战争取胜无望，至此应该向达成停战协定的方向努力。作为部分准备工作，德意志政府于1918年10月20日宣布结束针对商船的无限制潜艇战。随着起到支援作用的新潜艇不断加入舰队，同时也是为了维护德意志第二帝国海军的"荣耀"并对战后和平时期的格局尽可能施加影响，早在1916年制订完成的作战行动计划又被捡了回来，其目的就是为了与英国大舰队进行一场最终决战①。

德军的具体作战思想是，按照年初制定的德国海上战略以及对英国舰队实力的评估，同时充分考虑到新布设的水雷场和潜艇部队力量的扩充对英国人的遏制作用，由一支鱼雷艇中队以及负责支援的第2侦察集群的轻巡洋舰"格劳登兹"号、"卡尔斯鲁厄"号和"纽伦堡"号对佛兰德斯海岸附近的英国海上运输线实施攻击，由第2侦察集群其余的力量和半个中队的鱼雷艇对泰晤士河河口英国船只实施攻击。主力舰队和第1侦察集群负责掩护攻击行动，同时吸引英国舰队展开行动。以当时双方的力量对比来看，在战列舰的数量上英国大舰队和德国公海舰队的对比为35∶18，战列巡洋舰/装甲舰/大型巡洋舰的对比为15∶5，轻巡洋舰数量对比为36∶14，驱逐舰/鱼雷艇的数量对比为146∶60（这还未计入哈里奇舰队和北海地区的其他特遣舰队舰只，其中包括8艘轻巡洋舰和99艘驱逐舰）。在日德兰海战期间，英国人对炮弹和发射药处置随意的问题客观上曾造成德国人损失降低而英国人损失被夸大的印象，但如今这一问题也得到了基本解决②。因此，一旦德国公海舰队和阵容齐整的英国大舰队相遭遇，考虑到当时英国的密码破译人员已经通过截获电文令大舰队知晓了德国人的作战计划，其交战结果更是毋庸置疑。然而，德军最高统帅部的观点却是，无论是从和平谈判还是德意志海军的荣誉的角度来看，只要能对英国大舰队造成打击，德国舰队遭受一定程度损失也是值得的。

1918年10月24日，行动命令正式下达，舰队预定于30日起航，计划第二天一早首先进行巡洋舰突袭，当日晚或11月1日清晨实施舰队行动。德军舰只于10月29日开始在席里格港群水域集结，但在穿过威廉港船闸过程中，"德弗林格尔"号和"冯·德·坦恩"号巡洋舰上发生了水兵哗变，约有两三百名水兵伺机脱逃。很快，在"边境总督"号、"国王"号和"图林根"号战列舰上也发生了骚乱事件。第二天一早，几艘战列舰上的德国水兵们更是拒绝起锚继续行动。有鉴于此，德国人起先决定将整个作战行动缩减为单一的巡洋舰突袭行动（第1分舰队其余的战列舰负责支援），然而事态的进一步发展实际上将会很快令整个行动被迫取消。

到了31日，"图林根"号战列舰已完全被兵变者们控制，当时德国最高统帅部决定派遣海军陆战队前去镇压，配备150毫米口径甲板炮的U-135号潜艇奉命前去支援，位于附近的B97号驱逐舰也随时准备向叛军控制下的这艘战列舰开火。"赫尔戈兰"号当时也被掌握在了哗变水兵们手中，舰上副炮甚至开始瞄准U-135号潜艇和运载着海军陆战队员的舰只。不过叛军还没来得及开火，"图林根"号上的水兵们就被说服投降，与"边境总督"号、"国王"号、"奥尔登堡"号和"弗里德里希大帝"号等舰上的哗变分子一同送上岸进行羁押。

① 有关这一计划的总结和后续情况，参见：D Woodward, 'Mutiny at Wilhelmshaven 1918', *History Today* 18 (1968), pp.779-785。

② 参见：I McCallum 'The Riddle of the Shells,' *Warship 2002–2003*, pp.3-25; *Warship 2004*, pp.9-20; *Warship 2005*, pp.9-24。

如果整支舰队各舰都能在威廉港保持一致行动，那么哗变事件或许能很快得到平息。然而当时各舰已经被分散开——第 1 分舰队已前往布伦斯比特尔，第 1 侦察集群正前往库克斯港（Cuxhaven），第 3 分舰队则在前往基尔港途中，而当时基尔港的码头和船坞同样已处在罢工和骚乱中。11 月 1 日第 3 战列舰分舰队的抵达成了德国基尔港水兵起义运动的催化剂，由此波及德国全境的革命起义运动最终导致德皇威廉二世于 1918 年 11 月 9 日正式退位。从那时起到当年 11 月底，德意志第二帝国所有其他君主也都相继退位。

不过，一些舰只仍然效忠于德意志第二帝国政权，如位于桑德湾的警戒舰"汉诺威"号，该舰在结束了斯维内明德的战事后，于 11 月 14—15 日与学员训练船"西里西亚"号一同返回基尔。为了躲避暴动，"西里西亚"号于 12 月 5 日从基尔港出发驶往弗伦斯堡，然后再前往艾罗（Äro）。然而，德意志第二帝国政权崩塌下的这支海军那时已不再是一支有战斗力的部队了。

战后的扣押情况

标志着第一次世界大战正式结束的停战协定于 1918 年 11 月 11 日正式签署生效。根据协定第 23 条内容：

由协约国和美国指定的德国水面舰艇部队应立即解除武装，其后安排在中立国港口内，或在协约国和美国指定的港口中进行扣押。此后，各舰将继续处于协约国和美国的监管下，只保留少数看管人员在舰上。下列德国战舰将由协约国指定进行扣押：6 艘战列巡洋舰、10 艘战列舰、8 艘巡洋舰（包括 2 艘布雷巡洋舰）以及 50 艘较现代化的驱逐舰。

▽"德弗林格尔"号准备起航离开威廉港接受扣押（**盖尔·哈尔收藏**）

　　11 月 15 日，"柯尼斯堡"号巡洋舰运载着一支代表团前往英国罗塞斯，到当地安排被扣押的原德意志海军水面舰艇的移交工作（"赫尔戈兰"号已根据停战协定第 22 条规定前往哈里奇港处理潜艇移交事务）。被扣押的原德意志海军主力舰基本上是各级舰中最新的（舰队旗舰"巴登"号除外）。然而，由于当时协约国情报信息搜集工作的不足，德国方面的谈判代表指出当时计划被扣押的"马肯森"号巡洋舰还远未完工［同样处于未完工状态的小型巡洋舰"威斯巴登"（ii）号也被列入最初的扣押名单中］。协约国方面起初坚持认为若这几艘舰只尚不具备自身动力的话，就要将其拖走，最终在德国方面的抗议下还是决定改为扣押"巴登"号战列舰。

　　挪威和西班牙方面明确表示拒绝安置被扣押的德国舰只，并认为其应该在英国大舰队的看管下封存在斯卡帕湾。在轻巡洋舰"加的夫"号（Cardiff）的带领和几乎整支大舰队（包括美国海军第 6 战列舰分舰队）的迎接下，德国舰只于 21 日列队驶入福斯湾（Firth of Forth），编队由"塞德利茨"号打头，其后依次是"毛奇"号、"兴登堡"号、"德弗林格尔"号、"冯·德·坦恩"号、"弗里德里希大帝"号（旗舰）、"阿尔贝特国王"号、"德皇"号、"皇后"号、"路易特波尔德摄政王"号、"巴伐利亚"号、"威廉王储"号、"边境总督"号和"大选帝侯"号，再往后则是英国皇家海军"福柏"号（Phoebe）率领的"卡尔斯鲁厄"号、"法兰克福"号、"埃姆登"号、"纽伦堡"号、"布鲁默尔"号、"科恩"号和"布雷姆斯"号轻巡洋舰；最后是 49 艘鱼雷艇（第 50 艘 V30 号在航行途中触雷沉没）。德国舰只暂时停泊在福斯河口水域，然后分批起航前往斯卡帕湾。

大战结束时担任辅助任务的原德国主力舰

舰名	1918 年 11 月状态	转为辅助任务时间	1918 年 11 月 11 日所在地
"埃吉尔"号	住宿船	1916 年	威廉港
"巴登"(i)号*	报废	1910 年	基尔
"巴伐利亚"(i)号*	靶舰，报废	1910 年	斯托勒格伦德
"贝奥武夫"号	指挥舰	1916 年	但泽
"勃兰登堡"号	待改装为靶舰	1915 年	但泽
"布伦瑞克"号	住宿船	1916 年	基尔
"德意志"(ii)号	住宿船	1917 年	威廉港
"阿尔萨斯"号	待改装为学员训练船	1916 年	基尔
"芙蕾雅"号	海军学员训练船	1914 年	弗伦斯堡
"弗里德里希大帝"(i)号*	运煤船，报废	1907 年	威廉港
"伏里施乔夫"号	住宿船	1916 年	但泽
"俾斯麦侯爵"号	工程训练船	1915 年	基尔
"哈根"号	仓储船	1916 年	瓦尔内明德港
"汉莎"(ii)号	住宿船	1914 年	基尔
"海姆达尔"号	住宿和仓储船	1916 年	埃姆登
"赫塔"号	住宿船	1914 年	弗伦斯堡
"黑森"号	仓储船	1917 年	布伦斯比特尔
"希尔德布兰德"号	住宿与淡水供应船	1916 年	利巴瓦
"德皇巴巴罗萨"号	战俘住宿船	1916 年	威廉港
"德皇弗里德里希三世"号	住宿船	1916 年	斯维内明德
"德皇卡尔大帝"号	战俘住宿船	1916 年	威廉港
"德皇威廉大帝"号	鱼雷靶船	1917 年	基尔
"德皇威廉二世"号	司令部指挥舰	1915 年	威廉港
"奥古斯塔女皇"号	火炮训练舰	1914 年	基尔
"威廉国王"号	住宿与训练船，报废	1907 年	弗伦斯堡－穆尔维克
"王储"(i)号*	司炉与工程训练船，报废	1902 年	基尔
"洛林"号	工程训练船	1917 年	威廉港
"梅克伦堡"号	住宿船	1916 年	威廉港
"奥丁"号	住宿船	1916 年	威廉港
"奥尔登堡"(i)号*	靶舰，报废	1912 年	斯托勒格伦德
"普鲁士"(ii)号	仓储船	1917 年	威廉港
"海因里希亲王"号	支援、住宿与办公船	1916 年	基尔
"莱茵兰"号	住宿船	1918 年	基尔
"罗恩"号	试验与训练船	1916 年	基尔
"萨克森"(i)号*	靶舰，报废	1910 年	施万森
"土星"号*[原"普鲁士"(i)号]	运煤船，报废	1907 年	威廉港
"西里西亚"号	远洋学员训练船	1918 年	基尔
"石勒苏益格－荷尔斯泰因"号	仓储船	1917 年	不来梅港
"施瓦本"号	工程训练船	1916 年	威廉港
"齐格弗里德"号	仓储船	1916 年	埃姆登
"天王星"号*[原"德皇"(i)号]	住宿船，报废	1907 年	弗伦斯堡－穆尔维克
"维多利亚·路易丝"号	布雷舰/住宿船	1914 年	但泽
"维内塔"号	住宿船	1915 年	基尔
"威斯特法伦"号	火炮训练舰	1918 年	基尔
"韦廷"号	司令部指挥舰及住宿船	1916 年	库克斯港
"维特尔斯巴赫"号	待改装为靶舰	1916 年	威廉港
"沃斯"号	住宿船	1916 年	但泽
"符腾堡"(i)号	鱼雷舰	1906 年	弗伦斯堡－穆尔维克
"策林根"号	训练船	1916 年	但泽

* 失修报废状态

　　11 月 23 日，共计 20 艘德国驱逐舰鱼贯驶向斯卡帕湾，24 日又有 20 艘抵达，25 日是第 1 侦察集群舰只和剩余的驱逐舰，其余各舰（包括五艘战列舰和四艘轻巡洋舰）则分别于 26 日和 27 日前往斯卡帕湾移交协约国方面。12 月 3 日，"塞拉·文塔纳"号（Sierra Ventana）和"瓦尔德泽伯爵"号（Graf Waldersee）两艘运输船抵达当地，开始遣返那些不需要留下看守被扣押舰只的人员：3 号当天运走了 4000 人，6 日运走 6000 人，12 日运走 5000 人，留下的人数为 4815 人，随后每月又有约 100 人被陆续遣返回国。12 月 4 日，出于某些不明原因，"国王"号战列舰无法与编队一同航行，轻巡洋舰"德累斯顿"号（代替"威斯巴登"号）和一艘驱逐舰（代替 V30 号）则

抵达斯卡帕湾并在此抛锚。最后到达的是 1919 年 1 月 9 日入港的旗舰 "巴登" 号（代替 "马肯森" 号），该舰在 "雷根斯堡" 号小型巡洋舰的护送下于当月 7 日离开威廉港，随后遣返了舰上的官兵。到达时，"巴登" 号战列舰受到了来自英国皇家海军 "乔治五世国王" 号派出的一个小组的登舰检查。

关于公海舰队剩余力量的处置情况，"停战协定" 最后部分第 23 条规定：

> 所有其他水面战舰（包括内河舰艇）都要集中在德国海军基地，由协约国和美国分配并在其监督下完全解除武装和接受整编。

按照这一规定，"拿骚" 号、"赫尔戈兰" 号以及其余的旧式远洋战舰拆除了舰上的火炮武器，在各自的母港内封存等待处置。

8 | 余晖
AFTERGLOW

自沉行动

就在《凡尔赛条约》还在巴黎酝酿的同时，斯卡帕湾的德国被扣押舰只仍留在遥远的北海锚地。对于所有人来说，按照这份呼之欲出的战后条约文件，似乎可以相当肯定的是，这些被扣押的德国舰只很快就将迎来尽数向协约国投降的命运。因此从一开始德国海军的官兵们就已经在酝酿一个"非官方"的计划，这便是凿沉这些船只而非拱手交出它们（"停战协定"第31条已明确禁止德国人自行销毁这些舰只）。虽然该条约的签署日期从原定的6月21日推迟到了23日，但按照德国舰队总司令路德维格·冯·路透（Ludwig von Reuter，1869—1943年）的命令，计划行动日期仍然定在了21日这一天的上午（当天几乎所有的在港英军舰只都出航前去参加一次训练任务），目标便是凿沉所有的德国舰只。

▷斯卡帕湾的一张照片，前景为"德皇"号战列舰，"毛奇"号巡洋舰和一些鱼雷艇则在较远处。画面左边可以看到"塞德利茨"号的前部和"纽伦堡"号小型巡洋舰。在右侧背景中可以看到英国皇家海军仓储船（原战列舰）"胜利"号（Victorious）**（作者本人收藏）**

▷位于斯卡帕湾中的"德弗林格尔"号、"阿尔贝特国王"号、"皇后"号和"巴登"号**（作者本人收藏）**

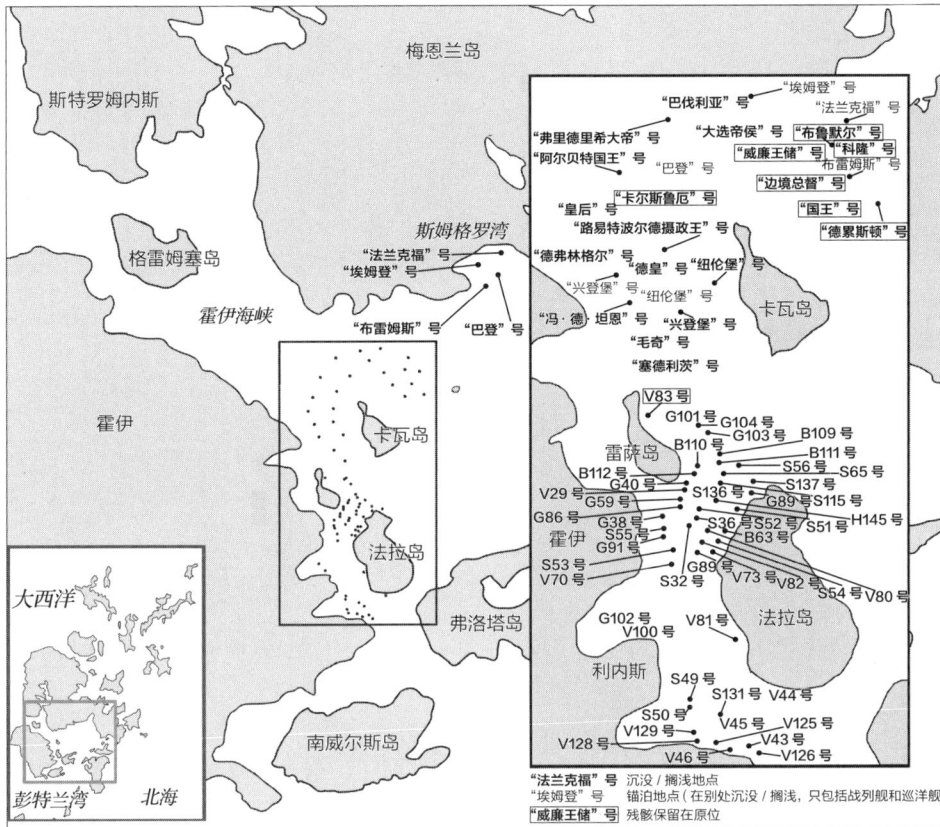

地图标注：梅恩兰岛、斯特罗姆内斯、格雷姆塞岛、霍伊海峡、斯姆格罗湾、霍伊、卡瓦岛、法拉岛、弗洛塔岛、南威尔斯岛、利内斯、卡瓦岛、大西洋、彭特兰湾、北海

舰名标注："巴伐利亚"号、"埃姆登"号、"弗里德里希大帝"号、"大选帝侯"号、"法兰克福"号、"布鲁默尔"号、"阿尔贝特国王"号、"巴登"号、"威廉王储"号、"科隆"号、"布雷姆斯"号、"皇后"号、"卡尔斯鲁厄"号、"边境总督"号、"国王"号、"法兰克福"号、"埃姆登"号、"路易特波尔德摄政王"号、"德累斯顿"号、"德弗林格尔"号、"德皇"号、"纽伦堡"号、"布雷姆斯"号、"巴登"号、"兴登堡"号、"纽伦堡"号、"冯·德·坦恩"号、"兴登堡"号、"毛奇"号、"塞德利茨"号

雷萨岛、霍伊、V83号、G101号、G104号、G103号、B109号、B110号、B111号、B112号、S56号、S65号、V29号、G40号、S136号、S137号、G59号、S89号、S115号、H145号、G86号、G38号、S36号、S52号、S51号、S55号、B63号、G91号、S53号、G89号、V73号、V82号、V54号、V80号、V70号、S32号、G102号、V81号、V100号、V128号、V129号、S49号、S131号、V44号、S50号、V45号、V125号、V46号、V43号、V126号

"法兰克福"号　沉没／搁浅地点
"埃姆登"号　锚泊地点（在别处沉没／搁浅，只包括战列舰和巡洋舰）
"威廉王储"号　残骸保留在原位

当时在港的英军官兵们主要集中在留港的"威斯特科特"号（Westcott）驱逐舰和一些勤务舰只上（如仓储船和淡水船等），能阻止德国人的力量几乎微乎其微。尤其是各舰的海底阀被德国水兵们打开并破坏后，根本无法使其关闭。一些鱼雷艇和巡洋舰被解开缆绳及时拖上了岸，只有最后开始自沉的一艘主力舰"巴登"号在一个英军跳帮小组及时登舰成功地关闭了海底阀和一些进水阀门后被拖到了岸边，而"兴登堡"号巡洋舰还是在几乎快要被解救出来之前就大量进水搁浅。除了这两艘主力舰外，其余所有德国主力舰全部被凿沉倾覆，"塞德利茨"号侧翻在一旁的海水中，其余各舰几乎全部翻沉，其沉没的时间分别如下：

舰名	沉没时间
"弗里德里希大帝"号	12：16
"阿尔贝特国王"号	12：54
"毛奇"号	13：10
"威廉王储"号	13：15
"德皇"号	13：25
"大选帝侯"号	13：30
"路易特波尔德摄政王"号	13：39
"塞德利茨"号	13：50
"皇后"号	14：00
"国王"号	14：00
"冯·德·坦恩"号	14：13
"巴伐利亚"号	14：30
"德弗林格尔"号	14：45
"边境总督"号	16：45
"兴登堡"号	17：00

▽斯卡帕湾内被扣押的德军舰只：从左至右分别是"卡尔斯鲁厄"号、"阿尔贝特国王"号、"大选帝侯"号（其后是"巴登"号和"弗里德里希大帝"号）、"巴伐利亚"号、"国王"号（在前）、"威廉王储"号和"边境总督"号（盖尔·哈尔收藏）

▽倾覆沉没的"德弗林格尔"号（NHHC NH 49920）

▽在被凿沉后，"巴伐利亚"号从舰艉部开始进水沉没（C. W. 巴罗斯，英国国家档案馆授权）

◁"塞德利茨"号在原地侧翻沉没，
舰体大部在海水退潮时露出水面
（ C. W. 巴罗斯，盖尔·哈尔收藏
并授权）

斯卡帕湾后记

随着大部分公海舰队舰只沉入斯卡帕湾海底的淤泥中，位于巴黎的协约国代表
们已经开始讨论这起自沉事件对与德国达成和解条款的影响。当时协约国方面的主张
是，即将签署的《凡尔赛条约》应该要求被扣押在斯卡帕湾的所有德国舰只加上拿
骚级和赫尔戈兰级战列舰、8 艘指定的轻巡洋舰、42 艘现代化驱逐舰（大型鱼雷艇）
和 50 艘现代化鱼雷艇立即向协约国方面投降。

在移交后各舰只的处置问题上，协约国之间还存在着不少争议。各国代表基本
同意应根据各国战时遭受的损失按比例分配这些舰只，但英国方面的主张是，应将这
些舰只全部作报废拆解处理，而不是划归到各国现役舰队中去。法国则持完全相反的
观点，因为该国的海军造舰计划实际上已经暂停了一段时间，因此法国是迫切需要现
代化舰只补充的，尤其是轻巡洋舰，这是法国海军完全欠缺的一种舰艇。此外，不仅
在各大造船厂里建造的最新一批法国战列舰尚未完工，而且大战期间的经验教训也表
明这些战列舰的防护思想已经过时[1]。虽然大多数其他主要国家同意英国方面的观点，
但意大利方面却明确表示，如果允许法国扣押舰只加入现役舰队的话，意大利也愿意
这样做。

◁"兴登堡"号是唯一一艘保持直
立状态下沉的主力舰（盖尔·哈尔
收藏）

[1] H Le Masson, 'The *Normandie* Class
Battleship with Quadruple Turrets',
Warship International 21 (1984).

▶被英军拖回斯卡帕湾岸边的"巴登"号，英国人立即对其展开了紧急救捞抢修（**作者本人收藏**）

在 6 月 29 日正式签署的最终的《凡尔赛条约》中，第 185 条保留了非斯卡帕湾扣押舰只的投降移交名单。为了弥补在斯卡帕湾自沉的德国舰只造成的损失，9 月 2 日又签署了一份关于后续补充投降移交的德国舰只名单的备忘文件。1919 年 11 月 1 日起草的一份议定书于 1920 年 1 月 10 日由德国方面签字生效，这份议定书直接将原先允许德国保留的五艘现代化小型巡洋舰替代在斯卡帕湾自沉的五艘同类舰只转交给战胜国方面，用于弥补主力舰自沉带来的损失，其他用于补偿的还包括 400000 吨船坞码头设备，如浮船坞、浮吊、拖船和挖泥船等等，都将被移交给战胜国方面。

按照协约国就原德国舰只的分配达成的最后协议（1919 年 12 月 9 日），五艘所谓的"议定书"巡洋舰与斯卡帕湾自沉的舰只（包括搁浅的巡洋舰）以及根据《凡尔赛条约》第 185 条中应投降移交的舰只统统被合并起来建立成一个"池"，在这个"池"中，根据战胜国各自的战争损失，这些原德国舰只按一定数量比例被分配给每一个参战协约国，而英国方面则接收所有已沉没的船只[1]。在这一总体分配计划中，接收国能安排在海军中长期服役的舰只存在着一定差异。如原德意志第二帝国和奥匈帝国两国的 10 艘巡洋舰和 20 艘驱逐舰由法国和意大利瓜分[2]，鱼雷艇则由一些较小国家分配；还有一些舰只可短时间保留用于宣传或试验目的，每个主要参战协约国分配一艘战列舰、一艘巡洋舰（除意大利外）和三艘驱逐舰[3]，以及一些只能被拆解报废的舰只。无论如何，《凡尔赛条约》第 185 条中涵盖的所有舰只（除了两艘法国—意大利巡洋舰外）都将在五年内被拆解或以其他方式被销毁，所有第 185 条中的舰只于 1919 年 11 月 5 日从德国海军序列中除籍，五艘所谓的"议定书"巡洋舰也随后于 1920 年 3 月 10 日（均用英文字母进行了更名）除籍[4]。

至于未来德国海军的问题，《凡尔赛条约》第 181 条规定：在本条约正式生效后两个月的期限届满后，德国海军现役舰艇规模不得超过 6 艘"德意志"或"洛林"型装甲舰、6 艘轻巡洋舰、12

[1] 在斯卡帕湾自沉事件中被拖上岸的三艘巡洋舰被英国（"纽伦堡"号）、美国（"法兰克福"号）和法国（"埃姆登"号）三国瓜分，后来都被用作靶舰。

[2] 关于小型巡洋舰的分配情况和结局，参见：A M Dodson 'After the Kaiser: the Imperial German Navy's Light Cruisers after 1918'. *Warship 2017* (forthcoming).

[3]

	战列舰	巡洋舰	驱逐舰
英国	"巴登"号	"纽伦堡"号	V44, S82, V125
法国	"图林根"号	"埃姆登"号	V46, V100, V126
意大利	"特格特霍夫"号（Tegetthoff）	—	三艘奥匈帝国驱逐舰
日本	"奥尔登堡"号	"奥格斯堡"号	S60, V80, V127
美国	"东弗里斯兰"号	"法兰克福"号	V43, G102, S132

[4] A 号（原"柯尼斯堡"号），B 号（原"拿骚"号），D 号（原"威斯特法伦"号），E 号（原"格劳登茨"号），F 号（原"莱茵"号），G 号（原"波森"号），H 号（原"东弗里斯兰"号），J 号（原"雷根斯堡"号），K 号（原"赫尔戈兰"号），L 号（原"图林根"号），M 号（原"奥尔登堡"号），O 号（原"斯特拉斯堡"号），P 号（原"吕贝克"号），R 号（原"但泽"号），S 号（原"斯图加特"号），T 号（原"斯德丁"号），U 号（原"皮劳"号），W 号（原"科尔贝格"号），Y 号（原"奥格斯堡"号），Z 号（原"施特拉尔松德"号）。

艘驱逐舰、12 艘鱼雷艇，或是按照条约第 190 条规定可新建或用于替换的同等数量的舰只，但不包括潜艇。所有其他战舰，除对与本条约的规定相矛盾而另作规定的情况外，必须转为预备役或用于民用用途。

幸存的无畏型战列舰的结局
"巴登"号

尽管法国方面一度对接收"巴登"号战列舰一事表现出了极大兴趣，该舰最终还是被分配给了英国方面[①]。在斯卡帕湾就地进行的抽排作业完毕后，"巴登"号被拖到了因弗戈登（Invergordon）并停靠在 AFD.5 号浮船坞内。结果 8 月 5 日当天，"巴登"号舰体深处意外发生爆炸事故，一名工人当场丧生[②]。当时，英国皇家海军造舰师斯坦利·古道尔（Stanley Goodall，后任英国皇家海军造舰总监）对"巴登"号战列舰的设计提出了批评[③]。他站在英国人的角度指出了这艘主力舰在防护方面的一系列缺陷，包括保留与 380 毫米口径炮弹药舱相邻的后部鱼雷舱（参考"吕佐夫"号和"巴伐利亚"号的战损情况，以及巴伐利亚级取消鱼雷舱壁的做法），此外还得出了这艘德国战列舰的舱壁强度要比英国对手低 25% 左右的结论。古道尔还提到该舰就连水兵住宿条件也要逊于英国皇家海军的标准。

1919 年 10 月 8 日，"巴登"号宣布"抽水和垃圾清理完毕"，同时"水密性良好，适合进行拖曳"，随后被转移到英国朴次茅斯用作试验，包括机械部分（如"A"炮塔被拆除供进一步检查主炮装填机构部分）和结构部分的试验。因此，在利用"巴登"号战列舰进行火炮实弹射击试验之前，英国人在背负炮塔内预埋并点燃了一些炸药以测试其耐火性。这些试验活动不仅针对"巴登"号，还在"纽伦堡"号巡洋舰、V44 和 V82 号鱼雷艇（均在斯卡帕湾内被拖曳上岸）以及 U-141 和 UB-21 号潜艇上陆续进行过。射击舰由英国皇家海军"恐怖"号（Terror）浅水重炮舰担任。"巴登"号的射击试验从 1921 年 2 月 2 日开始，使用的是英军新型 380 毫米（15 英寸）口径炮弹的改进版，该型炮弹是在日德兰海战中发生的一系列弹药失效事件后重新研制的。火炮射击试验是在短距离（500 米）上进行的，舰上通过压舱物调整了舰体倾斜程度以模拟抛物线弹道炮弹的射击效果。试验充分证明了这种英国新型炮弹的有效性，试验中一发炮弹穿透了上层装甲带、装甲甲板和内部燃煤舱舱壁，在前部锅炉房内爆炸，造成了严重的进水。第二天，"巴登"号战列舰就在海上恶劣的天气下宣告沉没，以 10° 左右的右倾状态坐沉在一片浅水中。

[①] 关于"巴登"号战列舰服役生涯最后阶段的情况，参见：W Schleihauf, 'The *Baden* Trials', *Warship* 2007, pp. 81 - 90。

[②] 《伦敦宪报》31821: 3187，宣布为海军上尉阿伯特（E. G. Abbott）颁发"阿尔伯特勋章"（Albert Medal）以表彰其拯救了另外一名工人生命的英勇行为 [阿伯特上尉后来又被授予"乔治十字勋章"（George Cross）]。

[③] D K Brown 'Sir Stanley V. Goodall, KCB, OBE, RCNC', *Warship 1997–1998*, p.54; S V Goodall 'The Ex-German Battleship Baden', *Transactions of the Institution of Naval Architects (1921)*, p.63.

◁1921 年 2 月 2 日，处于"恐怖"号炮火打击下的"巴登"号战列舰，该舰后来在浅水海域沉没（《**英国皇家海军火炮手册**》，1921 年，图 52）

▷在海底沉睡了三个月后，"巴登"号被重新打捞出水并转移到了英国朴次茅斯准备进行该舰的最后一次试验（**作者本人收藏**）

然而仅仅过了三个月，沉没的"巴登"号战列舰就再次浮出水面（这是该舰短暂服役生涯中的第二次），并为 1921 年 8 月 10 日的下一次试验进行了必要的修补。在这次火炮武器试验中，"恐怖"号的姊妹舰"厄瑞玻斯"号（Erebus）浅水重炮舰担任射击舰，试验中除了使用了更多的 380 毫米（15 英寸）口径炮弹（14 次命中）外，英国人还将六枚航空炸弹安放在舰上并进行了引爆。1921 年 8 月 16 日，"巴登"号在韦茅斯（Weymouth）和泽西（Jersey）之间的赫德深海区（Hurd Deep）沉没，舰体静静地躺在 180 米深的海底，很明显主炮炮塔在沉没的过程中脱落了下来[1]。

拿骚级和赫尔戈兰级

"威斯特法伦"号、"莱茵兰"号、"奥尔登堡"号和"赫尔戈兰"号在撤出了所有舰上人员后，被封存在了基尔港内（后两艘于 1919 年 1 月从威廉港转移而来），"拿骚"号，"波森"号，"东弗里斯兰"号和"图林根"号则封存在威廉港。三艘拿骚级和一艘赫尔戈兰级战列舰被划分给了英国方面，日本海军分配得到各一艘，美国和法国方面则各分配到一艘赫尔戈兰级战列舰。[2]

1920 年 1 月，法国人接收了"图林根"号战列舰，通过详细检查发现，除了局部设备生锈和卫生状况不佳外，该舰舰况良好，锅炉也呈空置状态并且状况良好。按计划，"图林根"号将于 1920 年 4 月 24 日在布雷斯特被正式移交给法国海军，整个过程由德国商船水手操纵该舰。然而，29 号当天该舰在航至瑟堡附近时，舰上 12 台锅炉停止工作，舰上燃煤只剩下 12 吨，而且当时有明显迹象表明有人企图凿沉该舰。因此，已经是大量进水的"图林根"号奉命就近转移到瑟堡港。1921 年 2 月，被拖曳前行的"图林根"号战列舰终于抵达布雷斯特，在那里拆除了所有舰上武器。同年 6 月份，该舰被转移到了位于法国大西洋海岸洛里昂附近的加夫拉斯（Gâvres）地区用于开展武器试验，特别是试验炮弹击中舰体后的火灾扩散问题，一系列试验过程持续了当年的整个夏天。不久后，这艘在岸上搁浅的巨舰被一分为二，于 1923 年 3 月以报废舰体出售，并在原地进行了部分拆解。然而，拆解后的部分舰体残骸有时仍被用作靶标进行过射击试验，约 100 米长的舰体仍留在距离海岸约 200 米处的浅滩上。

[1] 参见：http://www.wrecksite.eu/wreck.aspx?4577。

[2] 三支欧洲国家海军还分别接收了一批原奥匈帝国海军的主力舰，其中英国分配了两艘幸存的君主级、三艘哈布斯堡级和"斐迪南·马克斯大公"号（Erzherzog Ferdinand Max）战列舰、"德皇卡尔六世"号（Kaiser Karl VI）和"圣乔治"（Sankt Georg）号装甲巡洋舰（皆在意大利出售）；法国方面分配到的是"弗里德里希大公"号（Erzherzog Friedrich）、"卡尔大公"号（后被拆解）和"欧根亲王"号（Prinz Eugen，后改为靶舰）战列舰；意大利方面接收的是"弗朗茨·斐迪南大公"号（Erzherzog Franz Ferdinand）、"拉德茨基"号（Radetzky）、"兹里尼"号（Zrinyi）和"特格特霍夫"号（原本希望其重新服役，但后来与其他各舰一同被拆解）战列舰。

△"东弗里斯兰"号战列舰从英国前往美国本土途中，该舰当时正拖曳着"法兰克福"号巡洋舰(NHHC NH 43706)

在低潮时分，引擎的顶部还会偶尔露出水面。

1920 年 4 月 5 日，英国皇家海军"虎"号战列巡洋舰抵达福斯湾，护送分别分配给日本和美国方面的"拿骚"号战列舰及其拖曳着的"东弗里斯兰"号战列舰（当月 1 日离开德国本土）起程。当天，舰上的德国舰员立即被遣散，在"东弗里斯兰"号上还发现了许多可耻的人为破坏迹象。经过一番清理后，"东弗里斯兰"号战列舰于 6 月 7 日正式加入美国海军序列，在"汉考克"号（Hancock）运输舰的护送下于 17 日离开罗塞斯，同时起航的还有在美国海军"红翼鸫"号（Redwing）、"秧鸡"号（Rail）和"猎鹰"号（Falcon）扫雷舰拖曳下的"法兰克福"号巡洋舰、V43、G102 和 S132 号鱼雷艇（均在斯卡帕湾被拖曳上岸）。编队在布雷斯特当地停留到 7 月 13 日，然后再次起航经亚速尔群岛向美国本土进发，"法兰克福"号巡洋舰由"东弗里斯兰"号战列舰负责拖曳，所有鱼雷艇则由扫雷舰负责拖曳。8 月 9 日，编队抵达桑迪胡克（Sandy Hook），"东弗里斯兰"号于 9 月 20 日退役除籍。

按计划，所有划归美国方面的原德国海军舰只都将会被作为靶舰使用，因此最终注定是会被击沉的。虽然一开始"东弗里斯兰"号战列舰被计划用作火炮射击试验靶舰，但后来该舰与其余同伴一起被分配到了 1920 年至 1923 年期间美国海军和陆军针对一系列退役舰只进行的空中轰炸试验中。1921 年 7 月 20 日至 21 日，"东弗里斯兰"号在纽约海军码头对舰上舱壁进行了密封处理以最大限度提高水密完整性，并将在距离弗吉尼亚角[①] 约 100 公里处的试验海域迎来自己的最终命运。不过试验开始时间却因海上天气恶劣而一再推迟，直到 13：39，一架美国海军陆战队的 DH-4 型陆基飞机和六艘美国海军 F5L 型飞艇才开始朝"东弗里斯兰"号战列舰投下 33 枚 104 公斤（230 磅）炸弹，紧随其后，五架美国陆军航空队的马丁 NBS-1 型轰炸机投下了 11 枚 272 公斤（600 磅）炸弹，其中一枚击中了舰艏楼右侧位置，炸毁了两台 150 毫米口径炮弹扬弹机。最后由五艘美国海军 F5L 型飞艇投下八枚 250 公斤（550 磅）炸弹，其中四枚命中（包括哑弹）。

① 参见：G T Zimmerman 'More Fact than Fiction – The Sinking of the *Ostfriesland*', *Warship International* 12 (1975), pp.74 - 80。

▷ 1921 年 7 月 21 日 12：40，"东
弗里斯兰"号战列舰舰艉触底后
沉没（NHHC NH 43718）

　　随后，美国海军工程人员登舰对"东弗里斯兰"号进行了检查，发现裂缝正在
导致锅炉房进水，造成舰体呈现一定程度的左倾；他们还发现，该舰自离开纽约港
以来，舰上发生过大量的劫掠和破坏行为，最重要的是一些水密舱门也被打开（甚
至被拆除）。此外，美国人还注意到一些海底阀在舰体拖曳过程中因弹簧失效被打开，
造成一些燃煤舱进水，更为不幸的是，在次日试验开始之前并没有足够的时间去关闭
所有的水密舱门。到了当天晚间，舰体大致被扶正，但舰艉吃水增加了 1 米之多，舷
窗已经基本与水面平齐。

　　21 日一早，五架美国陆军航空队的马丁 NBS-1 型轰炸机各朝"东弗里斯兰"号
战列舰投掷了一枚 454 公斤（1100 磅）炸弹，其中三枚命中。实际上军方的命令是
在第一次投弹命中后就要暂停投弹，以派遣工程小组登舰检查损伤情况。检查结果表
明，这轮投弹并没有造成重大的损坏，但前一晚的破坏事件造成的舰体内部进水情况
仍在加剧，舰艏方向吃水进一步增加了约 70 厘米，舰艉则增加了 30 厘米，海水已漫
至机舱和纵向舱壁位置。

　　接下来，美军将用专门研制的 907 公斤（2000 磅）重型航弹对"东弗里斯兰"
号进行投弹测试，这轮投弹测试动用的是八架陆军航空队 NBS-1 轰炸机和三架汉德
利·佩季 O/400 型轰炸机。试验从 12：18 开始，结果飞行员们再次忽略了三次投弹
或两次命中后便暂停试验（以较早达成的情况为准）的命令，一口气投掷完了所有
的炸弹。12：23 时，首枚命中，此前则有两枚失的；12：24，又一枚炸弹击中左舷
主装甲带后落入水中爆裂，另两枚为近失弹，落在了左舷附近海面上。这轮投弹试
验结束后，"东弗里斯兰"号战列舰开始严重左倾，于 12：40 时倾覆，沉没在了 115
米深的海水中，舰体残骸倒扣在海床上，龙骨距离海面将近 95 米。

　　这一系列试验的成果受到了美国陆军航空队方面的大力鼓吹，最著名的代表就
是比利·米切尔准将（1879—1936 年），他在投弹试验中负责指挥陆军航空队人员。
虽然威力巨大的航空炸弹给这艘用于试验的原德国战列舰敲响了最后的丧钟，但美国
人或许忽略了试验中的人为因素 [1]——舰体是静止不动的，没有高射炮对空射击，舰
体的水密完整性也较差，而且缺乏任何一艘舰艇在中弹受损后都会进行的抽排作业和
损管维修措施。

① 参见：R D Layman，'The Day the Admirals
Wept: Ostfriesland and the Anatomy of a
Myth'，Warship 1995, pp.74 - 78。

1920 年 6 月，日本方面将划归自己的"拿骚"号战列舰卖给了休斯·博尔科公司（Hughes Bolckow）进行拆解。在向上游拖曳过程中，该舰在纽卡斯尔附近泰恩河上的平转桥和高架桥之间水域搁浅，拆解工作因此只得在邓斯顿（Dunston）船厂进行。后来，舰体残骸被重新变卖，并最终在荷兰的多德雷赫特（Dordrecht）拆解报废。

分配给日本的第二艘德国主力舰"奥尔登堡"号是 5 月 8 日前往英国投降的第二批两艘德国战列舰之一，于 1920 年 5 月 12 日抵达罗赛斯，该舰后来同样在多德雷赫特进行了拆解报废处理。在将原浅水重炮舰"亨伯"号改装为浮船起重机[①]的过程中，"奥尔登堡"号上的一个环形舱壁、辊道和炮塔甲板被拆下用到了安装在船体上的 50 吨级起重机底座上。后来，"奥尔登堡"号还曾作为拖船用于拖曳分配给英国的 V71 号鱼雷艇和"波森"号战列舰，后者已经在罗赛斯封存了一年之久，于 1921 年 7 月 27 日被变卖出售给瓦尔德船厂（T. W. Ward），价格仅为 15100 英镑。不过很快，这笔买卖就因故被取消，"波森"号又于 1921 年 8 月 31 日以 22000 英镑的价格被出售给了霍兰公司（NV Holland）。1921 年 10 月 8 日，"波森"号战列舰起程，经由鹿特丹前往多德雷赫特迎接自己的最终命运。

移交战胜国的第三批两艘原德国战列舰——分配给英国的"赫尔戈兰"号和"威斯特法伦"号于 1920 年 8 月 5 日抵达罗赛斯港。尽管当时曾考虑将较新的一艘用作靶舰，结果后来还是于 1921 年 5 月 23 日在罗赛斯将两舰出售给了瓦尔德船厂，其中"赫尔戈兰"号作价 19000 英镑，"威斯特法伦"号的出售价格则为 17000 英镑。1921 年 8 月 22 日，后者首先从罗赛斯港被拖走，途中在伯肯黑德（Birkenhead）的韦斯特码头进行了减重处理（包括拆除一些舰上装甲、火炮和其他设备），同时确保该舰可以凭借自身动力继续航行。1922 年 5 月 13 日，"威斯特法伦"号作为装载着一批废料的货船起程继续前往巴罗船厂（Barrow）进行拆解。1922 年 5 月 13 日，拆解工作在布克勒码头（Bucclear Dock）正式展开，1924 年底宣告完工。

◁分配给英国方面的"威斯特法伦"号战列舰。这张照片拍摄于 1921 年至 1922 年期间的伯肯黑德，图中该舰正在进行减重处理以使其具备依靠自身动力继续航行的能力，其后将前往巴罗船厂进行最终拆解（**作者本人收藏**）

① 参见：Buxton, *Big Gun Monitors*, pp.104 - 105。

▷在伯肯黑德进行拆除作业的"赫尔戈兰"号战列舰，摄于 1922 年。作为拆除工作的一部分，图中舰上火炮炮管已被截短，后续将被转移至莫克姆（Morecambe）进行最终拆解（托马斯·W. 瓦尔德公司，斯图亚特·利思戈授权，参见网站：www.thoswwardltdresearch.co.uk）

　　1921 年 8 月 9 日，"赫尔戈兰"号战列舰被移交给拆船厂，并于 12 月 6 日从罗赛斯被拖往伯肯黑德，1922 年 1 月 29 日抵达韦斯特码头。从当年 3 月起，"赫尔戈兰"号首先进行了减重处理（包括截短主炮炮管）。11 月，"赫尔戈兰"号起程被拖往莫克姆，于当月 16 日到达，1925 年春天完成全部拆解工作，当时这艘舰还是该船厂拆解过的吨位最大的舰只。

　　至于划归英国的最后一艘原德国战列舰——"莱茵兰"号，好似一件未经过目就购入的货物，而且当时该舰的舰况其实并不适合被转移到英国本土，因为这艘战列舰自 1918 年搁浅后就一直没有进行过修理。而事实上，舰体宽大的围堰舱使得该舰无法穿越基尔运河，甚至不确定该舰是否能被转移到北海一带的港口，更不用说穿越那片狭窄的内河水域了。因此，德国方面建议以英国的名义将这艘战列舰作为拆解废品变卖出售，协约国大使会议（The Allied Conference of Ambassadors）接受了这一建议，但前提是拆解工作不能交给德国本土的拆船厂。为此，英国人对"莱茵兰"号战列舰的拆解工作进行了国际招标，来自丹麦哥本哈根的彼得森船厂（Peterson）和

▽在被改装为一艘扫雷摩托艇母船后，"维特尔斯巴赫"号正经过基尔运河（WZB）

奥尔贝克船厂（Allbeck）以及来自荷兰亨德里克 – 伊多 – 阿姆巴赫特（Hendrik-ido-Ambacht）的弗兰克·里斯迪克船厂（Frank Rijsdijk）都对此表现出了兴趣，最终后者于 1920 年 6 月 22 日以 32100 英镑的价格买下了这艘战列舰。当年 7 月中旬在干船坞内对该舰进行了彻底检查后，这家公司终于设法将这艘巨舰从波罗的海地区转移了出来，于 7 月 29 日从多德雷赫特起航前往基尔港进行拆解。

扫雷支援

根据《凡尔赛条约》中第 193 条的内容，德国海军需要承担起战后德国海岸周边特定海域的扫雷工作。为此，德国人动用了四艘旧式战列舰进行支援，"维特尔斯巴赫"号、"施瓦本"号、"普鲁士"号和"洛林"号分别被改装为小型浅水扫雷艇（F艇）母船。为了装载这些小型扫雷艇，各舰在上层甲板上方加装了轨道，由位于舰体舯部的新型起重机吊运操作（其中"普鲁士"号略有不同，该舰依然保留了舰上的老式鹅颈起重吊臂）。

每艘维特尔斯巴赫级战列舰都可以携带 12 艘 17 米长的小型扫雷艇，这种扫雷艇于 1917 年至 1918 年间建造，每艘排水量仅 19 吨，由双轴汽油发动机提供动力，航速可达 10—11 节。而在两艘经过了改装的布伦瑞克级战列舰中，"普鲁士"号同样可以携带 12 艘这种 F 艇，并于 1919 年 8 月重新服役。不过事实证明，该舰在服役过程中还是遇到了一系列麻烦，并于 1919 年 12 月被"阿科纳"号轻巡洋舰（未经改装）取代。另一方面，可比其他改装舰多搭载两艘 F 艇的"洛林"号战列舰则一直服役到 1920 年 3 月才完成了付薪。"符腾堡"（i）号战列舰在战后扫雷行动中也发挥了一定作用，该舰作为半支 F 艇中队的仓储船提供了行动支援，直到 1919 年底最终进行了付薪，并在第二年秋天报废变卖。

▽被改装为小型扫雷艇母船的"普鲁士"号战列舰。与其他改装舰有所不同的是，该舰保留了原来的鹅颈式起重机，而不是像"维特尔斯巴赫"号上那样加装了一种全新设计的起重机。图中离镜头最近的这艘 F 艇是由克雷默·索恩公司（Kremer Sohn）于 1917 年至 1918 年间建造的 F42 号小型扫雷艇（**作者本人收藏**）

解甲归田
现存舰只

1919年，位于柏林的北德地下工程公司（Norddeutches Tiefbaugesellschaft）买下了封存在但泽港的一些一战剩余德国舰只，其中包括"贝奥武夫"号、"哈根"号、"奥古斯塔皇后"号、"勃兰登堡"号、"维多利亚·路易丝"号以及小型巡洋舰"吉菲昂"号。根据和平条约，当时的但泽港已经从德国分离出来成为一座自由市，尚封存在当地的一些原德国海军舰只就成了一个大问题。于是，这些舰只于1919年5月20日就地被转卖给了但泽霍希地下工程公司（Danziger Hoch und Tiefbau GmbH，由但泽市、波兰和丹麦三方共同所有）。9月里，一家荷兰拆船厂曾试图买下"勃兰登堡"号、"维多利亚·路易丝"号以及"吉菲昂"号，但由于与《凡尔赛条约》第189条中规定的"原德国海军战舰上所有种类的文件、机械设备和材料物资……不得出售或交由外国处置"条款相抵触，这项交易未能达成。但奇怪的是，早在7月份，协约国方面就已经为出售"沃斯"号和"希尔德布兰德"号战列舰给类似的荷兰拆船厂提供了许可，两艘原德国海军舰只在当年年底时按计划被拖走，其中"希尔德布兰德"号在拖曳途中失事沉没。

与此同时，"贝奥武夫"号、"哈根"号和"奥古斯塔皇后"号被重新出售并拖到了埃姆登，准备在1919年晚些时候拆解变卖，但1920年初有人建议将三艘舰拆解后剩下的舰体进行民用化改造，以加强帝国船坞码头与但泽港之间的海上贸易往来。当地协约国代表于1920年3月3日批准了这项改造工程项目，同时指出虽然该项目的商业价值不高，但考虑到但泽当时的经济状况，由此新增的1300人的工作机会仍可带来巨大的潜在收益。但前提条件是，第一艘船应在1920年8月前改装完毕，新船将悬挂但泽或波兰国旗，主要往来于但泽港，未经但泽当地高级专员[1]许可，不得在1923年3月之前出售或转租。

实际上，后来只有两艘原德国巡洋舰被改装成了商船，改装过程中战列舰成了改装所需零部件的主要来源——"勃兰登堡"号提供了舰上四台锅炉和前桅（包括起重吊臂）给"维多利亚·路易丝"号。这艘原巡洋舰后更名为"弗洛拉·索末菲尔德"号（Flora Sommerfeld），"吉菲昂"号后来则更名为"阿道夫·索末菲尔德"号（Adolf Sommerfeld）。在改装过程中，"维多利亚·路易丝"号拆除了锅炉房和前部弹药舱并将其改装成货仓，两侧引擎也被拆除并改装成一个新的锅炉房；"吉菲昂"号则加装了从U-115和U-116号两艘潜艇上拆下来的柴油机（这两艘在但泽港建造的潜艇直到大战结束时都还未完工）。然而，两艘索末菲尔德级商船实际上都没能长期从事商业运输服务，后来相继在1923年里拆解报废。

第一次世界大战结束之后，这种将主力舰进行商业化改造的思路相当盛行。例如，意大利人就为未完工的排水量达34000吨的战列舰"弗朗西斯科·卡拉乔洛"号（Francesco Caracciolo）[2]的舰体制订了各种改装计划，而一家法国公司则将排水量6301吨的装甲巡洋舰"杜普伊·德·洛姆"号（Dupuy de Lôme，1890年下水）改装为"秘鲁"号（Péruvier）货轮[3]。然而，有鉴于军用和民用船只之间的根本差异，这种改装不可避免地会带来效率低下的问题，而且只有在第一次世界大战后全世界范围内的海上运力短缺的情况下以及（或者）人们希望从"弗朗西斯科·卡拉乔洛"号这类舰只的改装投资中获得一些回报时，才会有理由这样做。

---

[1] 关于其中一些细节情况，参见英国国家档案馆ADM116/1994号文件。

[2] 实际既作为民船又被当成航母使用过，参见：E Cernuschi and V P O' Hara, 'Search for a Flattop: The Italian Navy and the Aircraft Carrier 1907 - 2007', *Warship 2007*, pp. 63 - 67。

[3] 参见：L Feron, 'The Cruiser Dupuy-de-Lôme', *Warship 2011*, p.47; *Warship 2012*, p.182。

其实，海上航运力的短缺现象在战后的德国显得尤为严重，因为德国的许多商船队都被划为战胜国所有。因此，除了前文已经提到的两艘巡洋舰之外，三艘齐格弗里德／奥丁级战列舰也被纳入了商船改装计划中。作为美国和欧洲大陆之间海上贸易的先驱，汉堡阿诺德·伯恩斯坦（Arnold Bernstein）航运公司买下了几乎被拆光的"伏里施乔夫"号、"奥丁"号和"埃吉尔"号的舰体，将其改装为运输车辆的货船，改装完成后的这几艘原德国海防舰将被用于波罗的海地区的海上运输。

和其他进行了商船改装的德国主力舰一样，这几艘舰上的锅炉房和弹药舱也被拆除以容纳货物，原来的发动机组则被两台550轴马力的潜艇柴油机替换。虽然这三艘船都保留了原来的舰名，而且都是在同一个船厂码头里接受改装的，未来也将履行同样的运输任务，但这三艘船之间还是存在着些许差异——"伏里施乔夫"号和"埃吉尔"号是最为相似的，桅杆前后各加装了一对重型起重机，前舱附近安装的则是一台轻型起重机。而"奥丁"号只有一根位于舯部前方位置的桅杆、舰艉的柱式桅和一座起重吊臂。事实证明，改装后的这几艘货船似乎在各自新的角色上取得了极大的成功，"伏里施乔夫"号一直服役到1930年，"奥丁"号更是直到1935年才被除籍报废，"埃吉尔"号于1929年失事沉没。

此外，德国人还计划将一些干舷较低的舰只改装成驳船使用，符合这一特征的当时有"梅克伦堡"号、"齐格弗里德"号、"德意志"号和"德皇巴巴罗萨"号战列舰。不过上述各舰其实后来并没有进行这类改装，这些原德国主力舰最终还是做了报废处理，其他还有一些舰只在拆除了舰上设备后转作民用用途，其中包括"汉莎"号、"海姆达尔"号（和"齐格弗里德"号一样充当救捞船）、"维内塔"号和"赫塔"号巡洋舰，甚至还包括当时已经老迈不堪的港口勤务船"弗里德里希大帝"（i）号和"天王星"号［原"德皇"（i）号］。

未完工的舰只

按照《凡尔赛条约》第186条的要求，"所有还在建造过程中的德国水面舰艇都应就地拆解"。然而到了1920年2月13日，德国外交办公室致函协约国海军联合管

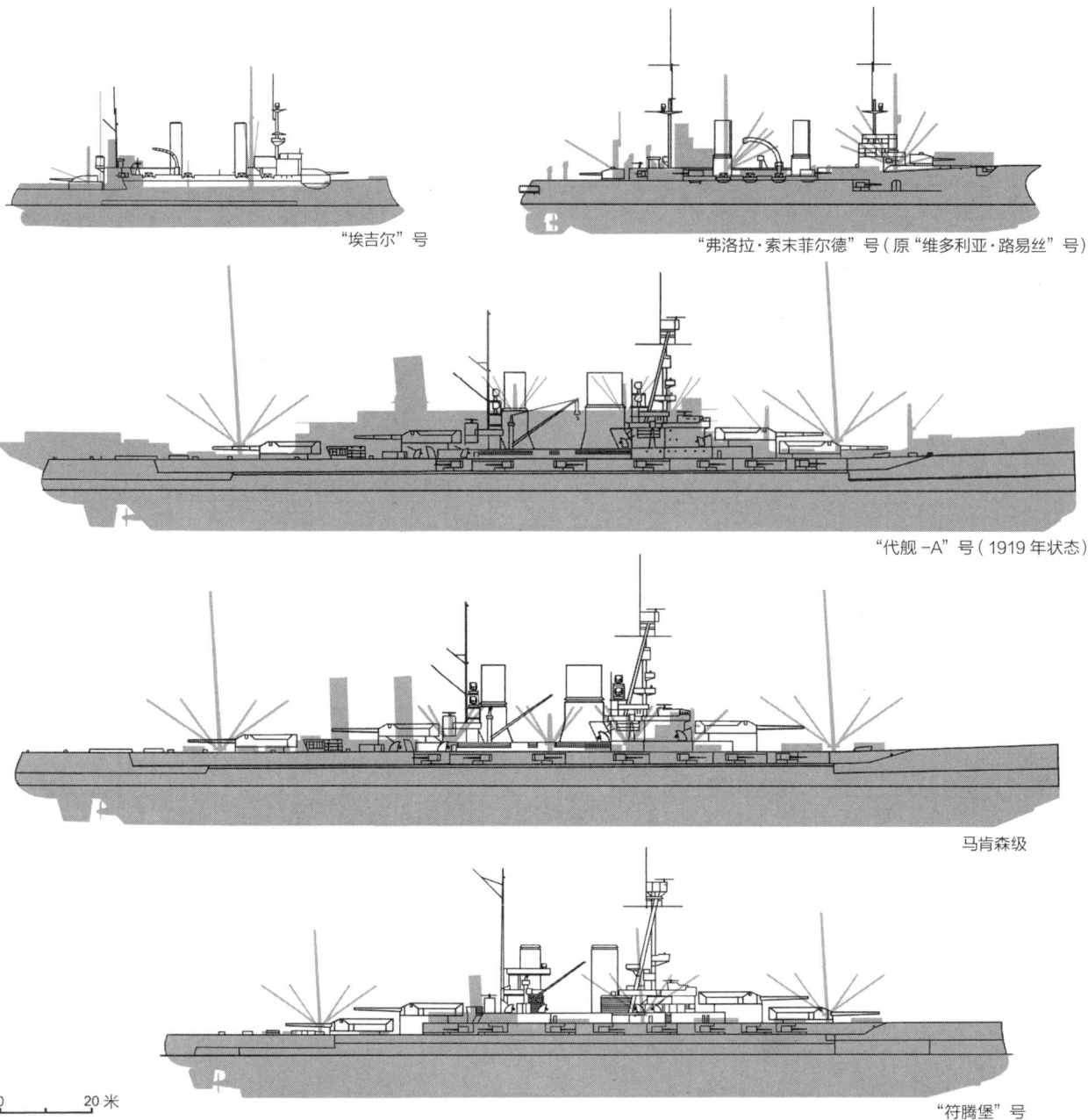

"埃吉尔"号

"弗洛拉·索末菲尔德"号（原"维多利亚·路易丝"号）

"代舰 -A"号（1919 年状态）

马肯森级

0　　　20米

"符腾堡"号

△实际经过改装或具备潜在改装能力的主力舰进行商业化改装的轮廓示意图，含与原始状态的对比（**作者本人绘制**）

① 本段主要内容源自英国国家档案馆 ADM116/1994、ADM116/1992 及 ADM/2113 号文件。

制委员会（NIACC），要求对"拆解"的处理方式重新做出裁定，建议将其理解为"拆除作为作战舰艇特征的有关装备，使其无法重新用于作战"。德国方面之所以提出这样的建议，主要是为了使这些在建的舰只将来可以用于改装为商船 [1]。于是，这份建议被提交给了协约国大使会议，后者建议批准德国人的请求，毕竟它既实现了《条约》中相关条款的目的，又满足了第 189 条中要求拆解战舰产生的材料物资必须用于工业或商业目的的条款。

　　按照有关要求，德国人必须提供计划进行商船改装的舰只清单以及改装方案的清单，并于 3 月 22 日提交。不过按照限制性补充条款的规定，在协约国方面批准德国船厂码头所需的必要投资之前，德国方面其实还无法提供相关的详细资料。因此在这一阶段，所有的商船改装方案其实都是总体类似的，包括将装甲带、防护舱壁和甲板拆除（只要结构允许）、对弹药舱和机械动力舱进行清理（除非在新的低功率推进动力系统安装过程中需要重新使用一些原有的推进系统部件），所腾出的空间都将用于运送货物。一个值得一提的有趣的例外是大型鱼雷艇 V178 和 V179 号，这两艘都被改成了军校训练帆船，并且加装有典型的帆船船艏和船艉（这大概是应协约国方面的特别要求，对这类高速舰艇进行的所谓"钝化"改装：即将所有鱼雷艇的现有艏艉部分截掉）。此外，与其他将原舰艇简单地改装为货船的方案有所不同的是，德国人于 1919 年 8 月将未完工的"代舰 -A"号改装为一艘客轮，该船采用三胀式发动机和八台水管式锅炉，双轴推进，最大功率 8000 轴马力，航速为 12.5 节。而在 1920 年的改进设计中，该船的载客量有所降低。

1920 年 5 月初，大使会议将 9 月 1 日定为提交正式改装提案的截止日期：任何未事先备案改装的舰只都必须作整体报废处理。截至到期之日，已收到了"符腾堡"号、"萨克森"号、"代舰 - 芙蕾雅"号和"代舰 -A"号（及一些小型巡洋舰和鱼雷艇）的改装方案图纸。根据保管于德意志石油天然气协会（Deutsches Petroleumgesellschaft）方面的档案文件，大型主力舰和巡洋舰都将被改装成油轮，而这种形式的改装是在 9 月得到批准的。"萨克森"号计划换装慢速柴油机（大概是为了利用其加高的中部机舱），而一份档案文件中也显示"代舰 -A"号同样换装了柴油动力机组，航速为 11—12 节，但在相关方案图纸中配备的却是三胀式发动机，"符腾堡"号将配备一台单独的发动机，锅炉侧置，安装位置仍然保留在原来的后部机舱里。

然而，伴随着这一年秋季的过去，尽管拆除装甲带和其他设备的工作已经在着手进行，海军联合管制委员会方面却报告说除了四艘鱼雷艇外，各舰几乎都还没有开展实质性的改装工作。1921 年 1 月，"萨克森"号、"符腾堡"号、"马肯森"号和"斯佩伯爵"号被转移到了北德地下工程公司，但其后同样未有任何改装进展，也就是说对这些未完工舰只的改装计划在整个 1921 年期间已经是名存实亡。只有四艘原德国海军大型鱼雷艇曾作为商船出航过[①]，而其他战列舰、巡洋舰和其他大型鱼雷艇最终只落得拆解报废的下场[②]。

1919 年春末，"萨克森"号拆除了四门主炮，由该舰的建造商（根据 1920 年 2 月 5 日签订的合同）开始了所谓的"实质性"拆解，即拆除了炮塔部分，但随后便于 1920 年 10 月至 11 月被转移到了基尔港码头的北堤（Nordmole）报废拆解区，以便最终拆除舰上的侧面装甲带。到了 1921 年 4 月，舰上炮塔已全部被拆除，烟囱和烟道都被截掉，上层建筑基本被拆除完毕，但机械动力部分仍然完好，据说是为了防范可能发生的破坏活动。然而，上述这些进展对于 NIACC 方面来说还不够，后者要求在 1921 年 7 月 31 日之前必须完成对这艘战列舰（以及所有其他未完工的舰艇）的全面去武装化拆除工作，即将舰上所有的侧面装甲全部拆除，同时舰上所有的机械动力系统、武器装备、装甲甲板和鱼雷舱壁也都要拆毁。最终这些工作在截止日期之前全部实现，舰上的涡轮机被炸药炸毁，锅炉也被彻底破坏而无法使用。而"萨克森"号战列舰也于 1923 年完成了全面拆解。

相比之下，"符腾堡"号战列舰拆解工作的进展就没那么顺利。舰上虽拆除了锅炉，但发动机和武器装备基本还在。这一次又是建造商出面开始执行进一步的拆除工作（根据 1920 年 1 月 18 日和 2 月 18 日签订的合同），到 1920 年 8 月之前，已经拆

① S178 和 S179 号鱼雷艇被改装成了四桅训练船，并分别更名为"弗兰齐斯卡·基梅尔"号（Franziska Kimme）和"乔治·基梅尔"号（Georg Kimme）；H186 和 H187 号鱼雷艇则被改装成了沿岸贸易船，并分别更名为"汉斯多夫"号（Hansdorf）和"霍伊斯多夫"号（Hoisdorf），按照惯例船上引擎置于舰艉，而原来的动力舱空间都被用于装载货物。

② 此处作者打算在别处讨论非主力舰的处置情况。

除了舰上大部分的侧面装甲带。1921 年，"符腾堡"号被转移到了位于汉堡的罗斯港区（Roßhafen），并于 1921 年 6 月至 7 月期间完成了实质性的拆除工作，从而满足了 7 月 31 日的最后完工期限。最终，"符腾堡"号战列舰拆除并销毁了舰上装甲（仍临时存放在舰上）以及舰上主要设备，锅炉也被就地切割拆解。不过即使在拆除工作正在进行的那个阶段，仍然有一些公司希望能买下并改装使用剩余的舰体，将其作为油船或驳船使用。所以人们一致认为，虽然舰上的鱼雷舱壁不可避免地存在孔洞，但这些孔洞还是可以用薄板进行覆盖密封以使其做到油密状态。

"斯佩伯爵"号巡洋舰也于 1919 年 6 月底从但泽港被拖到了基尔，随着但泽市地位的改变，其他大多数原德国海军舰艇也被拖到了基尔港，只有上面提到的少数老旧的舰只被留在了后面。虽然舰上的锅炉已经全部安装完毕，但涡轮机却留在了希肖造船厂。"斯佩伯爵"号的侧面装甲带以及当时已安装到位的装备和部件在抵达基尔港后不久就被拆除了，舰上的燃煤锅炉和一些舱壁在 1921 年 2 月之前也被拆除完毕（为了将来可能的商业运输用途，舰上燃油锅炉还是被保留了下来）。4 月份，拆除部分设备后的"斯佩伯爵"号舰体与未完工的巡洋舰"马格德堡"号和"弗劳恩洛布"号并排停靠。1921 年 7 月 31 日 NIACC 方面规定的最后期限到来后，舰上其余的锅炉被就地拆解，防护舱壁进行了穿孔，部分装甲甲板也进行了切割。最终"斯佩伯爵"号巡洋舰于 1921 年 10 月 28 日被变卖，并于次年在基尔 - 北堤码头拆解完毕。

1920 年初，"马肯森"号巡洋舰上的锅炉和发动机被施工工人切割拆解，侧面装甲带也被拆除。随后，该舰被移交给了帝国信托公司（Reichstreuhandgesellschaft），后者将舰体移至罗斯港码头，当地已经停泊了"代舰 - 芙蕾雅"号和未完工的鱼雷艇 B123 和 B124 号。1920 年 8 月 28 日，"马肯森"号又根据一份拆船合同被转售给了一家财团。到了 1921 年 8 月，拆解工作已经取得了显著进展，当时只有内外部舰体底部是完好无损的状态，而舰体上已经到处杂乱堆放着大块的破碎的装甲板。拆除工作完成后留下的舰体遗骸（连同鱼雷艇一起）于 1921 年 5 月从罗斯港区转移到了更偏远的沃尔特斯霍夫港区（Waltershofhafen），然后在 10 月里被再次转卖进行最终的拆解[①]，原本在罗斯港区的锚位则被"符腾堡"号所占据。

"代舰 - 芙蕾雅"号于 1920 年 3 月下水以腾出船台滑道。有意思的是，当时该舰被命名为"诺斯克"号（Noske），这一舰名来自一周前刚刚辞去国防部长一职的古斯塔夫·诺斯克（Gustav Noske，1868—1946 年）。1921 年年初，"诺斯克"号在罗斯港区开始了实质性的拆解工作，到了当年夏天，舰体已整体截断，舰艉已完全拆除完毕。当时的"符腾堡"号恰好就停泊在该舰一旁，正等待着自己类似的命运。

与此同时，"代舰 -A"号仍然停留在船台滑道上，舰上两个锅炉房的锅炉都已安装到位。到了 1920 年 9 月，舰艏已被截短了 30 米（位于第 146 段位置），但到 1921 年 5 月舰上锅炉仍然在原处未进行拆除，到 NIACC 规定的截止日期前是必须予以拆除的。同时，舰艉 30 米长的一段也被截去。关于如何处置剩余的舰体，最终建议是改成一个两端为方形的浮式油罐船，而舰上的鱼雷舱壁应该像"符腾堡"号一样被打孔连通起来并重新密封好。然而最终，"代舰 -A"号还是在滑道上被就地拆解了。

① 布雷尔对该舰由库巴茨船厂拆解报废的情况进行过详细描述（参见：Breyer, Battleships and Battle Cruisers, 1905 - 1970, p.282）；格罗纳则在著作中给出了"马肯森"号在基尔港最终拆解报废的具体地点（参见：Gröner, German Warships 1815–1945, I, p.58）。然而，在 NIACC 的有关记录中并没有提到二者任何的转移情况。已公布的历史照片显示，"马肯森"号和"斯佩伯爵"号似乎曾在基尔港并排停靠过，参见：G Koop and K-P Schmolke, Die grossen Kreuzer: Von der Tann bis Hindenburg (Bonn: Bernard & Graefe, 1998), pp.135, 137。事实上"马肯森"号、"萨拉米斯"号、"符腾堡"号和"代舰 - 芙蕾雅"号当时都在汉堡。

"萨拉米斯"号

　　除了原德国海军未建成完工的舰只外，在汉堡还有一艘状态堪忧的"萨拉米斯"号[①]。由于建造完工后就可以作为作战舰只服役使用，"萨拉米斯"号其实并未被协约国遗忘。1920 年 8 月，协约国方面要求希腊当局说明他们对这艘未完工舰只的处置打算。1920 年 10 月，协约国大使会议确定，由于这艘舰是按照外国订单建造的，因此不属于《凡尔赛条约》第 186 条中规定的内容，因此条约条款并不反对这艘舰在不配备武器和装甲的情况下继续建造，而关于这艘舰未来的处置方式，则将完全交由希腊政府和伏尔铿船厂之间协商决定。

　　在协约国方面做出这一决定后，希腊政府随即致函德国伏尔铿船厂，表示考虑到该舰现已老旧过时无法满足需求，希望能够取消合同，但随后双方的谈判并不成功。1923 年 7 月，在希腊—德国混合仲裁法庭（根据《凡尔赛条约》第 304 条设立）上，希腊政府声明：由于"萨拉米斯"号舰体已经陈旧过时，同时根据《凡尔赛条约》第 192 条的规定，伏尔铿船厂方面将无法履行其按照合同约定应承担的义务。1925

年 8 月，仲裁法庭宣布，根据《凡尔赛条约》第 192 条的规定，希腊政府方面依据上述这些理由提出的要求无效，因为条约第 192 条并没有禁止出口无武装和无装甲的舰只，而且希腊政府方面提出的有关该舰陈旧过时的理由被夸大了，因此没有足够的理由支持其单方面取消合同。与此同时，考虑到 1924 年希腊未能与土耳其达成海军军备限制协定，因此也没有力挺希腊方面的必要。在对伏尔铿船厂进行问讯后，协约国方面认为该船厂应将该舰继续建成，以此作为对"严君塞利姆苏丹"号巡洋舰可能进行改装的某种回应。

然而，心有不甘的希腊政府试图利用一项禁止出口军备物资（包括为战争目的而建造的舰只）的新德国法律以扭转这一局面。但由于 1927 年 7 月通过的新法规（并与协约国大使会议达成协议）明确排除了 1914 年 8 月 1 日以前下水的外国订购建造舰只合同（当时尚存的唯一的订购合同便是"萨拉米斯"号的合同），这一努力也遭到了失败。然而，《凡尔赛条约》第 140、第 190 或第 192 条是否禁止这类舰只最终交付的问题仍未明确。而随着 1927 年 1 月底协约国军事管制委员会的解散，获得权威性仲裁的机制也变得更不明确。由于预期将会出现对自身有利的结果，伏尔铿船厂方面及时宣布，加装武器和装甲的工作将很可能在位于英国的船厂码头进行，位于达尔缪尔（Dalmuir）的彼得莫尔（Beardmore）船厂成了主要的备选承包商。然而，希腊方面随后于 1927 年 9 月将此事提交到了国际联盟理事会（Council of the League of Nations），试图让国际仲裁法院（International Court of Justice）出面解释上述这些尚未明确的条款。

1928 年，希腊政府注意到归属土耳其方面的"严君塞利姆苏丹"号巡洋舰开始了整修改装工作（参见"安纳托利亚的终章"一节），其重新服役之日也是近在眼前。考虑到这一点后，希腊方面不得不对伏尔铿船厂的提议做出积极回应以尽快达成妥协。其中一个选择是将"萨拉米斯"号继续建造完成并对其进行现代化改装，船厂方面还承诺提供一艘 20000 吨级的浮船坞，费用由 1928—1931 年希腊方面支付的赔偿款项冲抵。希腊海军部长对这一解决方案持强烈支持态度，当时的一份研究报告也指出具备现代化作战能力的"萨拉米斯"号巡洋舰将会成为"严君塞利姆苏丹"号的强劲对手。然而另一些人则表示反对，他们认为更应该保留的是"基尔基斯"号和"利姆诺斯"号战列舰，而不应将其除籍报废。

到了 1929 年，关于交易私下达成的流言开始四散开来，当年 8 月的一份荷兰报纸上提到，"萨拉米斯"号的重修工作实际上还是启动了，只是最后还没能彻底完成，究其原因，还是在 1928 年和 1930 年希腊和土耳其签署的协议中，最终解决了许多双方之间悬而未决的问题。无论如何，1929 年发生的变故意味着修船资金已经是无以为继了。正是在这一背景下，1932 年 4 月 23 日，仲裁法庭拿出了一种务实的裁决办法，那就是宣告该合同无效，将该舰的所有权赋予伏尔铿船厂，后者不仅将保留已付的资金，同时还将从希腊人那里收到相当于 30000 英镑的款项。在保有该舰所有权的同时，船厂在拆解变卖舰体的过程中也未受到损失。

"斯卡帕舰队"的最终命运

按照原本的计划，沉没在斯卡帕湾的德国舰只残骸应该就地保留在原来的位置。

然而其中一些舰只残骸对过往船只的航行构成了一定威胁，再加上这些舰体中废料的价值也不可忽视，于是从 1922 年起，人们开始打捞其中一些舰只，先是鱼雷艇，然后是大型主力舰[①]。1924 年 1 月 25 日，英国科克斯 - 丹克斯拆船厂（Cox and Danks）买下了其中 27 艘鱼雷艇以及"兴登堡"号巡洋舰，随后又于 9 月 25 日买下了"塞德利茨"号（每艘大型巡洋舰的价格为 3000 英镑，卖家为英国海军部。正如上文指出的，英国海军部已将位于斯卡帕湾的原德国舰只残骸也作为战败德国舰队中的一部分）。这两艘大型巡洋舰露出水面的部分较大，因此看起来也是最容易处理的。

然而事实证明并非如此——作为一艘竖直坐沉的舰只残骸，"兴登堡"号看起来应该通过密封和抽排海水的方式进行打捞，然后就可以拖走处理。或者按照较早的计划，使用浮筒进行进一步打捞。打捞工程于 1926 年年初开始展开，到当年夏季因煤价上涨引发的大罢工而暂时停止，后来这个问题是通过切开"塞德利茨"号左舷暴露出水面的燃煤仓取出燃煤而得到解决的。

"兴登堡"号的舰体开口被工人们用混凝土堵住（舰上所有阀门都无法关闭），抽排水作业进展顺利，但在舰体起吊上浮过程中很难保持其稳定性，舰体存在极大的倾覆危险。1926 年 9 月，海上风暴又对舰体造成了一定程度的破坏，"兴登堡"号的打捞工作也只得暂时搁置。

随后，人们把注意力转向了"毛奇"号巡洋舰。8 月 28 日，英国人以 1000 英镑的低廉价格买下了这艘舰的舰体残骸。当时"毛奇"号倒扣在海底，船底与水面几乎平齐。针对"毛奇"号的沉没状态，打捞工人决定封住船底开口，给舰体内部注入压缩空气，就像 1919 年 9 月在塔兰托港打捞意大利海军战列舰"列奥纳多·达·芬奇"号（Leonardo da Vinci）和 1925 年 12 月在多佛港打捞英国皇家海军炮舰"格拉顿"号（Glatton）时采用的方法一样[②]。经过一番尝试后人们发现，要想打捞成功不仅要简单地堵住可见的舰体开口，还要在船底打洞以便安装气闸，从而确保舰体能被安全抬升，同时确保打捞出水后的舰体能保持漂浮状态。这还包括将舰体内部划分成一系列水密舱段，从而使得在舰体抬升过程中能够进行一定程度的控制。最终，"毛奇"号的舰体残骸于 1927 年 6 月 10 日当天被成功打捞浮出了海面。

① 关于原德国公海舰队舰只的打捞和报
废情况的主要资料来源为：S C George,
Jutland to Junkyard (Cambridge: Patrick
Stevens Ltd, 1973)；I Buxton, Metal
Industries: shipbreaking at Rosyth and
Charlestown (Kendal: World Ship Society,
1992)。另可参见：G Bowman, The Man
Who Bought a Navy: The Story of the
World's Greatest Salvage Achievement
at Scapa Flow (London: Harrap, 1964;
republished by Peter Rowlands & Stephen
Birchall, 1998)。关于第一阶段工作的记
载和描述，参见：T Booth, Cox's Navy:
Salvaging the German High Seas Fleet at
Scapa Flow, 1924–1931 (Barnsley: Pen &
Sword, 2005)。

② 参见：M J Allen, 'The Loss & Salvage
of the "Leonardo da Vinci"', Warship
International 1 (1964), pp.23 - 26;
Buxton, Big Gun Monitors, pp.112 - 113。

而下一个重要阶段，便是截断或者清除上层建筑或武器装备的部分结构，以免舰体在拖航过程中意外搁浅触底，特别是要避免在计划将其拆解的罗赛斯码头内搁浅。那些竖直坐沉的舰体残骸可以在漂浮状态下拆解，随着舰体不断被切割拆除而减轻，舰体残骸将只剩下船体底部，这时就可以在干船坞内或者利用潮位进行最终的拆解。但以"毛奇"号当时的情况，动用压缩空气系统意味着一旦船体被切割开，其内部的空气就会立即流失，舰体残骸很可能会立即沉没。因此，所有翻沉在斯卡帕湾内的原德国舰只都不得不拖到码头船坞内进行拆解。就这样，"毛奇"号舰体内部非金属材料被拆下取出，其他高价值可变卖的金属部件则留在斯卡帕湾，剩下的舰体于1928 年春以 4 万英镑的价格转卖给了英国阿洛厄（Alloa）拆船公司。5 月 18 日，"毛奇"号舰体在三艘拖船的拖曳下离开斯卡帕湾，于当月 21 日抵达罗赛斯港，四周后便开始了正式拆解工作。

在对"毛奇"号巡洋舰舰体的打捞取得成功后，人们决定在"塞德利茨"号上也使用同样的方法。但由于"塞德利茨"号的舰体已经发生扭曲，因此只能在侧倾的状态下对舰体进行打捞抬升。虽然打捞工作一开始看起来还比较成功，但由于一块修补板的脱落（由于之前从外露出海面的一侧舰体取走了 1800 吨钢材料），导致了

△虽然处于直立状态（不像其他主力舰），兴登堡的救助也被证明是复杂的，在这个过程中，它的上层建筑（包括 B 炮塔）被移除。有人看到它于 1930 年 8 月 27 日从第四大桥下经过，当时它正准备前往罗斯进行拆解（作者本人收藏）

△ 1934 年 4 月，"巴伐利亚"号抵达福斯，等待在罗赛斯港码头的干船坞内进行拆解（作者本人收藏）

内部舱壁坍塌、舰体完全倾覆的连锁反应。因此，"塞德利茨"号的实际打捞过程与"毛奇"号是非常相似的，只是需要在舷侧加装一些浮筒以补偿拆除钢板后的浮力损失。1928 年 11 月 2 日，"塞德利茨"号舰体成功浮起，原本计划在 1929 年 5 月 11 日拖至罗赛斯港拆解，但后来还是在斯卡帕湾内就地进行了。

　　与此同时，1929 年 3 月 20 日打捞成功的"德皇"号采用的是当时已经成为标准的打捞作业程序，7 月 20 日该舰的舰体被拖到了罗赛斯。在完成了上述各舰的打捞工作后，参与打捞作业的工人们又于 1930 年 1 月重新开始了打捞"兴登堡"号的尝试。该舰的桅杆和 B 炮塔都被拆除以减轻重量，经过了大量抽排水作业后，最终于 7 月 22 日被打捞浮起，8 月 23 日被拖走转售给了金属工业公司（Metal Industries），该公司便是 1929 年 11 月完成正式更名的阿洛厄公司。

　　接下来要打捞的一艘原德国海军主力舰是"冯·德·坦恩"号巡洋舰（大型巡洋舰大多沉没于相对较浅的水域中），打捞工作于 1930 年 12 月 7 日完成。随后是 1931 年 7 月 9 日被打捞出水的"路易特波尔德摄政王"号战列舰。不过，两艘被打捞出水的舰体都暂时停靠在斯卡帕湾内，由于当时市场上废钢铁价格一路下跌，使得将二者出售给金属工业公司的交易变得无利可图。于是，这两艘舰的舰体便一直暂存在莱尼斯（Lyness），等待着市场行情的好转。最后到了 1933 年初，他们最终被出售给了金属工业公司，"路易特波尔德摄政王"号战列舰于 5 月抵达罗塞斯，"冯·德·坦恩"号巡洋舰也于 7 月抵达。当时，金属工业公司还收购了科克斯 - 丹克斯公司位于斯卡帕湾内的资产，自此开始了对斯卡帕湾内原德国海军舰只残骸的独家打捞工程。

　　1933 年 11 月，"巴伐利亚"号的舰体残骸以区区 750 英镑的低廉价格成交，10 个月后被成功打捞出水。当时"巴伐利亚"号的舰体残骸不像其他被打捞出水的更轻型的主力舰那样还基本保留着主炮武器，该舰的主炮炮塔已经遗失在了斯卡帕湾的海底[①]。1934 年 6 月，金属工业公司又以相同的价格一口气买下了 8 艘原德国海军主力舰的舰体残骸，其中包括 1934 年 6 月购买的"弗里德里希大帝"号和"大选帝侯"号，同年 11 月购买的"阿尔贝特国王"号和"皇后"号，1936 年 4 月购买的"德弗林格尔"号、"国王"号、"威廉王储"号和"边境总督"号。此后的每年春夏时分，都会有一艘原德国海军主力舰的舰体残骸被打捞出水——1935 年 7 月"阿尔贝特国王"号打捞成功，1936 年 5 月是"皇后"号，1937 年 4 月是"弗里德里希大帝"号，次年 4 月是"大选帝侯"号，1939 年 7 月被打捞出水的是"德弗林格尔"号。然而，这些被打捞出水的舰体还没来得及离开斯卡帕湾，第二次世界大战便爆发了，这意味着罗赛斯码头的干船坞只能专用于英国皇家海军舰艇的支援保障。因此，"德弗林格尔"号只得被拖到雷萨岛（Rysa）的后方正对着霍伊岛（Hoy）的锚地内等候处置[②]。

　　由于战事吃紧，对废金属的需求十分急迫，这就意味着关于"德弗林格尔"号未来命运的问题被多次提出来重新讨论，但实际上后来什么也没做。毕竟罗赛斯干船坞是一项重要的战争资产，因此不可能连续几个月被拆解废旧舰只的工作占用，而关于将"德弗林格尔"号报废在潮汐泊位内（或是更为偏远的干船坞内）的提法，包括将其拖至比罗赛斯港更为偏远的锚地保留下来的建议，也出于一系列现实原因而被驳回了。

① 计划据此建立一处名为"寻迹苏格兰"的历史纪念遗迹，参见 2001 年 3 月 23 日发布的项目提案书（HY30SW 8014）。

② 关于打捞出水后的处置详情，参见：A M Dodson, 'Derfflinger: an inverted life', Warship 2016。

△1931 年，"兴登堡"号最后留存的一部分舰体残骸从码头转移到罗赛斯海滩上遗弃（作者本人收藏）

① 关于这部分内容，参见：I Buxton, 'Admiralty Floating Docks', *Warship 2010*, pp.27 - 42。

② 关于 1919 年之后的相关史料，参见：英国皇家古代与历史遗迹委员会（Royal Commission on the Ancient & Historical Monuments）网站（www.rcahms.gov.uk）上关于各舰所在地点的资料（"国王"号地点编号 HY30SW 8004，"威廉王储"号地点编号 HY30SW 8008，"边境总督"号地点编号 HY30SW 8007）。

③ 这些巡洋舰的打捞权起初于 1962 年被售予南迪海洋金属公司（Nundy Marine Metals），后来于 1979 年被转包给了水下工程联营公司，又于 1981 年被移交给了克拉克潜水服务公司。到了 1985 年 9 月 17 日，打捞权按照合同条款已经到期失效，上述这些舰体残骸按照国防部要求被转交给奥克尼群岛理事会（Orkney Islands Council）。2001 年起当地人开始将这些巡洋舰和战列舰的残骸一同纳入战争遗迹保护计划。

④ 参见"寻迹苏格兰"项目 2001 年 3 月 23 日发布的项目提案书。"边境总督"号是这些舰体残骸中保存条件最好的一艘。

就这样，直到第二次世界大战结束时，那些倒扣沉没在水下的德国巡洋舰的舰体残骸仍然静卧在斯卡帕湾的海底。虽然后来盟军方面希望将这些舰体残骸转移到罗赛斯，但是当地的码头仍然腾不出合适的地方，这意味着要重新安置这些舰体残骸就必须找到一个可行的替代方案。

1946 年 7 月，人们又想到了一个新的解决办法——当时在克莱德港腾出了一个富余可用的 32000 吨级的浮船坞（AFD.4）①，经确认是可以容纳"德弗林格尔"号巡洋舰的残骸的。该舰舰体残骸的交易合同签署完成后，"德弗林格尔"号即于 9 月 7 日被拖往克莱德，12 日顺利抵达。在码头附近靠泊停留了数周之后于 11 月 12 日正式进入码头停靠。11 月 15 日，"德弗林格尔"号被转移到了金属工业公司位于法斯莱恩（Faslane）附近的新拆船码头，在接下来的 15 个月里，"德弗林格尔"号巡洋舰最终被完全拆解。

此后，那些被遗留在斯卡帕湾海底的其余德国海军舰只船底都被炸药爆破，然后使用抓索取出了舰体内部有价值的材料（特别是有色金属材料和装甲板）等，舰体残骸则再也没有被打捞出水过②。20 世纪 70 年代，英国人就在一些战列舰残骸上实施了这样的水下作业，如 1979 年的水下工程联营公司（Undersea Associates Ltd）。该公司与金属工业公司的工程合同于 1981 年被转包给了克拉克潜水服务公司（Clark Diving Services）。到了 2001 年，人们开始意识到这些水下舰体残骸所具有的历史意义和重要性（包括其余四艘小型巡洋舰的残骸）③，于是决定将其开发为历史遗迹，并对其进行保护以免受进一步的损害④。

△"德弗林格尔"号的舰体残骸于1939 年 7 月打捞成功，这也是最后一艘打捞出水的原德国海军主力舰。由于二战的爆发，该舰直到1946 年才开始拆解。当该舰被拖到 AFD.4 号浮船坞时，舰体处于压缩空气浮筒提供浮力下的倒扣漂浮状态，这样是无法就地进行拆解的。图中可见另一艘日德兰海战的参战老舰"铁公爵"号，当时也正在码头进行拆解（**作者本人收藏**）

新一代的德国海军

到了 1919 年秋，六艘现存的战列舰将被编入战后新一代德国海军舰队序列，即"汉诺威"号、"西里西亚"号、"石勒苏益格 - 荷尔斯泰因"号、"布伦瑞克"号、"黑森"号和"阿尔萨斯"号。各舰都从基尔被拖曳到了威廉港。1920 年 3 月，经过商议，协约国方面准许德国再多保有两艘武器完备的战列舰（以及额外两艘巡洋舰、四艘驱逐舰和四艘鱼雷艇）[1] 加入预备役（《凡尔赛条约》第 181 条先前曾要求所有预备役舰只全部解除武装），这两艘战列舰便是"普鲁士"号和"洛林"号。当时这两艘舰实际上都早已拆除武器并改为仓储船封存在港多时（分别位于基尔和威廉港）。因此，除了"德意志"号被变卖拆解之外，所有布伦瑞克级和德意志级幸存的同级舰将来都有重新服役的可能性。然而，受资源短缺的限制，战后的德国海军同时拥有超过四艘具备完全作战能力的战列舰几乎是不可能的，那两艘已被改为仓储船的战列舰也从未重新服役过。

到停战时，"汉诺威"号是德国海军剩下的唯一一艘条约允许且仍具备作战能力的主力舰，也是第一艘重返舰队服役的一战时期的战列舰。1920 年，德国海军在威廉港正式接收该舰并将其编入舰队序列，1921 年 2 月该舰重新服役，当时基本上没有改变战时状态，舰上仅仅只是缺少了后部加高的罗经室和几门 88 毫米口径火炮而已。舰艉上部结构和前方上部结构上的开放式炮位都被拆除，舰上鱼雷发射管也无法继续使用。重新服役后，"汉诺威"号先是担任波罗的海舰队旗舰，一开始以斯维内明德为基地，后来于 1922 年改在了基尔。

[1] 后 10 艘舰分别是"尼俄伯"号、"宁芙"号、S19 号、V6 号、T175 号、T170 号、T89 号、T88 号、T86 号和 T85 号。

▷一战结束后首艘重新服役的战列舰"汉诺威"号于20世纪20年代造访奥斯陆时拍摄的照片，其战时状态下的船楼布局基本未变（盖尔·哈尔收藏）

与之形成鲜明对比的是，"布伦瑞克"号战列舰自1917年起就被解除了舰上武装成为住宿船，到1920年时状况已经是相当糟糕了。当该舰跟随"汉诺威"号进入威廉港码头时，该舰迫切需要进行更彻底的大修和重新武装。因此，虽然"布伦瑞克"号于1921年12月重新入列，但直到1922年3月1日才算真正重新加入战后的德国海军舰队。该舰起初担任北海舰队旗舰，1923年成为德国海军舰队旗舰。与一战时期的状态相比，战后的"布伦瑞克"号最明显的改变是对舰桥和前桅楼进行了扩建，后方上层甲板上的两座170毫米口径炮炮塔也换装为两具500毫米口径可旋转鱼雷发

▽重新服役的"阿尔萨斯"号战列舰，注意其上层甲板上的所有副炮炮塔都被拆除（作者本人收藏）

△ 20世纪20年代摄于威廉港的"布伦瑞克"号战列舰。图中可见其后方上层甲板处的一对副炮已被拆除（**作者本人收藏**）

◁前桅改装后的"黑森"号战列舰，其形态与其他重新服役的主力舰有所区别（**盖尔·哈尔收藏**）

射管。"布伦瑞克"号在280毫米口径炮炮管下方的前主甲板炮廓中还加装了两具同型鱼雷发射管，原来的水下鱼雷发射管则予以拆除（一战时期的经验表明，这对一艘主力舰的水下防御能力是不利的）。舰上只有六门88毫米口径炮被保留了下来，安装在前后上层建筑上，所有主甲板上的开放式炮位则都被密封了起来。

1920年时的"阿尔萨斯"号战列舰也处于舰况恶劣的待修理状态，作为下一艘重新服役的主力舰，"阿尔萨斯"号与"布伦瑞克"号战列舰的改装情况有些相似，只是省却了上层甲板上所有170毫米口径火炮的炮位，同时后甲板下方的主甲板炮廓中加装了一对可旋转鱼雷发射管。1925年初，"黑森"号也重新加入舰队服役，舰上保留了原有的170毫米口径火炮，同时在前后四个炮廓位置加装了四具鱼雷发射管；"黑森"号上的筒式锅炉也被拆走，换成了一对燃油水管机组；舰桥的形态也与前两艘舰不同，前桅楼进行了明显的扩建，主桅上还增加了一个额外的探照灯。

旧式主力舰的整修

《凡尔赛条约》第 190 条中规定：

除本条约第 181 条规定的计划替换现役战舰的舰只外，禁止德国建造或订购任何新舰。

上述用于替换用途的战舰不得超过以下规定的排水量：

装甲舰——10000 吨；

轻巡洋舰——6000 吨；

驱逐舰——800 吨；

鱼雷艇——200 吨。

其中关于不同舰级舰只的替换方式具体为，除去遭受损失沉没的情况，战列舰和巡洋舰只能在 20 年服役期终结时才允许替换，驱逐舰及鱼雷艇则为 15 年，由下水之日起计。

① 关于当时各种设计方案的演变，参见：M J Whitley, *German Capital Ships of World War Two* (London: Arms and Armour Press 1989), pp.15 - 19。

▽ "布伦瑞克"号战列舰（近处）和"普鲁士"号战列舰于 1928 年 3 月在威廉港封存时拍摄的照片，图中可见舷侧有一艘退役后的瞪羚级小型巡洋舰（BA 102-10740）

如"布伦瑞克"号于 1902 年 12 月下水，那么只有到 1922 年底方可允许其他舰只对其进行替换。事实上，对战后新一代主力舰设计展开的首次研究始于 1920 年，而且在此后的十年里一直持续进行着①。不过，直到 1928 年才有新舰的建造命令下达，这意味着战后德国海军的第一艘新主力舰要到 1933 年才有望问世，因此很明显，那些旧式主力舰将不得不在下一个十年里继续为舰队效力。

1926 年 1 月 31 日，"石勒苏益格 - 荷尔斯泰因"号取代"布伦瑞克"号战列舰成为舰队旗舰，后者也进行了最后一次付薪。这艘新的旗舰于 1924 年 6 月在威廉港进行改装时，其改装的幅度比之前的任何一艘一战时期的主力舰都要大，就连外观也

发生了很大的变化——改装完工的"石勒苏益格 - 荷尔斯泰因"号安装了一个全新的管式前桅，这种管式桅最初曾在"国王"号上安装后，后来又在新型巡洋舰"埃姆登"（ⅲ）号上得到了进一步改进，前桅还加装了一个安装有 6 米测距仪的封闭式控制台，在扩建后的舰桥上也加装了一台这样的测距仪；主桅起初并没有进行改装，但到了1927 年还是将上桅拆除，中桅高度降低，前方烟囱旁的探照灯移到了第二座烟囱的前方位置，为此还把第二座烟囱的护套提升到了与前烟囱等同的高度；后方上层建筑也得到了明显的扩建，为舰上的舰队司令及其参谋人员提供了更大的住宿空间；至于这艘战列舰的武器装备，则仅仅只是重新安装了 280 毫米口径主炮。当"石勒苏益格 - 荷尔斯泰因"号战列舰计划进行改装的时候，当时所有尚存的 88 门 170 毫米口径火炮都已被分配完毕了。因此实际上，"石勒苏益格 - 荷尔斯泰因"号和"西里西亚"号接收到的都是由一批 150 毫米口径火炮组成的副炮炮组，而这些火炮最初是分批划拨给"维特尔斯巴赫"号、"策林根"号、"施瓦本"号和"罗恩"号巡洋舰的。此外，舰上上层建筑上的轻型火炮被缩减为八门，而且还加装了当时已经非常盛行的四联装鱼雷发射管。

　　战后时代的德国"国家海军"（Reichsmarine）的关键作用之一，乃是通过对内对外"宣示旗帜"的方式恢复德意志往日的威严与声望，因此德国人打算通过"汉诺威"号等舰的出航行动来展开这一计划。例如，"阿尔萨斯"号在国家海军服役六年期间，就在大西洋海域进行了三次部署，在斯堪的纳维亚半岛周边海域部署了三次，在地中海地区还部署过一次。这些远航行动还包括由"石勒苏益格 - 荷尔斯泰因"号战列舰率领的舰队出航行动，当时的编队中还包括有"汉诺威"号、"黑森"号、"西里西亚"号战列舰以及"亚马逊"号和"尼俄伯"号轻巡洋舰、"赫拉"号供应舰（原M135 号）、一定数量的鱼雷艇和扫雷舰。

△上："石勒苏益格 - 荷尔斯泰因"号经过改装后成为舰队旗舰，舰上换装了管式桅，上层建筑进行了扩建，同时还加装了副炮，但三烟囱的布局未变（盖尔·哈尔收藏）

△下："西里西亚"号战列舰的改装工作成本最为高昂。照片摄于 20 世纪 30 年代初的威廉港，当时该舰正缓缓通过被改装为靶舰的"策林根"号一旁，远处依稀可见"汉诺威"号（盖尔·哈尔收藏）

    最后一艘重新服役的主力舰"西里西亚"号进行了大范围的改装工作，其中包括加高烟囱及将前两座烟囱合并在一起，以尽量减少排烟造成的干扰，同时还彻底拆除了前部 88 毫米口径火炮的凸出炮座。1927 年 3 月 1 日，"西里西亚"号战列舰重新入列服役，并取代"汉诺威"号成为北海舰队的旗舰。"汉诺威"号随后也在威廉港内进行了改装，其中包括换装了"石勒苏益格 - 荷尔斯泰因"号和"西里西亚"号战列舰已经采用的管式桅，拆除了前部凸出炮座，但后部烟囱并未进行改装。该舰还将剩余的轻型火炮换成了安装在后部的四门 88 毫米 /45 倍径防空炮。

△ "石勒苏益格 – 荷尔斯泰因" 号
战列舰后期再次接受了改装, 包括
和 "西里西亚" 号一样对烟囱进行
了合并和加高, 摄于 1928—1930
年间 (**作者本人收藏**)

　　12 月, "石勒苏益格 - 荷尔斯泰因" 号也回到了码头入坞改装, 1928 年 1 月完工重返舰队序列。这次改装工程对舰上的烟囱进行了与 "西里西亚" 号战列舰相同的改动, 包括拆除这一位置的探照灯平台。在 1929—1930 年的改装期间, "黑森" 号战列舰将舰上的火控装置进行了升级, 用 6 米测距仪取代了舰桥测距仪, 同时进一步扩建了前桅楼, 将主桅探照灯移至前桅处, 并将与前烟囱并排的探照灯移至后方上层建筑位置。与 20 世纪 20 年代末仍在服役的其他旧式德国主力舰一样, "黑森" 号的主桅也被大大截短, 上桅被完全拆除。

是结局还是开端?

　　1930 年 2 月 25 日, "汉诺威" 号结束改装重返舰队, 而 "阿尔萨斯" 号则进行了最后一次付薪, 其同级姊妹舰中只有 "黑森" 号还处在大修改装状态。其中, "普鲁士" 号已经因舰况不佳于 1929 年 4 月从舰队名单中除籍。两个月后, 该舰名义上的替换舰 ("代舰 - 普鲁士" 号), 也是首艘新型装甲舰 (所谓的 "袖珍战列舰") ——后来的 "德意志" 号已经在基尔港铺设龙骨开工建造。"普鲁士" 号于 1931 年 2 月被变卖, 计划在威廉港拆解, 舰体中心部分 63 米长的一段则被保留了下来用于水下爆炸效果试验。后来, 人们给这段不完整的舰体取了一个绰号叫 "长方形" 号 (SMS Vikerkant, 意即 "陛下的方形舰"), 而且一直将其保存到了 1945 年 3 月 30 日。

　　下一艘新型主力舰—— "代舰 - 洛林" 号 (即后来的 "舍尔海军上将" 号) 直到 1931 年才获得批准开工建造, 其后是 1932 年批准建造的 "代舰 - 布伦瑞克" 号 (即后来的 "斯佩伯爵海军上将" 号)。按后续建造计划, 往后依次是 1934 年订购的 "代舰 - 阿尔萨斯" 号和 "代舰 - 黑森" 号 (分别是后来的 "格奈森瑙" 号和 "沙恩霍斯特" 号), 这两艘舰的设计方案进行了较大幅度的修改, 直到 1935 和 1936 年方案才被正式敲定

△接受了最后一次改装后的"汉诺威"号战列舰，注意其换装的与"西里西亚"号和"石勒苏益格－荷尔斯泰因"号相同的新前桅，但舰上烟囱并没有进行其姊妹舰那样的合并改装，舰上原有的 170 毫米口径副炮也保留了下来（**作者本人收藏**）

并铺设龙骨开工建造。"代舰 - 汉诺威"号和"代舰 - 石勒苏益格 - 荷尔斯泰因"号（分别是后来的"俾斯麦"号和"提尔皮茨"号）也迅速于 1936 年在船台上动工建造。因此，为了保证维持一支可用的作战舰队，至少在 20 世纪 30 年代中期之前，一些一战时代的德国前无畏舰还要继续站好最后一班岗。

不过，随着新舰终于陆续走上船台开工建造，旧舰的处置工作也因此可以继续展开。到了 1931 年 3 月底，"布伦瑞克"号、"阿尔萨斯"号和"洛林"号都已除籍。同年，"洛林"号被变卖后拖到汉堡港拆解，另两艘舰则一直封存到 1935 年，当时"阿尔萨斯"号的舰体被变卖后转移到不来梅港拆解，"布伦瑞克"号可能也是在那里迎来了最后的结局①。

一个新的十年

1930 年 1 月 1 日，德国海军北海舰队司令和波罗的海舰队司令的职位分别由原战列舰分舰队和侦察集群司令所取代。这就使得四艘具备作战能力的战列舰（起初分别是作为北海舰队旗舰的"西里西亚"号、舰队旗舰"石勒苏益格 - 荷尔斯泰因"号、"黑森"号和"阿尔萨斯"号战列舰，后者于 2 月初被替换为"汉诺威"号）单独组建成为一支新的分舰队。新的编队在新型轻巡洋舰"柯尼斯堡"号（侦察集群司令旗舰）和 10 艘鱼雷艇的护航下，于 4 月至 6 月间在大西洋和地中海海域展开了部署和活动。当年秋天，"石勒苏益格 - 荷尔斯泰因"号战列舰拆除了后方上层甲板的两门副炮，在后方上层建筑的顶部安装了四门单管 88 毫米 /45 倍径高射炮，原有的轻型火炮则被取而代之。第二年里，"西里西亚"号和"黑森"号战列舰也进行了这样的改装。

① 奇怪的是，关于该舰的最后处置似乎没有留下任何档案记录。

1932 年春，一支德国海军舰队部署到了挪威水域，不久后的 5 月 19 日，时任总
统的兴登堡出席了一场庆祝新型装甲舰"德意志"号下水的舰队阅舰式。然而，这
一系列的出航活动最终以 9 月 22 日完成最后一次付薪宣告了"汉诺威"号战列舰服
役生涯的终结。1936 年，"汉诺威"号计划在一处指定地点改装为一艘遥控靶船，但
是最终只改成了一艘拆除了武器的固定靶船（出于某种原因，保留了舰上两门 88 毫
米口径防空炮），后来更是拆除了前桅的所有上部结构和空的 280 毫米口径火炮炮塔。

与此同时，尽管剩下的三艘主力舰仍在继续海外访问，"最终"命运的到来却已
经是渐趋渐近。首先，"德意志"号于 1934 年 10 月 1 日取代"西里西亚"号担任战
列舰分舰队司令旗舰，后者于 1935 年 2 月至 4 月间接受了改装，包括将舰上的八座
位于最后部的锅炉换装为燃油锅炉，从而成为一艘海军军校学员训练船；随后，"黑
森"号于 11 月 12 日正式退役，由"舍尔海军上将"号接替其担任旗舰；1935 年 9
月 22 日，"石勒苏益格 - 荷尔斯泰因"号最后一次降下总司令将旗，但直到第二年
才被姗姗来迟的"斯佩伯爵海军上将"号接替从而正式结束其作为舰队旗舰的角色，
而在此期间，暂时由"赫拉"号供应舰（原为扫雷舰）担任舰队旗舰这一职责。

关于仅存的两艘

虽然"石勒苏益格 - 荷尔斯泰因"号和"西里西亚"号已年迈老旧，但对于战
后的德国海军来说仍然不失为有用的军事资产，前者也于 1936 年 1 月至 3 月间被改
装成为海军军校学员训练船。改装过程中，除了旨在适应新的职责而进行的内部设施
和结构的改动之外，舰上上层甲板位置剩余的两门 150 毫米口径火炮也被拆除，同时
被拆除的还有截至当时一直保留在舰上的炮廓鱼雷发射管和前方舷侧凸出部的 88 毫
米口径火炮。与此同时，改装期间舰上加装了四门 20 毫米口径防空炮，其中两门安
装在起重机两侧取代原有测距仪的位置，另两门安装在主桅后方平台上。在 5 月至 7
月间对"石勒苏益格 - 荷尔斯泰因"号的第二阶段的改装中，为配合其姊妹舰的改装，
舰上位于舰部的两个锅炉房也被改造成了燃油式。

▷"石勒苏益格－荷尔斯泰因"号
战列舰被改装成为一艘海军军校
学员训练船后的状态，摄于 1939
年 8 月底，当时该舰正在但泽港威
希塞尔明德堡（Weichselmünde
fortress）旁停靠（**盖尔·哈尔收藏**）

▷"石勒苏益格－荷尔斯泰因"号
与德国海军新一代战舰共同入镜：
图中可见"格奈森瑙"号战列舰，"纽
伦堡"号和"科恩"号轻巡洋舰于
1938 年 8 月 22 日聚集在基尔港
庆祝重巡洋舰"欧根亲王"号下水
时的情景，背景中可见国家游艇"格
里勒"号（Grille）（**作者本人收藏**）

▽结束改装后的"西里西亚"号战
列舰，摄于 1939 年。舰上拆除了
前部锅炉和烟道（**盖尔·哈尔收藏**）

随着改装工作的顺利结束，这两艘战列舰展开了漫长的巡航旅程——"石勒苏益格 - 荷尔斯泰因"号于 1936 年 10 月搭载 174 名海军学员前往南美洲和加勒比海地区开展了为期六个月的巡航，第二年里又绕非洲进行了一次远航任务，1938—1939年间，"石勒苏益格 - 荷尔斯泰因"号又回到南美洲和加勒比海水域。姊妹舰"西里西亚"号则在 1935—1936 年间前往佛得角（Cape Verde）群岛海域巡洋，1936 年到达北美和南美洲（包括绕合恩角航行），1938—1939 年又前往南美洲巡航。在最后一次远航任务起程前，"西里西亚"号战列舰再次进行了大修改装，这次拆除了舰上的前部（燃煤）锅炉，并改造了舰上的住宿空间以容纳更多的海军学员，将前烟囱的并联结构取消，这就形成了该舰与其他两艘姊妹舰有所区别的一大特征。

借助无线电遥控的复活

伴随着大战的结束，"策林根"号也在但泽港被改装成一艘军校学员训练船（1918年夏曾一度考虑令其取代"奥古斯塔女皇"号作为炮兵训练船使用）。当时舰上的炮塔已被舱面室所取代，但该舰仍然安装了一些 150 毫米和 88 毫米口径的火炮。1919年夏，"策林根"号和其他一些舰只一同离开但泽港，于 1920 年 3 月 11 日从舰队名单中除籍，但并没有立即对其进行报废处置，而是在威廉港中封存直至 1926 年。后来的"策林根"号被改装成一艘无线电遥控的靶船，这也是战后许多国家海军的通行做法之一。根据 1922 年《华盛顿海军条约》（Washington Naval Treaty）中的专门规定，某些战争剩余的战列舰可以作这类专门用途处置并予以保留。因此，英国人率先改装了"阿伽门农"号战列舰，然后是"百夫长"号；美国海军则改装重建了"衣阿华"号（Iowa）和"犹他"号战列舰[①]；日本人则对"摄津"号（Settsu）战列舰进行了类似的改装。

经过这次改装之后，虽然一开始还保留了舰上的战斗桅杆（后来后方战斗桅也用一根柱桅取代），但"策林根"号上的大部分上层建筑都被拆除。舰上的中部引擎

① 美国海军曾计划用"北达科他"号（North Dakota）取代"衣阿华"号，但没能实现。"北达科他"号最终被拆解（包括舰上引擎也被转移到了"内华达"号战列舰上继续使用）。在对"犹他"号进行改装的同时，该舰曾被简单地当作固定"哑"目标靶船使用，直至被搁置封存和最终报废。

▽"策林根"号战列舰被改装成了一艘靶船，但舰上原有的桅杆布局予以保留（**作者本人收藏**）

▷ 20 世纪 20 年代德国 "国家海军"
的另一艘靶船——来自旧 "巴登"（i）
号的舰体（WZB）

也被拆下，一对燃油水管锅炉代替了原来的 12 套旧式锅炉，而原有的前烟囱也被一座新的烟囱取代。为了在受创之后为舰体提供必要的浮力，舰上还配备了 1700 吨的软木材料。对于当时德国海军仅有的移动靶船（但仍然无法依靠自身动力航行）——萨克森级战列舰 "巴登" 号而言，新改装完成的 "策林根" 号无疑是难得而及时的补充。1928 年 8 月 8 日，时任德国总统的冯·兴登堡登上舰队旗舰 "石勒苏益格 - 荷尔斯泰因" 号战列舰，观看了首场由 "阿尔萨斯" 号作为射击舰、"策林根" 号作为靶船的射击试验。控制船一开始是 "箭"（iii）号（原 T139 号鱼雷艇，1937 年更名为 S139 号）和 "闪电"（iii）号（原 T141 号 /S141 号鱼雷艇），到了 1933 年又改为 "闪电"（iv）号（原 T185/V185 号鱼雷艇）。

随着战后德国重新武装步伐的不断加快，海军舰队对于目标靶船的现实需求已经越来越难以得到满足。有鉴于此，1935—1937 年，德国人又在威廉港将 "黑森" 号改装成了一艘遥控靶船。为此，"黑森" 号战列舰被拆除到几乎只剩下光秃秃的舰体，然后对舰艏部分进行了改造，将舰长增加了 10 米。舰上所有的机械动力系统都被拆除并更换为三套现代化的高压锅炉和两套涡轮机，可以提供 25000 轴马力的推进功率和最高 20.3 节的航速。舰上仅存的武器装备乃是一具 500 毫米口径的鱼雷发射管，安装这具鱼雷发射管也仅仅是用于试验目的（1940 年以后加装了两门 105 毫米口径防空炮），但与此同时该舰的防护力却由于现代化优质钢装甲材料的使用而得到了显著的加强，理论上这艘遥控靶船可以承受当时仍在建的俾斯麦级战列舰上 380 毫米口径主炮的打击。

改装过程中，"黑森" 号战列舰的前炮座被改装用来容纳绞盘，而后部炮座则用于容纳靶船控制机构，使其可以从遥控控制船 "闪电" 号上进行远程无线电控制操作。至于无线电天线则安装在现代化改装后的舰桥塔楼内，其后是支撑烟囱的舱面室。经过改装后，这艘原德国海军主力舰已经是面目全非，只有舰艏舰艉主甲板上的副炮安装位依稀彰示着这艘舰曾经显赫的身世。

△"黑森"号战列舰起初被改装成了一艘无线电遥控靶船（BA 134-B0708）

德国人还曾打算将另一艘原主力舰改装为供飞机空中打击的遥控靶船，"汉诺威"号和"石勒苏益格 - 荷尔斯泰因"号战列舰被曾列为候选改装对象。不过，"汉诺威"号的改装计划一直未能实现，后来作为水雷爆炸效果试验的目标而结束了自己的服役生涯。1944 年至 1946 年，"汉诺威"号的舰体在不来梅港拆解，但对于"石勒苏益格 - 荷尔斯泰因"号来说，却有着截然不同的命运等待着这艘曾经的战列舰。

再度参战

1939 年 8 月，"石勒苏益格 - 荷尔斯泰因"号将艏部的一门单管 20 毫米口径防空炮换装为相同口径的四联装高炮，这可能是一战后德国海军装备的第一套该型防空炮。8 月 24 日，"石勒苏益格 - 荷尔斯泰因"号从斯维内明德前往但泽自由市进行了一次短途航行。表面上看来这只是一次礼节性的访问，然而就在 9 月 1 日当天上午，该舰却突然对邻近的波兰韦斯特普拉特（Westerplatte）要塞开火，从而打响了第二次世界大战的第一枪。"石勒苏益格 - 荷尔斯泰因"号和"西里西亚"号战列舰都支援了德军对波兰的占领行动，直到当年 11 月才转为训练舰角色。大战初期的改装包括为"西里西亚"号加装了舰楼和后部炮塔位置的双联装 37 毫米口径高炮。1940 年 1 月至 3 月，"石勒苏益格 - 荷尔斯泰因"号和"西里西亚"号还承担了一系列破冰任务，4 月在丹麦地区实施的"威瑟堡"行动（Operation Weserübung，德军入侵挪威行动的一部分）期间，两艘战列舰又再次参与其中。

完成上述一系列作战行动后，两艘战列舰回到波罗的海地区，8 月相继在哥腾哈芬［格丁尼亚（Gdynia）］入坞维修。当时，德国人将这两艘战列舰的副炮拆下并安装在正在舾装的辅助巡洋舰上[①]。同时，"石勒苏益格 - 荷尔斯泰因"号还拆除了舰上所有的防空炮，用于加强汉堡地区的对空防御，而"西里西亚"号则只拆除了 37 毫米口径高炮。

① 关于哪些舰只配备了哪种火炮武器一直存在争议，参见：S Breyer, *Die Linienschiffe der Deutschland-Klasse*, Marine-Arsenal 45 (WölfersheimBerstadt: Podzun-Pallas-Verlag GmbH, 1999), p.20 n.3。

1941 年 1 月，两艘战列舰重新服役，执行了一些海上破冰任务，并于 5 月恢复
满员编制，为入侵苏联的"巴巴罗萨"行动做准备。为了适应未来作战服役的需要，
"石勒苏益格 – 荷尔斯泰因"号战列舰上的防空炮台被修复投入使用，四门 88 毫米口
径炮加上四门 37 毫米 /83 倍径双联装防空炮位于舰桥两侧，另外还加装了三门单管
20 毫米口径防空炮。随后，两艘战列舰都被部署在了丹麦海岸附近作为浮动炮台使
用，以防范红海军舰队在德军猛烈的攻势下可能采取的任何突围行动。不过，这次重
返战场的经历是短暂的。10 月里，两艘战列舰又一次在哥腾哈芬进入了封存状态。

不过，冬季的到来使得这两艘战列舰又不得不重新出航展开破冰行动。但这次"石
勒苏益格 – 荷尔斯泰因"号不太走运，因一次意外搁浅事故，舰体被撞开一个大洞，修
理工作先后在哥腾哈芬和威廉港展开并一直持续到次年 5 月，完工后又再次返回哥腾哈
芬港承担固定训练舰的职责。按照前一年里巴伦支海战役后希特勒关于退役所有重型舰
只的命令，"石勒苏益格 – 荷尔斯泰因"号于 1943 年 3 月 31 日完成了付薪。"西里西亚"
号则继续作为破冰船服役到当年 4 月，接下来是一系列训练航行任务（仍为固定训练舰）。
1943 年里该舰还在舰桥两侧各加装了一门双联装 37 毫米口径防空炮，1944 年上半年又
再次加装了一对 40 毫米口径炮、两门四联装和六门双联装 20 毫米口径防空炮。

到了 1943 年底，伴随着"沙恩霍斯特"号的沉没，德国人不得不重新考虑"石
勒苏益格 – 荷尔斯泰因"号的退役问题。对该舰较为有利的是，除了配备有大口径火
炮之外，舰上还保留了一些燃煤锅炉，在当时轴心国不断恶化的石油供应状况之下，
这使得该舰不至于像"西里西亚"号那样连进行海上训练的活动能力都要严重受限。
要知道早在 1939 年，"西里西亚"号上的前锅炉就已经被拆除，使得该舰彻底失去
了燃煤动力。于是到了 1944 年 2 月 1 日，"石勒苏益格 – 荷尔斯泰因"号又幸运地重
新服役，再次承担了该舰长期以来担任的海军军校训练船的角色。

然而，这两艘战列舰就连作为训练船的服役生涯也很快就会被纳粹德国日益恶
化的战场局势所改变——为了保护波罗的海上的轴心国运输船队不受盟军空中力量攻
击，1944 年年底，"石勒苏益格 – 荷尔斯泰因"号和"西里西亚"号战列舰都被推上
了海上前线，凭借舰上的防空炮火力（以及总体而言较为现代化的装备，包括新的
发电机等）加强轴心国运输船队的防空护航力量。

海上前线的最后岁月

　　1944年末，改装完工重新出现在世人面前的"西里西亚"号在上层建筑上用105毫米口径火炮替换了原有的四门88毫米口径炮，在舰桥两侧并排位置上又加装了两门[①]。轻型防空炮方面，40毫米口径防空炮数量从七门增加到了十门，双联装20毫米口径炮的数量从18门增加到了22门。单管40毫米口径炮的位置位于主炮塔顶部和舰艉，主桅战斗桅部分还安装有两门，此外舰桥上还有一对。在第二座烟囱旁安装了四联装20毫米口径防空炮，舰艏、艏楼和后甲板位置安装的则是双联装型。前桅上还加装了一部FuMO-25搜索雷达和一部FuMB-6雷达探测器。

　　但在"石勒苏益格-荷尔斯泰因"号上[②]，并未计划安装FuMB-6雷达探测器，其采用的火炮武器型号也有所不同。似乎舰艉位置的88毫米口径火炮被换装为单管105毫米口径火炮，而另两门88毫米口径炮则改为双联装105毫米口径火炮[③]；轻型防空炮则由10门40毫米口径防空炮，一对双联装37毫米口径炮和24（或26）门由四联装、双联装和单管方式安装的20毫米口径防空炮组成。然而出人意料的是，12月18日和19日在哥腾哈芬整修期间，"石勒苏益格-荷尔斯泰因"号被来袭的英国皇家空军"兰开斯特"重型轰炸机投掷的三枚炸弹击中，炸弹穿透了舰上的中央和左侧引擎室，在后部炮塔一旁的舰体上炸开了一个大洞。爆炸不仅造成全舰丧失动力，还因为引发了造成严重损坏的大火，舰员们进行抽排等损管措施的尝试在一周之后不得不放弃，最终舰只坐沉在了一片浅水中。该舰的正式付薪之日为1945年1月26日，同时正式宣告该舰全损。3月21日，"石勒苏益格-荷尔斯泰因"号残存的舰体被准备撤离哥腾哈芬的德军部队炸毁，"策林根"号在同一次空袭中也遭到了炸弹攻击，同样沉没在了浅水海域。不过该舰于3个月后被打捞浮起，于1945年3月26日作为港口封锁用途再次被凿沉，残骸于1949年至1950年间被完全拆解。

　　"石勒苏益格-荷尔斯泰因"号的损失恰恰是在德国海军"提尔皮茨"号战列舰被炸毁一个月后（特别具有讽刺意味的是，该舰曾经使用过"代舰-提尔皮茨"号的代用舰名），当时该舰和"西里西亚"号已经是纳粹德国海军仅剩的配备大口径主炮的水面主力舰了。其他主力舰则包括"吕佐夫"号（原"德意志"号）和"舍尔海军上将"号重巡洋舰。

　　1945年伊始，只有"西里西亚"号战列舰和两艘原装甲舰得以撤离，继续支援着德军地面部队，与一路高歌猛进的苏军进行着无谓的抵抗，然后陆续走向自己的末

① 部分参考文献 [如：G Koop and K-P Schmolke, *Die Panzerund Linienschiffe der Brandenburg-, Kaiser Friedrich III-, Wittlesbach-, Braunschweigund Deutschland-Klasse*（Bonn: Bernard & Graefe Verlag, 2001), p.181] 认为，当时只用两门105毫米口径火炮取代了原有的后部的四门88毫米口径炮；还有一张关于"西里西亚"号战列舰残骸的照片（Breyer, *Die Linienschiffe der Deutschland-Klasse*, p.35）的图释误将其标注为"石勒苏益格－荷尔斯泰因"号；另一张几乎与之同时期拍摄照片的图释犯下了同样的错误（B V Lemachko, *Deutsche Schiffe unter den Roten Stern*）。而在布雷尔编著 [S. Breyer, Marine－Arsenal Sonderheft Band 4 (Friedberg: Podzun－Pallas－Verlag GmbH, 1992)] 中的一张照片（第11页）里，则清楚地显示出位于该舰上层建筑两侧每侧每两个火炮炮位的情况。

② 参 见：S Breyer, *Linienschiffe Schleswig-Holstein und Schlesien: Die"Bügeleisen"der Ostsee*. Marine－Arsenal 21. (Friedberg: Podzun－Pallas－Verlag GmbH, 1992), p.35.

③ 关于计划中该舰的武器配备情况，在不同时期的不同出版物和文献当中同样存在诸多矛盾之处。本书参考的文献为：Koop and Schmolke, *Die Panzerund Linienschiffe der Brandenburg-, Kaiser Friedrich III-, Wittlesbach-, Braunschweig-und Deutschland-Klasse*, p.182；W Schultz, *Linienschiff Schleswig-Holstein: Flottendienst in drei Marinen*, 2nd edition (Herford: Koehlers, 1992), pp.258, 260.

◁二战末期在格丁尼亚沉没的"策林根"号残骸（**作者本人收藏**）

△二战时期德国海军最后一艘具备作战能力的战列舰"西里西亚"号于 1945
年 5 月 3 日在佩内明德港附近海域触雷（德克·诺特尔曼收藏）

△停泊在利耶帕亚（Liepāja）的"特塞尔"号（原"黑森"号），摄于 1955 年。
图中该舰与另一艘舰龄相仿的老舰并排停靠，这是一艘专门设计建造、1902
年在基尔港下水的工程训练 / 运输船"共青团员"号[Komsomolets，原"奥基恩"
号（Okean）]，其最后一次改装是在 1953—1954 年间，当时该舰的中间烟囱
已被拆除。这内艘船都将在 1960—1961 年间被报废除籍，当时两艘舰都已服
役近 60 年之久（鸣谢迪米特里·列马奇科）

△悬挂着苏联海军军旗在海上航行的"特塞尔"号（作者本人收藏）

△在芬兰湾内搁浅的"石勒苏益格－荷尔斯泰因"号的舰体残骸，摄于 1961 年
（鸣谢迪米特里·列马奇科）

路——首先是 4 月 9 日至 10 日，"舍尔海军上将"号在基尔港大修期间遭到空中轰炸而倾覆沉没；4 月 16 日，"吕佐夫"号同样遭到盟军飞机轰炸，沉没在了斯维内明德港的浅水区。就这样，随着大战进入最后几周的尾声，老迈的"西里西亚"号也就成了最后一艘具备作战能力的德国战列舰。但即便如此，这艘老舰的时日也不多了——1945 年 3 月 3 日，"西里西亚"号在佩内明德港（Peenemünde）外海不慎触雷，在由德国海军 Z39 号驱逐舰倒着拖曳前往斯维内明德途中，在格赖夫斯瓦尔德岛（Greifswalder Oie）附近海域搁浅。起初该舰被就地用作防空炮台使用，但不久发现左舷已大量进水无法抽排，于是只得自沉在了这片浅水中。舰体残骸在二战结束后逐渐被海水侵蚀损毁，到 1957 年之后，便只剩下少量的水下残骸碎片了。

不过即便如此，到二战欧洲战场的战事结束时，这也并非德国海军的最后一艘战列舰——"黑森"号当时仍然处于几乎完好无损的状态，只是根据《波茨坦协议》的条款，该舰属于被划归盟军所有的轴心国舰船之列。后来，该舰与其控制船"闪电"号一同被转交给了苏联方面，1946 年 1 月 2 日与轻巡洋舰"纽伦堡"号一同离开德国威廉港前往苏联。同年 6 月 3 日，"黑森"号在苏联海军中重新服役并更名为"特塞尔"号（Tsel），与"闪电"号[更名为"射击"号（Vystrel）]一同继续服役到 1960 年。到两艘舰从苏联海军舰队中除籍时，自"黑森"号铺设龙骨开工建造时算起已经过去了将近 60 年时间，该舰更是曾经在四支舰队和两国海军中服役，令人印象深刻。

"石勒苏益格 - 荷尔斯泰因"号的舰体残骸也落入了苏联人的手中——1946 年 6 月被打捞出水后拖到了塔林（Tallinn）。虽然该舰在 9 月 26 日这天名义上加入苏联海军序列之中，但并没有进行任何修理，结果于 1947 年 6 月 26 日沉没在了芬兰湾内。同年夏，另外两艘苏联方面打捞出水的原德国海军主力舰残骸也作为靶船被击沉，即"吕佐夫"号（原"德意志"号）和未完工的航空母舰"齐柏林伯爵"号（Graf Zeppelin）。然而，尽管这些舰只沉没的海域较深，"石勒苏益格 - 荷尔斯泰因"号还是被设法转移到了奥德

穆萨岛（Odemussar）附近纽格伦德湾（Nyu Grund）的浅水区，长期作为靶船目标使用。在接下来的二十年里，"石勒苏益格 - 荷尔斯泰因"号露出水面之上的甲板，不时地遭到苏联海空军的枪炮、导弹和炸弹的攻击。尽管已经是严重破损，其残骸至今仍然静静地卧在那片海域，自 20 世纪 70 年代以来已经完全沉入海面以下了[1]。

安纳托利亚的终章

能完好幸存到 1945 年之后战后世界的德国主力舰其实不仅仅是"黑森"号战列舰。例如土耳其海军的序列中当时就仍有"严君"号（1930 年的"严君塞利姆苏丹"号，1936 年更名为"严君塞利姆"号）赫然在列，而曾经的"图尔古特·雷斯"号巡洋舰也依然存在。根据土耳其奥斯曼政府于 1920 年 8 月签署的《色佛尔条约》（Treaty of Sèvres），土耳其分别向英国和日本方面投降，而在土耳其内战结束后，1923 年 7 月签署的新的《洛桑条约》（Treaty of Lausanne）则又将整支原奥斯曼帝国海军舰队交还到了土耳其人手中。

一战结束后的"图尔古特·雷斯"号已完全落后于那个时代，因此在位于格尔居克（Gölcük，靠近伊兹米特附近）的新船坞内进行了改装，并于 1924 年改装完工成为一艘训练船。到了 1927 年，在拆除了舯部和舰舷的炮塔和四门 88 毫米口径火炮后，又加装了三门 105 毫米口径火炮。被拆除的炮塔于 1936 年在达达尼尔海峡亚洲一侧古泽尔亚里镇（Güzelyalı）以东的海岸炮台上重新投入使用，并且这一炮兵阵

[1] M Trzcinski, 'The battleship that started World War Two', *Diver* (May 2009)<http://www.divernet.com/Wrecks/242302/the_battleship_that_started_world_war_two.html>

▷一战时代德国海军伟大的幸存者"严君"号（原"戈本"号）巡洋舰被改装成了一艘具有显著现代化防空能力的浮动炮台。在这张摄于1946 年的照片中，舰上的主炮已经拆除，舰体还采用了迷彩涂装，4 年之后该舰完成了最后一次付薪（作者本人收藏）

地仍然以"图尔古特·雷斯"的原舰名命名 [①]。1933 年，"图尔古特·雷斯"号被降级为格尔居克海军基地工人的一艘住宿船。1950 年，拆解工作在格尔居克就地展开，1953 年开始转而在伊兹密尔进行舰体拆解 [②]。

原"戈本"号（"严君"号）巡洋舰仍在伊兹米特港封存，舰上仅有两台锅炉处于可运转状态。直到 1926 年 12 月，土耳其方面与法国彭霍特（Penhoët）船厂签署了改装合同。1927 年，一套从德国吕贝克弗兰德船厂（Flender-Werke）订购建造的新浮船坞运到了格尔居克。1930 年，改装工作正式完成。"戈本"号安装了新的水管锅炉（仍为燃煤式）和新的法国消防损管系统。改装大修完工后，在 1930 年 3 月 17 日的试航中，"戈本"号曾以 26.8 节和 27.1 节的高航速分别持续航行了六个小时和四个小时。

20 世纪 30 年代，"严君"号巡洋舰曾被用于运送政府要员的重要任务，如奉命将土耳其总理伊斯麦特·伊诺努（Ismet Inoenue）从伊斯坦布尔运送至瓦尔纳，以及将伊朗波斯国王礼萨·巴列维（Reza Shah Pahlavi）从特拉布宗运送至萨姆松。1936 年 11 月，"严君"号巡洋舰曾出访马耳他；1938 年 11 月，"严君"号巡洋舰载着土耳其国父、首任总统穆斯塔法·凯末尔·阿塔图尔克（Mustafa Kemal Atatürk）的遗体从海达帕萨（Haydarpaşa）前往伊兹米特。1941 年，该舰再次接受了改装以加强防空能力，舰上加装了十门 40 毫米口径防空炮和四门 20 毫米口径防空炮，拆除主炮的同时在后部烟囱上加装天线，从而改善了防空武器的对空射界。后来，该舰又陆续加装了 12 门 40 毫米口径炮和 20 门 20 毫米口径炮。

在地中海海域参加完最后一系列的演习后，"严君"号巡洋舰于 12 月 30 日转为预备役状态，1950 年在格尔居克进行封存。1952 年，土耳其加入北大西洋公约组织，该舰也因此得以分配正式的舷号——B70，这也使得该舰成为当时唯一的一艘采用这种舷号的非美国海军主力舰。但到了 1954 年 11 月 14 日，该舰宣布报废，只是仍被系泊在格尔居克港内。有消息称 20 世纪 60 年代初联邦德国方面曾有意购买这艘舰，但没有任何当时的新闻材料可以为此提供佐证。另有报道说该舰曾计划于 1964 年在德国本土拆解，只是在权衡了拆解废料的价值与建造新舰的成本之后没有实施。

1965 年，土耳其方面对该舰的拆解工程进行了国际招标，但当时因价格原因直到第二年都未能达成协议。到 20 世纪 70 年代，关于该舰转至德国封存的争论仍在继续，拆船价格也未达成一致，结果就是该舰于 1971 年被出售给了塞曼公司（M.K.E.，Seyman），1973 年 6 月 7 日从格尔居克被拖走。同年 7 月至 1976 年 2 月间，该舰被彻底拆解，原德国公海舰队留存在海面上的最后一艘主力舰也就此向世人告别。

① M Fiorini, 'Turgut Reis Battery on the Dardanelles Strait', *Casemate* 102 (2015), pp.3 - 45. 其中将拆除炮塔的时间误为 1914—1915 年。

② 有资料［D Langensiepen and B Güleryüz, *The Ottoman Steam Navy: 1828–1923* (London: Conway Maritime Press, 1995), p.141］称，该舰在土耳其境外被切割为两半并报废。这实际上是将相关资料翻译成土耳其语过程中的误译所导致［参见：D Nottelmann, *Die Brandenburg-Klasse: Höhepunkt des deutschen Panzerschiffbaus*（Hamburg: Mittler, 2002），p.216 n.110］。

9 回顾
RETROSPECT

到了 1917 年时，所谓作战舰队从功能上看实际已经成为一种支援性的战术力量，例如在第三次赫尔戈兰湾海战中，战列舰就为轻型水面舰艇编队提供了支援（后来则是为实施海上贸易袭击战的潜艇提供支援），并支援了"阿尔比恩"行动中的两栖登陆作战。因此，与这一概念的始创者提尔皮茨所设想的作战舰队的关键战略本质相比，它一方面成了对海上贸易袭击战远距离上（且极远）的支援力量，从而完全改变了从几十年前就已经开始的关于舰队交战与海上贸易袭击战思想理论相互论战的结果[1]；而另一方面，作战舰队从某种意义上来说成了它在影响力和军备预算资金方面的强大对手——陆军的附庸。而最后一次从战略层面动用作战舰队以影响战后和平谈判的尝试——1918 年 10 月胎死腹中的一场"死亡之旅"计划，其最终结果当然是点燃了一场彻底摧毁德意志第二帝国的革命。

从普鲁士时代最初订购主力舰到一战后德意志第二帝国海军大结局之间的五十年里，稍加回顾我们就会发现，不断有不同设计思想的造舰方案最终建造完成并加入这支舰队，其中既有沿袭作战舰队基本战略/战术理念（至少是名义上）的造舰方案，也有思想理念调整变化的产物，特别是有时这些造舰方案会因国会提供的预算资金而被彻底颠覆。回到一开始，在当时国际局势紧张的大背景下，"阿米尼乌斯"号和"阿达尔伯特亲王"号的建造在很大程度上就是由二者的适用性所驱使的。从设计上看，两艘舰反映的都是设计建造一种配备中等水平装甲防护、装备少量中央火炮舰只的"观点"：其一是铁壳炮舰，这是一条长期发展路线的开始；而另一种则是已经进入其发展死胡同的木壳舰，这种舰只安装有固定的装甲防护结构，火炮可在舷侧之间转动。紧随其后投入使用的远洋舰也是当时主流舰型的标准例子，首先是舷侧铁甲舰（"弗里德里希·卡尔"号、"王储"号和"威廉国王"号），然后是中央火炮舰（"汉莎"号和德皇级）和有桅炮舰（普鲁士级），特别是后者，由最初的中央炮位设计思想进行了转变，反映了当时主力舰造舰思想上在更广泛范围的发展趋势，特别是在一些德国早期大型主力舰设计建造的发源地——英国。

与由此衍生而来的第一拨主力舰不同的是，萨克森级装甲舰代表的则是专为满足德国海军需要而设计舰只的首次尝试。尽管萨克森级的设计理念还存在一定缺陷，在设计中还是很好地强调了实际作战角色的需要，从设计指标的角度看也不失为一个有趣的设计，也因此催生出一型装备精良、拥有良好全方位火力的无桅式战列舰。然而，随着它们作战使命构想的过时，由此带来的一系列不良影响（包括巡航半径和航速，且因不可靠的机械动力系统而更为恶化）使其越来越不适合出海航行作战，结果便是旧式的有桅铁甲舰在一线舰队服役的时间要远远长于萨克森级舰力求实现的通用舰型所能达到的服役年限。从这一点上看，"奥尔登堡"号战列舰虽然因财政预算

① 参见：A Lambert, 'The Rise of the Submarine', *Warship XI (1987)*, p.193。

紧缩而缩小了装备规模，并且还是按照已经过时的中央炮位方案设计建造，但至少可以部署到本土以外的水域。

至于齐格弗里德级战列舰，则重复了为某一特定有限的作战任务而设计建造舰只的做法。只有在这类特定任务需求的基础上，才有可能从国会长期以来对海军造舰投资的质疑中获得相关主力舰的拨款。尽管如此，这批新舰还是向当时已显老龄化的德意志舰队力量注入了新的血液——该级舰的存在还在一定程度上实现了 1900 年的"舰队法"中真正主力舰级别舰型的"替换"。

自"威廉国王"号和德皇级战列舰诞生以来，直到勃兰登堡级战列舰的出现，德国海军才第一次获得了与外国海军对手同等的作战实力。而随着德皇弗里德里希三世级战列舰所体现出的向小口径主炮转变的趋势，这种宽泛的可比性却明显丧失了。不过，考虑到未来的海上战斗将在短距离上进行，以弹丸重量换取射速和火力的观念是完全正确的。在这样的射程内，240 毫米口径火炮与 280 毫米口径火炮武器的威力相当，而发射速率却可以达到原来的两倍多，对可能发射更重炮弹但射速更慢的对手造成的损伤也可能要大得多。只有在拥有更远射程、配备穿甲炮弹和更优良的火控系统时，这种 240 毫米口径的火炮才能与法国、俄国和英国皇家海军更大口径的主炮相媲美。对于维特尔斯巴赫级战列舰而言，在保留一个 240 毫米口径主炮组的同时，还采用了当时装甲防护技术所能提供的防御力方面的重大改进措施，其舰体侧面防护力更好。维特尔斯巴赫级舰的设计方案还为后来的主力舰设计提供了一套基本参考思路，在德国主力舰队仍存在的时间里，都一直得到沿用。

布伦瑞克级和德意志级战列舰的出现，标志着德意志海军舰队需要装备更大口径主炮的主力舰，但德国人最终使用的仍然是口径比他们的外国对手小 10% 的主炮，只是在火炮发射速率上依然保持着优势。另一方面，德国人还是按照这一思路增大了副炮的口径，出于装备数量等原因，并不会从根本上强化副炮的总体作战能力（实际上也违背了主炮上采用的最大限度发挥发射速率优势的原则）。德国人还配备了一种更为"科学"的反鱼雷艇轻型火炮，而且通过一系列试验证明，将其沿全舰舷侧尽可能低的位置布置更为有效。

然而不幸的是，与所有在理想化条件下进行的试验产出的通常结果一样，这种布局完全忽视了现实天气条件下的海况因素，从而导致配备这种武器装备的主力舰在许多海况恶劣的场合下完全无法使用它们。随着当时对手装备的鱼雷艇吨位的不断增加，88 毫米口径炮阻止敌鱼雷艇靠近的能力显得愈发不足，反鱼雷艇火炮的效能也进一步降低。不过在国王级舰上，这种火炮还是被保留了下来，只是缩水为上层建筑前方安装六门——显然无论出于何种目的，这点火力都是微不足道的。另一方面，实践充分证明，为无畏舰时代的主力舰保留适当规模的副炮（尽管其主要是基于与其他主力舰进行近距离海上决斗的作战理论）比起舰队护航舰只而言更能有效实施自我防御，其效能甚至要超过配备 76.2 毫米口径（12 磅）炮和 102 毫米（4 英寸）口径副炮的英国皇家海军第一代无畏舰。

在德意志第二帝国海军在役战列舰不断演进的同时，大型巡洋舰也已开始出现并投入使用。从并不十分成功的"奥古斯塔女皇"号开始，大型巡洋舰很快便成了一系列当时战列舰的快速袖珍版（主要是从总体火力和防护力上而言，而非尺寸和

△德国海军力量的再次迅速扩充需要耗费大量的资源，图为"海因里希亲王"号在基尔港进行舾装时的情景（NHHC NH 48243）

吨位）。这类舰只主要计划用于海外驻扎和作战，或是作为本土作战舰队的侦察支援力量使用，一些其他国家海军也令大型装甲巡洋舰承担这类双重角色。感受到形势紧迫性的德国人对这种舰只的需求是十分迫切的，这一点从德皇级甚至更老的"威廉国王"号被改建为巡洋舰的举措便可见一斑，就算其装备的主炮早已过时也并不在意。然而，这种对旧式主力舰进行改装的做法也并非德国人所独有，英国皇家海军也为相似类型和服役年限的 19 世纪 90 年代的老式主力舰换装过动力系统，更不用说还在一线舰队序列中保有一些舰龄更老和非现代化的舰只。虽然这些老舰名义上被称为是巡洋舰甚至战列舰，但并没有扮演真正的海上作战角色。

作战舰队需要由舰龄相对年轻的舰只组成的想法，乃是德意志第二帝国海军在近 20 年造舰计划中的主导因素之一，也是提尔皮茨所缔造的舰队法及其修正案的基石之一。由于这一构想天生具备的不灵活的本质，将一种完全基于绝对数量的舰队结构强加给了德意志第二帝国海军，如将舰只划分为"战列舰""大型巡洋舰"和"小型巡洋舰"，而不具备反映战术、战略和海军造舰技术发展所需的权衡与灵活性。这就最终导致了一种奇特的状况，那就是德皇最终被告知，他关于打造一支快速而防护力强大的战列舰 - 巡洋舰力量的想法是非法的，尽管这一构想从技术实用性角度上看已经得到了充分的证明！

舰队法中的一系列僵化的相关规定也进一步产生了令人意想不到的后果，基于对外国对手们发展的判断，新舰的发展演变和由此产生的每艘舰的实际建造成本大致稳定，这是舰队法概念潜在的理论基础。因此在无畏舰时代，每年新建造的舰只都必须在作战能力上比上一代有显著进步。防务领域的预算成本与通货膨胀的不变规律导致了造舰成本的不断上扬，甚至远远超过了以往的规划和假设。为了尽量消除成本溢出带来的不利影响，导致德国人在英国人开始改为配备 343 毫米（13.5 英寸）口径主炮之后，仍不得不为战列舰和大型巡洋舰分别保留 305 毫米口径和 280 毫米口径主炮。尽管其中一部分原因是预期未来海上战斗将多半在近距离射程内发生（实际上，无畏舰主炮的最大仰角要明显低于前无畏舰时代的指标），却极大地牺牲了火力指标。

　　然而，即便是这些努力也未能消除海军建设预算上的压力，尤其是与此同时陆军装备需求也在日益增长。结果，对过去几年和平时期造舰计划的限制催生出了一个继续向前推进的造舰方案，而这一方案已经远远落后于来自大不列颠的对手——即便是这一有限的造舰水平，实际上也是难以维系的。

　　虽然德国当时最新一代无畏舰和大型巡洋舰的攻击能力要逊于来自外国海军的潜在对手，但它们针对敌舰水面攻击的防护力在最初阶段其实是大致相当的，后来的德国舰只甚至要明显优于对手[1]。因此，尽管拿骚级与英国皇家海军柏勒罗丰级和圣文森特级战列舰具有同等的防护水平，赫尔戈兰级与英国猎户座级战列舰相比却并不占优。至于德皇级，则比英国皇家海军铁公爵级战列舰的防护水平明显高出一等，在后续的几型新舰中则继续保持着这一优势。不过实际上，德国海军从来也没有朝着美国海军内华达级战列舰那样的"要么没有，要么最好"的防护理念方向努力过。事实上，德意志第二帝国后期的主力舰装甲防护思想正是后来纳粹德国海军"沙恩霍斯特"号、"俾斯麦"号以及 H 级战列舰装甲防护方案的基础。

　　然而，德国无畏型大型巡洋舰的装甲防护力却都要比它们的英国对手们好得多。与之形成鲜明对比的是，到罗恩级巡洋舰时则要差了不少。到沙恩霍斯特级巡洋舰出现后，双方开始打了平手，而真正超越对手的乃是"布吕歇尔"号巡洋舰。产生这一变化的主要原因是由于德国人对新型巡洋舰的需求进行了更为现实的评估，认为其至少有一部分时间会出现在战列线上，英国人则并不这么认为。这到大战结束时，在美国海军巡洋舰的防护思想上仍有所体现，至少从列克星敦级（Lexington class）战列巡洋舰上看便是如此。

　　至于德国主力舰的水下部位的防护，包括装甲鱼雷舱壁和专门用来增强水下部分防护水平的煤舱，这与当时其他国家的主力舰是存在很大不同的，特别是在舰体内部广泛分布的分舱，它们在防护设计理念上要优于后者。不过，设计细节上存在的缺陷不容忽视，正如在日德兰海战中许多因中弹受损而大量进水的舰只、包括因逐步进水而最终沉没的"吕佐夫"号和近乎沉没的"塞德利茨"号的案例都对此给予了充分证明。在某些情况下，分舱结构的复杂性也对其实际有效性产生了明显的负面影响。

　　对水下鱼雷武器的重视也可能对舰体水下部位的防护力产生负面影响，从而成了导致"吕佐夫"号巡洋舰遭受重创的一大重要因素（尽管当时"塞德利茨"号上的一个水下鱼雷舱室在中弹后保持完好，实际上也有助于保持舰体的浮力）。在"巴伐利亚"号战列舰触雷受损后，鱼雷舱室的存在也导致了巨大的麻烦，于是后来在该舰和"巴登"号上，舰艏鱼雷舱都被拆除。另一方面，"戈本"/"严君"号巡洋舰在多处触雷受损而未修复的情况下仍继续出海执行任务，这也是对其水下防护系统在特殊情况下效果明显的最好褒扬。

　　考虑到这些现实情况，英国人为什么时常会高估德国主力舰的作战能力就显得特别值得玩味了。特别在第一次世界大战爆发时，英国人是从何推测出德国海军主力舰主炮口径不足的缺陷将通过大规模的重新换装而迅速得到弥补的呢？[2] 很明显，英国人完全无视了重型火炮研制生产过程中固有的时间因素（从当时十分先进的"萨拉米斯"号战列舰长期未配备火炮的例子便可见一斑），更不用说为主力舰更换主炮

① 参见：Campbell, 'German dreadnoughts and their Protection'.

② 参见：Friedman, *Fighting the Great War at Sea*, pp.192 - 194。

的技术性问题了。令英国人更加感到难以理解的是，德国人似乎并不热衷于加快舰只的建造进度，这方面的情报失误导致停战协议签署后英国人还执着地要求将当时未完工的"马肯森"号进行扣押，显然当时根本没有任何迹象表明该舰已经配备了动力系统，事实上该舰已经停工数月之久了。

英国人对德国海军主力舰的作战能力和可能实施的战术的评估也经常是存在根本错误的，其严重程度甚至到了导致重大战术失误的地步[1]。其中一个典型的例子是，英国人相信，德国人在舰队行动中会使用"布朗宁"式的密集鱼雷扇面齐射攻击（即向敌舰队大量发射鱼雷）。相反，德国海军其实是有一项要求的，那就是只对已充分确认身份的目标才能使用高价值的鱼雷武器。

英国人的另一个错误的判断，乃是将德国海军舰只为了避免与实力占优势的敌舰艇编队力量交战（而且是德皇本人的命令）而进行的掉头动作，视为意在将敌舰引入水雷场／潜艇陷阱（而德国潜艇在这种情况下的作战能力也被明显高估了）的战术机动。

德国公海舰队在战略和战术上采取的谨慎态度，基本上奠定了第一次世界大战期间北海地区海上战斗的基调，德国海军几乎所有的主力舰行动都是基于诱使英国大舰队实力逊于自身的编队出击、然后将其摧毁的战略意图。只有当大舰队的实力降低到双方可一较高下的地步时，德国人才会冒险与前者展开正面决斗。

这一策略唯一有望成功达成的机会出现在1914年12月，当时英国大舰队的分支编队不仅完全处于德国海军整支公海舰队掌握之下，而且大多数在建的英国皇家海军主力舰还远远没有达到完工的程度。至少在1915年上半年之前，德国人寻求双方旗鼓相当的努力一度是可期的。事实上，这一机会却被遗憾地浪费了，而且再也不会出现。1915—1917年期间，随着皇家海军伊丽莎白女王级、君权级和声望级的相继建成服役，英德双方水面作战舰只数量上的差距变得越来越大，战局对英国方面也越来越有利。

◁梦想的终结："赫尔戈兰"号战列舰被切割断开的主炮炮管被随意地丢弃在甲板上，当时该舰本身也作为英国人的战利品被封存废弃（**托马斯·W. 瓦尔德公司，斯图亚特·利思戈授权，参见网站：www.thoswwardltdresearch.co.uk**）

[1] 同上，参见第78—79页、第82—84页及第87—88页。

相反，正如前文已经指出的，德国人对大战爆发前就已经订购建造的舰只并没有采取任何紧急提升建造优先权的动作。因此，四艘巴伐利亚级战列舰只有两艘如期服役，这是第一种能与来自英国对手的主炮相匹敌的德国主力舰。虽然航速的重要性在德国人对未来主力舰的各种研究评估中得到了认可，但在马肯森级大型巡洋舰的加速建造问题上却并没有付诸真正的努力。这型主力舰在当时拥有速度、防护力和火力的理想结合，与英国皇家海军声望级相比，尽管主炮口径略小一些，数量却多出25%；航速方面虽说比设计指标慢了 3.5 节，但装甲防护方案却十分优越（包括厚度超出对手两倍的装甲带）。

大战爆发后的第一次海上交战发生时的射程对于德国人来说无疑是一个令人失望的"惊喜"，那些战列线上的远距离交战与近战的概念完全不同，而海上近战的作战思想是德国人战前就已经构想过的，也是其做出接受较小口径主炮和适度仰角决定的考虑因素之一。虽然在日德兰海战之后，主炮的仰角有所增大，但这仍然是微不足道的，也因此造成了英国大舰队和德国公海舰队之间在战争后半段的作战能力差距不断拉大的事实。

因此，正如本章开始时所指出的那样，到第一次世界大战结束时，德国的主力舰舰队已经从最初被赋予的超级战略资产的地位萎缩到了碌碌无为的战术舰队的程度，只能吸收陆军和潜艇部队剩下的人员和战争资源。事实上，建造主力舰为德意志第二帝国财政所造成的巨大预算资金压力，甚至在大战之前就已经导致德国人无法分配足够的资金给可能影响地面战局的陆军部队，至少在大战的前几周和最后几个月里都是如此。

尽管如此，在《凡尔赛条约》的相关条款中，还是承认了这支舰队作为德国声称的大国地位的一部分的隐含地位，并将德国舰队归类为三等，即接近瑞典和荷兰等国海军的同等地位，这一定位上的降格带来的不利影响，又由于要求德国人放弃其战争剩余的现代化巡洋舰以弥补在斯卡帕湾沉没的巡洋舰的损失而变得更加恶化。在战后时代的这支"新"舰队中，其核心力量将是布伦瑞克级和德意志级幸存的几艘舰只，而它们将继续战斗到 20 世纪 30 年代，到那时才最终被投入一线舰队中的新舰所取代。但即使如此，两艘原德皇舰队的战列舰仍在继续服役，并且投入一场新的战争中——在这场新的世界大战中，其中一艘战列舰将打响第一枪，而另一艘则成了最后一艘愤然开火的德国海军主力舰，而且在第二次世界大战的欧洲战事结束前五天就退出了一线舰队序列。

战列舰

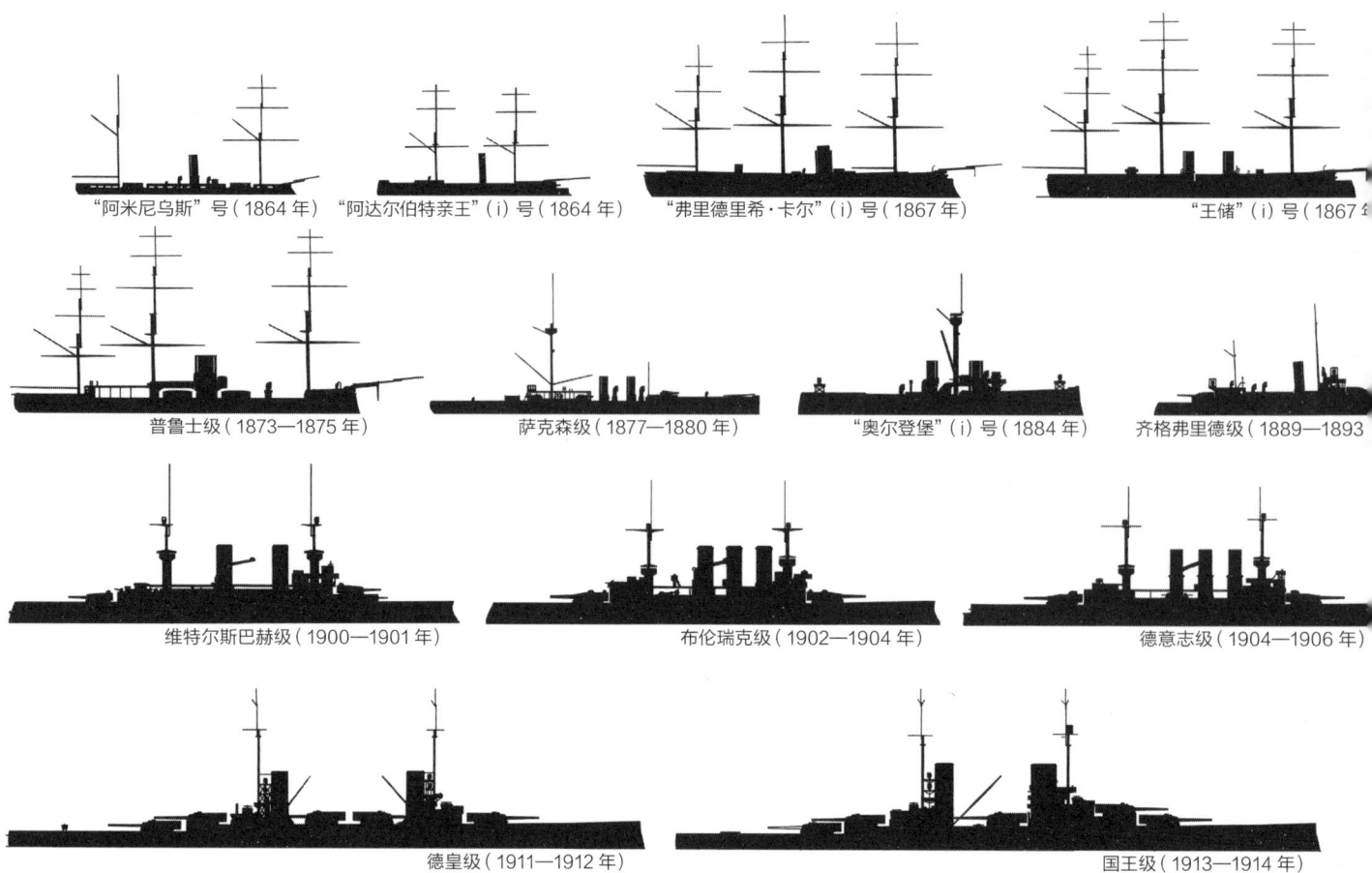

"阿米尼乌斯"号（1864 年）　　"阿达尔伯特亲王"（i）号（1864 年）　　"弗里德里希·卡尔"（i）号（1867 年）　　"王储"（i）号（1867 年

普鲁士级（1873—1875 年）　　萨克森级（1877—1880 年）　　"奥尔登堡"（i）号（1884 年）　　齐格弗里德级（1889—1893

维特尔斯巴赫级（1900—1901 年）　　布伦瑞克级（1902—1904 年）　　德意志级（1904—1906 年）

德皇级（1911—1912 年）　　国王级（1913—1914 年）

第二部分：技术指标与服役经历

大型巡洋舰

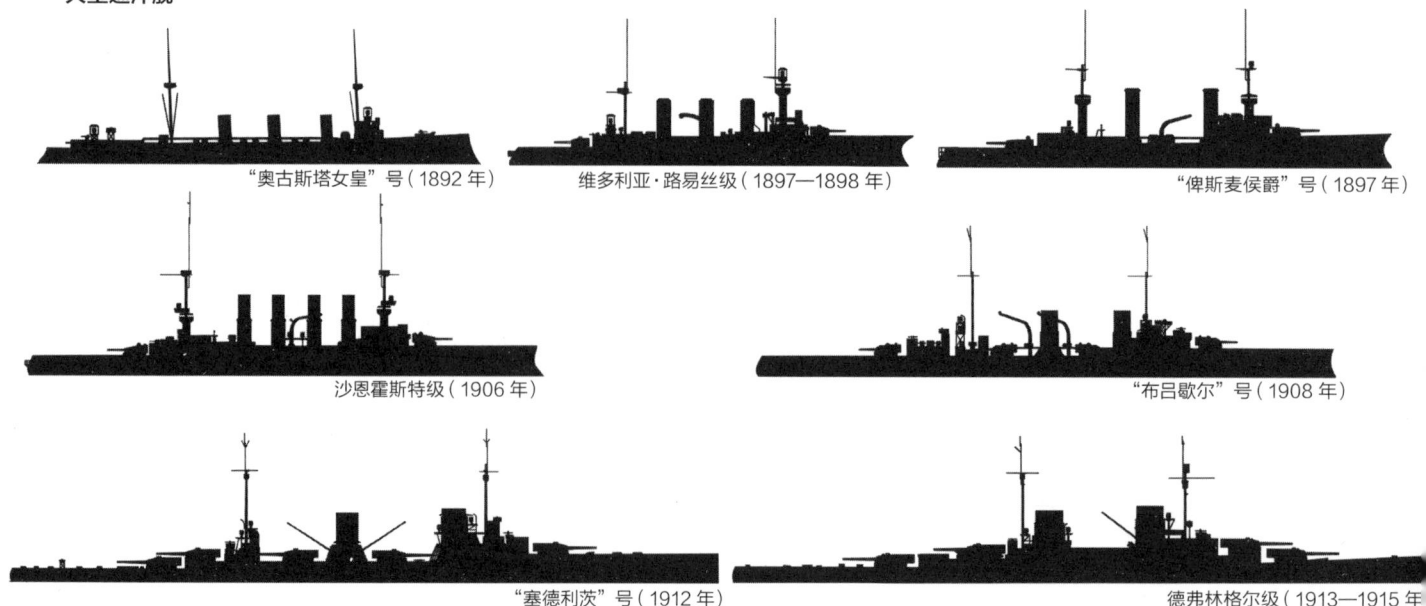

"奥古斯塔女皇"号（1892 年）　　维多利亚·路易丝级（1897—1898 年）　　"俾斯麦侯爵"号（1897 年

沙恩霍斯特级（1906 年）　　"布吕歇尔"号（1908 年）

"塞德利茨"号（1912 年）　　德弗林格尔级（1913—1915 年

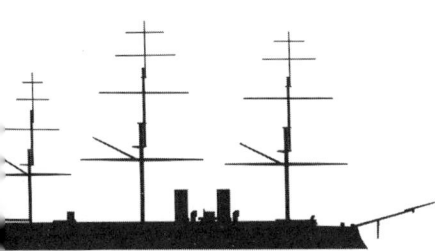

"威廉国王"号（1868 年）　　　"汉莎"（i）号（1872 年）　　　德皇（i）级（1874 年）

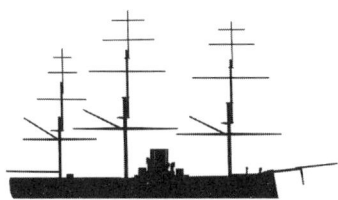

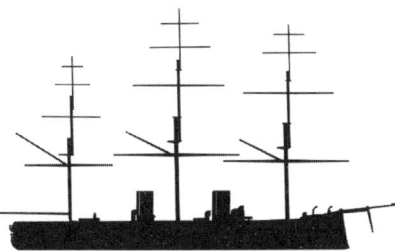

勃兰登堡级（1891—1892 年）　　　奥丁级（1894—1895 年）　　　德皇弗里德里希三世级（1896—1900 年）

拿骚级（1908 年）　　　赫尔戈兰级（1909—1910 年）

巴伐利亚级（1915—1917 年）

"海因里希亲王"号（1900 年）　　　阿达尔伯特亲王（iii）级（1901—1902 年）　　　罗恩级（1903—1904 年）

"冯·德·坦恩"号（1909 年）　　　毛奇级（1910—1911 年）

马肯森级（1917 年）

0 ⊢⊣⊢⊣ 20 米

普鲁士与德意志第二帝国海军主力舰

"阿米尼乌斯"号
装甲舰

排水量	1653 吨（设计），1829 吨（满载）；1881 年为 1609 吨
尺寸	61.6 米（水线），63.2（全长）×10.9×4.5 米
机械动力系统	4 台横向矩形锅炉（1882 年换装），单轴推进，往复式（HSE），最大推进功率 1200 马力，最大航速 10 节，载煤 171 吨，8 节航速时航程 2000 海里
武器装备	4 门 210 毫米 /19 倍径（2×2）火炮；1881 年加装 4 挺机枪和 1 具 350 毫米鱼雷发射管
装甲防护	侧面 76—114 毫米，炮塔 114—119 毫米，指挥塔 114 毫米（铸铁）
舰员数量	10+120 人

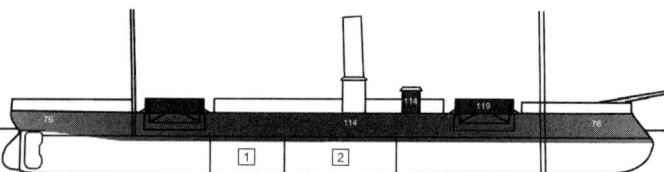

舰名	建造方	建造时间	下水时间	服役时间	结局
"阿米尼乌斯"号	萨穆达兄弟公司（伦敦波普拉区）	1863 年	1864 年 8 月 20 日	1865 年 4 月 22 日	1902 年在汉堡拆解

1866 年 6 月 14 日—1866 年 10 月 20 日，1868 年 9 月 28 日—1868 年 11 月 15 日，1870 年 6 月 19 日—1871 年 4 月 27 日，1872 年 5 月 1 日—1872 年 10 月 1 日为现役；1872 年改为工程训练船；1882 年—1886 年改为鱼雷射击训练舰和"布吕歇尔"号的供应船；1886 年—1888 年改为工程训练船；1888 年 10 月 10 日起改为特种任务船；1901 年 3 月 2 日除籍作为靶船

"阿达尔伯特亲王"（i）号
装甲舰

排水量	1440 吨（设计），1560 吨（满载）
尺寸	50.5 米（水线），57（全长）×9.9×5 米
机械动力系统	2 台矩形锅炉，双轴推进，往复式（HSE），最大推进功率 1200 马力，最大航速 10 节，载煤 96 吨，8 节航速时航程 1200 海里
武器装备	3 门 174.8 毫米（36 磅）炮，1865 年换装为 1 门 210 毫米 /19 倍径火炮，2 门 170 毫米 /25 倍径火炮；1876 年解除武装
装甲防护	侧面 127 毫米，炮台 114 毫米（铸铁）
舰员数量	10+120 人

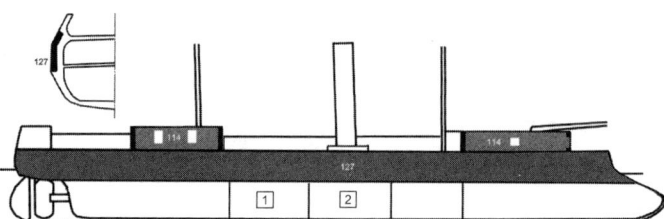

舰名	建造方	建造时间	下水时间	服役时间	结局
"阿达尔伯特亲王"（i）号（原"基奥普斯"号）	阿曼船厂（法国波尔多）	1863 年	1864 年 6 月	1866 年 6 月 10 日	1878 年在威廉港拆解

1866 年 6 月 10 日—1871 年 10 月 23 日为现役；1878 年 5 月 28 日除籍

"弗里德里希·卡尔"（i）号
装甲巡防舰；1884 年改为装甲舰

排水量	5971 吨（设计，1885 年为 5780 吨），6932 吨（满载）
尺寸	91.13 米（水线），94.14（全长）×16.6×8.5 米
机械动力系统	6 台矩形锅炉（1885 年换装），单轴推进，往复式（HSE），最大推进功率 3300 马力，最大航速 13 节，载煤 624 吨，10 节航速时航程 2100 海里
武器装备	2 门 210 毫米 /21 倍径火炮，14 门 210 毫米 /19 倍径火炮；1885 年加装 6 挺机枪和 5 具 350 毫米鱼雷发射管；1895 年解除武装
装甲防护	主装甲带 127 毫米，指挥塔 114 毫米（铸铁）
舰员数量	33+498 人（旗舰为 39+533 人）

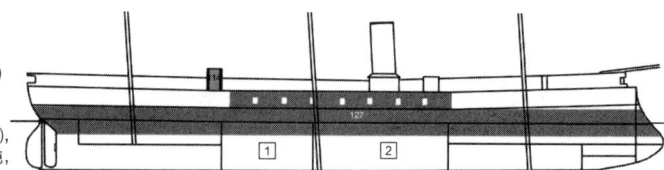

舰名	建造方	建造时间	下水时间	服役时间	结局
"弗里德里希·卡尔"（i）号（1902 年 1 月 21 日改为"海王星"号）	法国拉塞纳冶金与造船厂（Forges et Chantiers, La Seyne）	1866 年	1867 年 1 月 16 日	1867 年 10 月 3 日	1906 年 3 月变卖，后在荷兰拆解

1867 年 10 月 6 日—1868 年 4 月 23 日，1869 年 5 月 21 日—1869 年 9 月 25 日，1870 年 4 月 11 日—1871 年 5 月 26 日，1872 年 7 月 20 日—1872 年 8 月 24 日，1872 年 10 月 1 日—1874 年 3 月 26 日，1874 年 5 月 19 日—1874 年 10 月 12 日，1876 年 2 月 3 日—1877 年 11 月 3 日，1879 年 5 月 5 日—1879 年 9 月 27 日，1880 年 5 月 3 日—1880 年 9 月 30 日，1881 年 5 月 3 日—1881 年 9 月 30 日，1882 年 5 月 2 日—1882 年 9 月 26 日，1883 年 5 月 1 日—1883 年 9 月 28 日，1885 年 2 月 1 日—1887 年 9 月 22 日，1890 年 9 月 23 日—1892 年 9 月 30 日为现役；1895 年 10 月 11 日—1904 年 4 月 11 日改为鱼雷试验船；1905 年 6 月 22 日除籍

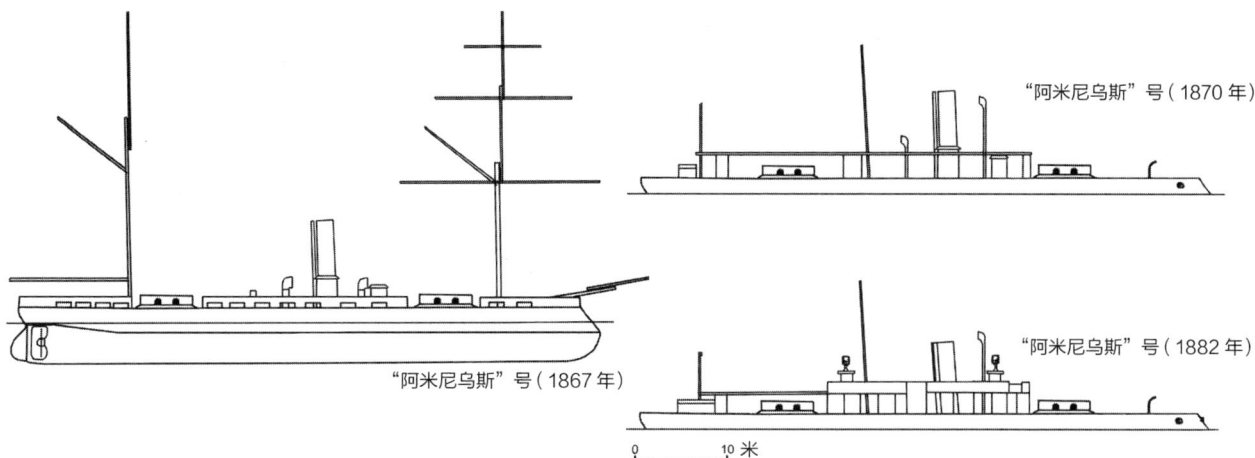

"阿米尼乌斯"号（1870 年）

"阿米尼乌斯"号（1882 年）

"阿米尼乌斯"号（1867 年）

0　　　10 米

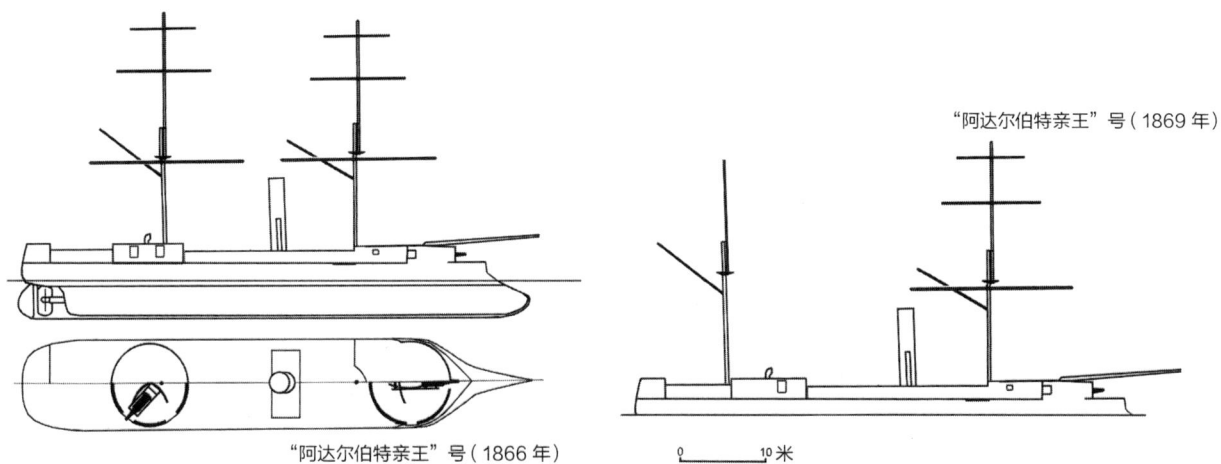

"阿达尔伯特亲王"号（1869 年）

"阿达尔伯特亲王"号（1866 年）

0　　　10 米

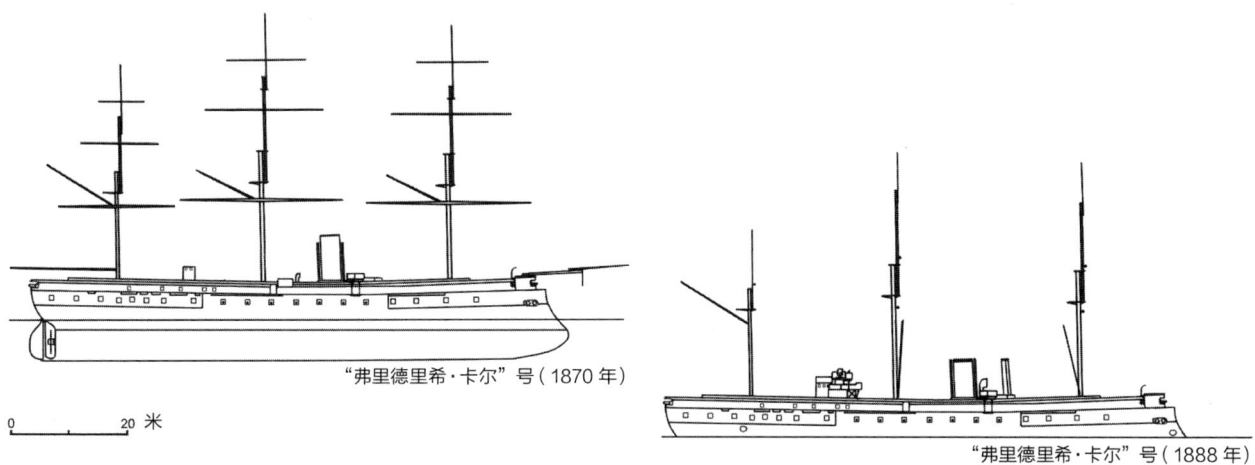

"弗里德里希·卡尔"号（1870 年）

0　　　20 米

"弗里德里希·卡尔"号（1888 年）

"威廉国王"号

装甲巡防舰；

1884 年改为装甲舰；

1893 年改为二等装甲舰；

1897 年 1 月 25 日改为一等巡洋舰；

1899 年改为大型巡洋舰

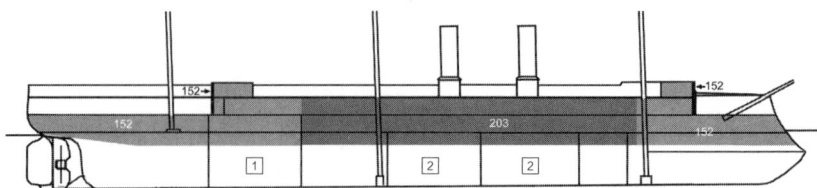

排水量	9757 吨（设计），10761 吨（满载）
尺寸	108.6 米（水线），112.2（全长）× 18.3 × 8.56 米
机械动力系统	8 台矩形锅炉（1882 年换装），单轴推进，往复式（HSE），最大推进功率 8000 马力，最大航速 14 节，载煤 750 吨（1882 年为 893 吨，1896 年为 1030 吨），10 节航速时航程为 1300/1750（载煤 893 吨）/2240（载煤 1030 吨）海里
武器装备	18 门 240 毫米 /20 倍径火炮，5 门 210 毫米 /22 倍径火炮；1882 年为 22 门 240 毫米 /20 倍径火炮，1 门 150 毫米 /30 倍径火炮，6 门 37 毫米机炮，5 具 350 毫米鱼雷发射管；1896 年加装 18 门 88 毫米 /30 倍径火炮；1907 年为 16 门 88 毫米 /30 倍径火炮；1915 年为 4 门 88 毫米 /30 倍径火炮
装甲防护	主装甲带 152—203 毫米，主炮台 203 毫米，前后炮台 152 毫米，指挥塔 30—100 毫米（铸铁）
舰员数量	26+619 人（旗舰为 45+741 人）；1882 年为 36+712 人（旗舰为 47+769 人）；1896 年为 38+1102 人

舰名	建造方	建造时间	下水时间	服役时间	结局
"威廉国王"号（原"威廉一世"号，原"法提赫"号）	英国泰晤士钢铁造船厂 [布莱克沃尔（Blackwall）]	1865 年	1868 年 4 月 25 日	1869 年 2 月 20 日	1921 年在德国不来梅罗尼贝克（Rönnebeck）的奥尔特曼船厂（F. Oltmann）拆解

1869 年 2 月 20 日—1869 年 10 月 16 日，1870 年 4 月 27 日—1871 年 5 月 25 日，1875 年 5 月 19 日—1875 年 10 月 10 日，1878 年 5 月 6 日—1878 年 7 月 13 日，1885 年 5 月 21 日—1885 年 6 月 20 日，1887 年 4 月 19 日—1887 年 10 月 7 日，1888 年 5 月 23 日—1888 年 9 月 22 日，1892 年 10 月 1 日—1893 年 10 月 13 日为现役；1895—1896 年在汉堡布洛姆－福斯船厂改装重建；1896 年 4 月 16 日—1897 年 9 月 30 日为现役；1904 年 4 月 3 日转入港口勤务；1907 年 10 月 1 日—1909 年 10 月 19 日改为驻基尔港住宿与训练船；1909 年 10 月 20 日—1919 年 11 月 15 日驻弗伦斯堡－穆尔维克（在基尔港完成付薪）；1921 年 1 月 4 日除籍

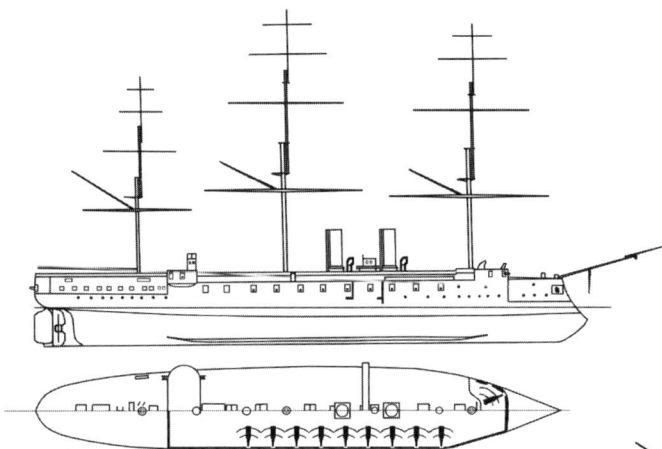
"威廉国王"号（1870 年）

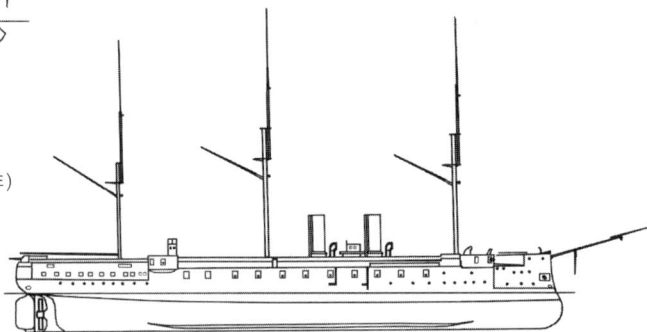
"威廉国王"号（1882 年）

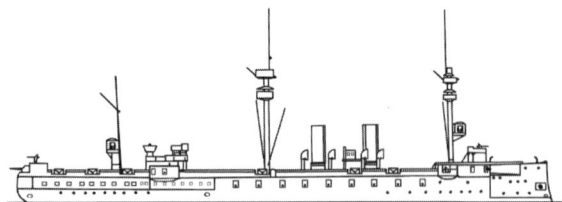
"威廉国王"号（1897 年）

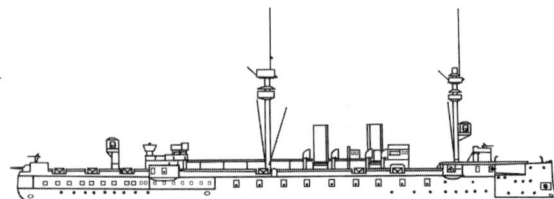
"威廉国王"号（1898 年）

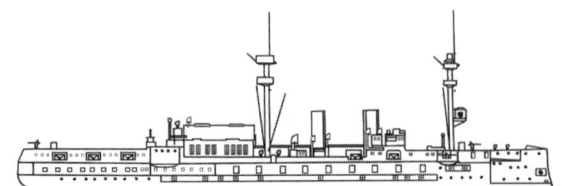
"威廉国王"号（1908 年）

0   20 米

"王储"（i）号
装甲巡防舰；1884 年改为装甲舰

排水量	5767 吨（设计），6760 吨（满载）
尺寸	88.2 米（水线），89.44（全长）×15.2×7.85 米
机械动力系统	8 台矩形锅炉（1883 年换装），单轴推进，往复式（HSE），最大推进功率 4500 马力，最大航速 13.5 节，载煤 566/646 吨，10 节航速时航程为 3200 海里； 1902 年为 2 台柱式锅炉 +2 台"杜尔"式锅炉 + 舒尔茨 – 桑尼克罗夫特式锅炉
武器装备	2 门 210 毫米 /21 倍径火炮，14 门 210 毫米 /19 倍径火炮；1883 年加装 6 挺机枪和 5 具 350 毫米鱼雷发射管；1901 年解除武装
装甲防护	主装甲带 76—127 毫米，指挥塔 30—50 毫米（铸铁）
舰员数量	33+508 人

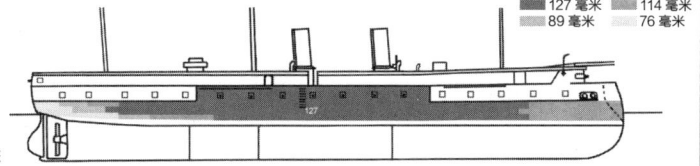

舰名	建造方	建造时间	下水时间	服役时间	结局
"王储"（i）号	英国萨穆达兄弟公司（波普拉）	1866 年 2 月 1 日	1867 年 5 月 6 日	1867 年 9 月 19 日	1921 年 10 月 3 日变卖，在德国奥多夫 – 伦茨堡（Audorf–Rendsburg）拆解

1867 年 9 月 17 日—1867 年 11 月 16 日，1869 年 5 月 11 日—1869 年 9 月 25 日，1870 年 4 月 30 日—1871 年 8 月 25 日，1871 年 12 月 19 日—1872 年 1 月 22 日，1874 年 5 月 19 日—1874 年 10 月 13 日，1875 年 5 月 19 日—1875 年 10 月 15 日，1876 年 5 月 1 日—1877 年 2 月 15 日，1879 年 5 月 5 日—1879 年 9 月 27 日，1881 年 5 月 3 日—1881 年 10 月 2 日，1882 年 5 月 2 日—1882 年 9 月 26 日，1883 年 5 月 1 日—1883 年 9 月 27 日，1891 年 10 月 1 日—1892 年 10 月 4 日为现役；1901 年 8 月 22 日除籍；1902 年 8 月 1 日—1920 年改为驻基尔港司炉与工程训练船

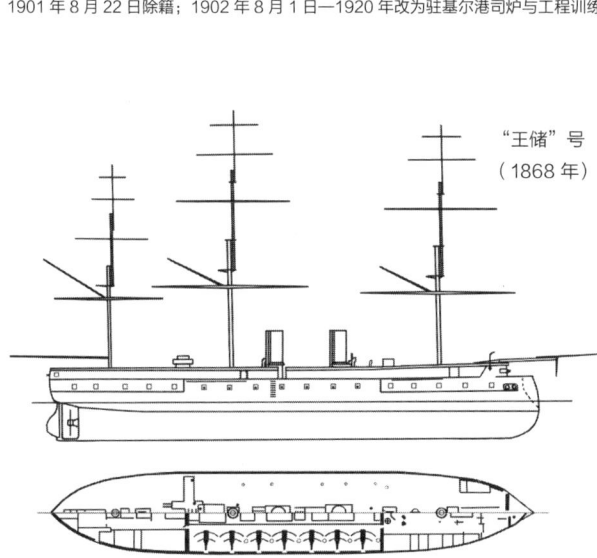

"王储"号（1868 年）

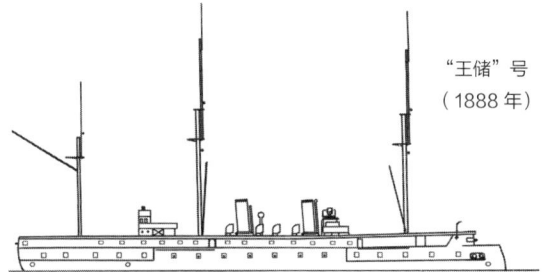

"王储"号（1888 年）

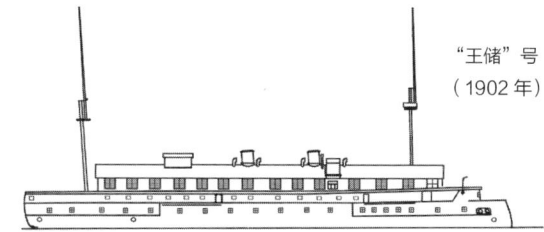

"王储"号（1902 年）

0 20 米

"汉莎"号
装甲护卫舰；1884 年改为装甲舰

排水量	3960 吨（设计），4404 吨（满载）
尺寸	71.73 米（水线），73.5（全长）×14.1×5.74/6.80 米
机械动力系统	4 台矩形锅炉（1883 年换装），单轴推进，往复式（HSE），最大推进功率 3275 马力，最大航速 12 节，载煤 310 吨，10 节航速时航程为 1330 海里
武器装备	8 门 210 毫米 /19 倍径火炮
装甲防护	主装甲带 114—152 毫米，主炮位 114 毫米（铸铁，木制舰壳）
舰员数量	28+371 人

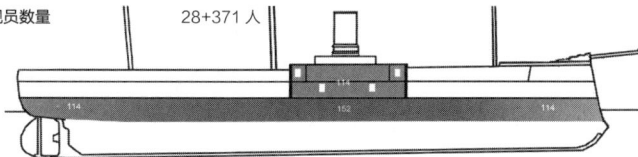

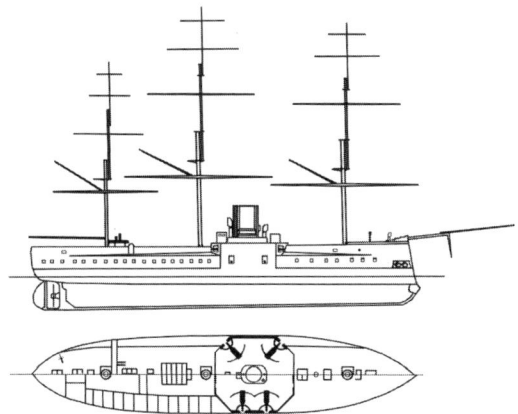

0 20 米

"汉莎"号（1880 年）

舰名	建造方	建造时间	下水时间	服役时间	结局
"汉莎"（ii）号	但泽船厂 / 伏尔铿船厂（斯德丁）	1868 年 11 月 16 日	1872 年 10 月 26 日	1875 年 5 月 18 日	1906 年 3 月变卖，在斯维内明德拆解

1875 年 6 月 3 日—1875 年 11 月 4 日归属装甲演习分舰队；1875 年—1878 年 7 月 22 日为预备役；1878 年 10 月 1 日—1880 年 11 月 8 日驻西印度群岛—南美地区；1884 年 2 月—1888 年为驻基尔港警戒舰和司炉与工程训练船；1888 年 9 月 6 日除籍；1888 年—1905 年转为驻基尔港鱼雷学校住宿船；1905 年—1906 年转为驻门克贝格司炉训练船

127 毫米　114 毫米
89 毫米　76 毫米

普鲁士级

装甲巡防舰；
1884 年改为装甲舰；
1893 年改为三等装甲舰

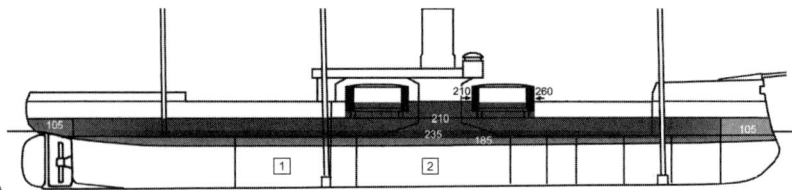

排水量	6821 吨（设计），7718 吨（满载）
尺寸	94.5 米（水线），96.6（全长）× 16.3 × 7.18 米
机械动力系统	6 台矩形锅炉（1883—1884 年换装），单轴推进，往复式（HSE），最大推进功率 5000 马力，最大航速 14 节，载煤 565 吨，10 节航速时航程为 1690 海里
武器装备	4 门 260 毫米 /22 倍径火炮（2×2），2 门 170 毫米 /25 倍径火炮；1883 年剩余同级舰加装 2 门 37 毫米机炮和 5 具 350 毫米鱼雷发射管；1885 年加装 6/10 门 88 毫米火炮
装甲防护	主装甲带 105—235 毫米，炮塔 210—260 毫米，指挥塔 55 毫米（铸铁）
舰员数量	46+454 人；1883 年为 34+509 人

舰名	建造方	建造时间	下水时间	服役时间	结局
"大选帝侯"（i）号	威廉港船厂	1868 年	1875 年 9 月 17 日	1878 年 5 月 6 日	1878 年 5 月 31 日在福克斯通附近海域与"威廉国王"号相撞
"弗里德里希大帝"（i）号	伏尔铿船厂（斯德丁）	1871 年	1874 年 9 月 20 日	1877 年 11 月 22 日	1920 年在罗尼贝克的奥尔特曼厂拆解
"普鲁士"（i）号（1903 年 11 月 12 日改为"土星"号）	基尔港船厂	1871 年	1873 年 11 月 22 日	1876 年 7 月 4 日	1919 年 6 月 27 日变卖；在吕斯特林根（Rüstringen）泽利格船厂（Seeliger）拆解

"大选帝侯"（i）号：归属装甲舰演习分舰队直至最终损失

"弗里德里希大帝"（i）号：1878 年 5 月 19 日—1878 年 6 月 8 日，1879 年 5 月 5 日—1879 年 9 月 25 日，1880 年 5 月 3 日—1880 年 9 月 28 日，1881 年 5 月 3 日—1880 年 9 月 30 日，1881 年 5 月 3 日—1881 年 9 月 30 日，1882 年 5 月 2 日—1882 年 11 月 23 日为现役；1882—1888 年接受改装并转入预备役；1889 年 5 月 4 日—1890 年 9 月 22 日为现役；1890—1891 年接受改装；1891 年 10 月 10 日—1894 年 10 月 12 日为现役；1896 年 11 月 16 日起在威廉港转为港口勤务；1906 年 5 月 21 日除籍；1907 年改为鱼雷艇分队煤船

"普鲁士"（i）号：1876 年 11 月 16 日—1877 年 5 月 5 日，1877 年 5 月 7 日—1878 年 11 月 9 日，1879 年 5 月 5 日—1879 年 9 月 25 日，1880 年 5 月 3 日—1880 年 10 月 18 日，1881 年 5 月 3 日—1881 年 10 月 1 日，1882 年 5 月 2 日—1882 年 9 月 25 日；1882—1889 年接受改装并转入预备役；1889 年 4 月 29 日—1891 年 10 月 9 日为现役；1893 年 1 月 9 日—1893 年 7 月 11 日转为北海预备役支队指挥舰；1896 年 11 月 16 日转为港口勤务；1906 年 5 月 21 日除籍并改为鱼雷艇分队煤船

德皇（i）级

装甲巡防舰；1884 年改为装甲舰；
1893 年改为二等装甲舰；1897 年改为一等巡洋舰；
1899 年改为大型巡洋舰

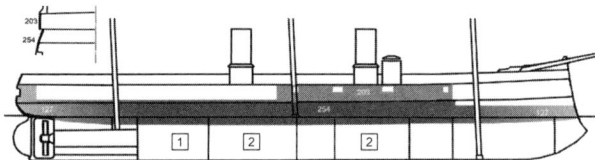

排水量	7645 吨（设计），8940 吨（满载）；1895 年为 7645 吨（设计），8936 吨（满载）
尺寸	88.5 米（水线），89.34（全长）× 19.1 × 7.59 米 /7.93 米（1895 年为 7.15 米 /7.65 米）
机械动力系统	8 台矩形锅炉（1883—1884 年换装），单轴推进，往复式（HSE），最大推进功率 5700 马力，最大航速 14 节，载煤 680 吨（1895 年为 680/880 吨）；10 节航速时航程为 2470/3300 海里
武器装备	8 门 260 毫米 /20 倍径火炮；1882 年为 8 门 260 毫米 /20 倍径火炮，6 门 150 毫米 /22 倍径火炮，1 门 150 毫米 /30 倍径火炮，4 门 37 毫米机炮，5 具 350 毫米鱼雷发射管；1895 年"德皇"号为 8 门 260 毫米 /20 倍径火炮，1 门 150 毫米 /30 倍径火炮，6 门 105 毫米 /35 倍径火炮，9 门 88 毫米 /30 倍径火炮，12 门 37 毫米机炮，5 具 350 毫米鱼雷发射管；1895 年"德意志"号为 8 门 260 毫米 /20 倍径火炮，8 门 150 毫米 /35 倍径火炮，8 门 88 毫米 /30 倍径火炮，12 门 37 毫米机炮，5 具 350 毫米鱼雷发射管
装甲防护	主装甲带 127—254 毫米，装甲甲板 38—51 毫米，炮位 178—203 毫米，指挥塔 55 毫米（钢）
舰员数量	32+568 人（旗舰为 41+615 人）；1895 年为 36+620 人（旗舰为 47+677 人）

舰名	建造方	建造时间	下水时间	服役时间	结局
"德皇"（i）号（1905 年 10 月 12 日改为"天王星"号）	萨穆达船厂（波普拉）	1871 年	1871 年 9 月 15 日	1875 年 2 月 13 日	1920 年在汉堡塞库瑞塔斯船厂（Securitas Werke）拆解
"德意志"（i）号（1904 年 11 月 22 日改为"木星"号）	萨穆达船厂（波普拉）	1872 年	1874 年 9 月 12 日	1875 年 7 月 20 日	1908 年变卖给诺伊格鲍尔公司 [Neugebauer & Co., 莱姆韦德（Lemwerder）]；1909 年在汉堡摩尔堡（Moorburg）拆解

"德皇"（i）号：1875 年 5 月 19 日—1876 年 9 月 28 日，1877 年 5 月 7 日—1877 年 11 月 2 日，1883 年 5 月 1 日—1883 年 9 月 27 日，1887 年 5 月 3 日—1887 年 9 月 21 日，1888 年 4 月 6 日—1888 年 9 月为现役；1888 年 9 月—1891 年 9 月 30 日改为波罗的海支队预备役供应舰，驻基尔港警戒舰并参加夏季操练；1891 年—1895 年在威廉港重建；1895 年 4 月 27 日—1899 年 10 月 16 日编入远东巡洋舰分队；1904 年 5 月 3 日转入港口勤务；1906 年 5 月 21 日除籍；1918 年 11 月在弗伦斯堡 – 穆尔维克改为鱼雷学校住宿船

"德意志"（i）号：1876 年 4 月 1 日—1876 年 9 月 29 日，1877 年 5 月 7 日—1877 年 11 月 6 日，1883 年 5 月 1 日—1883 年 10 月 6 日为现役；1888 年—1889 年编入波罗的海预备役支队；1889 年 5 月 1 日—1894 年 10 月 31 日再次服役；1894 年—1897 年在威廉港重建；1897 年 12 月 2 日—1900 年 3 月 28 日编入远东巡洋舰分舰队；1904 年 5 月 3 日转为港口勤务；1906 年 6 月 21 日除籍；1907 年改为靶船

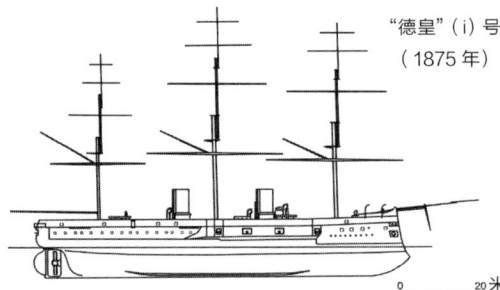

"德皇"（i）号
（1875 年）

0   20 米

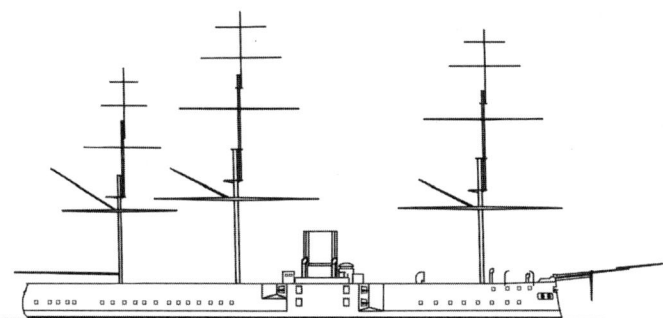

普鲁士级（推测为 1868 年）

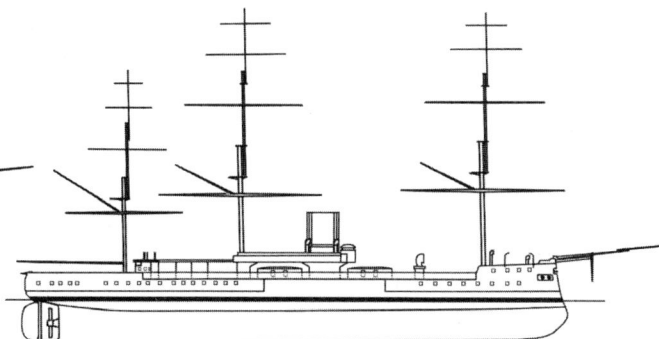

普鲁士级（1877 年）

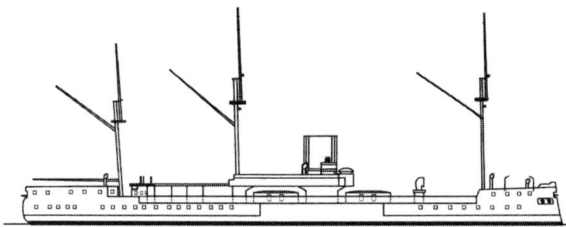

普鲁士级（1884 年）

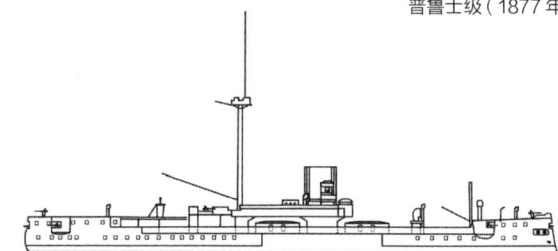

普鲁士级（1891 年）

0　　　　20 米

"德皇"（i）号
（1895 年）

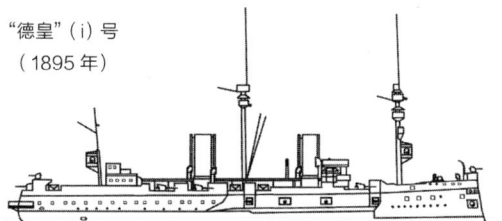

"德皇"（i）号
（1887 年）

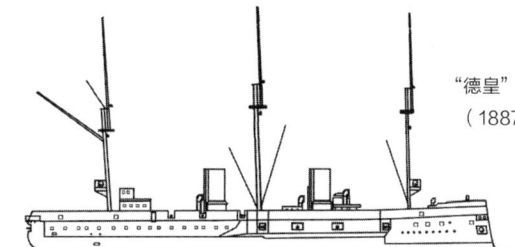

"天王星"号（原"德皇"
号，1907 年）

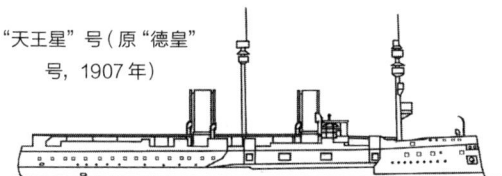

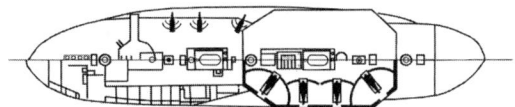

"德意志"（i）号
（1898 年）

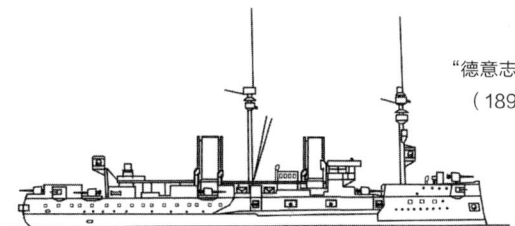

"天王星"号（原"德皇"
号，1914 年）

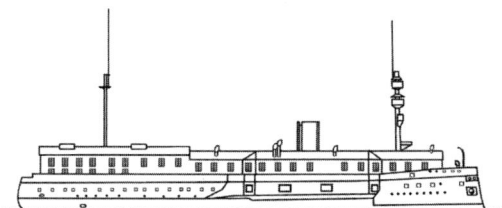

"天王星"号（原"德皇"
号，推测为 1909 年）

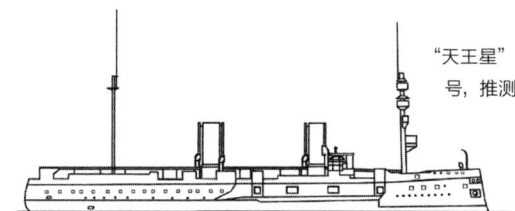

0　　　　20 米

萨克森级

装甲护卫舰；1884 年改为装甲舰；1893 年改为三等装甲舰；1897 年改为战列舰

1872—1873 年造舰计划
装甲舰 A，即"巴伐利亚"（i）号
装甲舰 B，即"萨克森"（i）号
1873—1874 年造舰计划
装甲舰 C，即"巴登"（i）号
装甲舰 D，即"符腾堡"（i）号

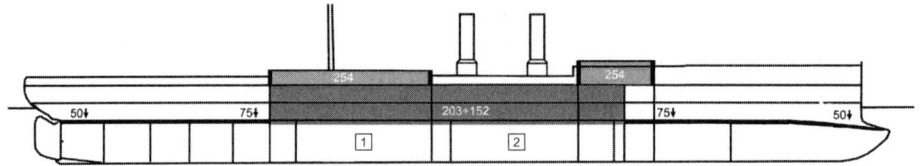

排水量	7635 吨（设计），7742—7938 吨（满载）；1898 年为 7411 吨（设计），7690 吨（满载）
尺寸	93.0 米（水线），98.20 米（全长）× 18.4 × 6.53 米（1898 年为 6.37 米）
机械动力系统	8 台矩形锅炉，双轴推进，往复式（HSE），最大推进功率 5600 马力，最大航速 13 节，载煤 420/700 吨；1898 年为 8 台杜尔式（"符腾堡"号为桑尼克罗夫特式）锅炉，双轴推进，往复式（HC），最大推进功率 6000 马力，最大航速 14 节，载煤 615 吨，10 节航速时航程为 1940 海里（1898 年为 3000 海里）
武器装备	6 门 260 毫米 /22 倍径火炮（1×2，4×1），6 门 87 毫米 /24 倍径火炮，8 门 37 毫米机炮；1886 年加装 3 具 350 毫米鱼雷发射管；1898 年为 6 门 260 毫米 /22 倍径火炮（1×2，4×1），8 门 88 毫米 /30 倍径火炮，4 门 37 毫米机炮，2 具 450 毫米、3 具 350 毫米鱼雷发射管；1906 年"符腾堡"号为 4 门（或 8 门）88 毫米 /30 倍径火炮（后改为 8 门 50 毫米 /40 倍径火炮），7 具 450 毫米鱼雷发射管
装甲防护	主装甲带 203+152 毫米，装甲甲板 50—75 毫米，多面堡 254 毫米，前指挥塔 140 毫米（铸铁）
舰员数量	32+285 人（旗舰为 39+319 人）；1898 年为 33+344 人（旗舰为 42+378 人）

舰名	建造方	建造时间	下水时间	服役时间	结局
"巴伐利亚"（i）号	基尔港船厂	1874 年	1878 年 5 月 13 日	1881 年 8 月 4 日	1919 年 5 月 5 日变卖；在基尔港拆解
"萨克森"（i）号	伏尔铿船厂（斯德丁）	1875 年	1877 年 7 月 21 日	1878 年 10 月 20 日	1919 年 5 月 5 日在哈廷根变卖；在威廉港拆解
"符腾堡"（i）号	伏尔铿船厂（斯德丁）	1876 年	1878 年 11 月 9 日	1881 年 5 月 9 日	1920 年在哈廷根变卖；在威廉港拆解
"巴登"（i）号	基尔港船厂	1876 年	1880 年 7 月 28 日	1883 年 9 月 24 日	1938 年 4 月 23 日变卖；1939—1940 年在基尔港拆解

"巴伐利亚"（i）号：
1884 年 4 月 22 日—1884 年 10 月 18 日，1885 年 5 月 1 日—1885 年 11 月 14 日为现役；1885 年 11 月 15 日—1886 年 5 月 15 日转为波罗的海预备役支队供应舰；1887 年 11 月 21 日—1889 年 4 月 30 日，1890 年 5 月 2 日—1890 年 9 月 30 日，1891 年 1 月 11 日—1895 年 10 月 6 日为现役；1895—1897 年在但泽希肖船厂重建；1898 年 5 月 28 日—1900 年 2 月 12 日为现役；1903 年—1906 年转入第 1 预备支队；1906—1910 年转入第 2 预备支队；1910 年 2 月 19 日除籍；1910—1918 年改为斯托勒格伦德（Stollergrund）靶场靶船

"萨克森"（i）号：
1880 年 4 月 15 日—1880 年 9 月 27 日，1882 年 2 月 15 日—1882 年 5 月 12 日，1884 年 4 月 22 日—1884 年 9 月 30 日；1884 年—1886 年编入波罗的海预备役支队；1886 年 5 月 15 日—1886 年 9 月为现役；1886 年 9 月—1887 年 11 月 21 日转为波罗的海预备役支队供应舰及驻基尔港警戒船；1888 年 4 月 4 日—1888 年 5 月 28 日为现役；1888—1889 年转为第 2 预备役支队供应舰；1889 年 5 月 1 日—1889 年 9 月 13 日，1892 年 5 月 17 日—1897 年 11 月 30 日为现役；1898 年—1899 年在基尔港船厂码头重建；1899 年 4 月 25 日—1902 年 2 月 3 日为现役；1902 年—1906 年转入第 1 预备役支队；1906 年—1910 年转入第 2 预备役支队；1910 年 2 月 19 日除籍；1910—1918 年改为驻施万森（荷尔斯泰因）靶船

"符腾堡"（i）号：
1884 年 4 月 22 日—1884 年 9 月 30 日，1886 年 7 月 30 日—1886 年 9 月 29 日为现役；1888 年 5 月 28 日—1888 年 9 月 21 日转为波罗的海预备役支队供应舰；1890 年 5 月 3 日—1890 年 9 月 30 日，1892 年 8 月 8 日—1898 年 1 月 15 日为现役；1898 年—1899 年在威廉港船厂重建；1899 年 10 月 8 日—1903 年 9 月 23 日为现役；1906 年 9 月 26 日—1919 年 2 月 1 日改为驻弗伦斯堡 - 穆尔维克鱼雷射击船；1919 年 11 月 10 日转为第 6 波罗的海扫雷半中队仓储船；1920 年 10 月 20 日除籍

"巴登"（i）号：
1884 年 4 月 22 日—1884 年 9 月 30 日，1886 年 7 月 30 日—1886 年 9 月 30 日为现役；1886—1888 年转入波罗的海预备役支队；1888 年 5 月 23 日—1888 年 9 月 21 日为现役；1888—1889 年转入波罗的海第 2 预备役支队；1889 年 5 月 1 日—1891 年 1 月 11 日，1895 年 5 月 1 日—1895 年 12 月 11 日为现役；1895—1897 年在基尔港日耳曼尼亚船厂重建；1897 年 11 月 16 日—1899 年 10 月 20 日，1899 年 10 月 2 日—1903 年 9 月 28 日为现役；1903 年—1906 年转入第 1 预备役支队；1906 年—1910 年转入第 2 预备役支队；1910 年 10 月 24 日除籍；1911 年 2 月 18 日在位于库克斯港的基勒船厂（Kieler Werft）改装为布雷舰 / 水雷战学校住宿船；1913 年 8 月 3 日—1915 年 12 月改为布伦比特港防雷支援船；1916 年 1 月—1918 年 6 月改为驻阿尔滕布鲁赫（Altenbruch）警戒舰；1920—1938 年改为靶船

"奥尔登堡"号

装甲护卫舰；1884 年改为装甲舰；1893 年改为三等装甲舰；1899 年改为战列舰

1880—1881 年造舰计划
装甲舰 E，即"奥尔登堡"号

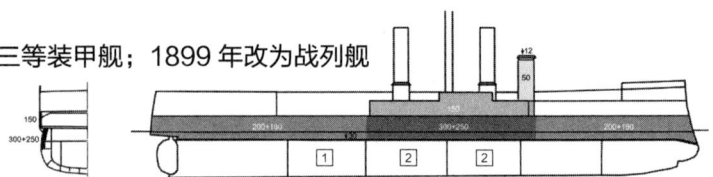

排水量	5249 吨（设计），5743 吨（满载）
尺寸	78.40 米（水线），79.80 米（全长）× 18.0 × 6.30 米
机械动力系统	8 台柱式锅炉，双轴推进，往复式（HC），最大推进功率 3900 马力，最大航速 14 节，载煤 348/450 吨，10 节航速时航程为 1370 海里
武器装备	8 门 240 毫米 /30 倍径火炮，2 门 87 毫米 /24 倍径火炮，4 具 350 毫米鱼雷发射管；1885 年加装 6 门 87 毫米 /24 倍径火炮（后改为 6 门 50 毫米 /40 倍径速射炮）
装甲防护	主装甲带 200—300 毫米 +180—250 毫米，装甲甲板 30 毫米，炮位 150 毫米，前指挥塔 50 毫米，后指挥塔 15 毫米（复合装甲）
舰员数量	34+355 人

舰名	建造方	建造时间	下水时间	服役时间	结局
"奥尔登堡"（i）号	伏尔铿船厂（斯德丁）	1883 年	1884 年 12 月 20 日	1886 年 4 月 8 日	1919 年在哈廷根被变卖；后于威廉港拆解

1886 年 4 月 8 日—1886 年 12 月 23 日，1887 年 5 月 3 日—1887 年 10 月 21 日，1889 年 5 月 1 日—1891 年 9 月为现役；1891 年 9 月—1892 年为波罗的海预备役支队支援船；其后至 1892 年 8 月 6 日，1897 年 10 月 1 日—1897 年 11 月 30 日为现役；1897 年 12 月 1 日—1898 年 7 月 19 日驻地中海地区；1898 年 7 月 20 日—1899 年 4 月 23 日为现役；1899—1912 年为预备役；1912 年 1 月 13 日除籍；1912—1918 年在弗伦斯堡峡湾的斯托勒格伦德改为靶舰

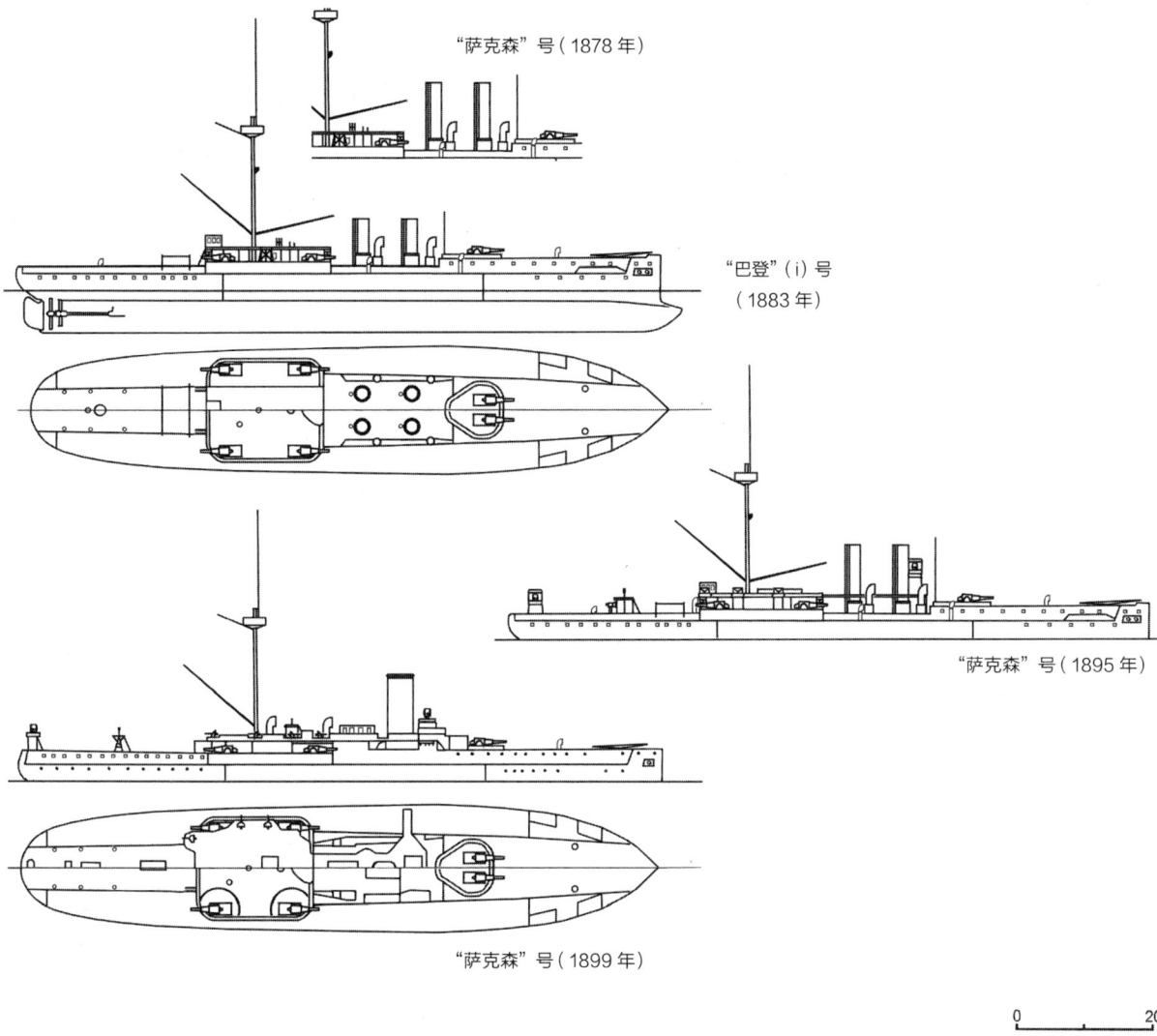

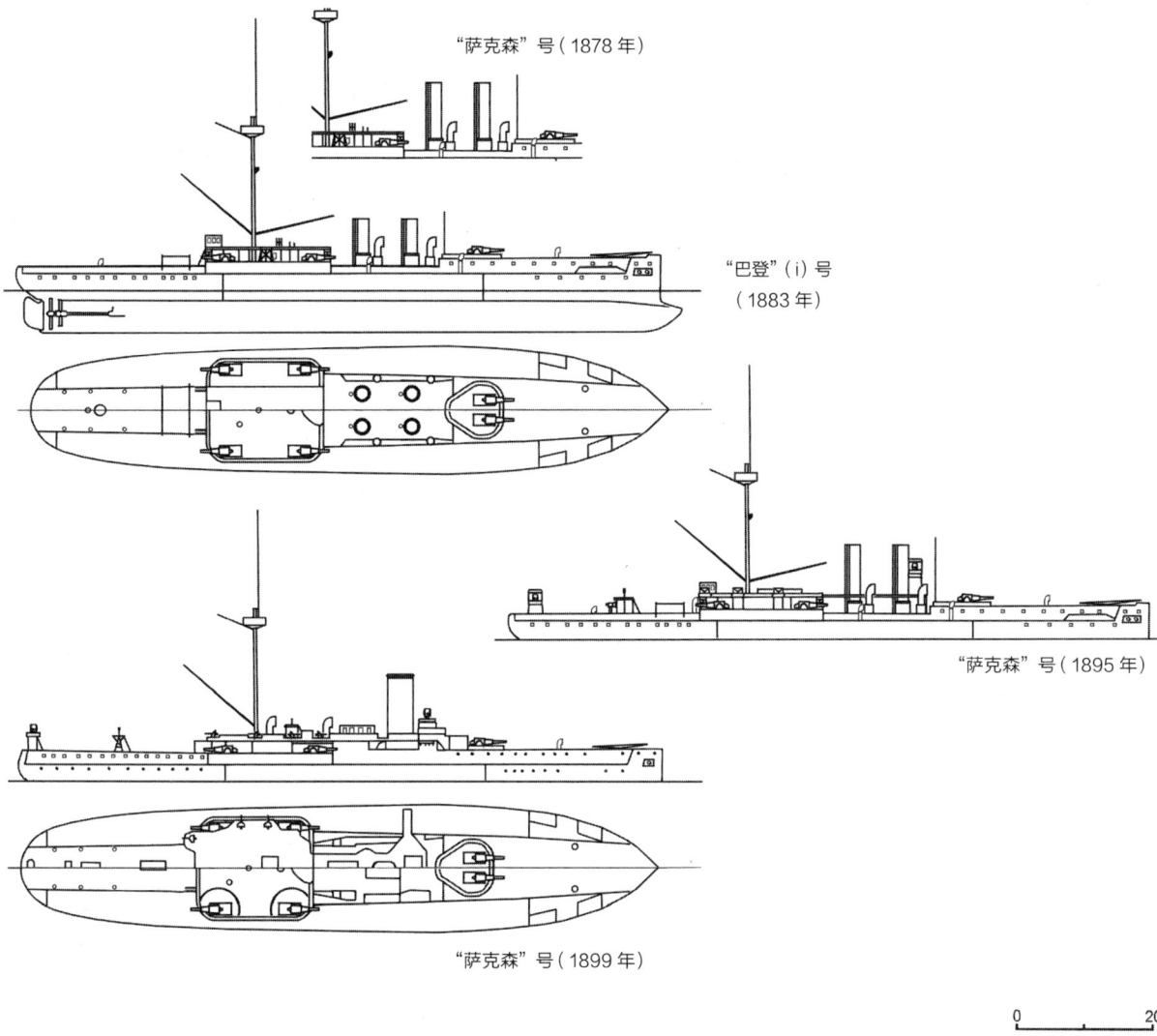

"萨克森"号（1878 年）

"巴登"（i）号
（1883 年）

"萨克森"号（1895 年）

"萨克森"号（1899 年）

0   20 米

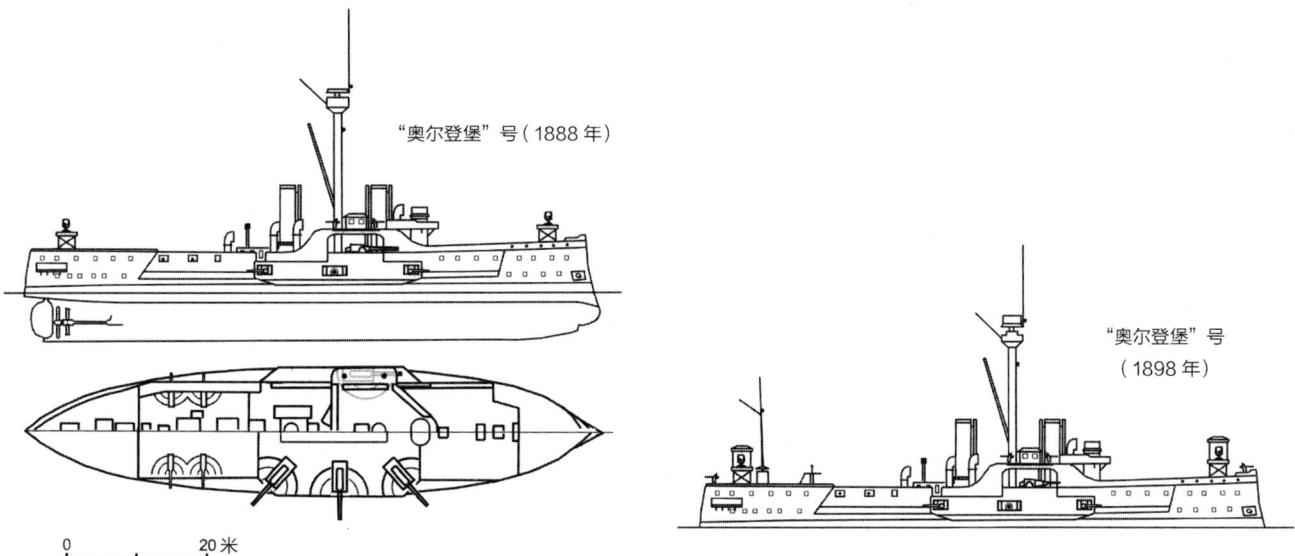

"奥尔登堡"号（1888 年）

"奥尔登堡"号
（1898 年）

0   20 米

齐格弗里德级

装甲舰; 1893 年改为四等装甲舰; 1899 年改为岸防装甲舰

1880—1881 年造舰计划
装甲舰 O, 即"齐格弗里德"号

1889—1890 年造舰计划
装甲舰 P, 即"贝奥武夫"号
装甲舰 Q, 即"伏里施乔夫"号
装甲舰 R, 即"希尔德布兰德"号

1890—1891 年造舰计划
装甲舰 S 号, 即"哈根"号
装甲舰 U 号, 即"海姆达尔"号

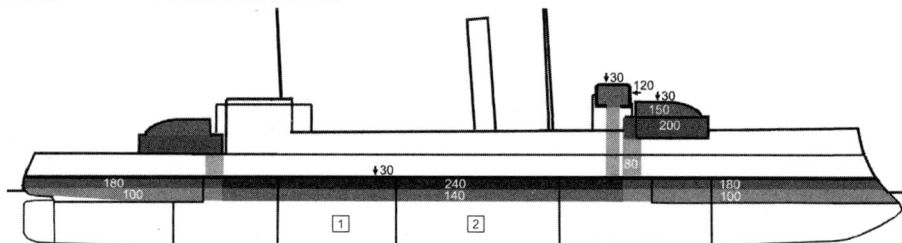

排水量	3500 吨 (设计), 3741 吨 (满载); 1900 年 4 月为 4000 吨 (设计), 4236—4436 吨 (满载)
尺寸	76.0 米 (水线), 79.0 (全长) × 14.9 × 5.74 米; 1900 年 4 月为 84.8 米 (水线), 86.13 (全长) × 14.9 × 5.5—5.74 米
机械动力系统	4 台柱式锅炉 (1900 年 4 月为 8 台海军型锅炉, 其中"哈根"号配备桑尼克罗夫特型锅炉), 双轴推进, 往复式 (VTE), 最大推进功率 5000 马力, 最大航速 15 节, 载煤 80/220 吨 (1900 年 4 月为 350/580 吨), 10 节航速时航程为 1490/3400 海里; 1920 年"伏里施乔夫"号为双轴柴油机推进, 1100 马力
武器装备	3 门 240 毫米 /35 倍径 C/88 火炮, 8 门 ("齐格弗里德"号 6 门) 88 毫米 /30 倍径 C/89 火炮, 4 具 350 毫米鱼雷发射管; 1900 年 4 月为 3 门 240 毫米 /35 倍径火炮, 10 门 88 毫米 /30 倍径火炮, 4 具 450 毫米鱼雷发射管, 1 具 350 毫米鱼雷发射管; 除"贝奥武夫"号 (3 门 240 毫米 /35 倍径火炮, 6 门 88 毫米 /30 倍径火炮) 和"海姆达尔"号 (3 门 240 毫米 /35 倍径火炮) 外, 皆于 1916 年解除武装
装甲防护	前三艘为主装甲带 180—240 毫米, 装甲舰板 30 毫米, 露炮台 200 毫米, 防护罩 30 毫米, 指挥塔 80 毫米 (复合装甲); 后三艘为主装甲带 180—240 毫米, 装甲舰板 50 毫米, 露炮台 200 毫米, 防护罩 30 毫米, 指挥塔 160 毫米 (克虏伯装甲); 1900 年 4 月为主装甲带 180—240 毫米 (前三艘为复合装甲 + 克虏伯装甲, 后三艘为克虏伯装甲)
舰员数量	20+256 人 (旗舰为 26+278 人); 1900 年 4 月为 20+287 人 (旗舰为 29+321 人)

舰名	建造方	建造时间	下水时间	服役时间	结局
"齐格弗里德"号	日耳曼尼亚船厂 (基尔)	1888 年	1889 年 8 月 10 日	1890 年 4 月 29 日	1919 年变卖给石勒苏益格 - 荷尔斯泰因联营公司 (Schleswig-Holstein Wirtschaftgemeinschaft), 后转售给位于韦威尔斯弗莱思 (Wewelsfleth) 的彼得斯公司 (Peters); 1920 年在韦威尔斯弗莱思拆解
"贝奥武夫"号	威悉河船厂 (不来梅)	1890 年	1890 年 11 月 8 日	1892 年 4 月 1 日	1919 年变卖给位于柏林的北德地下工程公司; 1919 年转售石勒苏益格 - 荷尔斯泰因联营公司; 1919 年 7 月转移至埃姆登; 1921 年拆解
"伏里施乔夫"号	威悉河船厂 (不来梅)	1890 年	1891 年 7 月 21 日	1893 年 2 月 23 日	1919 年变卖给石勒苏益格 - 荷尔斯泰因联营公司, 后转售位于罗尼贝克的奥尔特曼船厂进行设备拆除; 1919 年转售位于汉堡的阿诺德·伯恩斯坦航运公司用于商业运输; 1930 年在但泽拆解
"希尔德布兰德"号	基尔港船厂	1890 年	1892 年 8 月 6 日	1893 年 10 月 28 日	1919 年变卖给阿姆斯特丹文申克公司 (A Wijenschenk); 1919 年 12 月 21 日在荷兰艾默伊登 (IJmuiden) 附近海域搁浅; 1933 年报废拆解
"海姆达尔"号	威廉港船厂	1891 年	1892 年 7 月 27 日	1894 年 4 月 7 日	1919 年变卖给石勒苏益格 - 荷尔斯泰因联营公司; 1921 年转售位于罗尼贝克的奥尔特曼船厂拆解
"哈根"号	基尔港船厂	1891 年	1893 年 10 月 21 日	1894 年 10 月 2 日	1919 年变卖给位于柏林的北德地下工程公司; 1919 年转售给石勒苏益格 - 荷尔斯泰因联营公司, 同年抵达埃姆登; 1920-1921 年在埃姆登拆解

"齐格弗里德"号:
1890 年 4 月 29 日—1890 年 10 月 3 日, 1891 年 4 月 16 日—1893 年 2 月 23 日为现役; 1895 年 7 月 9 日—1897 年 9 月 29 日为北海预备役支队二等供应船; 1899 年 7 月 29 日—1899 年 9 月 22 日, 1900 年 7 月 24 日—1900 年 9 月 22 日, 1901 年 7 月 31 日—1901 年 9 月 18 日编入第 2 分舰队参与演习; 1902—1903 年在但泽港重建; 1909 年 7 月 22 日—1909 年 9 月 15 日参加演习; 1914 年 8 月 12 日—1915 年 8 月 31 日编入第 6 分舰队; 1915 年 9 月 1 日—1916 年 1 月 14 日编入驻亚德湾和威悉河港口中队 (付薪); 1917 年 1 月 1 日—1917 年 11 月 11 日改为第 2 水兵师住宿船; 1917 年 11 月 12 日—1918 年 2 月 10 日改为驻埃姆登第 4 潜艇中队仓储船; 1918 年 2 月 11 日—1918 年 11 月改为驻埃姆斯河前沿防御中队仓储船; 1919 年 6 月 17 日除籍

"贝奥武夫"号:
1892 月 4 月 1 日—1893 年 9 月 30 日为现役; 1893 年 10 月 1 日—1894 年 10 月 2 日编入北海预备役支队 (1894 年 2 月 1 日起转为供应船, 替换"伏里施乔夫"号); 1895 年 8 月 1 日—1896 年 11 月 13 日编入第 4 支队和北海预备役支队; 1897 年 8 月 3 日—1900 年 3 月 23 日编入第 3 支队和北海预备役支队; 1900 年 5 月 15 日—1902 年 5 月 15 日—1902 年在但泽港重建; 1902 年 7 月 1 日—1902 年 9 月 25 日, 1903 年 7 月 8 日—1904 年 9 月 23 日编入第 2 分舰队; 1909 年 6 月 22 日—1909 年 9 月 15 日编入第 3 分舰队; 1914 年 8 月 12 日—1915 年 8 月 31 日编入第 6 分舰队; 1915 年 9 月 1 日—1916 年 2 月 28 日编入驻博尔库姆 - 里德 (Borkum-Reede) 前沿防御部队; 1916 年 3 月 2 日—1917 年 3 月 12 日先后为"汉堡"号 (潜艇部队旗舰) 的供应船, 住宿船和潜艇部队靶船; 1917 年 12 月 12 日—1918 年 3 月改为驻波罗的破冰船; 1918 年 3 月 11 日—1918 年 11 月 30 日改为波罗的海扫雷艇部队指挥舰; 1919 年改为驻但泽港破冰船; 1919 年 6 月 17 日除籍

"伏里施乔夫"号:
1893 年 2 月 23 日—1893 年 9 月 30 日为现役; 1893 年 10 月 1 日—1895 年 8 月编入北海预备役支队 (1893 年 10 月—1894 年 2 月改为供应船); 1895 年 8 月—1895 年 9 月 28 日编入第 2 舰队; 1896 年 8 月 1 日—1896 年 9 月 21 日为现役; 1896 年 11 月 14 日—1900 年 9 月 29 日改为北海预备役支队一等供应舰; 1902 年在基尔港船厂重建; 1903 年 9 月 29 日—1904 年 9 月编入第 2 舰队; 1904 年 9 月—1909 年 9 月 15 日编入预备役分舰队, 其中 1905 年后加入过训练部队; 1914 年 8 月 12 日—1914 年 8 月 18 日编入第 6 分舰队; 1914 年 8 月 19 日—1916 年 1 月 5 日转入驻埃姆斯河前沿防御与特别勤务部队; 1916 年 1 月 16 日付薪; 1916—1918 年在但泽港改为潜艇行动监察机构住宿船; 1919 年 6 月 17 日除籍并拆除; 1923 年在吕贝克特林德意志造船厂改装为车辆运输船

"希尔德布兰德"号:
1893 年 10 月 28 日—1894 年 4 月 6 日在基尔港作为试验舰和警戒舰; 1894 年进行锅炉维修; 1894 年 8 月 1 日—1895 年 9 月 27 日编入北海预备役支队 (旗舰和供应舰); 1896 年 8 月 1 日—1896 年 9 月 22 日, 1897 年 8 月 3 日—1899 年 9 月 30 日, 1899 年 7 月 26 日—1899 年 9 月 22 日参加演习; 1900 年 3 月 26 日—1900 年 10 月 2 日改为北海预备役支队二等供应船; 1901—1902 年在但泽港船厂重建; 1902 年 7 月 1 日—1903 年 9 月 21 日改为北海预备役支队一等供应船; 1903 年 9 月 22 日—1904 年 9 月 23 日编入第 2 舰队 (第二旗舰); 1909 年 7 月 22 日—1909 年 9 月 15 日参加演习; 1914 年 8 月 12 日—1915 年 8 月 31 日编入第 6 分舰队 (旗舰); 1915 年 9 月 1 日—1916 年 1 月 9 日改为易北河港口中队供应舰; 1916 年 1 月 16 日付薪; 1916—1919 年改为驻利巴瓦住宿船和淡水供应舰; 1919 年 6 月 17 日除籍

"希尔德布兰德"号（1894 年）

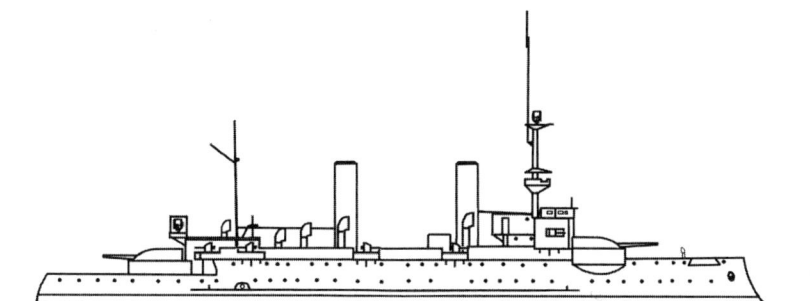

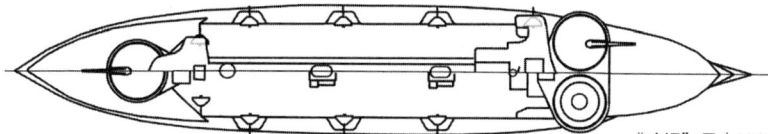

"哈根"号（1901 年）

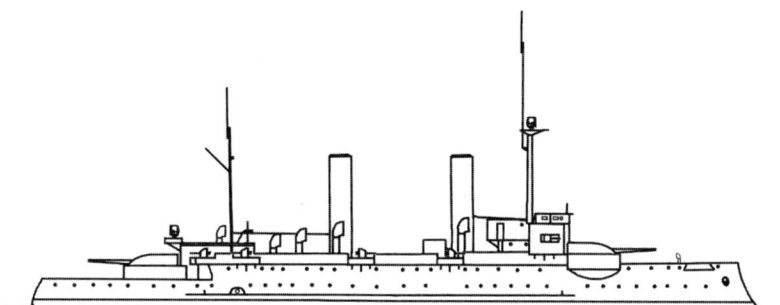

"哈根"号（1915 年）

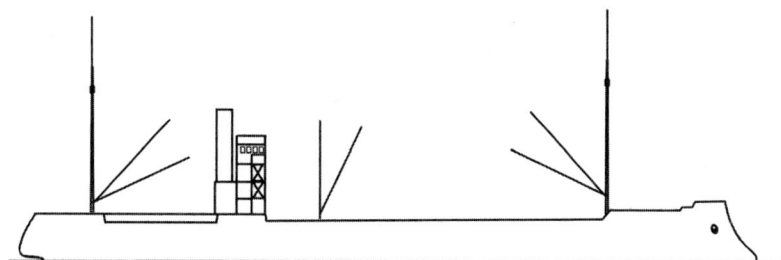

"伏里施乔夫"号（20 世纪 20 年代）

0　　　　20米

"海姆达尔"号：
1894 年 4 月 7 日—1894 年 6 月 4 日为试验状态；1894 年 11 月 1 日—1895 年 7 月 5 日为现役；1897 年 8 月 8 日—1897 年 9 月 24 日，1898 年 7 月 26 日—1898 年 9 月 29 日，1900 年 7 月 24 日—1900 年 9 月 22 日参加演习；1901 年—1902 年在基尔港船厂重建；1902 年 7 月 15 日—1902 年 9 月 29 日，1903 年 7 月 30 日—1903 年 9 月 17 日，1909 年 7 月 22 日—1909 年 9 月 17 日参加演习；1914 年 8 月 12 日—1915 年 8 月 31 日编入第 6 分舰队；1915 年 9 月 24 日—1916 年 3 月 2 日编入埃姆斯河岸防中队（付薪）；1917 年 12 月—1918 年 11 月改为第 4 潜艇中队及驻埃姆登埃姆斯河前沿防御中队住宿船、仓储船；1919 年 6 月 17 日除籍

"哈根"号：
1894 年 10 月 2 日—1898 年 9 月 29 日为现役；1899 年 5 月—1900 年在基尔港重建；1900 年 10 月 2 日—1903 年 9 月 17 日编入波罗的海预备役支队并参加演习；1909 年 7 月 22 日—1909 年 9 月 15 日参加演习；1914 年 8 月 12 日—1915 年 8 月 31 日编入第 6 分舰队；1915 年 9 月 10 日付薪；1916 年 6 月—1916 年 8 月改为驻利巴瓦波罗的海潜艇中队住宿船；1916 年 8 月—1916 年 9 月在"洛林"号改装期间转移到但泽港，后改为桑德湾警戒舰和驻瓦尔内明德港仓储船；1919 年 6 月 17 日除籍

"奥古斯塔女皇"号

防护巡洋舰；1893 年改为二等巡洋舰；1899 年改为大型巡洋舰

1888—1889 年造舰计划
防护巡洋舰 H，即"奥古斯塔女皇"号

排水量	6056 吨（设计），6318 吨（满载）
尺寸	122.2 米（水线），123.2（全长）× 15.6×7.4 米
机械动力系统	8 台柱式锅炉，三轴推进，往复式（VTE），最大推进功率 12000 马力，最大航速 21 节，载煤 750/810 吨，12 节航速时航程为 3240 海里
武器装备	4 门 150 毫米 /30 倍径炮，8 门 105 毫米 /35 倍径火炮（1896 年换装为 12 门 150 毫米 /35 倍径火炮），8 门 88 毫米 /30 倍径火炮，4 门 37 毫米机炮，5 具（1907 年改为 1 具）350 毫米鱼雷发射管；1916 年为 1 门"乌托夫"（Utof）150 毫米 /45 倍径火炮，4 门 105 毫米"乌托夫"火炮，4 门 88 毫米 /45 倍径火炮，4 门 88 毫米 /35 倍径火炮，6 门 88 毫米 /30 倍径火炮
装甲防护	主装甲带 127 毫米，指挥塔 114 毫米（铸铁）
舰员数量	13+417 人

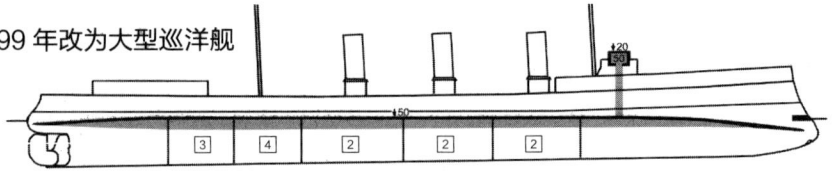

舰名	建造方	建造时间	下水时间	服役时间	结局
"奥古斯塔女皇"号	日耳曼尼亚造船厂（基尔）	1890 年	1892 年 1 月 15 日	1892 年 11 月 17 日	变卖给位于柏林的北德地下工程公司；1920 年在埃姆登拆解

1893 年 3 月 29 日—1893 年 6 月 2 日驻北美地区；1895 年 4 月 3 日—1897 年 11 月为现役并驻地中海地区；1897 年 12 月 14 日—1902 年 6 月 16 日驻远东地区；1905 年 5 月—1905 年 12 月在基尔港大修改装；1905—1914 年 8 月编入预备役；1914 年 8 月 6 日—1918 年 12 月 14 日改为火炮训练舰；1919 年 10 月 1 日除籍

勃兰登堡级

一等装甲舰；1899 年改为战列舰

1889—1890 年造舰计划
装甲舰 A，即"勃兰登堡"号
装甲舰 B，即"沃斯"号
装甲舰 C，即"魏森堡"号
装甲舰 D，即"弗里德里希·威廉大帝"号

排水量	10013 吨（设计），10670 吨（满载）
尺寸	113.9 米（水线），115.7（全长）× 19.5×7.9 米
机械动力系统	12 台柱式锅炉，双轴推进，往复式（VTE），最大推进功率 10000 马力，最大航速 16.5 节，载煤 650/1050 吨，10 节航速时航程为 4300 海里
武器装备	4 门 280 毫米 /40 倍径 C/90 火炮（2×2），2 门 280 毫米 /35 倍径 C/90 火炮（1×2），6 门（1903 年 5 月改为 8 门）105 毫米 /35 倍径 C/91 火炮，8 门 88 毫米 /30 倍径 C/89 火炮，6 具（1905 年 5 月改为 3 具）450 毫米鱼雷发射管；1915—1916 年德国海军同级舰解除武装；1916 年"图尔古特·雷斯"为 2 门 280 毫米 /40 倍径（1×2）火炮，4 门 280 毫米 /35 倍径（2×2）火炮，6 门 88 毫米 /30 倍径速射炮，3 具 450 毫米鱼雷发射管；1927 年为 2 门 280 毫米 /40 倍径（1×2）火炮，3 门 105 毫米 /35 倍径火炮，2 门 88 毫米 /30 倍径速射炮；2 具 450 毫米鱼雷发射管
装甲防护	主装甲带 300—400 毫米，低处装甲 180—200 毫米，装甲甲板 60 毫米，炮座 300 毫米，炮罩 50—120 毫米，炮台 42 毫米，指挥塔 300 毫米（"勃兰登堡"号和"沃斯"号为复合装甲，"弗里德里希·威廉大帝"号和"魏森堡"号主要为克虏伯装甲）
舰员数量	38+540 人（旗舰为 47+584 人）；1903 年 5 月为 30+561 人（旗舰为 39+609 人）

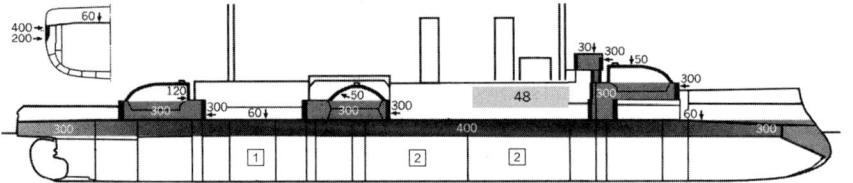

舰名	建造方	建造时间	下水时间	服役时间	结局
"沃斯"号	日耳曼尼亚造船厂（基尔）	1890 年 1 月	1892 年 8 月 6 日	1893 年 10 月 31 日	1919 年变卖给位于阿姆斯特丹的文申克公司；后在荷兰拆解
"弗里德里希·威廉大帝"号，即"巴巴罗萨·海雷丁"号（1910 年 9 月更名）	威廉港船厂	1890 年 3 月	1891 年 6 月 30 日	1894 年 4 月 29 日	1910 年 9 月编入土耳其海军；1915 年 8 月 8 日在伯雷伊尔（Bolayır）附近被英国皇家海军 E11 号潜艇发射的鱼雷击中；1930—1936 年报废拆解
"勃兰登堡"号	伏尔铿造船厂（斯德丁）	1890 年 5 月	1891 年 9 月 21 日	1893 年 11 月 19 日	1919 年变卖给位于柏林的北德地下工程公司；1919 年 5 月 20 日转售给但泽霍希地下工程公司；1920 年在但泽港拆解
"魏森堡"号，即"图尔古特·雷斯"号（1910 年 9 月更名）	伏尔铿造船厂（斯德丁）	1890 年 5 月	1891 年 12 月 14 日	1894 年 10 月 14 日	1910 年 9 月编入土耳其海军；1950 年在格尔居克除籍；1953—1956 年在伊兹米尔变卖拆解

"沃斯"号：
1894 年 8 月 1 日—1901 年 11 月 24 日（1900 年 7 月—1901 年 8 月驻远东）为现役；1903 年 12 月在威廉港重建；1904 年 9 月 27 日—1906 年 7 月 3 日编入第 2 分舰队（第二旗舰）；1906 年 7 月 4 日—1906 年 9 月 28 日改为北海预备役支队供应船；1910 年 8 月 2 日—1910 年 9 月 13 日，1911 年 7 月 31 日—1911 年 9 月 15 日参加演习；1914 年 8 月 5 日—1916 年 1 月 15 日编入第 5 分舰队；1916 年 3 月 18 日付薪并解除武装；1917—1919 年改为驻但泽港住宿船；1919 年 3 月 10 日除籍

"弗里德里希·威廉大帝"号：
1894 年 11 月 1 日—1902 年 10 月 14 日（1900 年 7 月—1901 年 8 月驻远东）为现役；1905 年 12 月在威廉港重建；1905 年 12 月 14 日—1907 年 9 月 30 日为现役；1907 年 10 月 1 日—1910 年 9 月 1 日改为北海预备役支队供应船；1910 年 9 月 12 日售予土耳其海军

"勃兰登堡"号：
1893 年 11 月 19 日—1902 年 10 月 23 日（1900 年 7 月—1901 年 8 月驻远东）为现役；1903—1904 年在威廉港重建；1905 年 5 月 4 日—1907 年 9 月 30 日为现役；1910 年 8 月 2 日—1911 年 10 月 16 日参加演习；1914 年 8 月 7 日—1915 年 12 月 6 日编入第 5 分舰队；1915 年 12 月 14 日在但泽解除武装；1915 年 12 月 20 日付薪；1916 年 7 月 16 日—1918 年 2 月 12 日改为驻利巴瓦第 5 潜艇半中队住宿船和淡水供应船；1918 年在但泽改为靶船，未完工；1919 年 5 月 13 日除籍

"魏森堡"号：
1894 年 10 月 14 日—1902 年 2 月 29 日（1900 年 7 月—1901 年 8 月驻远东）为现役；1902—1904 年在威廉港重建；1904 年 9 月 27 日—1906 年 9 月 28 日为现役；1906 年 9 月 29 日—1907 年 9 月 27 日替代"沃斯"号作为北海预备役支队供应船；1910 年 8 月 2 日—1910 年 9 月 1 日参加演习；1910 年 9 月 12 日售予土耳其海军；1916 年起改为固定训练舰；1924—1925 年在伊斯坦布尔德尼兹 - 法布里克拉尔船厂（T. C. Deniz Fabriklar）大修改装；1925—1933 年改为军校训练舰；1933—1950 年改为驻格尔居克住宿船；1950 年除籍

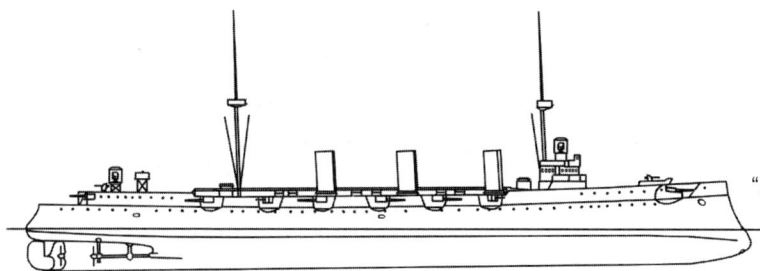

"奥古斯塔女皇"号（1900 年）

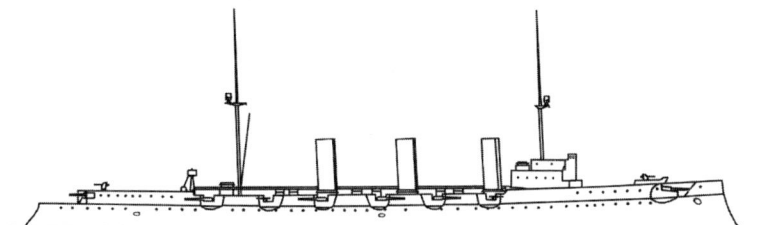

"奥古斯塔女皇"号（1907 年）

0　　　　　20 米

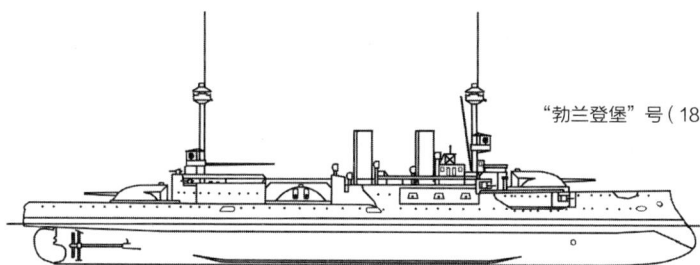

"勃兰登堡"号（1893 年）

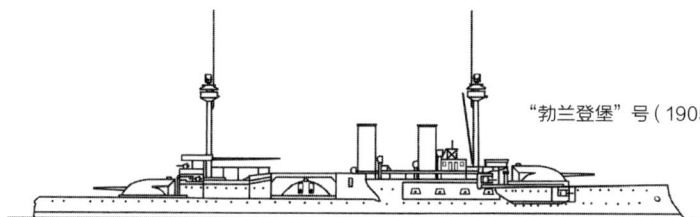

"勃兰登堡"号（1905 年）

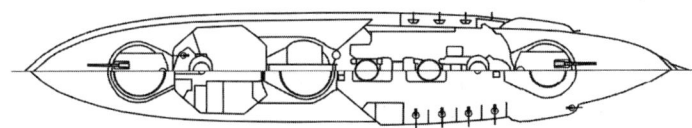

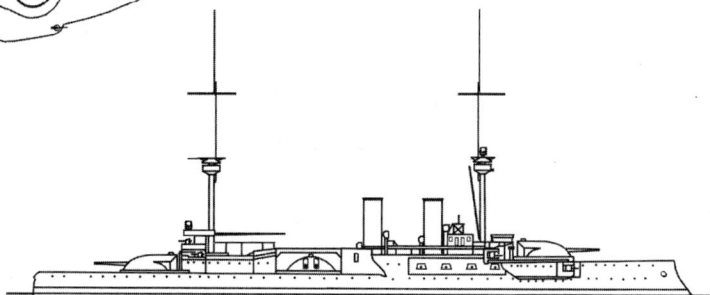

"勃兰登堡"号（1910 年）

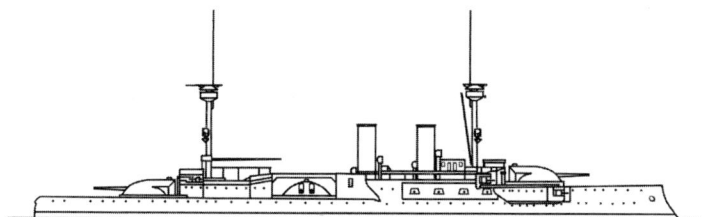

0　　　　　20 米

"图尔古特·雷斯"号（原"魏森堡"号，1916 年）

奥丁级

四等装甲舰；1899 年改为岸防装甲舰

1891—1892 年造舰计划
装甲舰 V，即"奥丁"号

1892—1893 年造舰计划
装甲舰 T，即"埃吉尔"号

排水量	3550 吨（设计），3750 吨（满载）；1903 年为 4100 吨（设计），4300 吨（满载）
尺寸	76.4 米（水线），79.0（全长）×15.2×5.61 米；1903 年为 84.8 米（水线），86.15（全长）×15.4×5.6 米
机械动力系统	4 台柱式锅炉（"奥丁"号）/8 台桑尼克罗夫特式锅炉（"埃吉尔"号），1903 年为 8 台海军型锅炉，双轴推进，往复式（VTE），最大推进功率 5000 马力，最大航速 15 节，载煤 270/370 吨（1903/1904 年分别为 480/580 吨），10 节航速时航程为 2200/3000 海里
武器装备	3 门 240 毫米 /35 倍径 C/88 火炮，10 门 88 毫米 /30 倍径 C/89 火炮，4 具 350 毫米鱼雷发射管，1900 年 4 月为 4 具 450 毫米鱼雷发射管，1 具 350 毫米鱼雷发射管；1916 年全部解除武装
装甲防护	主装甲带 220 毫米，装甲甲板 50～70 毫米，炮座 200 毫米，炮罩 30 毫米，指挥塔 120 毫米
舰员数量	20+256 人（旗舰为 26+278 人）；1903 年为 20+287 人（旗舰为 29+321 人）

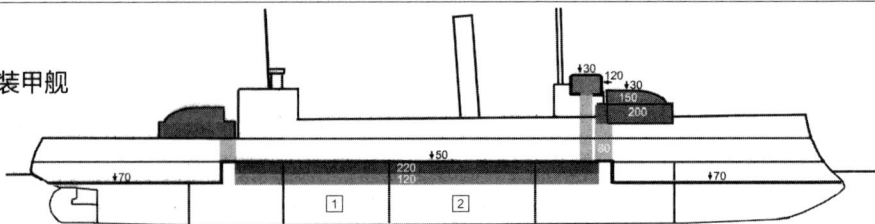

舰名	建造方	建造时间	下水时间	服役时间	结局
"奥丁"号	但泽船厂	1893 年	1894 年 11 月 3 日	1896 年 9 月 22 日	1919 年变卖给位于汉堡的阿诺德·伯恩斯坦航运公司；1935 年拆解
"埃吉尔"号	基尔船厂	1892 年	1895 年 4 月 3 日	1896 年 10 月 15 日	1919 年变卖给石勒苏益格 – 荷尔斯泰因联营公司；1919 年转售给位于汉堡的阿诺德·伯恩斯坦航运公司；1929 年 12 月 8 日在哥特兰群岛卡尔索（Karlsö）附近海域搁浅；1930 年打捞出水后在基尔拆解

"奥丁"号：
1898 年 7 月 26 日—1901 年 9 月 21 日为现役；1901—1903 年在但泽港重建；1903 年 10 月 2 日—1904 年 10 月 10 日编入第 2 分舰队；1909 年 7 月 22 日—1909 年 9 月 15 日参加演习；1914 年 8 月 12 日—1915 年 8 月 31 日编入第 6 分舰队；1916 年 1 月 16 日付薪；1916 年—1917 年 7 月 24 日改为驻威廉港第 1 潜艇中队住宿船；1917 年 7 月 25 日—1918 年 11 月编入第 3 潜艇中队；1919 年 3 月 28 日—1919 年 10 月 9 日改为第四北海扫雷中队仓储与住宿船；1919 年 12 月 6 日除籍拆除；1922 年在吕斯特林根德意志船厂改装为车辆运输船

"埃吉尔"号：
1897 年 7 月 1 日—1900 年 9 月 25 日编入波罗的海预备役支队，参加演习及舰队行动；1901 年 7 月 31 日—1902 年 6 月 30 日参加舰队行动；1903 年 2 月—1904 年 9 月在但泽港重建；1904 年 10 月 10 日—1909 年 9 月 15 日为现役；1914 年 8 月 12 日—1915 年 8 月 31 日编入第 6 分舰队；1916 年 1 月 14 日付薪；1916—1919 年改为驻威廉港码头工人住宿船；1919 年 6 月 17 日除籍拆除；1922 年在吕斯特林根德意志船厂改装为车辆运输船

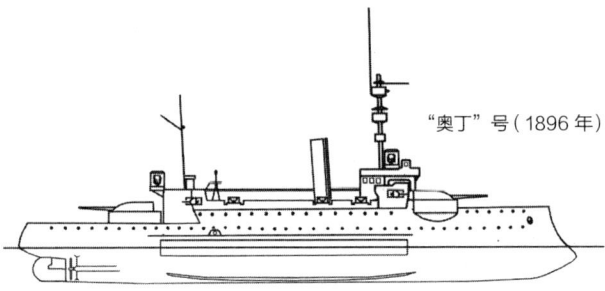

"奥丁"号（1896 年）

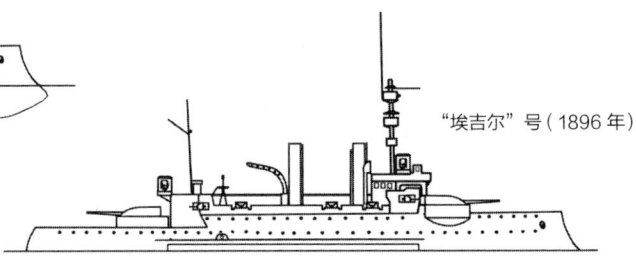

"埃吉尔"号（1896 年）

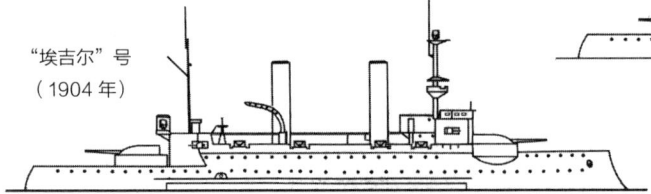

"埃吉尔"号
（1904 年）

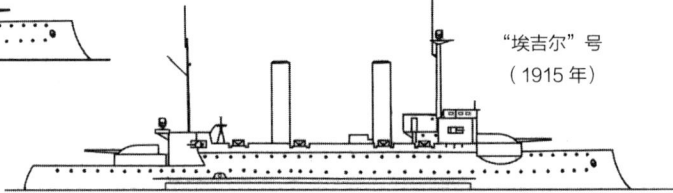

"埃吉尔"号
（1915 年）

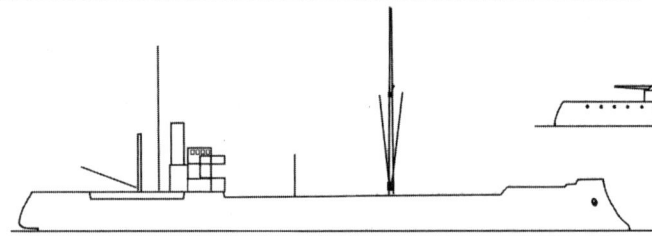

"奥丁"号（20 世纪 20 年代）

0　　　　　　　　20 米

维多利亚·路易丝级
二等巡洋舰；1899 年改为大型巡洋舰

1895—1896 年造舰计划
防护巡洋舰 K，即"赫塔"号
防护巡洋舰 L，即"维多利亚·路易丝"号
"代舰 - 芙蕾雅"(i)，即"芙蕾雅"号

1896—1897 年造舰计划
防护巡洋舰 M，即"维内塔"号
防护巡洋舰 N，即"汉莎"号

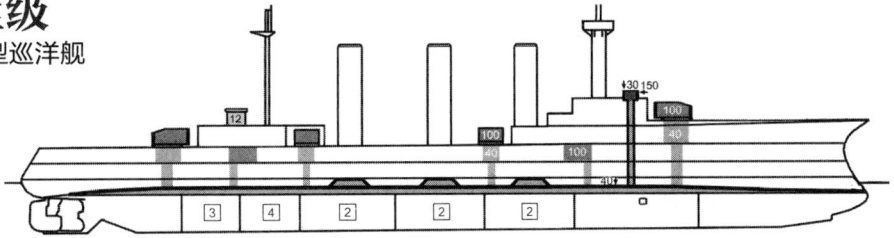

排水量	前三艘为 5669 吨（设计），6492 吨（满载）；后两艘为 5885 吨（设计），6705 吨（满载）；"弗洛拉·索末菲尔德"号（原"维多利亚·路易丝"号）1920 年为 6870 吨（载重量 4000 吨，登记吨 3255 吨）
尺寸	前三艘为 109.1 米（水线），110.6（全长）×20.4×6.7 米；后两艘为 109.8 米（水线），110.5（全长）×17.6×7.34 米
机械动力系统	12 台杜尔式锅炉（"维多利亚·路易丝"号和"维内塔"号）、尼克劳斯式锅炉（"芙蕾雅"号）或贝尔维尔式锅炉（"赫塔"号，"汉莎"号为 18 台贝尔维尔式）；1907 年 11 月起为 8 台海军型锅炉，三轴推进，往复式（VTE），最大推进功率 10000 马力，最大航速 19.5 节（后两艘 18.5 节），载煤 500/950 吨，12 节航速时航程为 3400 海里；1920 年"弗洛拉·索末菲尔德"号（原"维多利亚·路易丝"号）为 4 台柱式锅炉，单轴推进，往复式（VTE）蒸汽机
武器装备	2 门 210 毫米 /40 倍径 C/97 火炮，8 门（1905 年 11 月为 6 门）150 毫米 /40 倍径 C/97 火炮，10 门（1900 年为 11 门）88 毫米 /30 倍径 C/89 火炮，3 具 450 毫米鱼雷发射管；1916 年除"芙蕾雅"号（保留 1 门 150 毫米 /40 倍径火炮，4 门 105 毫米 /45 倍径火炮，14 门 88 毫米 /30 倍径、35 倍径火炮）外，全部解除武装
装甲防护	装甲甲板 40/100 毫米，炮座 250 毫米，炮塔 30—100 毫米，炮台 100 毫米，前指挥塔 150 毫米，后指挥塔 12 毫米
舰员数量	31+446 人（旗舰为 40+487 人，军校训练舰为 26+658 人）

舰名	建造方	建造时间	下水时间	服役时间	结局
"维多利亚·路易丝"号，即"弗洛拉·索末菲尔德"号（1920 年）	威悉河船厂（不来梅）	1896 年 4 月 9 日	1897 年 3 月 29 日	1899 年 2 月 20 日	1919 年变卖给北德地下工程公司；1919 年 5 月 20 日转售但泽霍希地下工程公司；1920 年转为商业航运；1923 年在但泽拆解
"赫塔"（ii）号	伏尔铿船厂（斯德丁）	1895 年 10 月	1897 年 4 月 14 日	1898 年 7 月 23 日	1920 年在奥多夫 - 伦茨堡的勃兰特 - 佐恩公司（Brandt & Sohn）拆解
"芙蕾雅"（ii）号	但泽船厂	1896 年 1 月 2 日	1897 年 4 月 27 日	1898 年 10 月 20 日	1921 年在位于汉堡的塞库瑞塔斯船厂拆解
"维内塔"（ii）号	但泽船厂	1896 年 8 月	1897 年 12 月 9 日	1899 年 9 月 13 日	1920 年在位于汉堡的塞库瑞塔斯船厂拆解
"汉莎"（iii）号	伏尔铿船厂（斯德丁）	1896 年 4 月	1898 年 3 月 12 日	1899 年 4 月 20 日	1920 年在位于奥多夫 - 伦茨堡的勃兰特 - 佐恩公司拆解

"维多利亚·路易丝"号：
1900 年 12 月 21 日—1901 年 4 月 19 日为特别部署状态；1901 年 4 月 20 日—1903 年 2 月 28 日编入第 1 侦察集群；1903 年 3 月 1 日—1903 年 12 月 12 日编入侦察舰队；1906 年—1908 年在基尔船厂重建；1908 年 4 月 2 日—1914 年 8 月改为军校训练舰；1914 年 8 月—1914 年 11 月 7 日编入第 5 侦察集群；1918 年 11 月在但泽港改为布雷 / 住宿船；1919 年 10 月 1 日除籍

"赫塔"号：
1898 年 9 月 18 日—1899 年 4 月驻地中海；1899 年 5 月—1905 年 5 月 12 日驻远东；1906—1908 年重建；1908 年 4 月 7 日—1914 年 8 月改为军校训练舰；1914 年 8 月—1914 年 11 月 16 日编入第 5 侦察集群；1918 年 11 月改为驻弗伦斯堡航空站住宿船；1919 年 12 月 6 日除籍

"芙蕾雅"号：
1902 年 5 月 3 日—1904 年 1 月 11 日编入火炮训练部队；1905—1907 年在威廉港重建；1907 年 4 月 4 日—1911 年 3 月 28 日改为军校训练舰；1911—1913 年在但泽港进行锅炉改装；1914 年 8 月 4 日—1914 年 8 月 27 日编入波罗的海岸防御支队；1914 年 9 月 12 日—1915 年 4 月改为司炉训练船；1915 年 4 月—1918 年 12 月 18 日改为驻基尔港 / 弗伦斯堡军校学员训练舰；1919—1920 年改为汉堡警察住宿船；1920 年 1 月 25 日除籍

"维内塔"号：
1900 年 5 月 19 日—1905 年 1 月驻美洲东部；1905 年 3 月 30 日—1909 年 2 月 26 日改为鱼雷试验与监察船；1909—1911 年在但泽港重建；1911 年 3 月 29 日—1914 年 8 月改为军校训练舰；1914 年 8 月 27 日—1914 年 10 月 26 日改为前沿防御 / 警戒舰；1914 年 11 月 16 日付薪；1915—1918 年 11 月改为驻基尔港潜艇部队人员住宿船；1919 年 12 月 6 日除籍

"汉莎"号：
1899 年 8 月 16 日—1906 年 10 月 26 日驻远东；1907 年 4 月—1909 年 3 月在但泽船厂重建；1909 年 4 月 1 日—1914 年 8 月改为军校训练舰；1914 年 8 月—1914 年 11 月 16 日编入第 5 侦察集群；1914—1918 年改为驻基尔港鱼雷艇部队人员住宿船；1919 年 12 月 6 日除籍

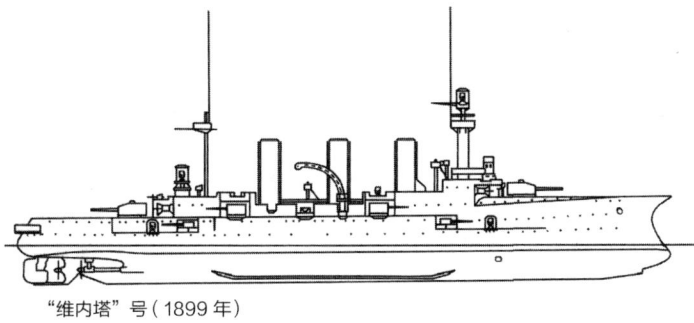

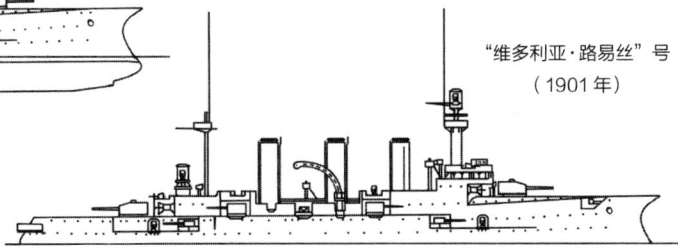

"维内塔"号（1899 年）

"维多利亚·路易丝"号（1901 年）

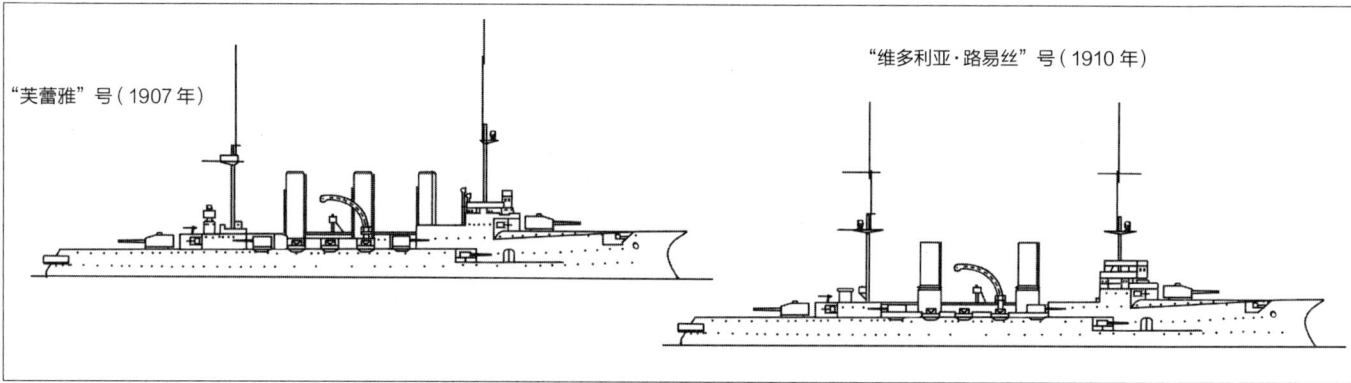

"芙蕾雅"号（1907 年）

"维多利亚·路易丝"号（1910 年）

德皇弗里德里希三世级
一等装甲舰；1899 年改为战列舰

1894—1895 年造舰计划
"代舰 – 普鲁士"号，即"德皇弗里德里希三世"号

1896—1897 年造舰计划
"代舰 – 弗里德里希大帝"号，即"德皇威廉二世"号

1897—1898 年造舰计划
"代舰 – 威廉国王"（i）号，即"德皇威廉大帝"号

1898—1899 年造舰计划
战列舰 A，即"德皇巴巴罗萨"号
战列舰 B，即"德皇卡尔大帝"号

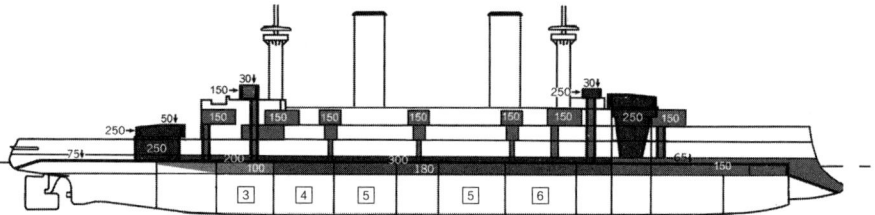

排水量	11097 吨（设计），11785 吨（满载）；1909 年 10 月为 11233 吨（设计），11894 吨（除"德皇卡尔大帝"号外）
尺寸	120.9 米（水线），125.3（全长）×20.4×8.25 米
机械动力系统	4 台桑尼克罗夫特式和 8 台柱式锅炉（"德皇弗里德里希三世"号）/4 台海军型锅炉和 8 台柱式锅炉（"德皇威廉二世"号）/4 台海军型锅炉和 6 台柱式锅炉（"德皇威廉大帝"号和"德皇卡尔大帝"号）/4 台桑尼克罗夫特式和 6 台柱式锅炉（"德皇巴巴罗萨"号），三轴推进，往复式（VTE），最大推进功率 13000 马力，最高航速 17.5 节，载煤 650/1070 吨（1908—1909 年载燃油 120 吨），10 节航速时航程为 3420 海里
武器装备	4 门 240 毫米 /40 倍径 C/97 火炮（前两腹）或 C/98 火炮（2×2），18 门（1909—1910 年为 16 门）150 毫米 /40 倍径 C/97 火炮，12 门（1909—1910 年为 14 门）88 毫米 /30 倍径 C/89 火炮，6 具（1909—1910 年为 5 具）450 毫米鱼雷发射管
装甲防护	主装甲带 150—300 毫米，装甲甲板 65 毫米，炮座 250 毫米，炮塔 50—250 毫米，副炮炮塔 70—150 毫米，炮台 150 毫米，前指挥塔 250 毫米，后指挥塔 150 毫米
舰员数量	39+612 人（旗舰为 51 人 +663~675 人）；1909—1910 年为 33+589 人（旗舰为 45 人 +640~652 人）

舰名	建造方	建造时间	下水时间	服役时间	结局
"德皇弗里德里希三世"号	威廉港厂	1895 年 3 月 5 日	1896 年 7 月 1 日	1898 年 10 月 7 日	1920 年在基尔港拆解
"德皇威廉二世"号	威廉港厂	1896 年 10 月 26 日	1897 年 9 月 14 日	1900 年 2 月 13 日	1922 年在汉堡 – 阿特维尔德（Altenwärder）拆解
"德皇威廉大帝"号	日耳曼尼亚造船厂（基尔）	1898 年 1 月 22 日	1899 年 6 月 1 日	1901 年 5 月 5 日	1920 年在基尔港拆解
"德皇巴巴罗萨"号	希肖造船厂（但泽）	1898 年 8 月 3 日	1900 年 4 月 21 日	1901 年 6 月 10 日	1919—1920 年在吕斯特林根泽利格船厂拆解
"德皇卡尔大帝"号	布洛姆 – 福斯造船厂（汉堡）	1898 年 9 月 17 日	1899 年 10 月 18 日	1902 年 2 月 4 日	1920 年在罗尼贝克的奥尔特曼船厂拆解

"德皇弗里德里希三世"号：
1899 年 10 月 21 日—1901 年 5 月 4 日编入第 1 舰队；1901 年 4 月 2 日搁浅后在威廉港维修；1901 年 11 月 1 日—1907 年 9 月 30 日编入第 1/ 第 2 舰队；1907 年 10 月—1909 年在基尔港重建；1909 年—1914 年编入波罗的海预备役支队（1910 年 8 月 2 日—1910 年 9 月 15 日，1911 年 7 月 31 日—1911 年 9 月 15 日编入第 3 舰队）；1914 年 8 月 7 日—1915 年 11 月 20 日编入第 5 舰队；1916—1917 年改为监狱船；1917—1918 年在弗伦斯堡 – 穆尔维克改为无线电报学校住宿船；1918 年转移至斯维内明德；1919 年 12 月 6 日除籍

"德皇威廉二世"号：
1900 年 2 月 13 日—1906 年 9 月 25 日为舰队旗舰；1906 年 9 月 26 日—1908 年 9 月 21 日编入第 1 舰队；1909—1910 年在威廉港重建；1910 年 10 月 14 日—1912 年 5 月 9 日改为波罗的海预备役支队供应船（演习期间编入第 3 舰队）；1914 年 8 月 5 日—1915 年 3 月 5 日编入第 5 舰队（旗舰）；1915 年 4 月 26 日—1918 年 11 月 30 日改为驻威廉港舰队司令部指挥舰和住宿船；1919—1920 年 9 月 10 日改为北海舰队司令部指挥舰；1921 年 3 月 17 日除籍

"德皇威廉大帝"号：
1901 年 5 月 5 日—1905 年 1 月编入第 1 舰队；1905 年 1 月—1908 年 9 月 21 日编入第 2/ 第 1 舰队；1909—1910 年在基尔港重建；1910—1914 年编入波罗的海预备役支队（1911 年 7 月 31 日—1911 年 9 月 15 日编入第 3 舰队参加演习）；1914 年 8 月 5 日—1915 年 3 月 5 日编入第 5 舰队；后在基尔港封存；1915 年 11 月 20 日付薪；1917—1918 年改为驻基尔港鱼雷靶船；1915 年 11 月 20 日；1919 年 12 月 6 日除籍

"德皇巴巴罗萨"号：
1901 年 6 月 10 日—1903 年 12 月 15 日编入第 1 舰队；1905 年 1 月—1907 年 9 月在基尔港重建；1907 年 10 月 1 日—1909 年 9 月 16 日编入第 1 舰队；1909 年 9 月 17 日—1910 年 10 月 13 日改为波罗的海预备役支队供应船；1910 年 10 月—1914 年 8 月编入波罗的海预备役支队（1911 年 7 月 31 日—1911 年 9 月 15 日编入第 3 舰队参加演习）；1914 年 8 月 5 日—1915 年 3 月 5 日编入第 5 舰队；1915 年 4 月 11 日—1915 年 11 月 9 日改为驻基尔港 / 阿尔森（Alsen）弗伦斯堡靶船和鱼雷试验监察船；1915 年 11 月 19 日付薪；1916—1919 年在威廉港改为战俘住宿船；1919 年 12 月 6 日除籍

"德皇卡尔大帝"号：
1902 年 2 月 4 日—1909 年 9 月 18 日编入第 1 舰队；1909 年 9 月—1914 年 8 月编入波罗的海预备役支队；1914 年 8 月 7 日—1915 年 2 月 23 日编入第 5 舰队；1915 年 10 月改为工程训练船；1915 年 11 月 19 日付薪；1916—1919 年在基尔港改为战俘住宿船；1919 年 12 月 6 日除籍

"弗洛拉·索末菲尔德"号
（原"维多利亚·路易丝"号，
1920 年）

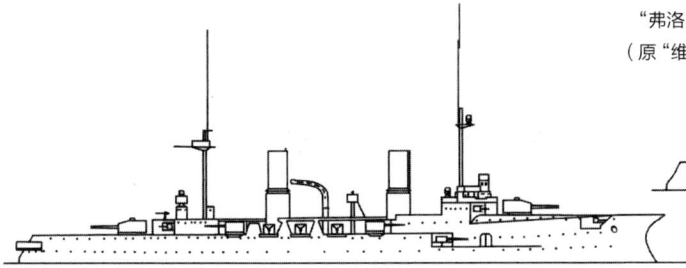

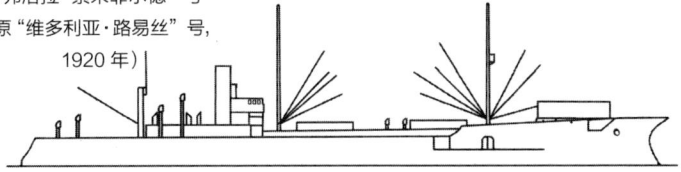

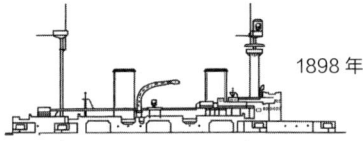

"芙蕾雅"号（1912 年）

0　　20 米

1898 年

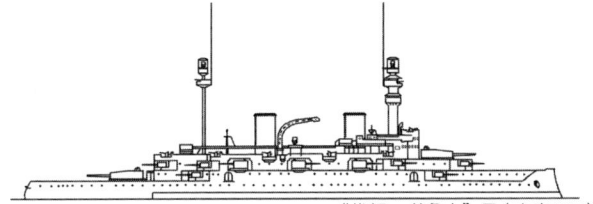

"代舰－普鲁士"号（方案 XX）

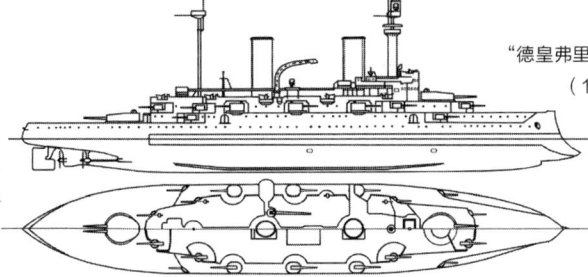

"德皇弗里德里希三世"号
（1899 年）

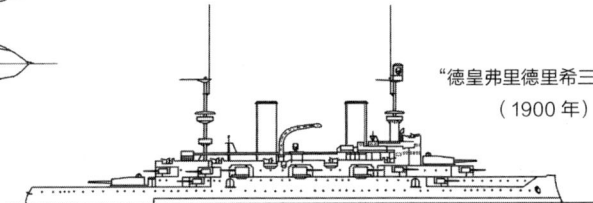

"德皇弗里德里希三世"号
（1900 年）

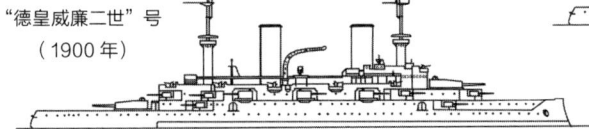

"德皇威廉二世"号
（1900 年）

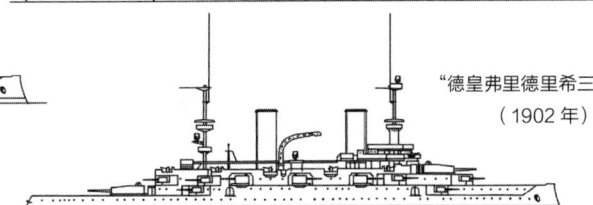

"德皇弗里德里希三世"号
（1902 年）

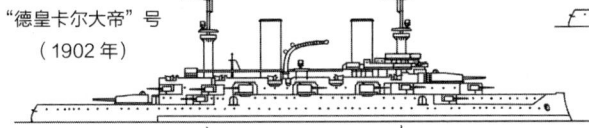

"德皇卡尔大帝"号
（1902 年）

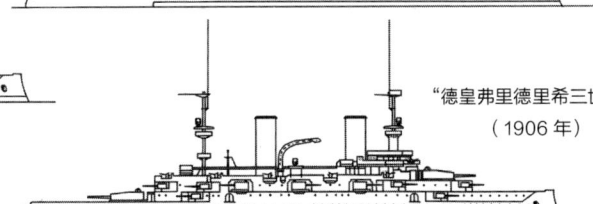

"德皇弗里德里希三世"号
（1906 年）

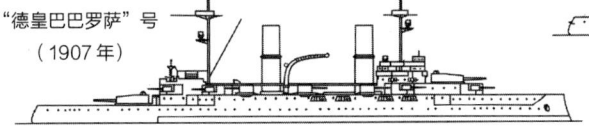

"德皇巴巴罗萨"号
（1907 年）

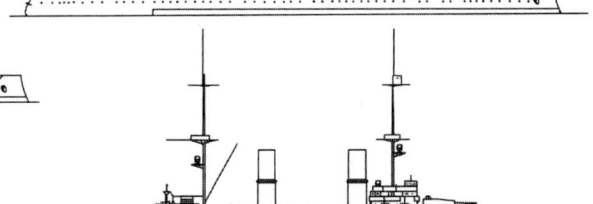

"德皇卡尔大帝"号
（1914 年）

"德皇弗里德里希三世"号（1914 年）

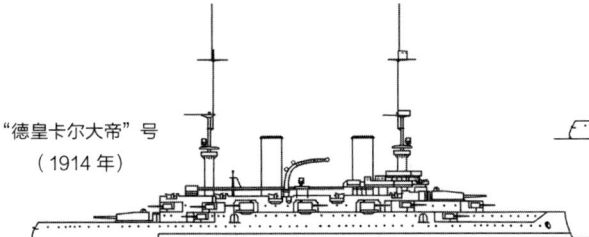

0　　20 米

"俾斯麦侯爵"号
一等巡洋舰；1899 年改为大型巡洋舰

1895—1896 年造舰计划
"代舰 – 莱比锡"号，即"俾斯麦侯爵"号

排水量	10690 吨（设计），11461 吨（满载）
尺寸	125.7 米（水线），127.0（全长）× 20.4 × 8.46 米
机械动力系统	4 台舒尔茨 – 桑尼克罗夫特式锅炉和 8 台柱式锅炉，三轴推进，往复式（VTE），最大推进功率 13500 马力，最大航速 18.7 节，载煤 900/1400 吨（1908—1909 年载燃油 120 吨），10 节航速时航程为 4560 海里
武器装备	4 门 240 毫米 /40 倍径 C/97 火炮（2×2），12 门 150 毫米 /40 倍径 C/97 火炮，10 门 88 毫米 /30 倍径 C/89 火炮，6 具 450 毫米鱼雷发射管；1916 年 9 月 4—6 日解除武装
装甲防护	主装甲带 100—200 毫米，装甲甲板 30—50 毫米，炮座 200 毫米，炮塔 40—200 毫米，副炮炮塔 70—100 毫米，炮台 100 毫米，前指挥塔 200 毫米，后指挥塔 100 毫米
舰员数量	36+585 人（旗舰为 50+647 人）

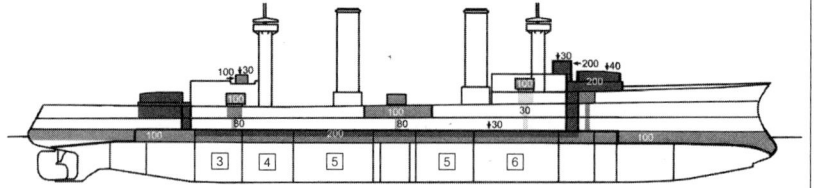

舰名	建造方	建造时间	下水时间	服役时间	结局
"俾斯麦侯爵"号	基尔船厂	1896 年 4 月 1 日	1897 年 9 月 5 日	1900 年 4 月 1 日	1919 年变卖给石勒苏益格 – 荷尔斯泰因联营公司，后转售与奥多夫勃兰特 – 佐恩公司，1919—1920 年在奥多夫 – 伦茨堡拆解

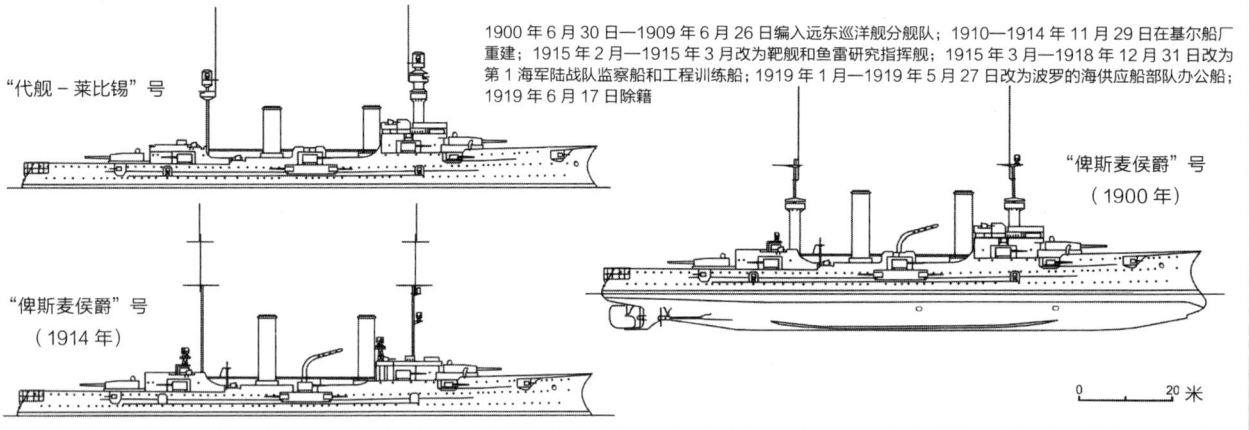

"代舰 – 莱比锡"号

"俾斯麦侯爵"号
（1914 年）

1900 年 6 月 30 日—1909 年 6 月 26 日编入远东巡洋舰分舰队；1910—1914 年 11 月 29 日在基尔船厂重建；1915 年 2 月—1915 年 3 月改为靶舰和鱼雷研究指挥船；1915 年 3 月—1918 年 12 月 31 日改为第 1 海军陆战队监察船和工程训练船；1919 年 1 月—1919 年 5 月 27 日改为波罗的海供应船部队办公船；1919 年 6 月 17 日除籍

"俾斯麦侯爵"号
（1900 年）

0   20 米

"海因里希亲王"号
大型巡洋舰

1898—1899 年造舰计划
大型巡洋舰 A，即"海因里希亲王"号

排水量	8887 吨（设计），9806 吨（满载）
尺寸	124.9 米（水线），126.5（全长）× 19.6 × 8.07 米
机械动力系统	14 台杜尔式锅炉，三轴推进，往复式（VTE），最大推进功率 13500 马力，最大航速 20 节，载煤 900/1590 吨（1908—1909 年载燃油 175 吨），10 节航速时航程为 4580 海里
武器装备	2 门 240 毫米 /40 倍径 C/98 火炮，10 门 150 毫米 /40 倍径 C/97 火炮，10 门 88 毫米 /30 倍径 C/89 火炮，4 具 450 毫米鱼雷发射管；1916 年全部解除武装
装甲防护	主装甲带 80—100 毫米，装甲甲板 35—40/50 毫米，炮座 100 毫米，炮塔 40—150 毫米，副炮炮塔 70—100 毫米，炮台 100 毫米，前指挥塔 150 毫米，后指挥塔 12 毫米
舰员数量	35+532 人（旗舰为 44+676 人）

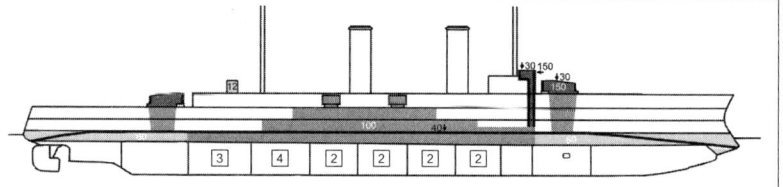

舰名	建造方	建造时间	下水时间	服役时间	结局
"海因里希亲王"号	基尔船厂	1898 年 12 月 1 日	1900 年 3 月 23 日	1902 年 3 月 11 日	1920 年转售予奥多夫 – 伦茨堡的勃兰特 – 佐恩公司拆解

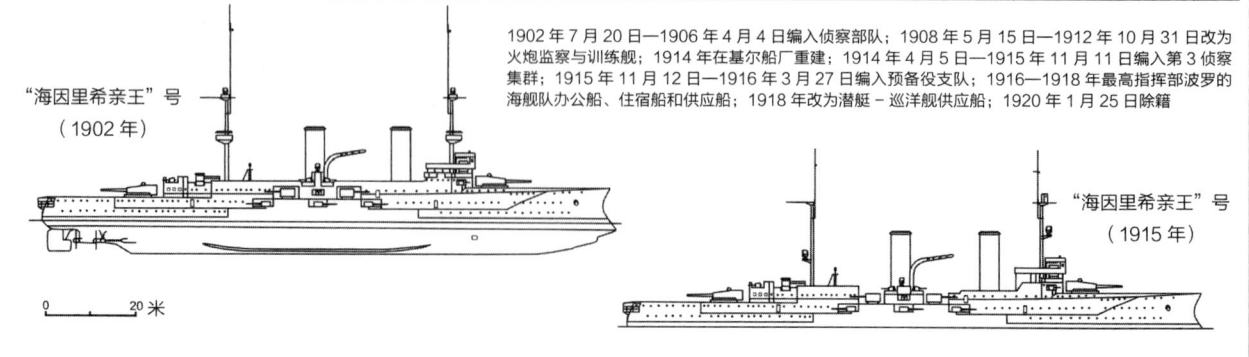

"海因里希亲王"号
（1902 年）

1902 年 7 月 20 日—1906 年 4 月 4 日编入侦察部队；1908 年 5 月 15 日—1912 年 10 月 31 日改为火炮监察与训练舰；1914 年在基尔船厂重建；1914 年 4 月 5 日—1915 年 11 月 11 日编入第 3 侦察集群；1915 年 11 月 12 日—1916 年 3 月 27 日编入预备役支队；1916—1918 年最高指挥部波罗的海舰队办公船、住宿船和供应船；1918 年改为潜艇 – 巡洋舰供应船；1920 年 1 月 25 日除籍

"海因里希亲王"号
（1915 年）

0   20 米

维特尔斯巴赫级
战列舰

1899—1900 年造舰计划	1900 年造舰计划
战列舰 C，即"维特尔斯巴赫"号	战列舰 F，即"施瓦本"号
战列舰 D，即"韦廷"号	战列舰 G，即"梅克伦堡"号
战列舰 E，即"策林根"号	

排水量	11774 吨（设计），12798 吨（满载）
尺寸	120.9 米（水线），125.3（全长）×20.4×8.25 米
机械动力系统	6 台海军型锅炉（"韦廷"号和"梅克伦堡"号配备桑尼克罗夫特式锅炉）和 6 台柱式锅炉，三轴推进，往复式（VTE），最大推进功率 14000 马力，最大航速 18 节，载煤 650/1800 吨，1908—1909 年载燃油 200 吨，10 节航速时航程为 5000 海里；1926 年"策林根"号为 2 台海军型锅炉，双轴推进，往复式（VTE），最大推进功率 5000 马力，最大航速 13 节，燃油动力
武器装备	4 门 240 毫米 /40 倍径 C/98 火炮(2×2)，18 门 150 毫米 /40 倍径 C/97 火炮，12 门 88 毫米 /30 倍径 C/89 火炮，6 具 450 毫米鱼雷发射管；1916 年"施瓦本"号保留 6 门 /"策林根"号保留 7 门 150 毫米火炮，4 门 88 毫米 /30 倍径 C/89 火炮，其余解除武装
装甲防护	主装甲带 100—225 毫米，装甲甲板 50—120 毫米，炮座 250 毫米，炮塔 50—250 毫米，副炮炮塔 70—150 毫米，炮台 150 毫米，前指挥塔 250 毫米；后指挥塔 140 毫米
舰员数量	33+650 人（旗舰为 13+666 人）

舰名	建造方	建造时间	下水时间	服役时间	结局
"维特尔斯巴赫"号	威廉港船厂	1899 年 9 月 30 日	1900 年 7 月 3 日	1902 年 10 月 15 日	1921 年 7 月 7 日变卖；后在威廉港拆解
"韦廷"号	希肖船厂（但泽）	1899 年 10 月 10 日	1901 年 6 月 6 日	1902 年 10 月 1 日	1920—1921 年在吕斯特林根除籍；1921 年 11 月 21 日变卖；1922 年在罗尼贝克拆解
"策林根"号	日耳曼尼亚船厂（基尔）	1899 年 11 月 21 日	1901 年 6 月 12 日	1902 年 10 月 25 日	1944 年 12 月 18 日在格丁尼亚遭到轰炸沉没；1945 年 3 月 26 日打捞出水并再次为封锁航道自沉；1945—1950 年拆解
"施瓦本"号	威廉港船厂	1900 年 11 月 14 日	1901 年 8 月 19 日	1904 年 4 月 13 日	1921 年变卖；1921 年在基尔 - 北堤拆解
"梅克伦堡"号	伏尔铿船厂（斯德丁）	1900 年 5 月 15 日	1901 年 11 月 9 日	1903 年 5 月 25 日	1921 年 8 月 16 日售予德意志造船厂；后在基尔 - 北堤拆解

"维特尔斯巴赫"号：
1902 年 10 月 15 日—1910 年 9 月 20 日编入第 1 分舰队；1911 年 10 月 16 日—1912 年 5 月 8 日改为北海预备役支队供应船；1912 年 5 月 9 日—1914 年 8 月改为波罗的海预备役支队供应船（1913 年 3 月 30 日—1913 年 4 月 21 日编入第 3 分舰队参加演习）；1914 年 8 月—1916 年 1 月 31 日编入第 4 分舰队；1916 年 2 月—1916 年 8 月 24 日改为驻威廉港第 1 海军监察署新兵训练船；1917 年 10 月—1918 年 9 月改为工程训练船，后计划改为靶船但未实施；1919 年改为摩托扫雷艇母船；1919 年 6 月 1 日—1920 年 7 月 20 日编入第 5 波罗的海扫雷半中队；1921 年 3 月 8 日除籍

"韦廷"号：
1902 年 10 月 1 日—1911 年 6 月 30 日编入第 1 分舰队；1911 年 12 月 1 日—1914 年 8 月改为火炮训练舰（1913 年 3 月 30 日—1913 年 4 月 13 日编入第 3 分舰队参加演习）；1914 年 8 月—1915 年 11 月 19 日编入第 4 分舰队；1916 年 1 月 31 日—1916 年 7 月 17 日改为第 1 海军监察署训练与住宿船（1916 年 5 月 15 日拆除了舰上的 240 毫米火炮）；1917 年 8 月—1920 年 2 月 11 日改为驻基尔港住宿船、驻库克斯港第 1 至第 3 扫雷艇中队指挥船与住宿船；1920 年 3 月 11 日除籍

"策林根"号：
1902 年 10 月 25 日—1910 年 9 月 20 日编入第 1 分舰队；1911 年 10 月 1 日—1914 年 8 月编入北海预备役支队（1912 年 8 月 14 日—1912 年 9 月 28 日编入第 3 分舰队参加演习）；1914 年 4 月 1 日—1915 年 11 月 11 日编入第 4 分舰队；1915 年 11 月—1916 年 1 月 31 日改为鱼雷靶舰；1916 年 2 月—1918 年 12 月 13 日改为训练舰；（1916 年部分解除武装）；1920 年 3 月 11 日除籍；1926—1928 年在威廉港改装重建为无线电遥控靶船

"施瓦本"号：
1905 年 1 月 11 日—1911 年 11 月 30 日改为火炮训练舰（1910 年 8 月 19 日—1910 年 9 月 11 日，1911 年 8 月 28 日—1911 年 9 月 11 日编入第 3 分舰队参加演习）；1911 年 9 月—1914 年 8 月编入北海预备役支队（1912 年 8 月 14 日—1912 年 9 月 28 日编入第 3 分舰队参加演习）；1914 年 8 月 8 日—1915 年 11 月编入第 4 分舰队；1915 年 11 月 20 日—1918 年 12 月 16 日改为驻威廉港北海海军站工程训练船（1916 年部分解除武装）1919 年改为摩托扫雷艇母船；1919 年 8 月 1 日—1920 年 6 月 19 日编入第 6 扫雷艇半中队；1921 年 3 月 8 日除籍

"梅克伦堡"号：
1903 年 6 月 25 日—1911 年 7 月 31 日编入第 1 分舰队；1911 年 7 月—1914 年 8 月编入北海预备役支队（1912 年 8 月 14 日—1912 年 9 月 28 日编入第 3 分舰队参加演习）；1914 年 8 月 5 日—1916 年 1 月 24 日编入第 4 分舰队；1916—1918 年改为驻基尔港监狱船；1918 年改为驻威廉港潜艇改装期间官兵住宿船；1920 年 1 月 25 日除籍

维特尔斯巴赫级
（1903 年）

"韦廷"号
（1911 年）

"维特尔斯巴赫"号
（1919 年）

"策林根"号
（1928 年）

"策林根"号
（1933 年）

"策林根"号
（1938 年）

"策林根"号
（1944 年）

0　　　　20 米

阿达尔伯特亲王级
大型巡洋舰

1900 年造舰计划
大型巡洋舰 B，即"阿达尔伯特亲王"（ⅲ）号

1901 年造舰计划
"代舰 – 威廉国王"（ⅱ）号，即"弗里德里希·卡尔"（ⅱ）号

排水量	9087 吨（设计），9875 吨（满载）
尺寸	124.9 米（水线），126.5（全长）× 19.6 × 7.80 米
机械动力系统	14 台杜尔式锅炉，三轴推进，往复式（VTE）最大推进功率 16200 马力（"阿达尔伯特亲王"号）或 17000 马力（"弗里德里希·卡尔"号），最大航速 20/20.5 节，载煤 750/1630 吨，1908—1909 年载燃油 200 吨，12 节航速时航程为 5000 海里
武器装备	4 门 210 毫米 /40 倍径 C/04 火炮（2×2），10 门 150 毫米 /40 倍径 C/97 火炮，12 门 88 毫米 /35 倍径 C/01 火炮，4 具 450 毫米鱼雷发射管
装甲防护	主装甲带 80—100 毫米，装甲甲板 40—80 毫米 /50—80 毫米，炮座 100 毫米，炮塔 80—150 毫米，副炮炮塔 70—100 毫米，炮台 100 毫米；前指挥塔 150 毫米，后指挥塔 20 毫米
舰员数量	35+551 人（旗舰为 44+595 人）

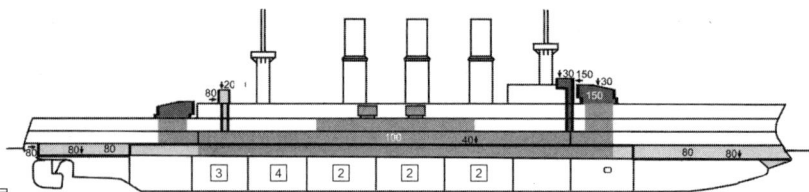

舰名	建造方	建造时间	下水时间	服役时间	结局
"阿达尔伯特亲王"（ⅲ）号	基尔船厂码头	1900 年 6 月 5 日	1901 年 6 月 22 日	1904 年 1 月 12 日	1915 年 10 月 23 日在利巴瓦以西海域被英国海军 E8 号潜艇发射鱼雷击沉
"弗里德里希·卡尔"（ⅱ）号	布洛姆 – 福斯船厂（汉堡）	1901 年 8 月 18 日	1902 年 6 月 21 日	1903 年 12 月 12 日	1914 年 11 月 17 日在梅默尔西南海域触雷

"阿达尔伯特亲王"号：
1904 年 5 月 30 日—1911 年 9 月 29 日为火炮试验舰；1912 年 11 月 1 日—1914 年 8 月改为火炮训练舰；1914 年 8 月编入第 4/ 第 3 侦察集群直至最终损失

"弗里德里希·卡尔"号：
1904 年 3 月 12 日编入侦察舰队；1909 年 3 月 1 日—1914 年 8 月为鱼雷试验舰；1914 年 8 月 28 日编入第 3 侦察集群直至最终损失

"阿达尔伯特亲王"（ⅲ）号（1906 年）

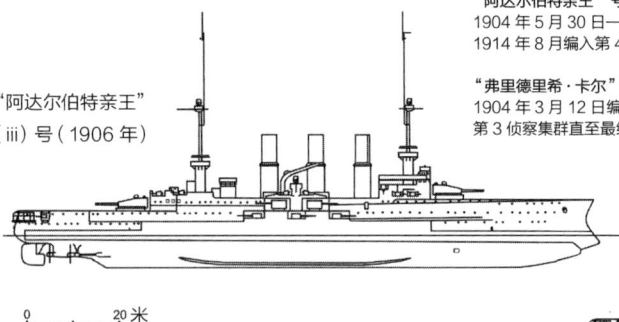

0   20 米

"阿达尔伯特亲王"号（1915 年）

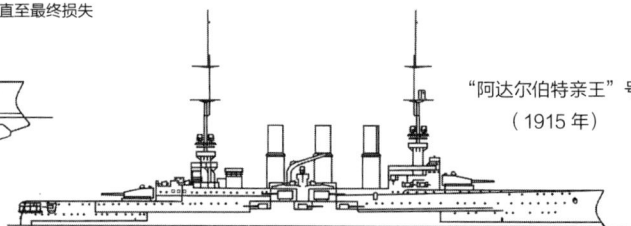

布伦瑞克级
战列舰

1901 年造舰计划
战列舰 H，即"布伦瑞克"号
战列舰 J，即"阿尔萨斯"号

1902 年造舰计划
战列舰 K，即"普鲁士"（ⅱ）号
战列舰 L，即"黑森"号

1903 年造舰计划
战列舰 M，即"洛林"号

初步方案

方案	I	II	III
排水量	12700 吨	12600 吨	12700 吨
武器装备	4 门 280 毫米火炮（2×2），18 门 150 毫米火炮（18×1）	4 门 280 毫米火炮（2×2），18 门 150 毫米火炮（4×2，10×1）	4 门 280 毫米火炮（2×2），14 门 170 毫米火炮（4×2，6×1）

建成后

排水量	13208 吨（设计），14394 吨（满载）；1937 年"黑森"号为 12200 吨（设计），13275 吨（满载）
尺寸	126.0 米（水线），127.7（全长）× 22.2 × 7.62/8.16 米，1937 年"黑森"号为 138.1（全长）× 21.5 × 7.65 米
机械动力系统	8 台舒茨 – 桑尼克罗夫特式锅炉 +6 台杜尔式锅炉（1925 年"黑森"号为 8 台舒尔茨 – 桑尼克罗夫特式锅炉 +2 台海军型锅炉），三轴推进，往复式（VTE），最大推进功率 16000 马力，最大航速 18 节，载煤 700/1670 吨，10 节航速时航程为 5200 海里 1937 年"黑森"号为 2 台海军型锅炉，双轴推进，齿轮减速涡轮机，最大推进功率 25000 马力，最大航速 20.3 节，载燃油 700/1430 吨，1908—1909 年载燃油 240 吨，14.5 节航速时航程为 4000 海里
武器装备	4 门 280 毫米 /40 倍径 C/01 火炮（2×2），14 门 170 毫米 /40 倍径 C/01 火炮，20 门 88 毫米 /35 倍径 C/01 火炮，6 具 450 毫米鱼雷发射管（参见下页关于武备方面的改动）
装甲防护	主装甲带 100—255 毫米，装甲甲板 40—140 毫米，炮塔 50—280 毫米，炮台 150 毫米，前指挥塔 300 毫米，后指挥塔 140 毫米
舰员数量	743 人（旗舰为 822/847 人）

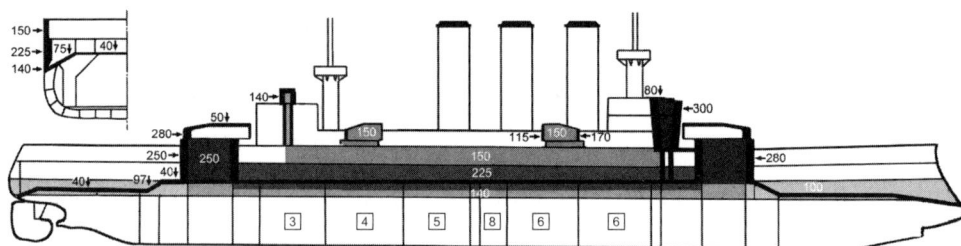

武备方面的改动

	280 毫米 L/40 火炮	170 毫米 L/40 火炮	88 毫米 L/35 火炮	88 毫米 L/45 防空炮	450 毫米 鱼雷发射管	500 毫米 鱼雷发射管
1906 年	4	14	18	—	6	—
"布伦瑞克"号（1917 年）	—	—	—	—	—	—
"布伦瑞克"号（1922 年）	4	12	6	—	4	—
"阿尔萨斯"号（1917 年）	—	—	—	—	—	—
"阿尔萨斯"号（1924 年）	4	10	8	—	—	4
"黑森"号（1916 年）	4	14	16	2	6	—
"黑森"号（1917 年）	—	—	—	—	—	—
"黑森"号（1925 年）	4	14	8	—	—	4
"黑森"号（1931 年）	4	12	—	4	—	4
"普鲁士"（ii）号（1917 年）	—	—	—	—	—	—
"洛林"号（1916 年）	4	10	—	—	6	—
"洛林"号（1917 年）	—	—	—	—	—	—

舰名	建造方	建造时间	下水时间	服役时间	结局
"布伦瑞克"号	日耳曼尼亚造船厂（基尔）	1901 年 10 月 24 日	1902 年 12 月 20 日	1904 年 10 月 15 日	1935 年前后在不来梅港拆解
"阿尔萨斯"号	希肖船厂（但泽）	1901 年 10 月 5 日	1903 年 5 月 26 日	1904 年 11 月 29 日	1935 年 10 月 31 日变卖给北德劳埃德技术公司（Techisches Betrieb des Norddeutschen Lloyd）；1936 年在不来梅港拆解
"黑森"号，即"特塞尔"号（1946 年）	日耳曼尼亚造船厂（基尔）	1902 年 4 月 15 日	1903 年 9 月 18 日	1905 年 9 月 19 日	1946 年 6 月 3 日转交苏联方面；1960 年除籍拆解
"普鲁士"（ii）号	伏尔铿船厂（斯德丁）	1902 年 4 月	1903 年 10 月 30 日	1905 年 7 月 12 日	1931 年 2 月 25 日变卖；在不来梅港拆解
"洛林"号	希肖船厂（但泽）	1902 年 12 月 1 日	1904 年 5 月 27 日	1906 年 5 月 18 日	1931 年变卖；在汉堡布洛姆 - 福斯船厂拆解

"布伦瑞克"号：
1904 年 9 月 28 日—1912 年 12 月编入第 2 分舰队；1912 年 12 月—1913 年 7 月编入第 3 分舰队第 5 支队；1913—1914 年编入波罗的海预役支队；1914 年 8 月—1916 年 8 月 1 日编入第 4 分舰队；1916 年—1917 年 1 月 8 日改为驻基尔港训练舰；1917—1919 年改为驻基尔港一号码头住宿船；1922 年 5 月 1 日—1926 年 1 月 31 日为现役；1931 年 3 月 31 日除籍

"阿尔萨斯"号：
1905 年 5 月—1912 年 9 月 28 日编入第 2 分舰队；1912 年 9 月 29 日—1913 年 5 月 13 日编入第 3 分舰队第 5 支队；1913—1914 年编入波罗的海预役支队；1914 年 8 月—1915 年 12 月 19 日编入第 4 分舰队；1916 年 7 月 25 日—1918 年 6 月 20 日改为驻基尔港第 1 海军监察署训练舰；1924 年 2 月 15 日—1930 年 2 月 25 日为现役；1931 年 3 月 31 日除籍

"黑森"号：
1906 年 3 月 4 日—1916 年 12 月 12 日编入第 2 分舰队；1917—1919 年改为驻布伦斯比特尔第 1 潜艇中队仓储船；1925 年 1 月 6 日—1934 年 12 月 12 日为现役；1935 年 1 月 31 日除籍；1935—1937 年在威廉港改装重建为无线电遥控靶船；1937 年 7 月 12 日编入无线电部队；1942 年 8 月 1 日改为火炮监察船；1946 年 1 月 2 日向盟军投降；1946 年 6 月 3 日编入苏联波罗的海舰队

"普鲁士"（ii）号：
1905 年 10 月 1 日—1914 年编入第 2 分舰队；1914 年编入波罗的海预役支队；1914 年 8 月 1 日—1917 年 5 月 8 日改为海湾警戒舰（付薪）；1917—1919 年改为驻廉港第 3 潜艇中队仓储船；1919 年 12 月改为摩托扫雷艇母船；1919—1929 年在基尔港封存；1929 年 4 月 5 日除籍，拆解后保留舰体中段作为浮桥；1945 年 3 月 30 日遭盟军轰炸；1949—1950 年拆解

"洛林"号：
1906 年 7 月 1 日—1916 年 3 月 18 日编入第 2 分舰队；1916 年 6 月—1917 年 9 月改为海湾警戒舰；1917 年 10 月 16 日—1918 年 11 月改为驻威廉港工程训练船；1918 年 11 月 17 日—1918 年 12 月 16 日改为第 4 分舰队指挥舰；1919 年—1920 年 3 月 2 日改为摩托扫雷艇母船；1919 年—1931 年在威廉港封存；1931 年 3 月 31 日除籍

战列舰 H（1902 年 1 月）

战列舰 H 方案 II

"布伦瑞克"号（1904 年）

"洛林"号（1919 年）

"阿尔萨斯"号（1924 年）

"黑森"号（1930 年）

"黑森"号（1912 年）

"布伦瑞克"号（1923 年）

"黑森"号（1925 年）

"黑森"号（1945 年）

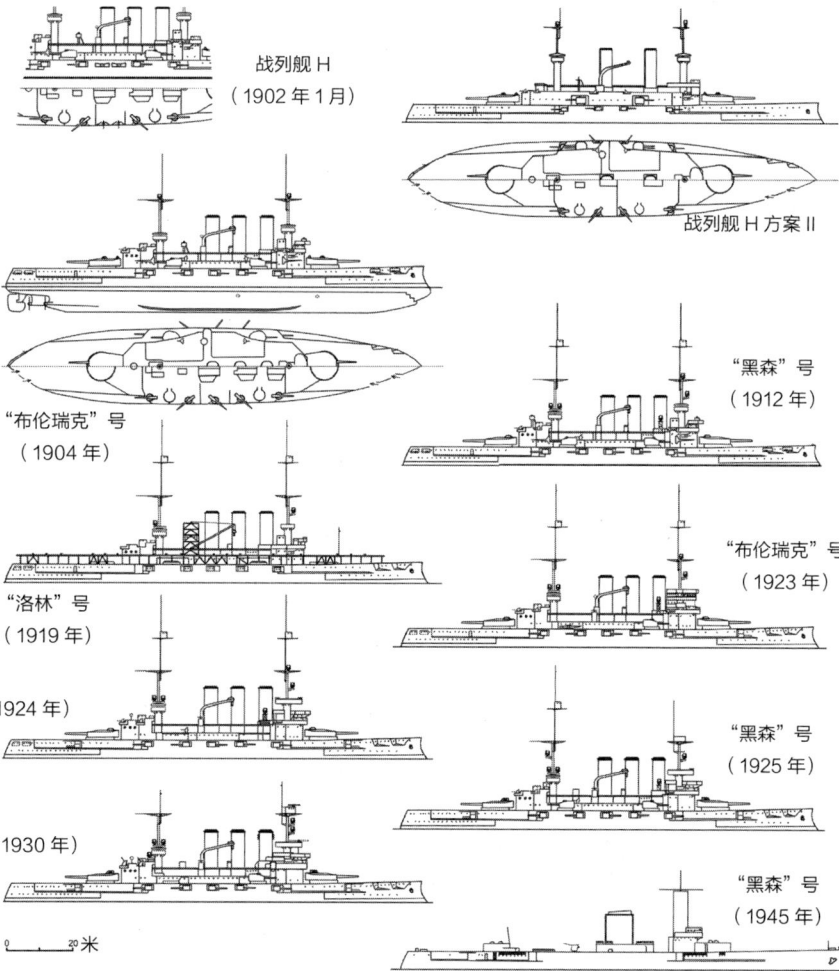

罗恩级
大型巡洋舰

1902 年造舰计划
"代舰 – 德皇"号，即"罗恩"号

1903 年造舰计划
"代舰 – 德意志"号，即"约克"号

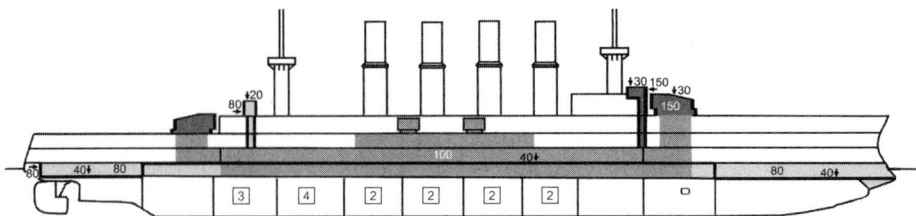

排水量	9533 吨（设计），10266 吨（满载）
尺寸	127.3 米（水线），127.8（全长）× 20.2 × 7.76 米
机械动力系统	16 台杜尔式锅炉，三轴推进，往复式（VTE），最大推进功率 19000 马力，最大航速 21 节，载煤 750/1570 吨，1908—1909 年载燃油 207 吨，12 节航速时航程为 4200 海里
武器装备	4 门 210 毫米 /40 倍径 C/04 火炮（2×2），10 门 150 毫米 /40 倍径 C/97 火炮，14 门 88 毫米 /35 倍径 C/01 火炮，4 具 450 毫米鱼雷发射管；1916 年解除武装
装甲防护	主装甲带 80—100 毫米，装甲甲板 40—60 毫米 /40—50 毫米，炮座 100 毫米，炮塔 80—150 毫米，副炮炮塔 70—100 毫米，炮台 100 毫米，前指挥塔 150 毫米，后指挥塔 80 毫米
舰员数量	35+598 人（旗舰为 48+660 人）

舰名	建造方	建造时间	下水时间	服役时间	结局
"罗恩"号	基尔船厂	1902 年 8 月 1 日	1903 年 6 月 27 日	1906 年 4 月 5 日	1921 年在基尔 – 北堤拆解
"约克"号	布洛姆 – 福斯船厂（汉堡）	1903 年 4 月 25 日	1904 年 5 月 14 日	1905 年 11 月 21 日	1914 年 11 月 4 日在亚德河口触雷沉没

"罗恩"号：
1906 年 7 月 9 日—1911 年 9 月 22 日编入侦察舰队；1914 年 8 月 2 日—1914 年 8 月 27 日编入第 4 侦察集群；1914 年 8 月 28 日—1916 年 2 月 5 日编入第 3 侦察集群；1916 年 10 月 31 日改为驻基尔港警戒舰和住宿船；1916 年 11 月 1 日—1918 年 12 月 17 日改为驻基尔港鱼雷监察试验与训练舰；1920 年 11 月 25 日除籍

"约克"号：
1906 年 3 月 27 日—1913 年 5 月 21 日编入侦察舰队；1914 年 8 月 2 日—1914 年 8 月 27 日编入第 4 侦察集群；1914 年 8 月 28 日编入第 3 侦察集群直至最终损失

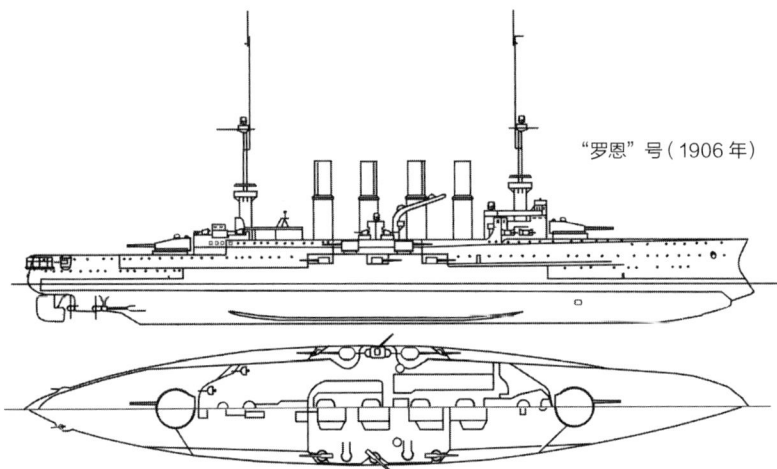

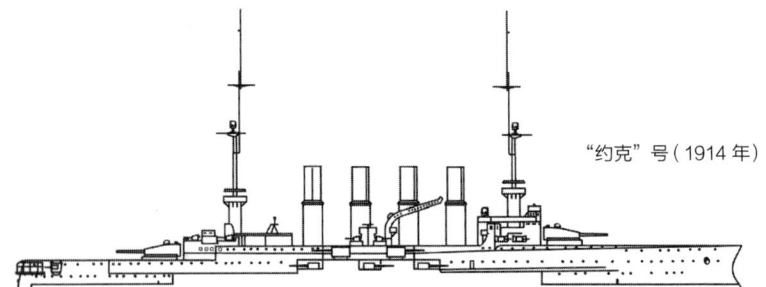

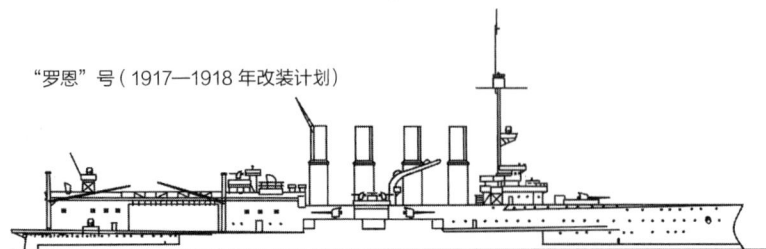

"罗恩"号（1906 年）

"约克"号（1914 年）

"罗恩"号（1917—1918 年改装计划）

0   20 米

德意志级
战列舰

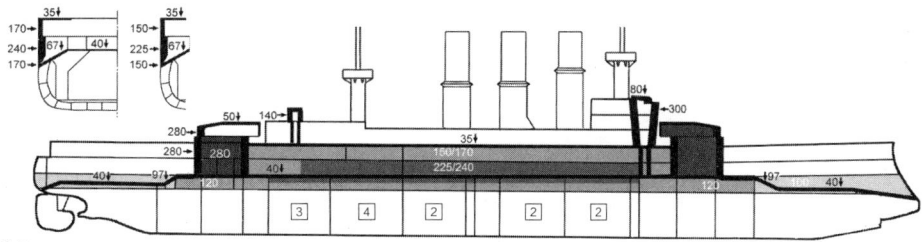

1903 年造舰计划
战列舰 N，即"德意志"（ⅱ）号

1904 年造舰计划
战列舰 O，即"波美拉尼亚"号
战列舰 P，即"汉诺威"号

1905 年造舰计划
战列舰 Q，即"石勒苏益格－荷尔斯泰因"号
战列舰 R，即"西里西亚"号

排水量	13200 吨（设计），14218 吨（满载）
尺寸	125.9 米（水线），127.6（全长）×22.2×7.7/8.25 米
机械动力系统	12 台舒尔茨－桑尼克罗夫特式锅炉 /8 台舒尔茨－桑尼克罗夫特式锅炉 +6 台柱式锅炉（仅"德意志"号），三轴推进，往复式（VTE），最大推进功率 17000 马力（"德意志"号 16000 马力），最大航速 18 节，载煤 700/1540 吨，1908—1909 年载燃油 240 吨（1935 年"石勒苏益格－荷尔斯泰因"号和"西里西亚"号载煤 436 吨 + 燃油 1130 吨；1939 年"西里西亚"号载燃油 1150 吨），10 节航速时航程为 4800 海里（1935 年"石勒苏益格－荷尔斯泰因"号和"西里西亚"号 12 节航速时航程为 5600 海里；1939 年"西里西亚"号 12 节航速时最大航程为 4000 海里）
武器装备	4 门 280 毫米 /40 倍径 C/01 火炮（2×2），14 门 170 毫米 /40 倍径 C/01 火炮；20 门（1916 年为 18 门）88 毫米 /35 倍径 C/01 火炮，6 具 450 毫米鱼雷发射管；1916 年加装 2 门 88 毫米 /45 倍径 C/13 防空炮
装甲防护	主装甲带 100—240 毫米（"德意志"号为 100—225 毫米），装甲甲板 40—97 毫米，炮塔 50—280 毫米，炮台 170 毫米（"德意志"号为 160 毫米），前指挥塔 300 毫米，后指挥塔 140 毫米
舰员数量	743 人（旗舰为 822/847 人）

不同时期武器装备的改动情况

	280 毫米 L/40 火炮	170 毫米 L/40 火炮	150 毫米 L/45 火炮	105 毫米 L/45 "乌托夫"火炮	105 毫米 L/45 火炮	105 毫米 L/45 防空炮	88 毫米 L/35 火炮	88 毫米 L/45 防空炮	40 毫米 防空炮	37 毫米 L/83 防空炮	20 毫米 防空炮	450 毫米鱼雷	500 毫米鱼雷
"德意志"（ⅱ）号													
1917 年	—	—	—	—	—	—	—	—	—	—	—	—	—
"汉诺威"号													
1921 年	4	14	—	—	—	—	8	—	—	—	—	—	—
1930 年	4	14	—	—	—	—	4	4	—	—	—	—	2
"西里西亚"号													
1918 年	—	—	—	—	? *	—	? *	—	—	—	—	—	—
1927 年	4	—	14	—	—	—	8	—	—	—	—	—	4
1931 年	4	—	12	—	—	—	—	4	—	—	—	—	4
1935 年	4	—	10	—	—	—	—	4	—	—	4	—	—
1940 年 2 月	4	—	10	—	—	—	—	4	—	4	4	—	—
1940 年 4 月	4	—	—	—	—	—	—	4	—	4	4	—	—
1940 年 8 月	4	—	—	—	—	—	—	4	—	—	4	—	—
1943 年	4	—	—	—	—	—	—	4	—	4	4	—	—
1944 年	4	—	—	—	—	—	—	4	2	4	20	—	—
1944 年底	4	—	—	—	6	—	—	—	7/10*	—	18/22*	—	—
"石勒苏益格－荷尔斯泰因"号													
1917 年	—	—	—	—	—	—	—	—	—	—	—	—	—
1918 年	—	—	—	6	—	—	4	—	—	—	—	—	—
1926 年	4	—	14	—	—	—	8	—	—	—	—	—	4
1930 年	4	—	12	—	—	—	—	4	—	—	—	—	4
1936 年	4	—	10	—	—	—	—	4	—	—	4	—	—
1939 年	4	—	10	—	—	—	—	4	—	—	12	—	—
1940 年 4 月	4	—	7	—	—	—	—	4	—	—	12	—	—
1940 年 8 月	4	—	—	—	—	—	—	—	—	—	—	—	—
1941 年	4	—	—	—	—	—	—	4	—	4	3	—	—
1945 年**	4	—	—	—	6	—	—	—	10	4	26	—	—

* 援引公开出版物资料，未尽确认
** 改装未完工

舰名	建造方	建造时间	下水时间	服役时间	结局
"德意志"（ii）号	日耳曼尼亚造船厂（基尔）	1903 年 7 月 20 日	1904 年 11 月 19 日	1906 年 8 月 3 日	1921—1922 年在吕斯特林根泽利格船厂拆解
"波美拉尼亚"号	伏尔铿船厂（斯德丁）	1904 年 3 月 22 日	1905 年 12 月 2 日	1907 年 8 月 6 日	1916 年 6 月 1 日在北海海域被英国皇家海军驱逐舰发射鱼雷击沉
"汉诺威"号	威廉港船厂	1904 年 11 月 7 日	1905 年 9 月 29 日	1907 年 10 月 1 日	1944—1946 年在不来梅港拆解
"西里西亚"号	希肖船厂（但泽）	1904 年 11 月 19 日	1906 年 5 月 28 日	1908 年 5 月 5 日	1945 年 4 月 3 日在斯维内明德附近触雷；1945 年 4 月 4 日自沉；1952—1957 年就地拆解
"石勒苏益格－荷尔斯泰因"号	日耳曼尼亚造船厂（基尔）	1905 年 8 月 18 日	1906 年 12 月 17 日	1908 年 7 月 6 日	1944 年 12 月 18 日在哥腾哈芬遭到英国皇家空军飞机轰炸；1945 年 3 月 21 日自沉；1946 年被苏联方面打捞出水；1947 年 6 月 26 日在奥斯穆萨岛（Osmussar）附近海域作为永久性靶船搁浅

"德意志"（ii）号：
1906 年 9 月 26 日—1911 年 9 月 30 日为舰队旗舰；1911 年 10 月 1 日—1913 年 1 月 31 日编入第 2 分舰队（并作为舰队旗舰）；1913 年 11 月 1 日—1917 年 8 月 15 日编入第 2 分舰队（1915 年 3 月—1917 年 8 月为舰队旗舰）；1917 年 9 月 10 日付薪；1917—1920 年在威廉港改为第 2 水兵步兵师住宿船；1920 年 1 月 25 日除籍

"波美拉尼亚"号：
1907 年 11 月 11 日编入第 2 分舰队直至最终损失

"汉诺威"号：
1907 年 10 月—1908 年 9 月 20 日编入第 2 分舰队；1908 年 9 月 21 日—1911 年 10 月 2 日编入第 1 分舰队；1911 年 10 月 3 日—1917 年 8 月 15 日编入第 2 舰队；1917 年 9 月 27 日—1918 年 12 月 17 日改为海湾警戒舰；1921 年 2 月 10 日—1925 年 10 月编入波罗的海舰队（旗舰）；1925 年 10 月—1927 年 3 月 1 日编入北海舰队（旗舰）；1930 年 2 月 25 日—1931 年 9 月 25 日为现役；1936 年除籍；1944 年改为靶船

"西里西亚"号：
1908 年 9 月 12 日编入第 1 分舰队；1911 年 10 月 3 日—1917 年 8 月 15 日编入第 2 分舰队；1917 年 8 月 20 日—1918 年 4 月 16 日改为波罗的海训练舰；1918 年 5 月—1918 年 11 月 29 日改为军校训练舰（付薪）；1927 年 3 月 1 日—1935 年 2 月 17 日为现役；1935 年 4 月 8 日改为军校训练舰，期间间歇性服役

"石勒苏益格－荷尔斯泰因"号：
1908 年 9 月 21 日—1917 年 5 月 2 日编入第 2 分舰队（付薪）；1917—1918 年改为驻不来梅港第 5 潜艇中队仓储船；1926 年 2 月 1 日—1935 年 10 月 1 日（1926 年 2 月 1 日—1935 年 9 月 22 日为舰队旗舰）为现役；1936 年 8 月 1 日改为军校训练舰，期间间歇性服役（1940 年 9 月 21 日—1941 年 1 月 19 日、1943 年 4 月 1 日—1944 年 1 月 31 日退出战斗序列）；1945 年 1 月 26 日付薪；1946 年 9 月 26 日在塔林港加入苏联海军舰队序列；1947 年 6 月 26 日除籍

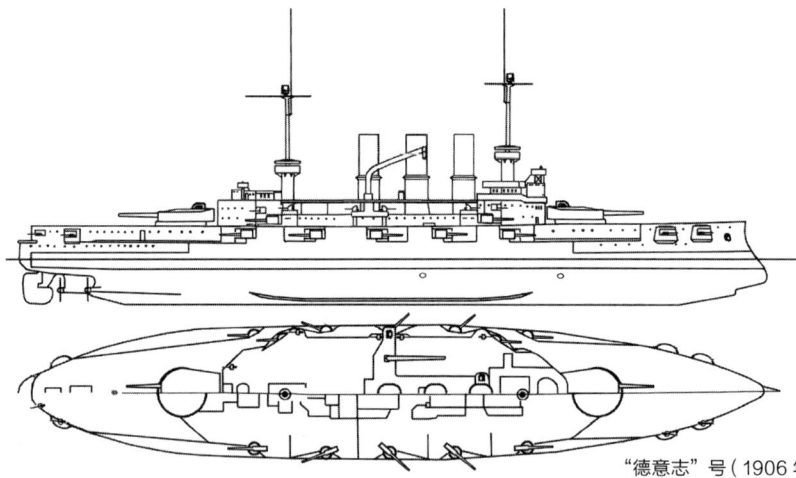

"德意志"号（1906 年）

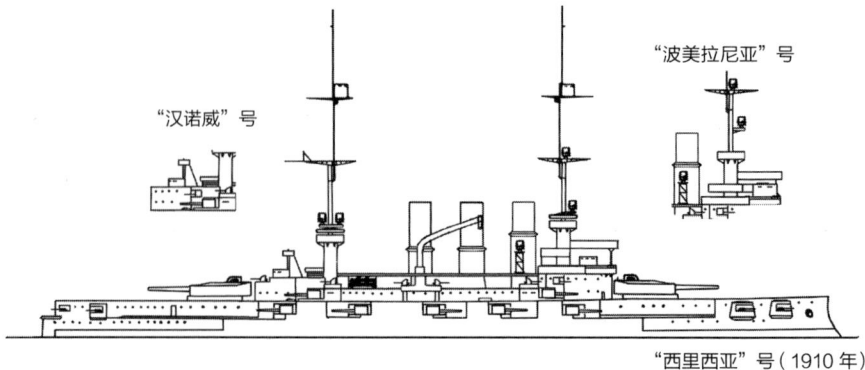

"波美拉尼亚"号

"汉诺威"号

0   20 米

"西里西亚"号（1910 年）

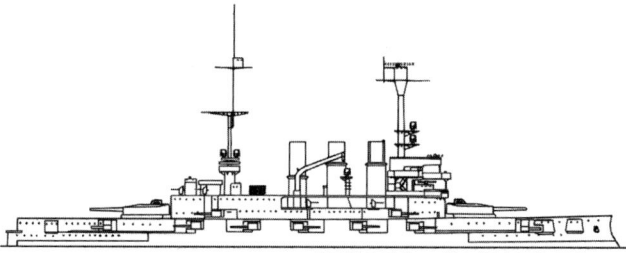

"石勒苏益格－荷尔斯泰因"号（1926 年）

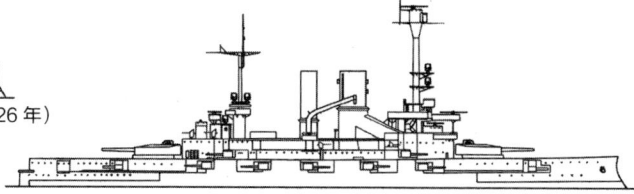

"西里西亚"号（1928 年）

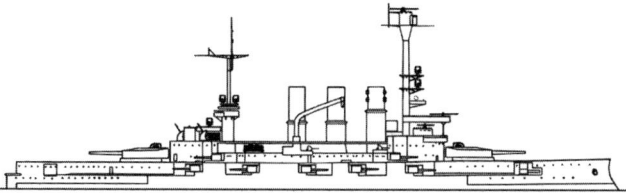

"汉诺威"号（1930 年）

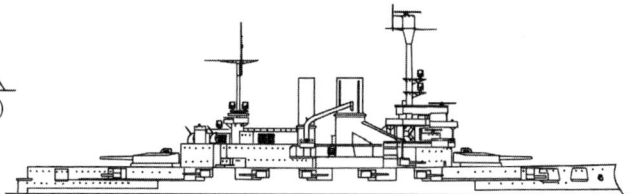

"石勒苏益格－荷尔斯泰因"号（1932 年）

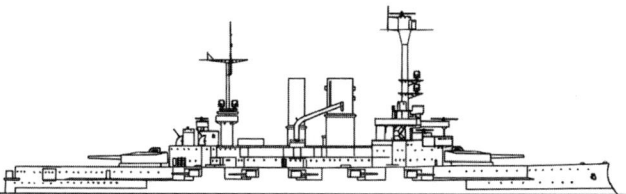

"西里西亚"号（1940 年）

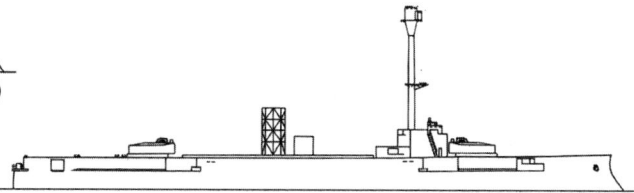

"汉诺威"号（1943 年）

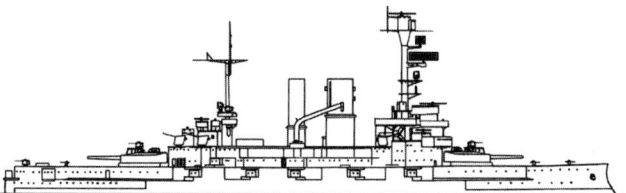

"西里西亚"号（1945 年）

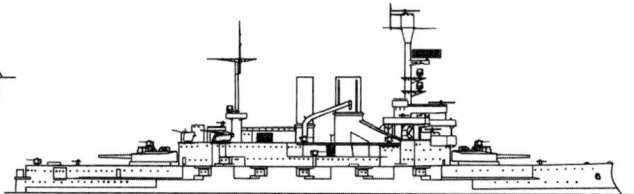

"石勒苏益格－荷尔斯泰因"号（1945 年）

0 20 米

沙恩霍斯特级
大型巡洋舰

1904 年造舰计划
大型巡洋舰 C，即"格奈森瑙"号

1905 年造舰计划
大型巡洋舰 D，即"沙恩霍斯特"号

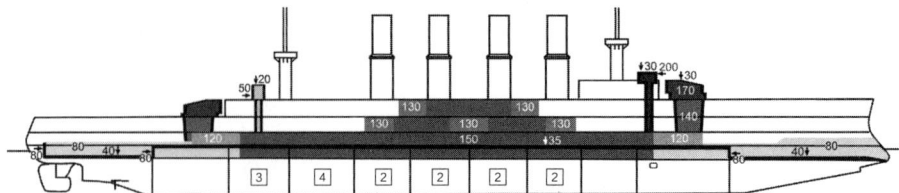

排水量	11616 吨（设计），12985 吨（满载）
尺寸	143.8 米（水线），144.6（全长）×21.6×8.37 米
机械动力系统	18 台海军型锅炉，三轴推进，往复式（VTE），最大推进功率 26000 马力，最大航速 22.5 节，载煤 800/2000 吨，12 节航速时航程为 5120 海里
武器装备	8 门 210 毫米 /40 倍径 C/04 火炮（2×2，4×1），6 门 150 毫米 /40 倍径 C/97 火炮，18 门 88 毫米 /35 倍径 C/01 火炮，4 具 450 毫米鱼雷发射管
装甲防护	主装甲带 80—150 毫米，装甲甲板 35—60 毫米，炮座 140 毫米，炮塔 30—170 毫米，副炮炮塔 70—100 毫米，炮台 150 毫米，前指挥塔 200 毫米，后指挥塔 50 毫米
舰员数量	38+726 人（52+784 人，旗舰）

舰名	建造方	建造时间	下水时间	服役时间	结局
"沙恩霍斯特"号	布洛姆－福斯造船厂（汉堡）	1905 年 1 月 3 日	1906 年 3 月 23 日	1907 年 10 月 24 日	1914 年 12 月 8 日在福克兰群岛附近海域被英国皇家海军"无敌"号和"不屈"号用火炮击沉
"格奈森瑙"号	威悉河造船厂（不来梅）	1904 年 12 月 28 日	1906 年 6 月 14 日	1908 年 3 月 6 日	1914 年 12 月 8 日在福克兰群岛附近海域被英国皇家海军"无敌"号和"不屈"号用火炮击沉

"沙恩霍斯特"号：
1908 年 5 月 1 日—1909 年 3 月 30 日编入侦察舰队（旗舰）；1909 年 4 月 1 日编入东亚分舰队直至最终损失

"格奈森瑙"号：
1908 年 7 月 12 日—1910 年 11 月 9 日编入侦察舰队；1910 年 11 月 11 日编入东亚分舰队直至最终损失

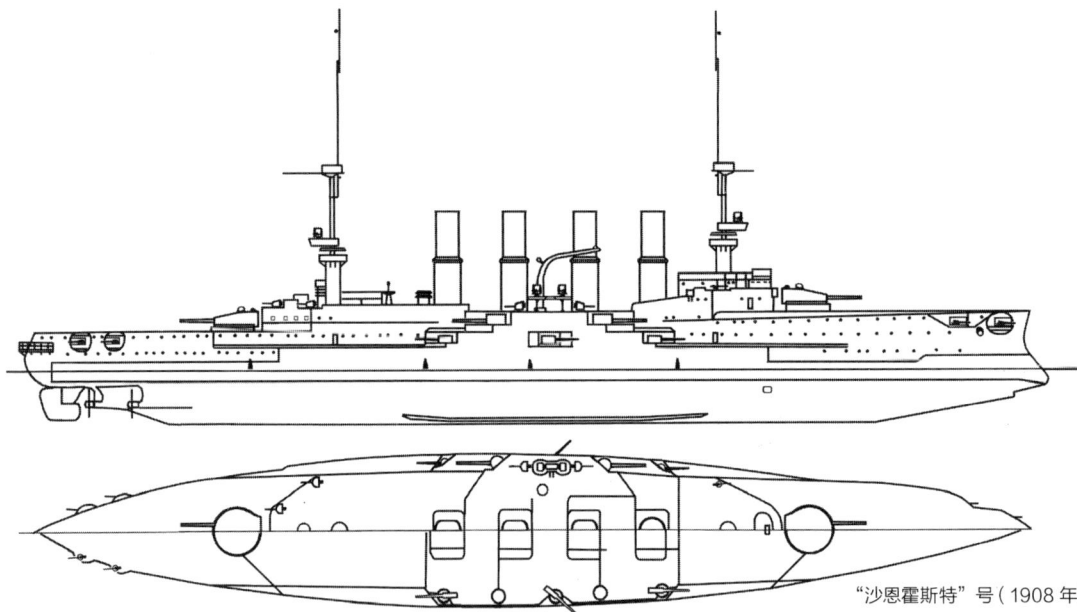

"沙恩霍斯特"号（1908 年）

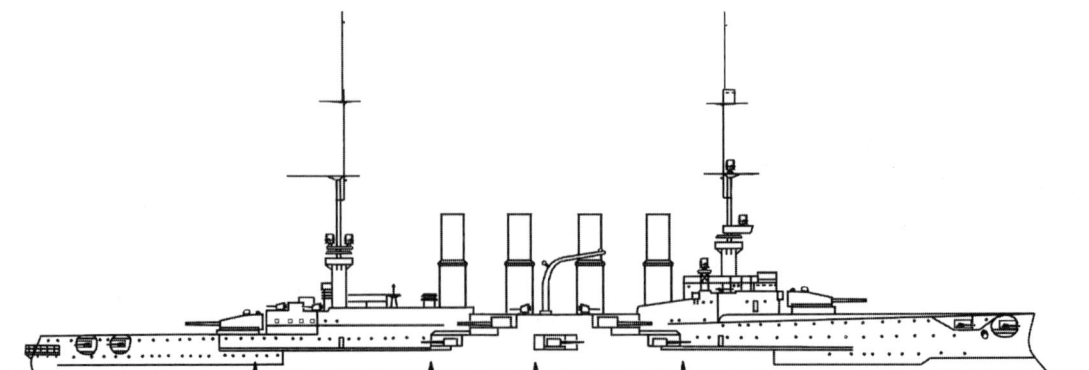

"沙恩霍斯特"号（1914 年）

0   20 米

拿骚级
战列舰

1906 年造舰计划
"代舰－巴伐利亚"号，即"拿骚"号
"代舰－萨克森"号，即"威斯特法伦"号

1907 年造舰计划
"代舰－巴登"号，即"波森"号
"代舰－符腾堡"号，即"莱茵兰"号

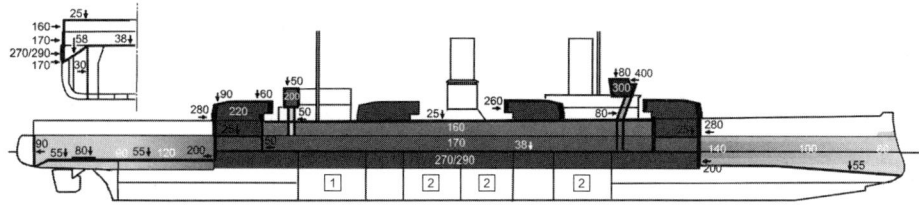

原始方案设计参见下页表格

最终设计指标

排水量	18873 吨（设计），20535 吨（满载）
尺寸	145.6 米（水线），146.1（全长）×26.9×8.76 米
机械动力系统	12 台海军型锅炉，三轴推进，往复式（VTE），最大推进功率 22000 马力，最大航速 19.0 节，载煤 950/2700 吨，载燃油 160 吨（1915 年起），12 节航速时航程为 8300 海里
武器装备	12 门 280 毫米 /45 倍径 C/07 火炮（6×2），12 门 150 毫米 /45 倍径 C/09 火炮，16 门 88 毫米 /45 倍径 C/06 火炮（1915 年为 14 门 88 毫米 /45 倍径火炮，2 门 88 毫米 /45 倍径防空炮），6 具 450 毫米鱼雷发射管
装甲防护	主装甲带 90—290 毫米（"拿骚"为 270 毫米），上层装甲带 100—170 毫米，装甲甲板 38/58 毫米，鱼雷舱壁 30 毫米，炮塔 90—280 毫米，炮座 280 毫米，炮台 160 毫米，前指挥塔 400 毫米，后指挥塔 200 毫米
舰员数量	40+968 人（旗舰 53+1034 人）

舰名	建造方	建造时间	下水时间	服役时间	结局
"拿骚"号，即 B 号舰（1920年）	威廉港船厂	1907 年 7 月 22 日	1908 年 3 月 7 日	1909 年 10 月 1 日	1920 年 4 月 7 日转交日本；6 月 20 日变卖给休斯·博尔科公司，在邓斯顿除籍；1922 年转卖给弗兰克·里斯迪克船厂并在荷兰的多德雷赫特拆解
"威斯特法伦"号，即 D 号舰（1920 年）	威悉河造船厂（不来梅）	1907 年 8 月 12 日	1908 年 7 月 1 日	1909 年 11 月 16 日	1920 年 8 月 5 日转交英国；1921 年 5 月 23 日变卖给瓦尔德船厂；1921 年 9 月 3 日抵达伯肯黑德拆除；1922 年 5 月 18 日抵达巴罗船厂拆解
"莱茵兰"号，即 F 号舰（1920年）	伏尔铿船厂（斯德丁）	1907 年 6 月 1 日	1908 年 9 月 26 日	1910 年 4 月 30 日	1920 年转交英国；1920 年 6 月 22 日转卖给弗兰克·里斯迪克船厂；1920 年 8 月 29 日抵达多德雷赫特拆解
"波森"号，即 G 号舰(1920年)	日耳曼尼亚船厂（基尔）	1907 年 6 月 11 日	1908 年 12 月 12 日	1910 年 5 月 31 日	1920 年 5 月 13 日转交英国；1921 年 7 月 27 日变卖给瓦尔德船厂（交易取消）；1921 年 8 月 31 日变卖给荷兰 NV 船厂；1921 年 10 月 8 日前往鹿特丹；1922 年在多德雷赫特拆解

"拿骚"号：
1910 年 5 月 3 日—1918 年 12 月 2 日编入第 1 分舰队（顶替"德皇卡尔大帝"号）；1919 年 11 月 5 日除籍

"威斯特法伦"号：
1910 年 5 月 3 日—1918 年 8 月 31 日编入第 1 分舰队（顶替"德皇巴巴罗萨"号）；1918 年 9 月 1 日—1918 年 12 月 18 日改为火炮训练舰；1919 年 11 月 5 日除籍

"莱茵兰"号：
1910 年 9 月 21 日—1918 年 10 月 4 日编入第 1 分舰队(顶替"策林根"号);1918 年 4 月 11 日在拉格斯卡附近搁浅被困；1918 年 7 月 8 日在拆除了火炮和装甲后重新打捞出水；1918 年 10 月 4 日—1919 年改为驻基尔港住宿船；1919 年 11 月 5 日除籍

"波森"号：
1910 年 9 月 20 日—1918 年 11 月 22 日编入第 1 分舰队（顶替"维特尔斯巴赫"号）；1918 年 11 月 22 日—1918 年 12 月 16 日改为警戒指挥舰；1919 年 11 月 5 日除籍

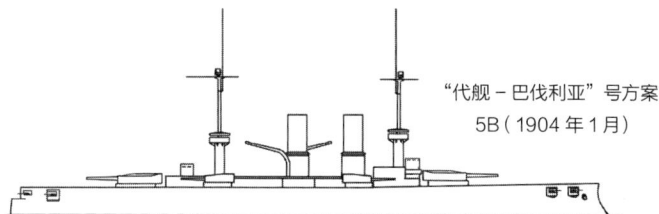

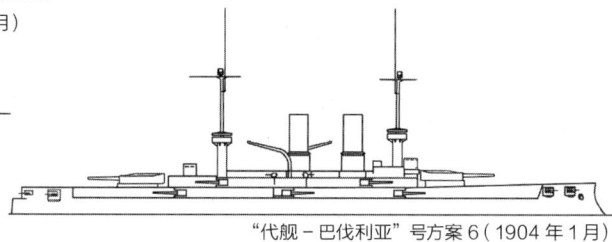

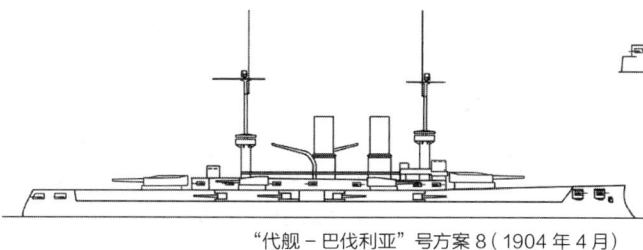

"代舰－巴伐利亚"号方案 5B（1904 年 1 月）

"代舰－巴伐利亚"号方案 6（1904 年 1 月）

"代舰－巴伐利亚"号方案 8（1904 年 4 月）

原始方案设计指标

方案	5B	6	1A	7A/7B	8	9	10A
时间	1904 年 1 月	1904 年 1 月	1904 年 4 月	1904 年 4 月	1904 年 4 月	1904 年 4 月	1904 年 4 月
排水量（万吨）	1.33	1.33	1.25	—	1.48	1.43	1.40
尺寸							
全长（米）	120	120	127	—	125	125	128
宽（米）	23	23	22.4	—	—	—	—
吃水（米）	7.7	7.7	7.7	—	—	—	—
推进功率（马力）	1.6 万	1.6 万	—	—	—	—	—
航速（节）	18/18.5	18/18.5	20	18	18	18	18
武备	4 门 280 毫米火炮（2×2）	4 门 280 毫米火炮（2×2）	4 门 280 毫米火炮（2×2）	4 门 280 毫米火炮（2×2）	4 门 280 毫米火炮（2×2）	4 门 280 毫米火炮（2×2）	4 门 280 毫米火炮（2×2）
	8 门 210 毫米火炮（4×2）	10 门 210 毫米火炮（10×1）	18 门 170 毫米火炮（4×2+10×1）	12 门 210 毫米火炮（12×1）	16 门 210 毫米火炮（4×2+8×1）	14 门 210 毫米火炮（4×2 + 6×1）	8 门 240 毫米火炮（4×2）
	16 门 88 毫米火炮	16 门 88 毫米火炮	—	16 门 88 毫米火炮	16 门 88 毫米火炮	16 门 88 毫米火炮	16 门 88 毫米火炮
	6 具 450 毫米鱼雷发射管	6 具 450 毫米鱼雷发射管	—	6 具 450 毫米鱼雷发射管	6 具 450 毫米鱼雷发射管	6 具 450 毫米鱼雷发射管	6 具 450 毫米鱼雷发射管
装甲防护							
主装甲带（毫米）	200	200	150	—	—	—	240
炮塔（毫米）	280	—	—	—	—	—	250
指挥塔（毫米）	300	—	—	—	—	—	—

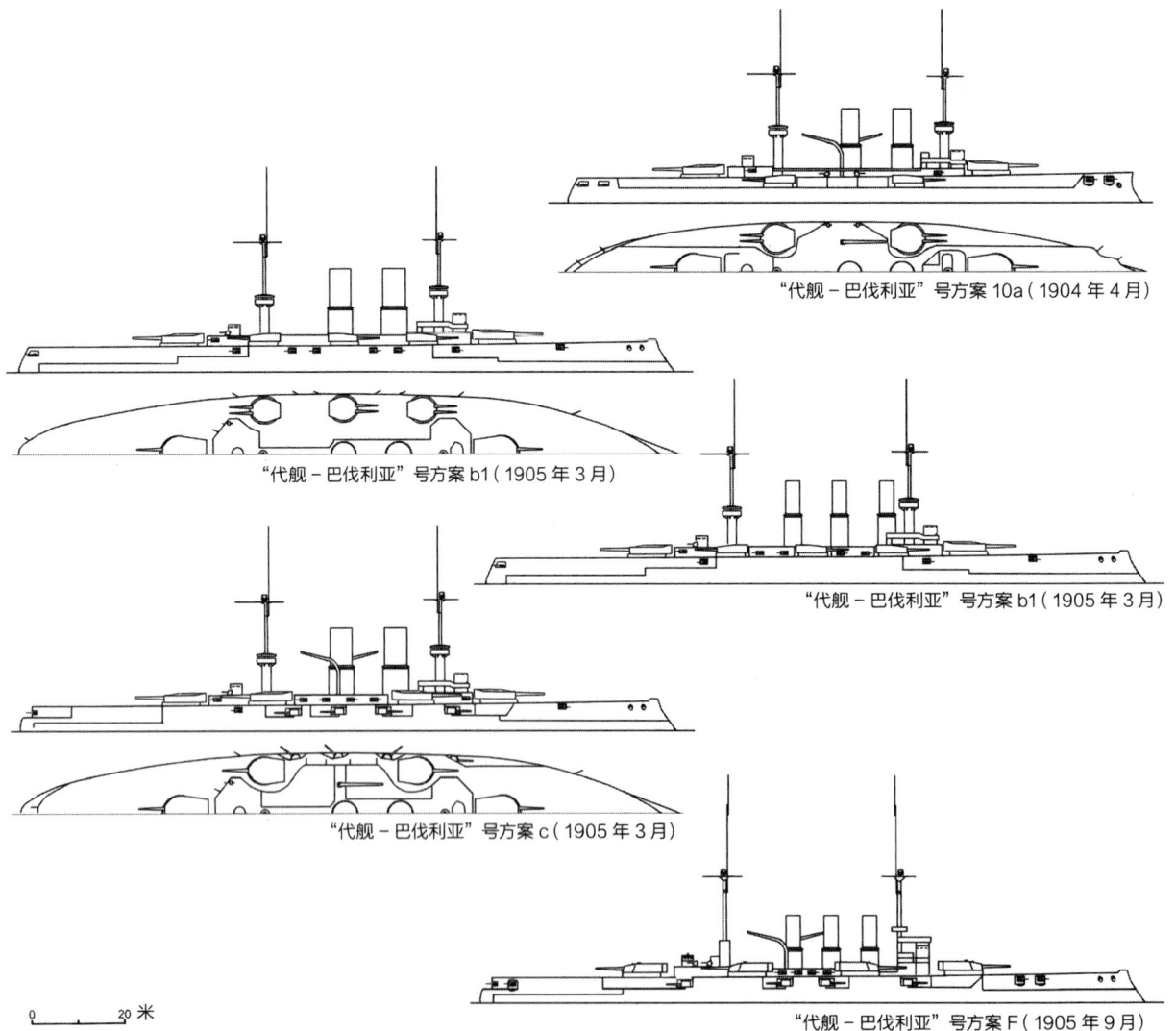

"代舰 – 巴伐利亚"号方案 10a（1904 年 4 月）

"代舰 – 巴伐利亚"号方案 b1（1905 年 3 月）

"代舰 – 巴伐利亚"号方案 b1（1905 年 3 月）

"代舰 – 巴伐利亚"号方案 c（1905 年 3 月）

"代舰 – 巴伐利亚"号方案 F（1905 年 9 月）

0   20 米

IA	a（原7D）	b1/b2	c	d	e	F	G7b
1904年4月底	1904年12月	1905年3月	1905年3月	1905年3月	1905年3月	1905年9月11日	1906年2月
1.41	1.44/1.46	1.53	1.57	1.54	1.54	1.80	1.87
123	137	—	130	130	130	133	136
23	—	—	23.8	23.8	23.8	26	26.5
7.7	—	—	7.8	7.8	7.8	8.0	8.1
1.9万	1.9万—2万	1.9万—2万	1.9万—2万	1.9万—2万	1.9万—2万	1.9万	2万
19	18.75	18.3	18.3	18.3	18.3	18.5	19
4门280毫米火炮（2×2）	4门280毫米火炮（2×2）	4门280毫米火炮（2×2）	8门280毫米火炮（2×2，4×1）	8门280毫米火炮（2×2，4×1）	8门280毫米火炮（2×2，4×1）	12门280毫米火炮（6×2）	12门280毫米火炮（6×2）
12门210毫米火炮（?×?）	12门210毫米火炮（4×2，4×1）	12门210毫米火炮（3×2）①	8门170毫米火炮	6门170毫米火炮	10门150毫米火炮	8门170毫米火炮	12门150毫米火炮
16门88毫米火炮	20门88毫米火炮	20门88毫米火炮	20门88毫米火炮	20门88毫米火炮	20门88毫米火炮	20门88毫米火炮	20门88毫米火炮
6具450毫米鱼雷发射管	6具450毫米鱼雷发射管	6具450毫米鱼雷发射管	6具450毫米鱼雷发射管	6具450毫米鱼雷发射管	6具450毫米鱼雷发射管	6具450毫米鱼雷发射管	6具450毫米鱼雷发射管
—	260？	—	260	—	—	260	290
—	—	—	280	—	—	280	280
—	—	—	300	—	—	300	400

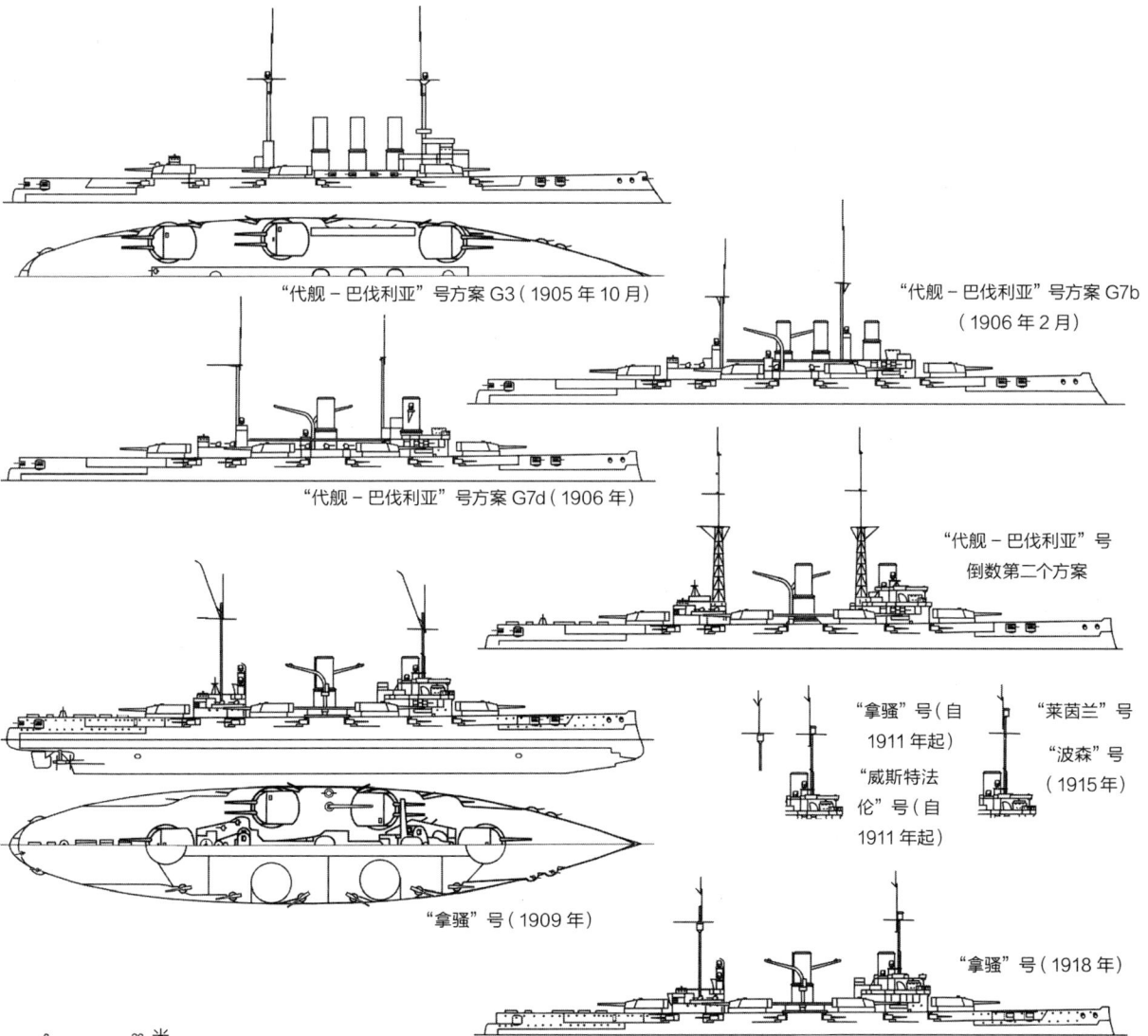

“代舰－巴伐利亚”号方案 G3（1905 年 10 月）

“代舰－巴伐利亚”号方案 G7b（1906 年 2 月）

“代舰－巴伐利亚”号方案 G7d（1906 年）

“代舰－巴伐利亚”号倒数第二个方案

“拿骚”号（1909 年）

“拿骚”号（自 1911 年起）
“威斯特法伦”号（自 1911 年起）

“莱茵兰”号
“波森”号（1915 年）

“拿骚”号（1918 年）

0 ———— 20 米

①译注：原文如此，结合线图看可能是安装了 6 座双联装炮塔中（6×2）。

"布吕歇尔"号
大型巡洋舰

1906 年造舰计划
大型巡洋舰 E，即"布吕歇尔"号

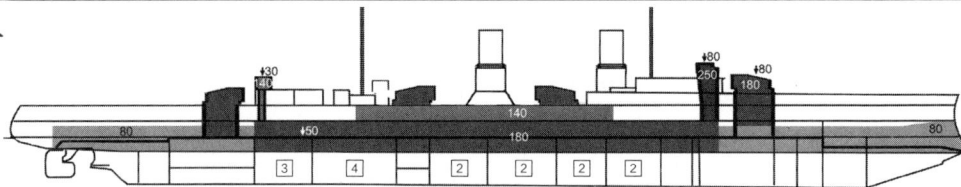

原始方案设计——210 毫米主炮型

方案	E1	E2	E3	E5	E6	E7	E8	E9
日期	1905 年 3 月	1905 年 3 月	1905 年 3 月	1905 年 3 月 31 日	1905 年 5 月 17 日	1905 年 5 月 27 日	1905 年 6 月 7 日	1905 年 9 月 11 日
排水量（万吨）	1.27	约 1.36	1.31	1.31—1.32	1.37	1.33	1.34	1.44
尺寸								
全长（米）	约 145	约 145	约 145	约 145	—	—	—	约 149
宽（米）	21.8	约 22.4	约 22.1	22.1	—	—	—	约 23.3
吃水（米）	7.7	7.8	7.7	7.7	—	—	—	7.9
推进功率（马力）	3 万	2.9 万	约 2.9 万	约 2.9 万	—	—	—	约 3 万
航速（节）	23.5	约 23	23.3	23.3	23.5	23.3	23.3	约 23.5
武备	8 门 210 毫米火炮（2×2，4×1）	12 门 210 毫米火炮（6×2）	10 门 210 毫米火炮（2×2，6×1）	8 门 210 毫米火炮（2×2，4×1）	8 门 210 毫米火炮（2×2，4×1）	8 门 210 毫米火炮（2×2，4×1）	10 门 210 毫米火炮（4×2，2×1）	12 门 210 毫米火炮（6×2）
	8 门 150 毫米火炮	8 门 150 毫米火炮	8 门 150 毫米火炮	10 门 150 毫米火炮	8 门 170 毫米火炮	8 门 170 毫米火炮	8 门 150 毫米火炮	8 门 150 毫米火炮
	20 门 88 毫米火炮	20 门 88 毫米火炮	20 门 88 毫米火炮	20 门 88 毫米火炮	20 门 88 毫米火炮	20 门 88 毫米火炮	20 门 88 毫米火炮	20 门 88 毫米火炮
	4 具 450 毫米鱼雷发射管	4 具 450 毫米鱼雷发射管	4 具 450 毫米鱼雷发射管	4 具 450 毫米鱼雷发射管	4 具 450 毫米鱼雷发射管	4 具 450 毫米鱼雷发射管	4 具 450 毫米鱼雷发射管	4 具 450 毫米鱼雷发射管
防护								
主装甲带（毫米）	180	180	180	180	—	—	—	180
炮塔（毫米）	170	200	170	170	—	—	—	170
指挥塔（毫米）	200	200	200	200	—	—	—	200

原始方案设计——240 毫米主炮型

方案	E17	E18	E19	E20	E21	E22	E23
日期	1905 年 9 月—10 月	1905 年 9 月—10 月	1905 年 9 月—10 月	1905 年 9 月—10 月	1906 年 6 月	1906 年 6 月	1906 年 6 月
排水量（万吨）	1.52	1.55	1.58	1.58—1.59	1.58—1.59	1.58—1.59	1.58—1.59
尺寸							
全长（米）	150	—	—	—	—	—	—
宽（米）	23.5	—	—	—	—	—	—
吃水（米）	8	—	—	—	—	—	—
航速（节）	23.5	23.5	23.5	23.5	23.5	23.5	23.5
武备	6 门 240 毫米火炮（2×2，2×1）	8 门 240 毫米火炮（4×2）	8 门 240 毫米火炮（2×2，4×1）	8 门 240 毫米火炮（4×2）	8 门 240 毫米火炮（4×2）	8 门 240 毫米火炮（2×2，4×1）	8 门 240 毫米火炮（2×2，4×1）
	12 门 150 毫米火炮	10 门 150 毫米火炮	8 门 150 毫米火炮	12 门 150 毫米火炮	12 门 150 毫米火炮（4×2，4×1）	8 门 150 毫米火炮	8 门 150 毫米火炮（4×2）

最终设计方案

排水量	15842 吨（设计），17500 吨（满载）
尺寸	161.1 米（水线），161.8（全长）×24.5×8.84 米
机械动力系统	18 台海军型锅炉，三轴推进，往复式（VTE）最大推进功率 32000 马力，最大航速 24.5 节，载煤 900/2510 吨，12 节航速时航程为 6600 海里
武器装备	12 门 210 毫米 /45 倍径 C/09 火炮（6×2），8 门 150 毫米 /45 倍径 C/09 火炮，16 门 88 毫米 /45 倍径 C/06 火炮，4 具 450 毫米鱼雷发射管
装甲防护	主装甲带 80—180 毫米，装甲甲板 50—70 毫米，鱼雷舱壁 35 毫米，炮塔 80/180 毫米，炮台 140 毫米，前指挥塔 250 毫米，后指挥塔 140 毫米
舰员数量	41+812 人（旗舰为 55+874 人）

舰名	建造方	建造时间	下水时间	服役时间	结局
"布吕歇尔"（ii）号	基尔港船厂	1907 年 2 月 21 日	1908 年 4 月 11 日	1909 年 10 月 1 日	1915 年 1 月 24 日在多格尔沙洲海战中被英国皇家海军战列巡洋舰、轻巡洋舰和驱逐舰火炮和鱼雷击沉

1910 年 4 月 27 日—1911 年 9 月 28 日编入侦察舰队（旗舰）；1911 年 9 月—1914 年 8 月改为火炮训练舰 / 试验舰（1912 年 9 月改为第 2 侦察集群旗舰并参加演习）；1914 年 8 月编入第 1 侦察集群直至最终损失

方案 E1（1905 年 3 月）

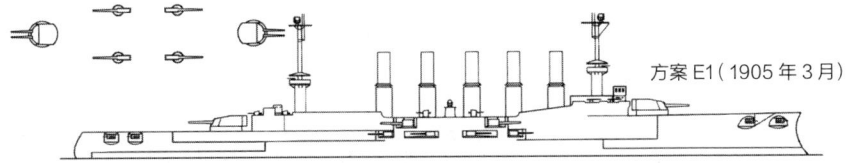

E10	E11	E15
1905 年 9 月 11 日	1905 年 9 月 11 日	1905 年 9 月 26 日
1.44	1.50	1.52
约 149	约 150	150
约 23.3	23.5	23.5
7.9	8.0	约 8.0
3 万	3.2 万	3 万—3.2 万
约 23.5	23.3	约 23.5
12 门 210 毫米火炮（6×2）	12 门 210 毫米火炮（6×2）	12 门 210 毫米火炮（6×2）
6 门 150 毫米火炮	8 门 150 毫米火炮	8 门 150 毫米火炮
20 门 88 毫米火炮	20 门 88 毫米火炮	16 门 150 毫米火炮
4 具 450 毫米鱼雷发射管	4 具 450 毫米鱼雷发射管	4 具 450 毫米鱼雷发射管
180	180	180
170	170	180
200	200	250

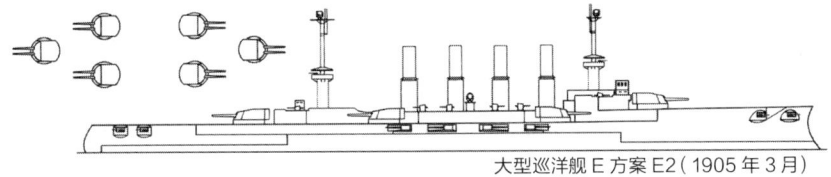

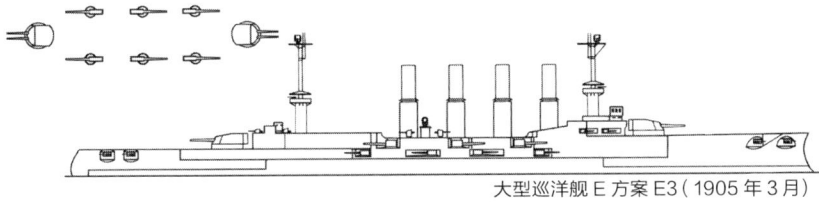

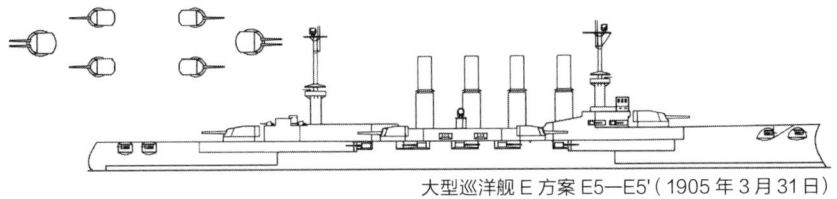

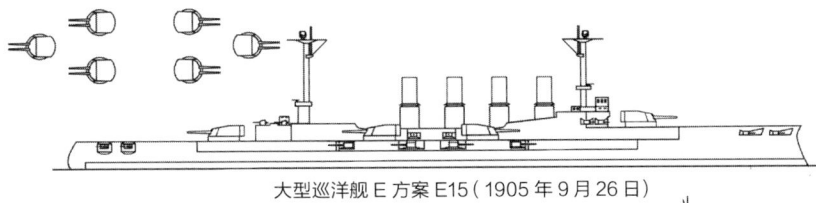

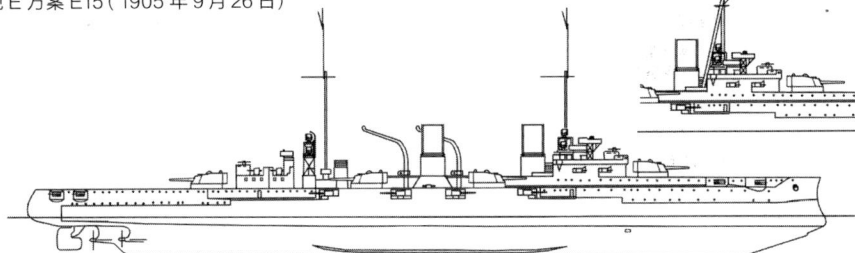

大型巡洋舰 E 方案 E2（1905 年 3 月）

大型巡洋舰 E 方案 E3（1905 年 3 月）

大型巡洋舰 E 方案 E5—E5'（1905 年 3 月 31 日）

大型巡洋舰 E 方案 E15（1905 年 9 月 26 日）

"布吕歇尔"号（1914 年）

"布吕歇尔"号（1910 年）

0 _____ 20 米

"冯·德·坦恩"号

大型巡洋舰

1907 年造舰计划
大型巡洋舰 F，即"冯·德·坦恩"号

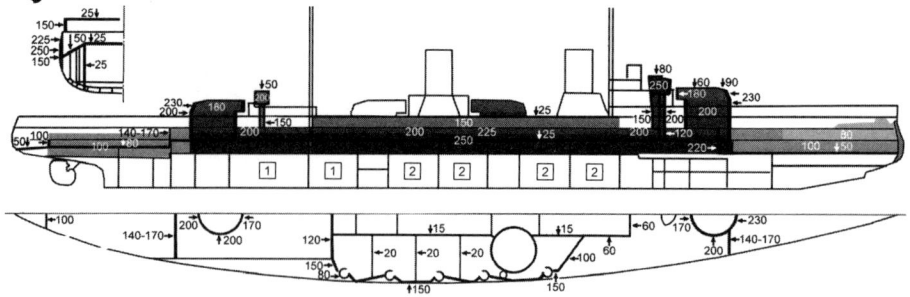

原始方案设计

方案	F1	F2	F3	F4	F4b	F5	F1a	F5a	F2a	F2b	F2b1	F2c1
日期	1906 年 9 月 15 日	1906 年 9 月 15 日	1906 年 9 月 15 日	1906 年 9 月 15 日	1906 年 9 月 15 日	1905 年 9 月 21 日	1906 年 9 月 25 日	1906 年 9 月 25 日	1906 年 9 月 25 日	1906 年 10 月	1906 年 11 月 9 日	1907 年 1—2 月
排水量（万吨）	约 1.95	约 1.935	约 1.935	约 1.91	约 1.96	约 1.96	约 1.97	约 1.96	约 1.9	约 1.9	约 1.9	约 1.92
尺寸												
全长（米）	约 155	约 158	约 155	约 155	约 158	约 160	约 160	约 160	约 157	约 157	约 160	约 160
宽（米）	约 26.5	约 26.5	约 26.5	约 26.5	约 26.5	约 26.5	约 26.5	约 26.5	约 26.5	约 26.5	约 26	约 26.5
吃水（米）	约 8.1	约 8.1	约 8.1	约 8.1	约 8.1	约 8.1	约 8.1	约 8.1	约 8.1	约 8.1	约 8.1	约 8.1
推进功率（马力）	3.30 万	3.50 万	3.30 万	3.30 万	3.50 万	3.50 万	3.50 万	3.50 万	3.50 万 / 3.80 万	3.40 万	3.60 万	3.90 万
航速（节）	23	23.5	23	23	23.5	23	23.5	23.5	23.5/24	23.5	24	24
武备	8 门 280 毫米火炮（2×2，4×1）	8 门 280 毫米火炮（4×2）	8 门 280 毫米火炮（4×2）	8 门 280 毫米火炮（4×2）	8 门 280 毫米火炮（4×2）	8 门 280 毫米火炮（3×2，2×1）	8 门 280 毫米火炮（2×2，4×1）	8 门 280 毫米火炮（3×2，2×1）	8 门 280 毫米火炮（4×2）	8 门 280 毫米火炮（4×2）	8 门 280 毫米火炮（4×2）	8 门 280 毫米火炮（4×2）
	8 门 150 毫米火炮	8 门 150 毫米火炮	8 门 150 毫米火炮	8 门 150 毫米火炮（4×2）	8 门 150 毫米火炮（4×2）	8 门 150 毫米火炮	8 门 150 毫米火炮	8 门 150 毫米火炮	8 门 150 毫米火炮	8 门 150 毫米火炮	8 门 150 毫米火炮	10 门 150 毫米火炮
	16 门 88 毫米火炮	16 门 88 毫米火炮	16 门 88 毫米火炮	16 门 88 毫米火炮	16 门 88 毫米火炮	16 门 88 毫米火炮	16 门 88 毫米火炮	16 门 88 毫米火炮	16 门 88 毫米火炮	16 门 88 毫米火炮	16 门 88 毫米火炮	16 门 88 毫米火炮
	4 具 450 毫米鱼雷发射管	4 具 450 毫米鱼雷发射管	4 具 450 毫米鱼雷发射管	4 具 450 毫米鱼雷发射管	4 具 450 毫米鱼雷发射管	4 具 450 毫米鱼雷发射管	4 具 450 毫米鱼雷发射管	4 具 450 毫米鱼雷发射管	4 具 450 毫米鱼雷发射管	4 具 450 毫米鱼雷发射管	4 具 450 毫米鱼雷发射管	4 具 450 毫米鱼雷发射管
防护												
主装甲带	260 毫米	260 毫米	260 毫米	260 毫米	260 毫米	220 毫米	250 毫米	250 毫米	250 毫米	250 毫米	250 毫米	250 毫米
炮塔	250 毫米	250 毫米	250 毫米	250 毫米	250 毫米	240 毫米	230 毫米	230 毫米	230 毫米	230 毫米	230 毫米	230 毫米
指挥塔	280 毫米	280 毫米	280 毫米	280 毫米	280 毫米	250 毫米	250 毫米	250 毫米	250 毫米	280 毫米	280 毫米	280 毫米

最终设计方案

排水量	19370 吨（设计），21300 吨（满载）
尺寸	171.5 米（水线），171.7（全长）×26.6×9.17 米
机械动力系统	18 台海军型锅炉，帕森斯式涡轮机，最大推进功率 42000 马力，最大航速 24.8 节，载煤 1000/2600 吨，14 节航速时航程为 4400 海里
武器装备	8 门 280 毫米 /45 倍径 C/07 火炮（4×2），10 门 150 毫米 /45 倍径 C/09 火炮，16 门 88 毫米 /45 倍径 C/06 火炮（1916 年起拆除），4 门 88 毫米 /45 倍径防空炮（1915 年加装），4 具 450 毫米鱼雷发射管
装甲防护	主装甲带 100—250 毫米，装甲舱板 50 毫米，鱼雷舱壁 25 毫米，炮塔 60—230 毫米，炮台 150 毫米，前指挥塔 250 毫米，后指挥塔 200 毫米
舰员数量	41+882 人（旗舰为 54+944 人）

舰名	建造方	建造时间	下水时间	服役时间	结局
"冯·德·坦恩"（ii）号	布洛姆 - 福斯造船厂（汉堡）	1908 年 3 月 21 日	1909 年 3 月 20 日	1910 年 9 月 1 日	1919 年 6 月 21 日在斯卡帕湾凿沉；1929 年 6 月 25 日变卖给科克斯 - 丹克斯船厂；1930 年 12 月 7 日打捞出水；1933 年 2 月转售给金属工业公司；1933 年 7 月 9 日抵达罗赛斯拆解

1911 年 2 月 20 日—1911 年 5 月 6 日赴南美地区访问；1911 年 5 月 8 日—1914 年 8 月编入侦察舰队；1914 年 8 月—1918 年 11 月编入第 1 侦察集群

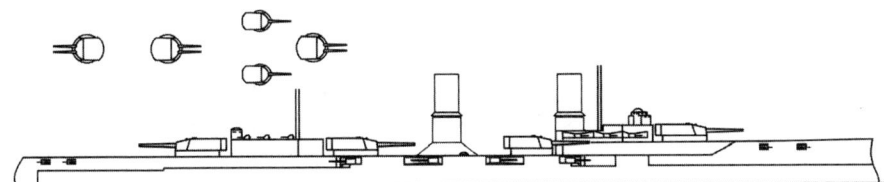

大型巡洋舰 F 方案 5—5a（1906 年 9 月）

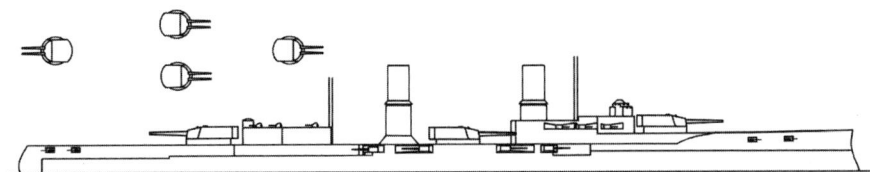

大型巡洋舰 F 方案 2a（1906 年 9 月）

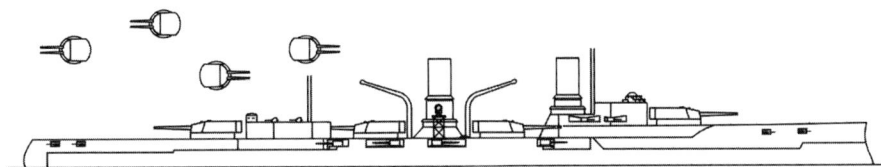

大型巡洋舰 F 方案 2b（1906 年 10 月）

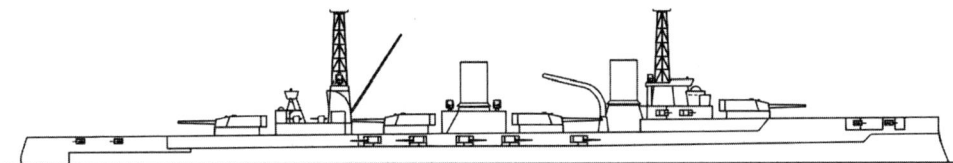

大型巡洋舰 F 倒数第二个方案（1906 年 10 月）

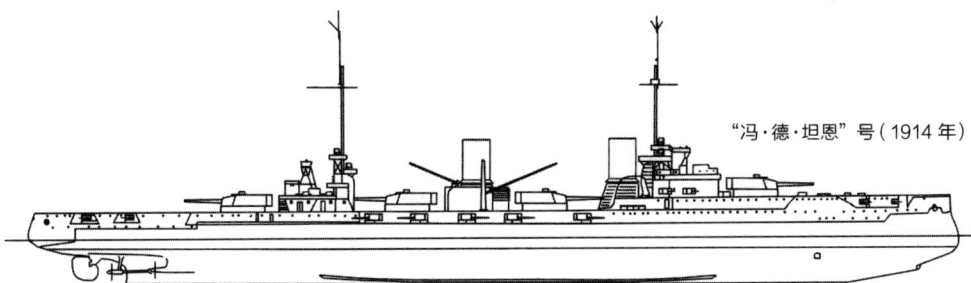

"冯·德·坦恩"号（1914 年）

0　　　　　20 米

赫尔戈兰级
战列舰

1908 年造舰计划
"代舰－奥尔登堡"号，即"东弗里斯兰"号
"代舰－齐格弗里德"号，即"赫尔戈兰"号
"代舰－贝奥武夫"号，即"策林根"号

1909 年造舰计划
"代舰－伏里施乔夫"号，即"奥尔登堡"号

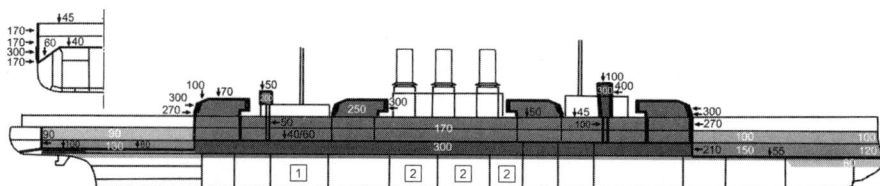

原始方案设计

方案	12	14	16	12a	13d2
日期	1907 年 5 月	1907 年 5 月	1907 年 5 月	1907 年 5 月	1907 年 12 月
排水量（万吨）	2.32	2.34	2.18	2.23	2.27
尺寸					
全长（米）	158	159	152	162	167.4
宽（米）	28.5	28.5	28	28.5	28.5
吃水（米）	8.1	8.1	8.1	8.2	8.2
推进功率（马力）	2.50 万	2.50 万	2.50 万	2.50 万	2.50 万
航速（节）	20	20	20.5	19.5 以上	约 20
武备	12 门 305 毫米火炮（6×2）	12 门 305 毫米火炮（6×2）	10 门 305 毫米火炮（5×2）	12 门 305 毫米火炮（6×2）	12 门 305 毫米火炮（6×2）
	12 门 150 毫米火炮	12 门 150 毫米火炮	12 门 150 毫米火炮	12 门 150 毫米火炮	12 门 150 毫米火炮
	16 门 88 毫米火炮	16 门 88 毫米火炮	16 门 88 毫米火炮	16 门 88 毫米火炮	14 门 88 毫米火炮
	6 具 450 毫米鱼雷发射管	6 具 450 毫米鱼雷发射管	6 具 450 毫米鱼雷发射管	6 具 450 毫米鱼雷发射管	6 具 450 毫米鱼雷发射管
装甲防护					
主装甲带（毫米）	300—320	300—320	300—320	300	300
炮塔（毫米）	300	300	300	300	300
指挥塔（毫米）	400	400	400	400	400

最终设计方案

排水量	22808 吨（设计），24700 吨（满载）
尺寸	166.5 米（水线），167.2（全长）×28.5×8.94 米
机械动力系统	15 台海军型锅炉，三轴推进，往复式（VTE），最大推进功率 28000 马力，最大航速 20.5 节，载煤 900/3200 吨，1915 年起载燃油 197 吨，10 节航速时航程为 5500 海里
武器装备	12 门 305 毫米/50 倍径 C/08 火炮（6×2），14 门 150 毫米/45 倍径 C/09 火炮，14 门 88 毫米/45 倍径 C/06 火炮（1915 年为 14 门 88 毫米/45 倍径火炮，2 门 88 毫米/45 倍径防空炮；1916—1917 年加装 2 门 88 毫米/45 倍径防空炮），6 具 500 毫米鱼雷发射管
装甲防护	主装甲带 120—300 毫米，上层装甲带 100—170 毫米，装甲甲板 55—80 毫米，鱼雷舱壁 30 毫米，炮塔 100—300 毫米，炮台 170 毫米，前指挥塔 400 毫米，后指挥塔 200 毫米
舰员数量	42+1071 人（旗舰为 55+1137 人）

舰名	建造方	建造时间	下水时间	服役时间	结局
"赫尔戈兰"号，即 K 号舰（1920 年）	霍瓦兹造船厂（Howaldtswerke）	1908 年 11 月 24 日	1909 年 9 月 25 日	1911 年 8 月 23 日	1920 年 8 月 5 日转交英国方面；1921 年 5 月 23 日变卖给瓦尔德船厂；1922 年 1 月 29 日抵达伯肯黑德；1922 年 11 月 16 日抵达莫克姆拆解
"东弗里斯兰"号，即 H 号舰（1920 年）	威廉港船厂（不来梅）	1908 年 10 月 19 日	1909 年 9 月 30 日	1911 年 8 月 1 日	1920 年 4 月 7 日转交美国方面；1921 年 7 月 21 日在亨利角（Cape Henry）附近海域作为靶船被炸沉
"策林根"号，即 L 号舰（1920 年）	威悉河造船厂（不来梅）	1908 年 11 月 2 日	1909 年 1 月 27 日	1911 年 7 月 1 日	1920 年 4 月 29 日转交法国方面；1921 年 7 月—8 月改为驻加夫拉斯靶船，后搁浅；1923 年 3 月变卖给巴黎西部金属公司（Société ouest des Métaux）；1933 年就地拆解
"奥尔登堡"号，即 M 号舰（1920 年）	希肖造船厂（但泽）	1909 年 3 月 1 日	1910 年 6 月 30 日	1912 年 5 月 1 日	1920 年 5 月 13 日转交日本方面；1920 年 6 月变卖给英国斯布科尔公司，后转售给弗兰克·里斯迪克船厂；1921 年在多德雷赫特拆解

"赫尔戈兰"号：
1911 年 12 月 20 日—1918 年 12 月 16 日编入第 1 分舰队；1919 年 11 月 5 日除籍

"东弗里斯兰"号：
1911 年 9 月 22 日—1918 年 12 月 16 日编入第 1 分舰队（旗舰）；1919 年 11 月 5 日除籍

"策林根"号：
1911 年 9 月 19 日—1918 年 12 月 16 日编入第 1 分舰队；1919 年 11 月 5 日除籍

"奥尔登堡"号：
1912 年 7 月 17 日—1918 年 12 月 16 日编入第 1 分舰队；1919 年 11 月 5 日除籍

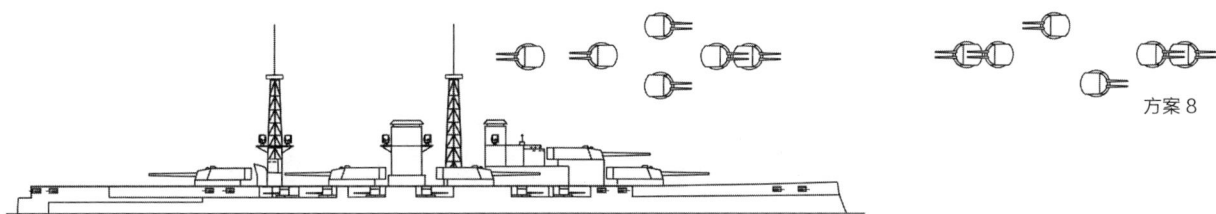

方案 8

"代舰－齐格弗里德"号方案 14（1907 年 5 月）

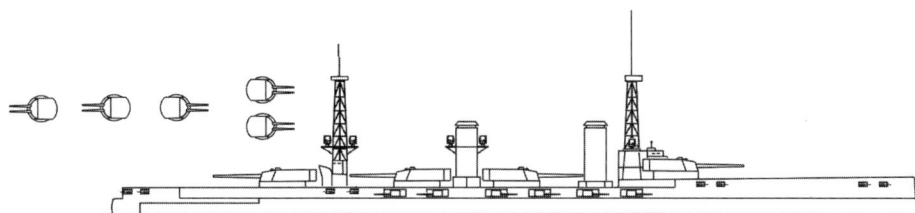

"代舰－齐格弗里德"号方案 16（1907 年 5 月）

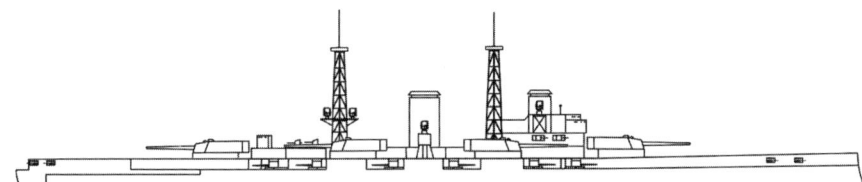

"代舰－齐格弗里德"号方案 12a（1907 年 5 月）

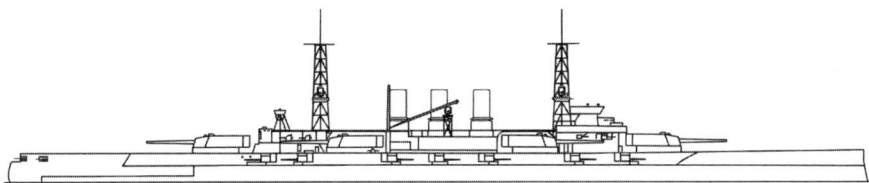

"代舰－齐格弗里德"号方案 13d2（1907 年 12 月）

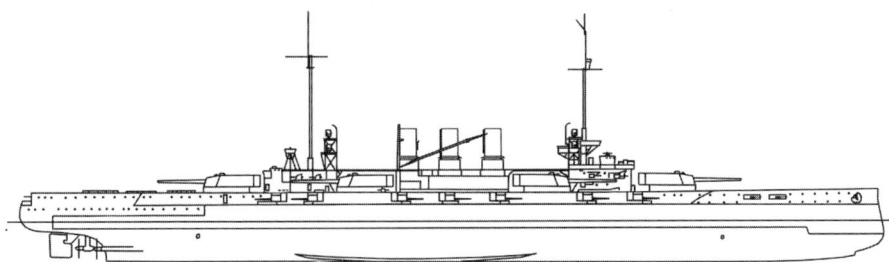

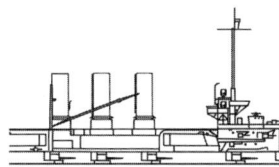

"奥尔登堡"号（1913 年）

"赫尔戈兰"号（1912 年）

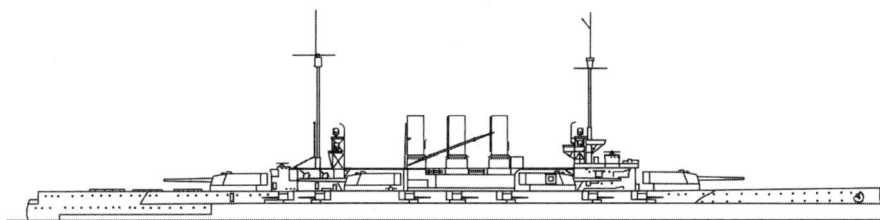

0　　　20 米

"东弗里斯兰"号（1918 年）

毛奇级
大型巡洋舰

1908 年造舰计划
大型巡洋舰 G，即"毛奇"号

1909 年造舰计划
大型巡洋舰 H，即"戈本"号

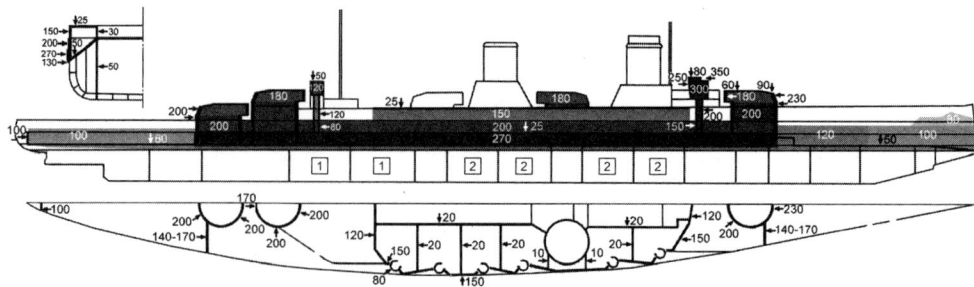

原始方案设计

方案	G2i
日期	1907 年 5 月
排水量	约 22000 吨
尺寸	
全长	约 180 米
宽	约 28 米
吃水	约 8.2 米
推进功率	42000 马力
航速	24 节
武备	10 门 280 毫米火炮（5×2），10 门 150 毫米火炮，16 门 88 毫米火炮，4 具 500 毫米鱼雷发射管
装甲防护	
主装甲带	250 毫米
炮塔	230 毫米
指挥塔	250 毫米

最终设计方案

排水量	22979 吨（设计），25400 吨（满载）
尺寸	186.0 米（水线），186.6（全长）×29.4×9.2 米
机械动力系统	24 台海军型锅炉，四轴推进，帕森斯式涡轮机，最大推进功率 52000 马力，最大航速 25.5 节，载煤 1000/3100 吨，14 节航速时航程为 4200 海里
武器装备	10 门 280 毫米 /50 倍径 C/09 火炮（5×2），12 门（1915 年起"戈本 / 严君"号改为 10 门）150 毫米 /45 倍径 C/09 火炮，12 门 88 毫米 /45 倍径 C/06 火炮（1915 年为 8 门 88 毫米 /45 倍径火炮，4 门 88 毫米 /45 倍径防空炮；1916 年为 4/2 门 88 毫米 /45 倍径防空炮；1941 年"严君"号为 4 门 88 毫米 /45 倍径防空炮，10—22 门 40 毫米防空炮，4—24 门 20 毫米机炮），6 具（1941 年"严君"号为 2 具）500 毫米鱼雷发射管
装甲防护	主装甲带 100—270 毫米，装甲甲板 30—80 毫米，鱼雷舱壁 30 毫米，炮塔 60—230 毫米，炮台 150 毫米，前指挥塔 350 毫米，后指挥塔 200 毫米
舰员数量	43+1010 人（旗舰为 46+1072 人）

舰名	建造方	建造时间	下水时间	服役时间	结局
"毛奇"号	布洛姆－福斯造船厂（汉堡）	1909 年 1 月 23 日	1910 年 4 月 7 日	1911 年 9 月 30 日	1919 年 6 月 21 日在斯卡帕湾凿沉；1926 年 8 月 28 日变卖给科克斯－丹克斯船厂；1927 年 6 月 10 日打捞出水；1928 年 3 月转售给阿洛厄拆船公司；1928 年 5 月 21 日抵达罗赛斯拆解
"戈本"号，即"严君塞利姆苏丹"号（1914 年）、"严君塞利姆"号（1930 年）、"严君"号（1936 年）	布洛姆－福斯造船厂（汉堡）	1909 年 8 月 12 日	1911 年 3 月 28 日	1912 年 7 月 1 日	1914 年 8 月 16 日转交土耳其方面；1973—1976 年变卖给塞曼公司拆解

"毛奇"号：
1911 年 9 月 22 日—1914 年 8 月编入侦察舰队；1914 年 8 月—1918 年 11 月编入第 1 侦察集群

"戈本"号：
1912 年 8 月 29 日编入第 2 侦察集群参加演习；1912 年 11 月 1 日—1914 年 8 月 16 日编入地中海支队；1918 年 11 月 2 日遣散所有德国舰员；1930 年 8 月重新服役；1950 年 12 月 20 日转入预备役；1954 年 11 月 14 日除籍；1973 年 6 月 7 日移交拆解

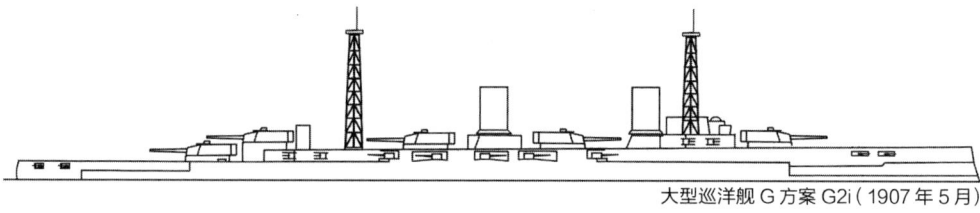

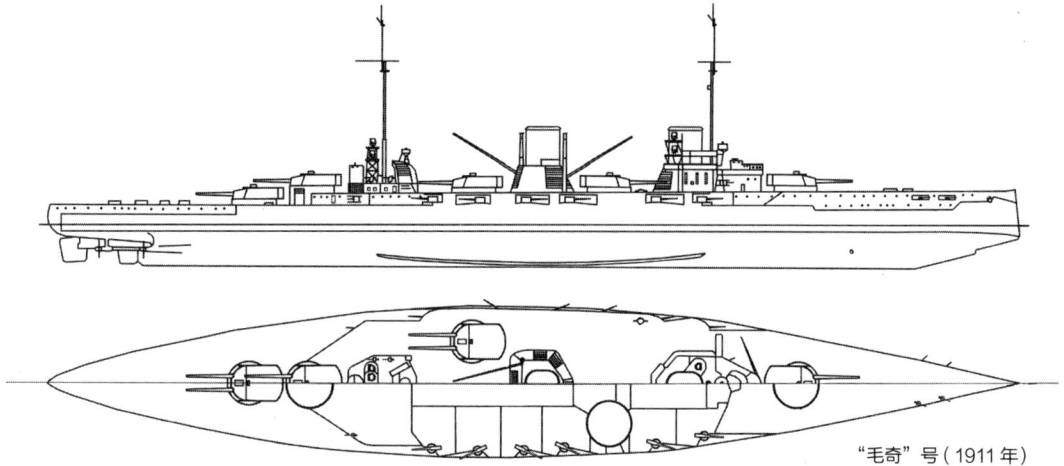

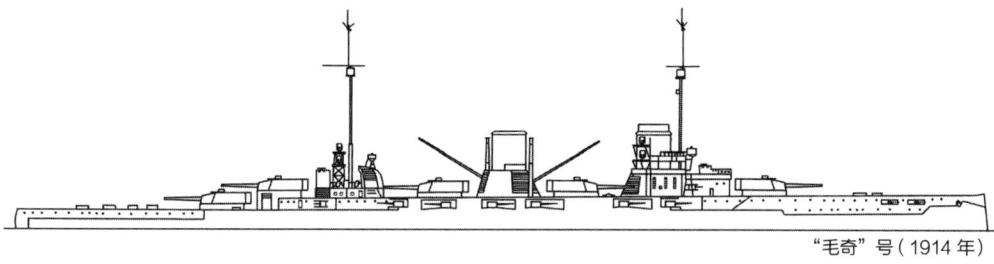

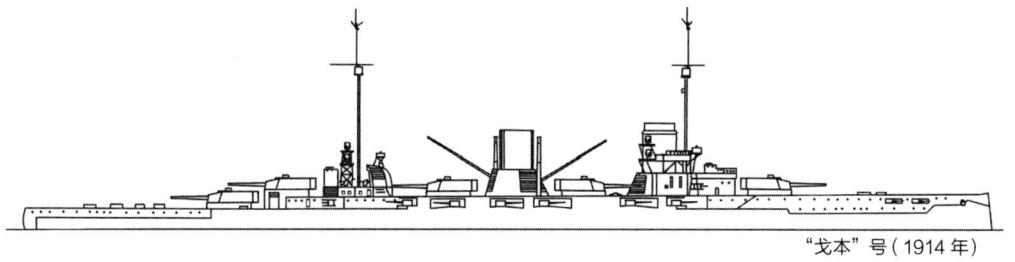

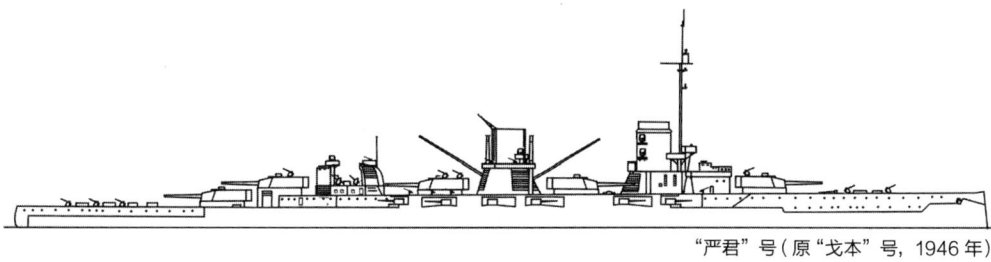

大型巡洋舰 G 方案 G2i（1907 年 5 月）

"毛奇"号（1911 年）

"毛奇"号（1914 年）

"戈本"号（1914 年）

"严君"号（原"戈本"号，1946 年）

0　　　　20 米

德皇（ii）级
战列舰

1909 年造舰计划
"代舰 - 希尔德布兰德号，即"德皇"（ii）号
"代舰 - 海姆达尔"号，即"弗里德里希大帝"（ii）号

1910 年造舰计划
"代舰 - 哈根"号，即"皇后"号
"代舰 - 埃吉尔"号，即"路易特波尔德摄政王"号
"代舰 - 奥丁"号，即"阿尔贝特国王"号

原始方案设计

方案	1c	1c2	8a	16a
日期	1908 年 5 月 29 日	1908 年 9 月	1909 年 1 月 21 日	1909 年 1 月
排水量（万吨）	2.45	约 2.46	2.43	约 2.45
尺寸				
全长（米）	172	172	172	172
宽（米）	29.5	29.5	29.2	29.2
吃水（米）	8.3	8.3	8.3	8.3
推进功率（马力）	2.60 万	2.50 万	2.50 万	2.50 万
航速（节）	约 20	约 20	约 20	约 20
武备	12 门 305 毫米火炮（6×2）	12 门 305 毫米火炮（6×2）	10 门 305 毫米火炮（5×2）	10 门 305 毫米火炮（5×2）
	14 门 150 毫米火炮	14 门 150 毫米火炮	14 门 150 毫米火炮	14 门 150 毫米火炮
	14 门 88 毫米火炮	12 门 88 毫米火炮	12 门 88 毫米火炮	12 门 88 毫米火炮
	6 具 450 毫米鱼雷发射管	6 具 450 毫米鱼雷发射管	6 具 450 毫米鱼雷发射管	6 具 450 毫米鱼雷发射管
装甲防护				
主装甲带	300 毫米	320 毫米	320 毫米	320 毫米
炮塔	300 毫米	300 毫米	300 毫米	300 毫米
指挥塔	400 毫米	400 毫米	400 毫米	400 毫米

最终设计方案

排水量	24728 吨（设计），27000 吨（满载）
尺寸	171.8 米（水线），172.4（全长）×29.0×9.10 米
机械动力系统	16 台（"路易特波尔德摄政王"号为 14 台）海军型锅炉，三轴（"路易特波尔德摄政王"号为双轴）推进，帕森斯式（*）、AEG- 柯蒂斯式或希肖式涡轮机，最大推进功率 28000 马力（"路易特波尔德摄政王"号为 26000 马力），最大航速 21 节（"路易特波尔德摄政王"号为 20 节），载煤 1000/3600 吨，载燃油 200 吨，12 节航速时航程为 7000 海里
武器装备	10 门 305 毫米 /50 倍径 C/08 火炮（5×2），14 门 150 毫米 /45 倍径 C/09 火炮，8 门 88 毫米 /45 倍径 C/06 火炮，4 门（后期为 2 门）88 毫米 /45 倍径 C/13 防空炮，5 具 500 毫米鱼雷发射管
装甲防护	主装甲带 120—350 毫米，上层装甲带 120—180 毫米，装甲甲板 60—100 毫米，鱼雷舱壁 40 毫米，炮塔 220—300 毫米，炮台 170 毫米，前指挥塔 400 毫米，后指挥塔 200 毫米
舰员数量	41+1043 人（旗舰为 55/57+1123/1146 人）

舰名	建造方	建造时间	下水时间	服役时间	结局
"德皇"（ii）号 *	基尔港船厂	1909 年 12 月	1911 年 3 月 22 日	1912 年 8 月 1 日	1919 年 6 月 21 日在斯卡帕湾凿沉；1928 年 4 月 11 日变卖给科克斯 - 丹克斯船厂；1929 年 3 月 20 日打捞出水；1929 年 7 月 23 日抵达罗赛斯，由阿洛厄拆船公司拆解
"弗里德里希大帝"（ii）号	伏尔铿造船厂（汉堡）	1910 年 1 月 26 日	1911 年 6 月 10 日	1912 年 10 月 15 日	1919 年 6 月 21 日在斯卡帕湾凿沉；1934 年 6 月 27 日变卖给金属工业公司；1937 年 4 月 29 日打捞出水；1937 年 8 月 5 日抵达罗赛斯拆解
"皇后"号 *	霍瓦兹造船厂（基尔）	1910 年 11 月	1911 年 11 月 11 日	1913 年 5 月 14 日	1919 年 6 月 21 日在斯卡帕湾凿沉；1934 年 11 月 1 日变卖给金属工业公司；1936 年 5 月 14 日打捞出水；1936 年 8 月 31 日抵达罗赛斯拆解
"阿尔贝特国王"号	希肖造船厂（但泽）	1910 年 7 月	1912 年 4 月 27 日	1913 年 7 月 31 日	1919 年 6 月 21 日在斯卡帕湾凿沉；1934 年 11 月 1 日变卖给金属工业公司；1935 年 7 月 31 日打捞出水；1936 年 5 月 4 日抵达罗赛斯拆解
"路易特波尔德摄政王"号	日耳曼尼亚造船厂（基尔）	1911 年 1 月 2 日	1912 年 2 月 17 日	1913 年 7 月 31 日	1919 年 6 月 21 日在斯卡帕湾凿沉；1929 年 6 月 25 日变卖给科克斯 - 丹克斯船厂；1930 年 7 月 22 日打捞出水；1933 年 2 月转售给金属工业公司；1933 年 5 月 11 日抵达罗赛斯拆解

"德皇"（ii）号：
1912 年 10 月 25 日—1913 年 9 月 30 日编入第 5 支队；1913 年 10 月 1 日—1916 年 11 月 30 日编入第 3 分舰队（1913 年 12 月 9 日—1914 年 6 月 16 日编入所属支队）；1916 年 12 月 1 日—1918 年 11 月编入第 4 分舰队

"弗里德里希大帝"（ii）号：
1912 年 12 月 8 日—1913 年 9 月 30 日编入第 5 支队；1913 年 10 月 1 日—1916 年 11 月 30 日编入第 3 分舰队（1913 年 1 月 22 日—1917 年 3 月为舰队旗舰）；1916 年 12 月 1 日—1918 年 11 月编入第 4 分舰队

"皇后"号：
1913 年 12 月 13 日—1916 年 11 月 30 日编入第 3 分舰队；1916 年 12 月 1 日—1918 年 11 月编入第 4 分舰队

"阿尔贝特国王"号：
1913 年 10 月 1 日—1916 年 11 月 30 日编入第 3 分舰队（1913 年 12 月 9 日—1914 年 6 月 16 日编入所属支队）；1916 年 12 月 1 日—1918 年 11 月编入第 4 分舰队

"路易特波尔德摄政王"号：
1913 年 11 月 11 日—1916 年 11 月 30 日编入第 3 分舰队；1916 年 12 月 1 日—1918 年 11 月编入第 4 分舰队

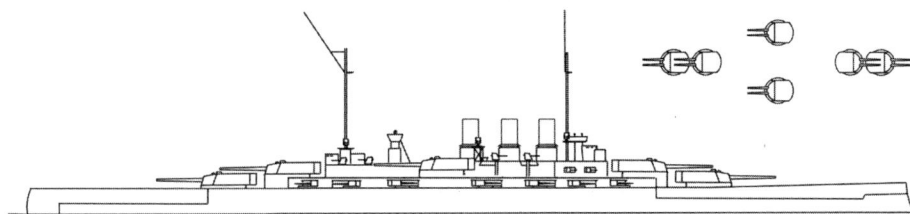

"代舰－希尔德布兰德"号方案 1c2（1908 年 9 月）

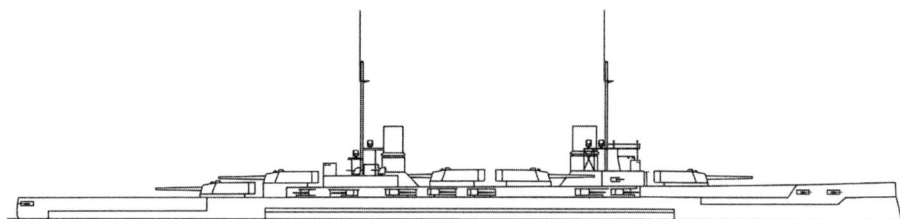

"代舰－希尔德布兰德"号方案 16a（1909 年 1 月）

"弗里德里希大
帝"号（1913—
1914 年）　"路易特波尔
德摄政王"号
（1914 年）

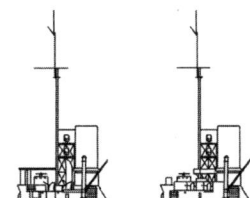

自 1914 年起

"路易特波尔
德摄政王"号
（1914 年）　"弗里德里希大帝"号
（1914—1918 年）

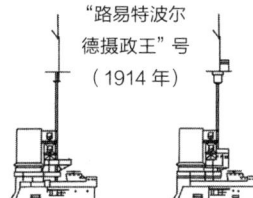

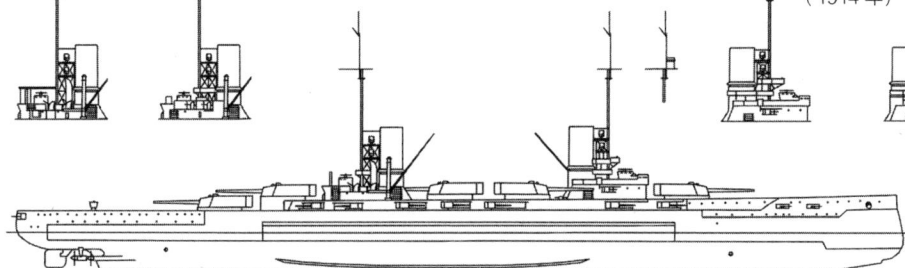

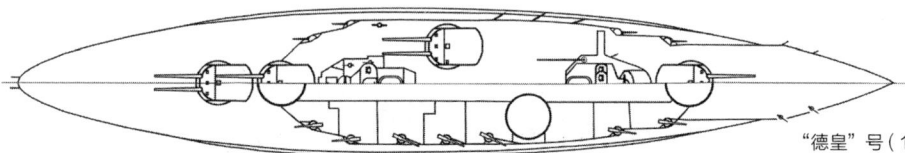

"德皇"号（1913 年）

"德皇"号（1918 年）

0　　　20 米

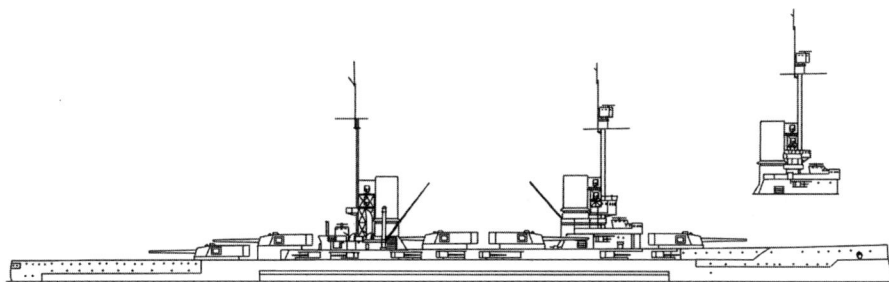

"弗里德里希大帝"号（1918 年）

"塞德利茨"号
大型巡洋舰

1910 年造舰计划
大型巡洋舰 J，即"塞德利茨"号

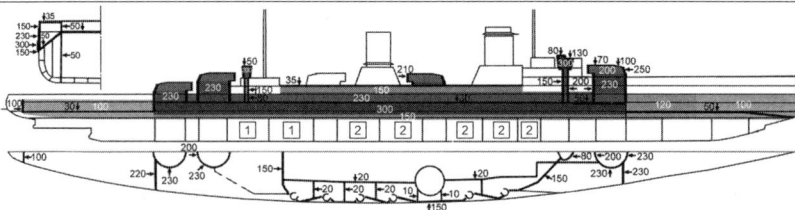

原始设计方案

方案	I	II	IIIc	IIb	IIc	IVe	IIe
日期	1909 年 9 月	1909 年 9 月	1909 年 9 月	1909 年 10 月	1909 年 10—11 月	1909 年 12 月 7 日	1910 年 10 月
排水量（万吨）	约 2.37	约 2.39	约 2.40	约 2.40	约 2.47	约 2.47	约 2.47
尺寸							
全长（米）	约 194	约 195	约 195	约 195	约 200	约 200	约 200
宽（米）	约 28.5	约 28.5	约 28.5	约 28.5	约 28.5	27.4	28.5
吃水（米）	约 8.2	约 8.2	约 8.2	约 8.2	约 8.2	约 8.2	约 8.2
艏楼？	否	是	否	是	是	否	是
推进功率（马力）	4.70 万	4.70 万	4.70 万	4.70 万	4.70 万	4.70 万	4.70 万
锅炉（台）	24	24	24	25	27	22	27
航速（节）	25	25	25	25	25	25	25
武备	10 门 280 毫米火炮（5×2）	10 门 280 毫米火炮（5×2）	8 门 305 毫米火炮（4×2）	8 门 305 毫米火炮（4×2）	10 门 280 毫米火炮（5×2）	10 门 280 毫米火炮（5×2）	10 门 280 毫米火炮（5×2）
	12 门 150 毫米火炮	12 门 150 毫米火炮	12 门 150 毫米火炮	12 门 150 毫米火炮	12 门 150 毫米火炮	12 门 150 毫米火炮	12 门 150 毫米火炮
	12 门 88 毫米火炮	12 门 88 毫米火炮	12 门 88 毫米火炮	12 门 88 毫米火炮	12 门 88 毫米火炮	12 门 88 毫米火炮	12 门 88 毫米火炮
	4 具 500 毫米鱼雷发射管	4 具 500 毫米鱼雷发射管	4 具 500 毫米鱼雷发射管	4 具 500 毫米鱼雷发射管	4 具 500 毫米鱼雷发射管	4 具 500 毫米鱼雷发射管	4 具 500 毫米鱼雷发射管
装甲防护							
主装甲带（毫米）	280	280	280	280	280	280	280
炮塔（毫米）	230	230	250	250	250	250	250
指挥塔（毫米）	350	350	350	350	350	350	350

最终设计方案

排水量	24988 吨（设计），28550 吨（满载）
尺寸	200.0 米（水线），200.6（全长）×28.5×9.29 米
机械动力系统	27 台海军型锅炉，四轴推进，最大推进功率 63000 马力，最大航速 26.5 节，载煤 1000/3600 吨，14 节航速时航程为 4200 海里
武器装备	10 门 280 毫米 /50 倍径 C/09 火炮（5×2），12 门 150 毫米 /45 倍径 C/09 火炮，12 门 88 毫米 /45 倍径 C/06 火炮（1915 年为 10 门 88 毫米 /45 倍径火炮，2 门 88 毫米 /45 倍径防空炮；1916 年为 2 门 88 毫米 /45 倍径防空炮），6 具 500 毫米鱼雷发射管
装甲防护	主装甲带 100—300 毫米，装甲甲板 30- 80 毫米，鱼雷舱壁 45 毫米，炮塔 70—250 毫米，炮台 150 毫米，前指挥塔 300 毫米，后指挥塔 200 毫米
舰员数量	43+1025 人（旗舰为 56+1087 人）

国王级
战列舰

1911 年造舰计划
战列舰 S，即"国王"号
"代舰 - 弗里德里希·威廉大帝"号，即"大选帝侯"号
"代舰 - 魏森堡"号，即"边境总督"号
1912 年造舰计划
"代舰 - 勃兰登堡"号，即"王储"号

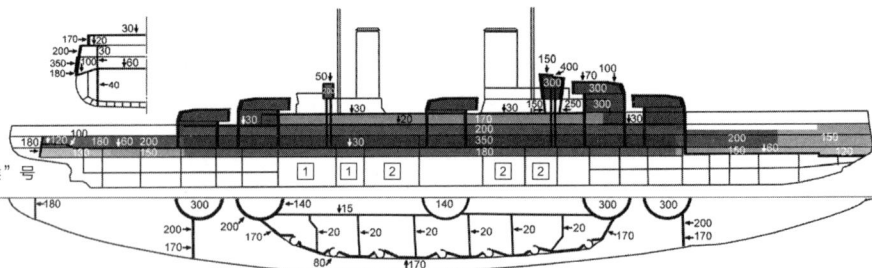

排水量	25796 吨（设计），28600 吨（满载）
尺寸	174.7 米（水线），175.4（全长）×19.5×9.19 米
机械动力系统	15 台海军型锅炉（12 台燃煤 +3 台燃油），三轴推进，帕森斯式（*）、AEG- 伏尔铿或伯格曼（Bergmann）式涡轮机，最大推进功率 31000 马力，最大航速 21 节，载煤 850/3000 吨，载燃油 150/600 吨，12 节航速时航程为 8000 海里
武器装备	10 门 305 毫米 /50 倍径 C/08 火炮（5×2），14 门 150 毫米 /45 倍径 C/09 火炮，6 门 88 毫米 /45 倍径 C/13 火炮（1915—1916 年拆除），4 门（后期为 2 门）88 毫米 /45 倍径防空炮，5 具 500 毫米鱼雷发射管
装甲防护	主装甲带 120—350 毫米，上层装甲 120—180 毫米，装甲甲板 60—100 毫米，鱼雷舱壁 40 毫米，炮塔 110—300 毫米，炮台 170 毫米，前指挥塔 300 毫米，后指挥塔 200 毫米
舰员数量	41+1095 人（旗舰为 55+1163 人）

"国王"号：
1914 年 8 月 12 日—1918 年 11 月编入第 3 分舰队

"边境总督"号：
1915 年 1 月 10 日—1918 年 11 月编入第 3 分舰队

"大选帝侯"号：
1914 年 8 月 12 日—1918 年 11 月编入第 3 分舰队

"威廉王储"号：
1915 年 3 月 30 日—1918 年 11 月编入第 3 分舰队

舰名	建造方	建造时间	下水时间	服役时间	结局
"塞德利茨"号	布洛姆－福斯造船厂（汉堡）	1911 年 2 月 4 日	1912 年 11 月 30 日	1913 年 5 月 22 日	1919 年 6 月 21 日在斯卡帕湾凿沉；1924 年 9 月 25 日变卖给科克斯－丹克斯船厂；1928 年 11 月 2 日打捞出水；1928 年 11 月转售给阿洛厄拆船公司；1929 年 5 月 11 日抵达罗赛斯拆解

1913 年 8 月 31 日—1914 年 8 月编入侦察舰队；
1914 年 8 月—1918 年 11 月编入第一侦察集群

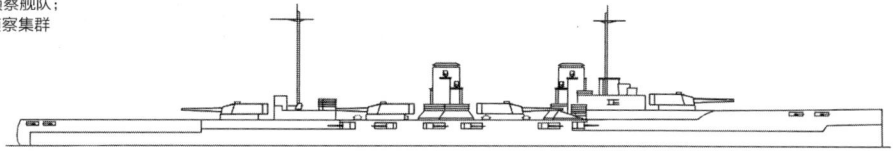

大型巡洋舰 J 方案 IIIc（1909 年 9 月）

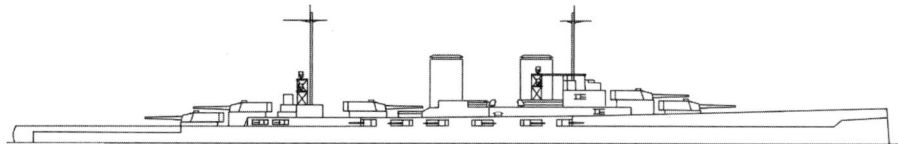

大型巡洋舰 J 方案 IVe（1909 年 12 月 7 日）

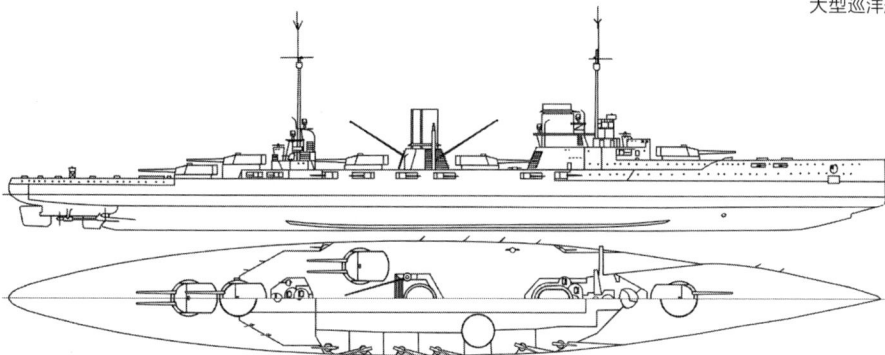

"塞德利茨"号（1913 年）

0   20 米

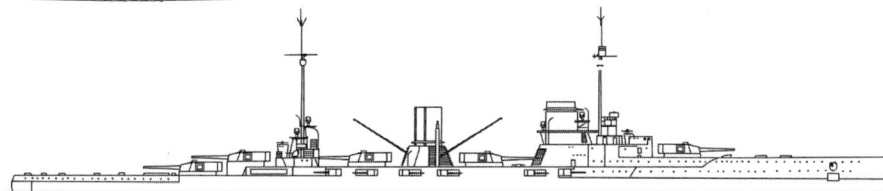

"塞德利茨"号（1918 年）

舰名	建造方	建造时间	下水时间	服役时间	结局
"国王"号*	威廉港船厂	1911 年 10 月 3 日	1913 年 3 月 1 日	1914 年 8 月 9 日	1919 年 6 月 21 日在斯卡帕湾凿沉；1936 年 4 月 8 日变卖给金属工业公司；2001 年 3 月 23 日计划改建为战争纪念馆
"大选帝侯"（ii）号	伏尔铿造船厂（汉堡）	1911 年 10 月 18 日	1913 年 5 月 5 日	1914 年 7 月 30 日	1919 年 6 月 21 日在斯卡帕湾凿沉；1934 年 6 月 27 日变卖给金属工业公司；1938 年 4 月 26 日打捞出水；1938 年 7 月 27 日抵达罗赛斯拆解
"边境总督"号	威悉河造船厂（不来梅）	1911 年 11 月 11 日	1913 年 6 月 4 日	1914 年 10 月 1 日	1919 年 6 月 21 日在斯卡帕湾凿沉；1936 年 4 月 8 日变卖给金属工业公司；2001 年 3 月 3 日计划改建为战争纪念馆
"王储"（ii）号，即"威廉王储"号（1918 年 6 月 15 日）	日耳曼尼亚造船厂（基尔）	1912 年 4 月 1 日	1914 年 2 月 21 日	1914 年 11 月 8 日	1919 年 6 月 21 日在斯卡帕湾凿沉；1936 年 4 月 8 日变卖给金属工业公司；2001 年 3 月 23 日计划改建为战争纪念馆

"大选帝侯"号（1914 年）↓   "王储"号（1914 年）

0   20 米

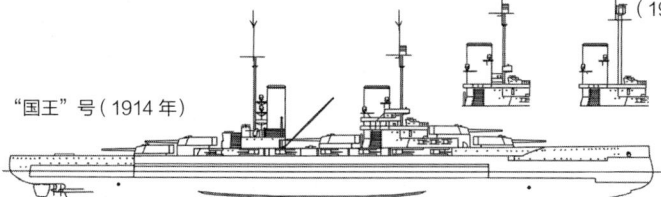

"国王"号（1914 年）

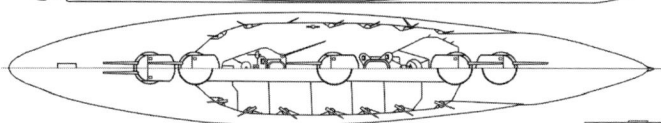

"王储"号（"威廉王储"号,1918 年）

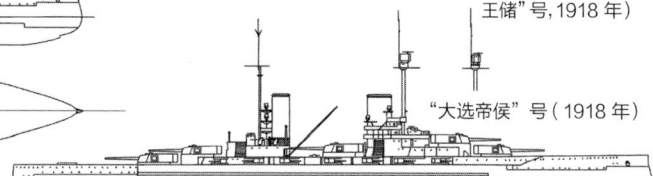

"大选帝侯"号（1918 年）

德弗林格尔级
战列舰

1911 年造舰计划
大型巡洋舰 K，即"德弗林格尔"号

1912 年造舰计划
"代舰 - 奥古斯塔女皇"号，即"吕佐夫"号

1913 年造舰计划
"代舰 - 赫塔"号，即"兴登堡"号

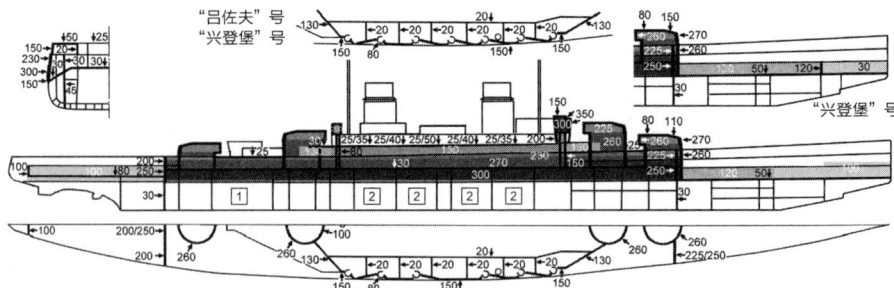

原始设计方案

方案	1	2	3	4	4b&5	5d
日期	1910 年 9 月	1910 年 9 月	1910 年 9 月	1910 年 9 月 25 日	1911 年 3 月	1910 年 3—5 月
排水量（万吨）	2.50	2.52	2.56	2.59	2.63	2.66
尺寸						
全长（米）	约 200	约 200	约 200	约 205	约 208	210
宽（米）	约 28.5	约 28.5	约 28.8	约 28.8	约 29	29
吃水（米）	约 8.2	约 8.2	约 8.2	约 8.2	约 8.3	8.3
推进功率（马力）	6.30 万	6.30 万	6.30 万	6.30 万	6.30 万	6.30 万
锅炉（台）	27	27	27	—	22	22
航速（节）	25	25	25	25	25	25
武备	8 门 305 毫米火炮(4×2)	8 门 305 毫米火炮(4×2)	8 门 305 毫米火炮(4×2)	8 门 305 毫米火炮(4×2)	8 门 305 毫米火炮(4×2)	8 门 305 毫米火炮(4×2)
	12 门 150 毫米火炮	12 门 150 毫米火炮	12 门 150 毫米火炮	12 门 150 毫米火炮	12 门 150 毫米火炮	12 门 150 毫米火炮
	12 门 88 毫米火炮	12 门 88 毫米火炮	12 门 88 毫米火炮	12 门 88 毫米火炮	12 门 88 毫米火炮	12 门 88 毫米火炮
	4 具 500 毫米鱼雷发射管	4 具 500 毫米鱼雷发射管	4 具 500 毫米鱼雷发射管	4 具 500 毫米鱼雷发射管	4 具 500 毫米鱼雷发射管	4 具 500 毫米鱼雷发射管
装甲防护						
主装甲带（毫米）	280	280	280	300	300	300
炮塔（毫米）	270	270	250	250	270	270
指挥塔（毫米）	350	350	350	350	350	350

最终设计指标

排水量	"德弗林格尔"号为 26600 吨（设计），31200 吨（满载） "兴登堡"号为 26947 吨（设计），31500 吨（满载）
尺寸	前两艘为 210 米（水线），210.4（全长）×29.0×9.57 米 "兴登堡"号为 212.5 米（水线），212.8（全长）×29.0×9.57 米
机械动力系统	18 台（14 台燃煤 +4 台燃油）海军型锅炉，四轴推进，涡轮机，最大推进功率 63000 马力（"兴登堡"号为 72000 马力），最大航速 25.5 节（"兴登堡"号为 26.6 节），载煤 750/3500 吨（"兴登堡"号为 750/3700 吨），载燃油 250/1000 吨（"兴登堡"号为 250/1200 吨），14 节航速时航程为 5600 海里（"兴登堡"号为 6100 海里）
武器装备	8 门 305 毫米 /50 倍径 C/08 火炮（4×2）；"德弗林格尔"号为 12 门 150 毫米 /45 倍径火炮，8 门 88 毫米 /45 倍径火炮（1915 年为 4 门，1916 年移除），4 门（1918 年为 2 门）88 毫米 /45 倍径防空炮，4 具 500 毫米鱼雷发射管；其余两艘为 14 门 150 毫米 /45 倍径火炮，4 门 88 毫米 /45 倍径防空炮，4 具 600 毫米鱼雷发射管
装甲防护	主装甲带 30—300 毫米，装甲甲板 30—80 毫米，鱼雷舱壁 45 毫米，炮塔 110—270 毫米，炮台 150 毫米，前指挥塔 300 毫米，后指挥塔 200 毫米
舰员数量	44 人 +1068—1138 人（旗舰为 58 人 +1130—1200 人）

舰名	建造方	建造时间	下水时间	服役时间	结局
"德弗林格尔"号	布洛姆 - 福斯造船厂（汉堡）	1912 年 3 月 30 日	1913 年 7 月 12 日	1914 年 9 月 1 日	1919 年 6 月 21 日在斯卡帕湾凿沉；1936 年 3 月变卖给金属工业公司；1939 年 7 月 25 日打捞出水；1946 年 11 月 15 日抵达法莱恩拆解
"吕佐夫"号	希肖造船厂（但泽）	1912 年 5 月 12 日	1914 年 11 月 29 日	1915 年 8 月 8 日	1916 年 6 月 1 日在日德兰海域被英军炮火击伤后，由 G38 号鱼雷艇发射鱼雷击沉
"兴登堡"号	威廉港船厂	1913 年 10 月 1 日	1915 年 8 月 1 日	1917 年 5 月 10 日	1919 年 6 月 21 日在斯卡帕湾凿沉；1924 年 1 月 25 日变卖给科克斯 - 丹克斯船厂；1930 年 7 月 22 日打捞出水；1930 年转售给金属工业公司；1930 年 8 月 27 日抵达罗赛斯拆解

"德弗林格尔"号：
1914 年 12 月 17 日—1918 年 11 月编入第 1 侦察集群

"吕佐夫"号：
1915 年 3 月 20 日编入第 1 侦察集群直至最终损失

"兴登堡"号：
1917 年 11 月 6 日—1918 年 11 月编入第 1 侦察集群

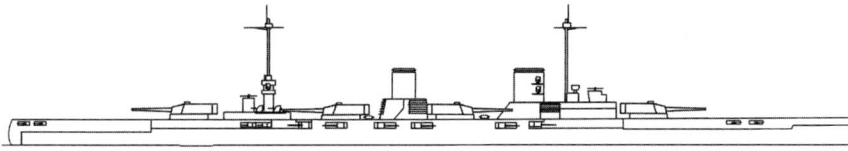

大型巡洋舰 K 方案 1（1910 年 9 月）

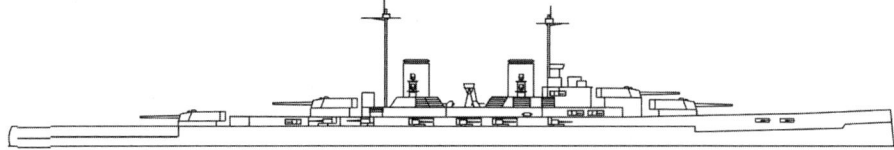

大型巡洋舰 K 方案 2（1910 年 9 月）

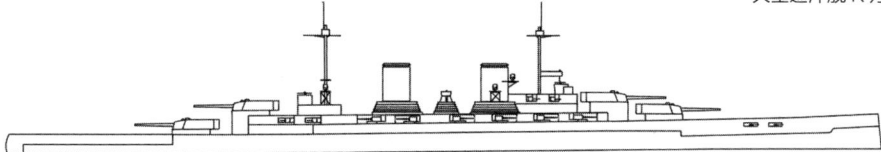

大型巡洋舰 K 方案 3（1910 年 9 月）

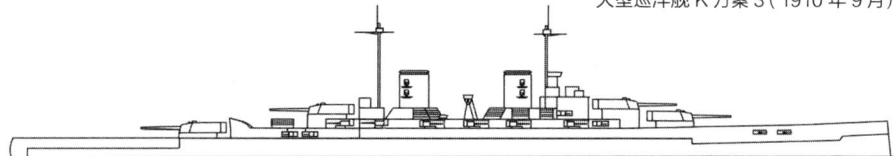

大型巡洋舰 K 方案 4（1910 年 9 月 25 日）

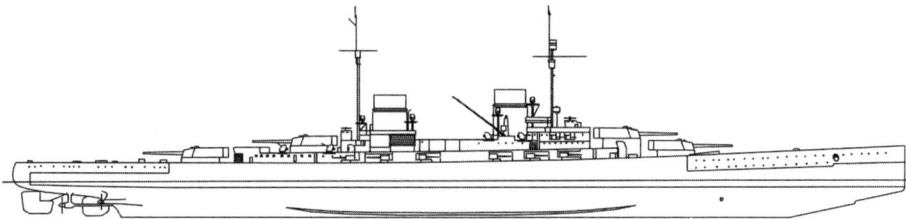

"德弗林格尔"号（1914 年）

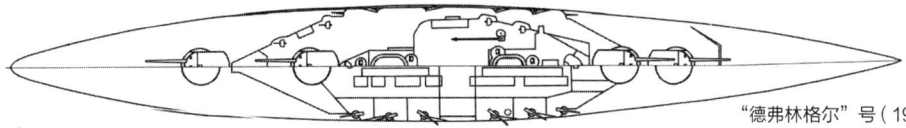

1915 年　　　　　　　　　　　　　　　　　1915 年

"吕佐夫"号（1916 年）

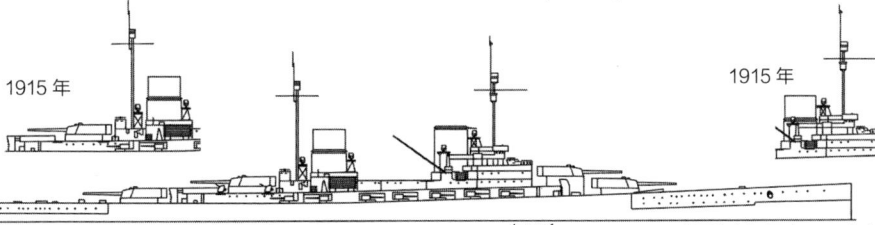

"兴登堡"号（1918 年）

"德弗林格尔"号（1918 年）

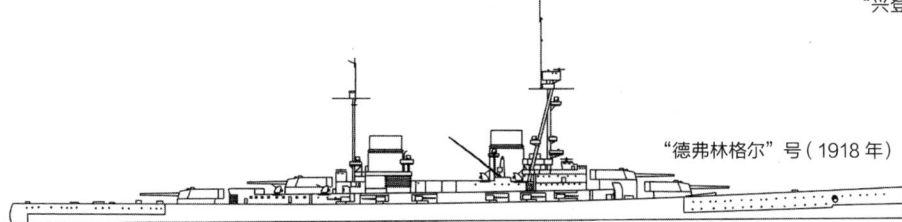

0　　　　20 米

巴伐利亚级
战列舰

1913 年造舰计划
战列舰 T，即"巴伐利亚"（ii）号
"代舰 – 沃斯"号，即"巴登"（ii）号

1914 年造舰计划
"代舰 – 德皇弗里德里希三世"号，即"萨克森"（ii）号

1915 年造舰计划
"代舰 – 德皇威廉二世"号，即"符腾堡"（ii）号

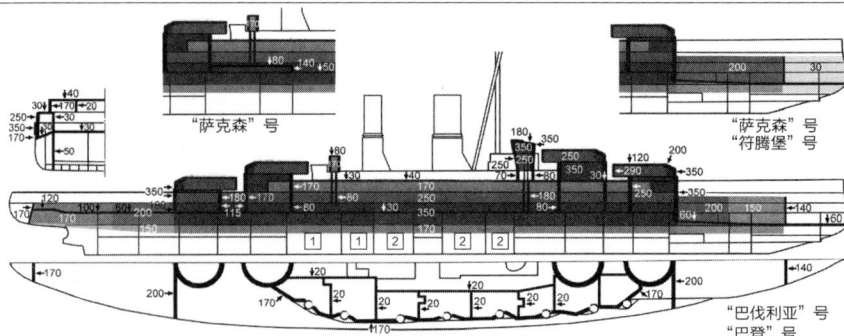

"萨克森"号

"萨克森"号
"符腾堡"号

"巴伐利亚"号
"巴登"号

原始设计方案

方案	D1a
排水量	28250 吨
尺寸	177 米（水线）
武器装备	8 门 400 毫米火炮（4×2），14 门 150 毫米火炮，10 门 88 毫米火炮

最终设计方案指标

排水量	前两艘为 28530 吨（设计），32200 吨（满载） 后两艘为 28900 吨（设计），32500 吨（满载）
尺寸	前两艘为 179.4 米（水线），180.0（全长）×30.0×9.39 米 后两艘为 181.8 米（水线），182.4（全长）×30.0×9.4 米
机械动力系统	14 台（后两艘为 12 台）海军型锅炉（前两艘为 11 台燃煤 +3 台燃油，后两艘为 9 台燃煤 +3 台燃油），三轴推进，帕森斯式（*）、伏尔铿式或希肖式涡轮机，最大推进功率 35000 马力，最大航速 22 节，载煤 900/3400 吨（后两艘为 750/3100 吨），载燃油 200/620 吨（后两艘为 360/900 吨），12 节航速时航程为 5000 海里
武器装备	8 门 380 毫米 /45 倍径 C/13 火炮（4×2），16 门 150 毫米 /45 倍径 C/09 火炮（1916—1917 年为 4 门 88 毫米 /45 倍径防空炮），5 具（1918 年为 3 具）600 毫米鱼雷发射管
装甲防护	主装甲带 170—350 毫米，上层装甲 170—250 毫米，装甲甲板 60—100 毫米，鱼雷舱壁 50 毫米，炮塔 200—350 毫米，炮台 170 毫米，前指挥塔 400 毫米，后指挥塔 170 毫米
舰员数量	42+1129 人（旗舰为 56+1215 人）

舰名	建造方	建造时间	下水时间	服役时间	结局
"巴伐利亚"（ii）号 *	霍瓦兹造船厂（基尔）	1914 年 1 月 22 日	1915 年 2 月 18 日	1916 年 3 月 18 日	1919 年 6 月 21 日在斯卡帕湾凿沉；1933 年 11 月 3 日变卖给金属工业公司；1934 年 9 月 1 日打捞出水；1935 年 4 月 30 日抵达罗赛斯拆解
"巴登"（ii）号	希肖造船厂（但泽）	1913 年 12 月 20 日	1915 年 10 月 30 日	1916 年 10 月 19 日	1919 年 6 月 21 日在斯卡帕湾凿沉；1919 年 7 月打捞出水；1921 年 2 月 3 日在朴次茅斯附近海域用作目标靶船时搁浅；1921 年 5 月打捞出水；1921 年 8 月 16 日在朴次茅斯附近再次用于靶船使用并最终凿沉
"萨克森"（ii）号	日耳曼尼亚造船厂（基尔）	1914 年 4 月 15 日	1916 年 11 月 21 日	—	1920 年变卖；1921—1923 年在基尔拆解
"符腾堡"（ii）号	伏尔铿造船厂（汉堡）	1915 年 1 月	1917 年 6 月 20 日	—	1921 年变卖；后在汉堡库巴茨船厂拆解

"巴伐利亚"（ii）号：
1916 年 7 月 15 日—1918 年 11 月编入第 3 分舰队

"巴登"（ii）号：
1917 年 3 月 14 日—1918 年 11 月改为舰队旗舰

"萨克森"（ii）号：
1919 年 11 月 3 日除籍

"符腾堡"（ii）号：
1919 年 11 月 3 日除籍

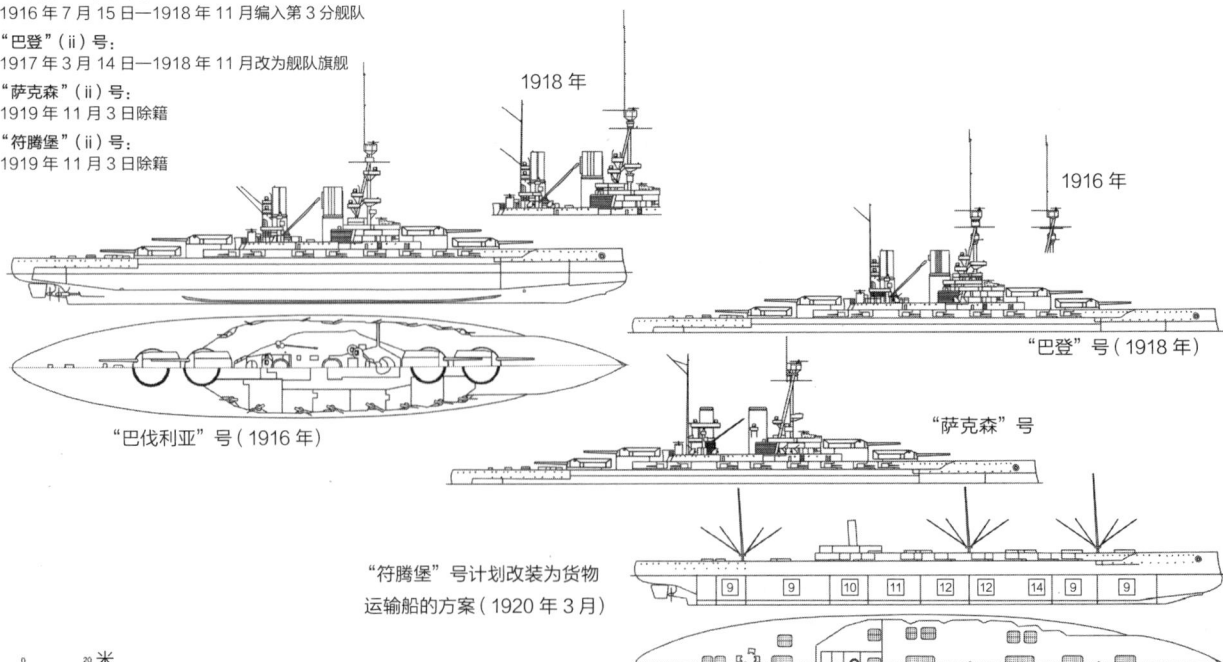

1918 年

1916 年

"巴登"号（1918 年）

"巴伐利亚"号（1916 年）

"萨克森"号

"符腾堡"号计划改装为货物
运输船的方案（1920 年 3 月）

20 米

马肯森级
大型巡洋舰

1914 年造舰计划
"代舰 - 维多利亚·路易丝"号，即"马肯森"号

战时 /1915 年造舰计划
"代舰 - 布吕歇尔"号，即"斯佩伯爵"号
"代舰 - 芙蕾雅"（ii）号
（即"艾特尔·弗里德里希希亲王"号，但未正式下水）
"代舰 - 弗里德里希·卡尔"/"代舰 -A"号
"代舰 - 约克"号
"代舰 - 格奈森瑙"号
"代舰 - 沙恩霍斯特"号

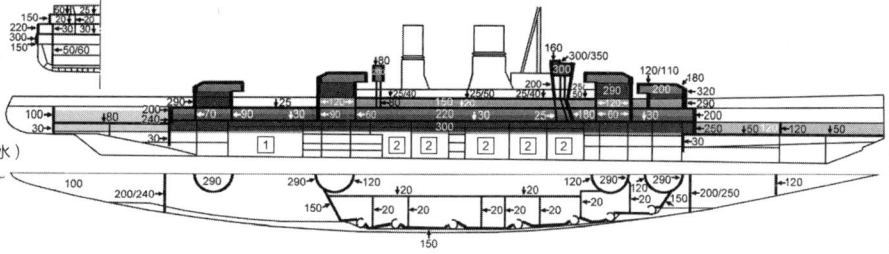

原始方案设计参见下页

最终设计方案

排水量	31000 吨（设计），35300 吨（满载）
尺寸	223（水线）×30.4×9.3 米
机械动力系统	32 台海军型锅炉（24 台燃煤 +8 台燃油），四轴推进；减速齿轮涡轮机（"代舰 -A"采用弗廷格式液力传动涡轮机），最大推进功率 90000 马力，最大航速 28 节，载煤 800/4000 吨，载燃油 250/2000 吨，14 节航速时航程为 8000 海里
武器装备	8 门 350 毫米 /45 倍径火炮（4×2），14 门 150 毫米 /45 倍径 C/09 火炮，8 门 88 毫米 /45 倍径 C/13 防空炮，5 具 600 毫米鱼雷发射管
装甲防护	主装甲带 30—300 毫米，装甲甲板 30—80 毫米，鱼雷舱壁 60 毫米，炮塔 110—320 毫米，炮台 150 毫米，前指挥塔 350 毫米，后指挥塔 200 毫米
舰员数量	41+1095 人（旗舰为 55+1163 人）

后三艘的重新设计方案

排水量	33500 吨（设计）
尺寸	227.8 米（水线）×30.4×9.3 米
机械动力系统	32 台海军型锅炉（24 台燃煤 +8 台燃油），四轴推进，齿轮减速式涡轮机，最大推进功率 90000 马力，最大航速 27.25 节，载煤 850/4000 吨，载燃油 250/2000 吨，14 节航速时航程为 5500 海里
武器装备	8 门 380 毫米 /45 倍径 C/13 火炮（4×2），12 门 150 毫米 /45 倍径 C/09 火炮，8 门 88 毫米 /45 倍径 C/13 防空炮，3 具 600 毫米鱼雷发射管
装甲防护	主装甲带 30—300 毫米，装甲甲板 30—80 毫米，鱼雷舱壁 60 毫米，炮塔 110—320 毫米，炮台 150 毫米，前指挥塔 350 毫米，后指挥塔 200 毫米
舰员数量	47+1180 人

舰名	建造方	建造时间	下水时间	服役时间	结局
"马肯森"号	布洛姆 - 福斯造船厂（汉堡）	1915 年 1 月 30 日	1917 年 4 月 21 日	—	1921 年 10 月变卖，在汉堡库巴茨船厂拆解
"代舰 - 芙蕾雅"（ii）号	布洛姆 - 福斯造船厂（汉堡）	1915 年 5 月 1 日	1920 年 3 月 30 日		1920—1922 年在汉堡库巴茨船厂拆解
"斯佩伯爵"号	希肖造船厂（但泽）	1915 年 11 月 30 日	1917 年 9 月 15 日		1921 年 10 月 28 日变卖，1921—1922 年在基尔 - 北堤德意志船厂拆解
"代舰 - 弗里德里希·卡尔"（ii）号 /"代舰 -A"号	威廉港船厂	1915 年 11 月 3 日	—	—	1922 年就地拆解
"代舰 - 约克"号	伏尔铿造船厂（汉堡）	1916 年 7 月	—	—	1919 年初就地拆解
"格奈森瑙"号	日耳曼尼亚造船厂（基尔）	—	—		就地拆解
"沙恩霍斯特"号	布洛姆 - 福斯造船厂（汉堡）	—	—		就地拆解

以上舰只全部于 1919 年 11 月 17 日除籍

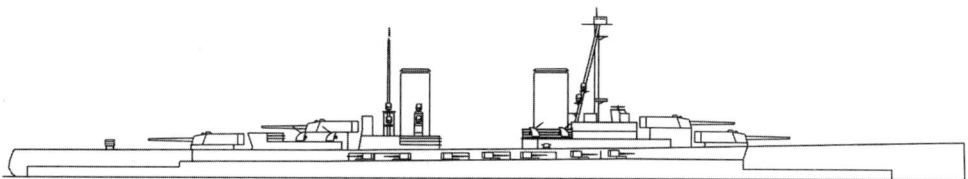

"代舰 - 维多利亚·路易丝"号方案 9（1912 年 9 月）

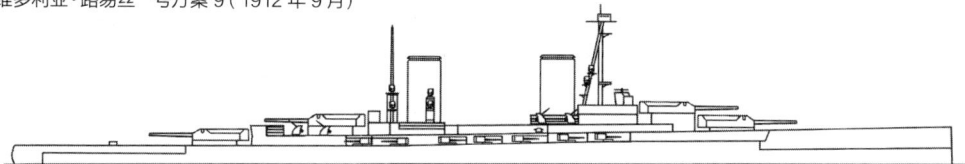

"代舰 - 维多利亚·路易丝"号方案 A16（1913 年 3 月）

0 ⊢——————⊣ 20 米

方案	A1	A2	A3	B1	B2	C	8	9	10
日期	—	—	1912 年 3 月 18 日	—	—		1912 年 9 月 29 日	1912 年 9 月	1912 年 9 月
排水量（万吨）	2.90	3.03	3.15	2.95	3.08		2.90	2.90	2.95—2.96
尺寸									
水线长（米）	212.5	222	225	212.5	224		219	215	220
宽（米）	—	—	30.2	—	—		29.0	29.3	29.5
吃水（米）	—	—	8.5	—	—		8.4	8.4	8.4
燃煤锅炉（台）	—	—	14	—	—		14	12	14
燃油锅炉（台）	—	—	4	—	—		4	4	4
航速（节）	27.25	27.5	27.5	27.25	27.5	—	27.5	27.25	27.5
武备	8 门 340 毫米火炮（4×2）	8 门 340 毫米火炮（4×2）	8 门 340 毫米火炮（4×2）	8 门 350 毫米火炮（4×2）	8 门 350 毫米火炮（4×2）	8 门 355 毫米火炮（4×2）	8 门 305 毫米火炮（4×2）	8 门 305 毫米火炮（4×2）	8 门 305 毫米火炮（4×2）
	14 门 150 毫米火炮	14 门 150 毫米火炮	14 门 150 毫米火炮	14 门 150 毫米火炮	14 门 150 毫米火炮	—	14 门 150 毫米火炮	14 门 150 毫米火炮	14 门 150 毫米火炮
	8 门 88 毫米防空炮	8 门 88 毫米防空炮	8 门 88 毫米防空炮	8 门 88 毫米防空炮	8 门 88 毫米防空炮	—	8 门 88 毫米防空炮	8 门 88 毫米防空炮	8 门 88 毫米防空炮
	6 具 600 毫米鱼雷发射管	6 具 600 毫米鱼雷发射管	6 具 600 毫米鱼雷发射管	6 具 600 毫米鱼雷发射管	6 具 600 毫米鱼雷发射管	—	6 具 600 毫米鱼雷发射管	8 具 600 毫米鱼雷发射管	8 具 600 毫米鱼雷发射管
装甲防护									
主装甲带（毫米）	300	300	300	300	300		300	300	300
炮塔（毫米）	300	300	300	300	300		270	270	270
指挥塔（毫米）	—	—	300	—	—		350	350	300

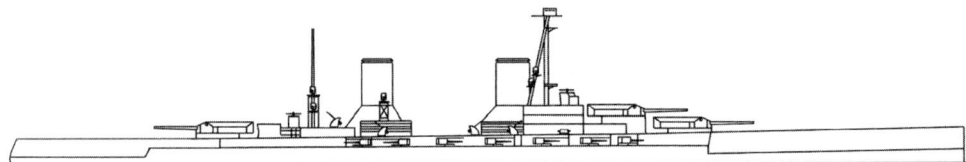

"代舰－维多利亚·路易丝"号方案 D47（1913 年 6 月）

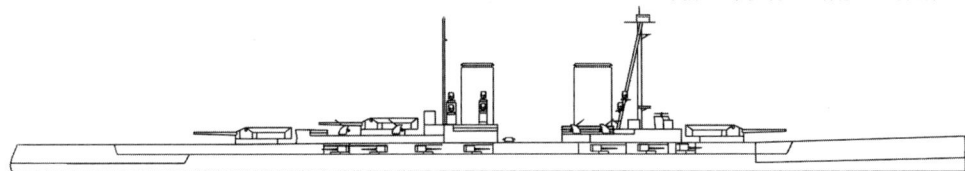

"代舰－维多利亚·路易丝"号方案 D48（1913 年 6 月）

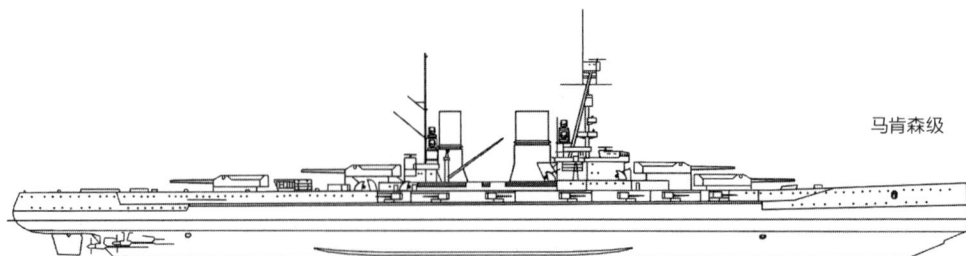

马肯森级

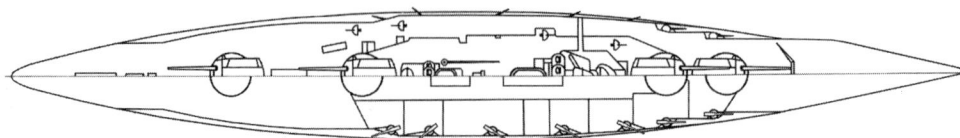

0　　　　20 米

	A16	D9	D10	D47, D51	D48, D50	D52	D48a	58	60
	1913 年 3 月 28 日	约 1913 年 3 月	约 1913 年 3 月	1913 年 6 月	1913 年 6 月	1913 年 6 月	1913 年 6 月	1913 年 9 月	1914 年 5 月
	3.00—3.05	2.92	2.85	2.99—3.00	2.95—2.96	3.03	2.96	3.10	3.10
	223	215	215	220	218	220	218.5	225	223
	30.0	29.5	29.0	29.5	29.5	30.40	29.5	30.5	30.4
	8.5	8.4	8.4	8.4	8.4	8.5	8.4	8.5	8.4
	—	—	—	14	14	14	14	14	24
	—	—	—	4	4	4	4	4	8
	27.5	27.25	27.25	27.5	27.5	27.5	27.5	27.5	27.5
	8 门 340 毫米火炮（4×2）	8 门 380 毫米火炮（3×2）	8 门 380 毫米火炮（3×2）	8 门 380 毫米火炮（3×2）	8 门 380 毫米火炮（3×2）	6 门 380 毫米火炮（2×2,2×1）	6 门 380 毫米火炮（3×2）	8 门 350 毫米火炮（4×2）	8 门 350 毫米火炮（4×2）
	14 门 150 毫米火炮	14 门 150 毫米火炮	14 门 150 毫米火炮	14 门 150 毫米火炮	14 门 150 毫米火炮	14 门 150 毫米火炮	14 门 150 毫米火炮	14 门 150 毫米火炮	14 门 150 毫米火炮
	8 门 88 毫米防空炮	8 门 88 毫米防空炮	8 门 88 毫米防空炮	8 门 88 毫米防空炮	8 门 88 毫米防空炮	8 门 88 毫米防空炮	8 门 88 毫米防空炮	8 门 88 毫米防空炮	8 门 88 毫米防空炮
	8 具 600 毫米鱼雷发射管	8 具 600 毫米鱼雷发射管	8 具 600 毫米鱼雷发射管	6 具 600 毫米鱼雷发射管	6 具 600 毫米鱼雷发射管	6 具 600 毫米鱼雷发射管	6 具 600 毫米鱼雷发射管	6 具 600 毫米鱼雷发射管	5 具 600 毫米鱼雷发射管
	300	300	300	300	300	300	300	300	300
	270	270	270	270	270	270	320	300	300
	350	350	300	350	350	300	350	350	350

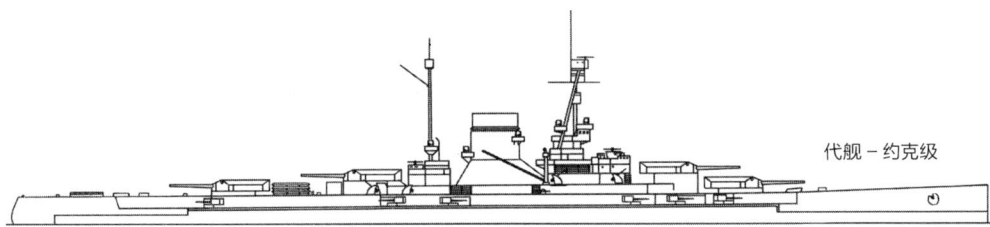

代舰－约克级

"代舰－A"号计划改装为
邮轮的方案（1919 年 8 月）

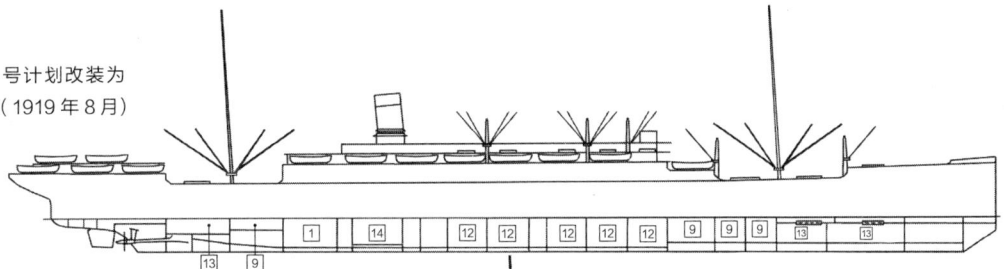

马肯森级计划改装为货物运
输船的方案（1920 年 3 月）

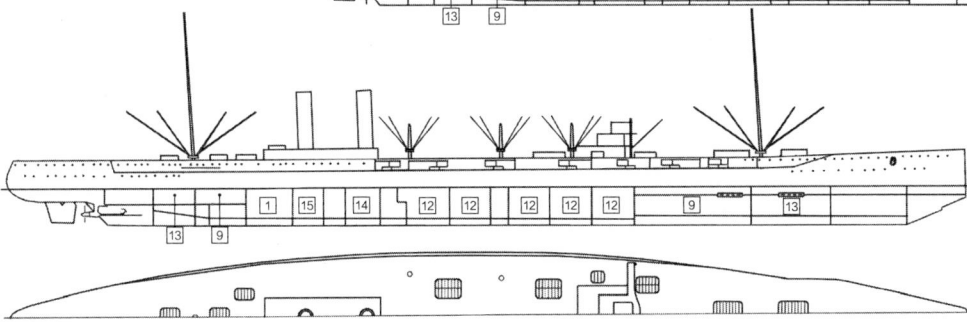

"代舰－A"号计划改装为邮轮
的方案（1920 年 3 月）

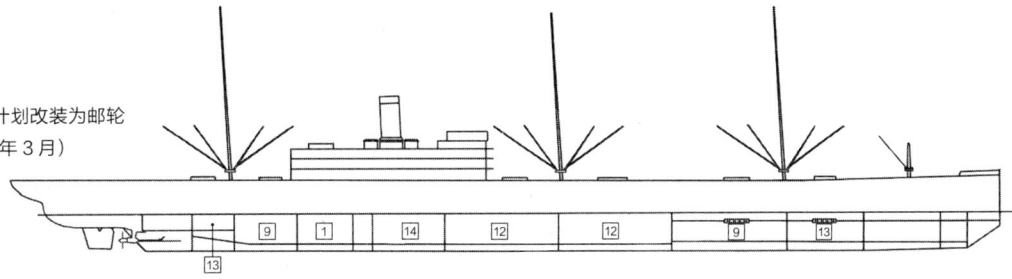

0   20 米

"代舰－阿达尔伯特亲王"号

大型巡洋舰

先后列入 1916 年和 1917 年造舰计划

原始设计方案

方案	GK1	GK2	GK3	GK6
日期	1916 年 4 月 19 日	1916 年 4 月 19 日	1916 年 4 月 19 日	1916 年 5—7 月
排水量（万吨）	3.40	3.80	3.80	3.65
尺寸				
水线长（米）	235	243	243	235
宽（米）	30.4	31.5	31.5	30.4
吃水（米）	8.8	9	9	？
燃煤锅炉（台）	20	24	20	20
燃油锅炉（台）	12	12	12	12
推进功率（马力）	11 万	12 万	11.5 万	—
航速（节）	29.25	29.5	29	28
武备	8 门 380 毫米火炮（4×2）	8 门 380 毫米火炮（4×2）	8 门 380 毫米火炮（4×2）	8 门 380 毫米火炮（4×2）
	16 门 150 毫米火炮	16 门 150 毫米火炮	16 门 150 毫米火炮	16 门 150 毫米火炮
	8 门 88 毫米防空炮	8 门 88 毫米防空炮	8 门 88 毫米防空炮	8 门 88 毫米防空炮
	5 具 600 毫米鱼雷发射管	5 具 600 毫米鱼雷发射管	5 具 600 毫米鱼雷发射管	5 具 600 毫米鱼雷发射管
装甲防护				
主装甲带（毫米）	300	300	300	300
炮塔（毫米）	320	320	320	350
指挥塔（毫米）	300	300	350	—

1918 年型战列舰

计划列入 1918 年造舰计划

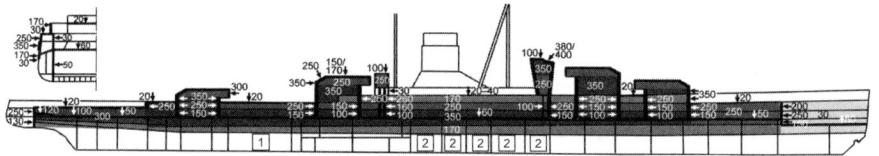

原始设计方案

方案	L1	L2	L3	L20b	L21a	L22c	L20e	L24	L24α
日期	1916 年 4 月 19 日	1916 年 4 月 19 日	1916 年 4 月 19 日	1916 年 12 月 29 日	1916 年 12 月 30 日	1917 年 1 月 2 日	1917 年 8 月 13 日	1917 年 8 月 14 日	1917 年 10 月 2 日
排水量（万吨）	3.40	3.40	3.80	4.20	4.20	4.17	4.20—4.26	约 4.3	约 4.5
尺寸									
水线长（米）	220	220	230	235	235	235	235—237	240	240
宽（米）	30.0	30.0	30.4	32	32	32	32	32	33.5
吃水（米）	8.6	8.6	8.8	9	9	9	9	9	9
燃煤锅炉（台）	12	9	12	—	—	—	16	16	16
燃油锅炉（台）	6	6	6	—	—	—	6	8	8
推进功率（马力）	6.50 万	—	9.50 万	—	—	—	—	—	—
航速（节）	26	25	26	22.5	—	25	25	26.5	27.5
武备	8 门 380 毫米火炮（4×2）	10 门 380 毫米火炮（5×2）	8 门 380 毫米火炮（4×2）	8 门 420 毫米火炮（4×2）	10 门 380 毫米火炮（5×2）	8 门 380 毫米火炮（4×2）	8 门 420 毫米火炮（4×2）	8 门 420 毫米火炮（4×2）	8 门 420 毫米火炮（4×2）
	16 门 150 毫米火炮	16 门 150 毫米火炮	16 门 150 毫米火炮	12 门 150 毫米火炮	12 门 150 毫米火炮	12 门 150 毫米火炮	12 门 150 毫米火炮	12 门 150 毫米火炮	12 门 150 毫米火炮
	8 门 88 毫米防空炮	8 门 88 毫米防空炮	8 门 88 毫米防空炮	8 门 88 毫米防空炮 /105 毫米防空炮	8 门 88 毫米防空炮	8 门 88 毫米防空炮	8 门 88 毫米防空炮	8 门 88 毫米防空炮	8 门 88 毫米防空炮
	5 具 600 毫米鱼雷发射管	5 具 600 毫米鱼雷发射管	5 具 600 毫米鱼雷发射管	3 具鱼雷发射管	3 具鱼雷发射管	3 具鱼雷发射管	3 具鱼雷发射管	5 具鱼雷发射管	5 具鱼雷发射管
装甲防护									
主装甲带（毫米）	350	350	350	350	—	—	350	350	350
炮塔（毫米）	350	350	350	350	—	—	350	350	350

L20Eα 方案

排水量	约 44500 吨（设计），49500 吨（满载）
尺寸	238（水线）×33.5 米×9 米
动力系统	22 台海军型锅炉（16 台燃煤 +6 台燃油），四轴推进，涡轮机，最大推进功率 100000 马力，最大航速 26 节，载煤 3000 吨，载燃油 2000 吨
武器装备	8 门 420 毫米 /45 倍径火炮（4×2），12 门 150 毫米 /45 倍径火炮，8 门 88 毫米 /45 倍径火炮或 105 毫米防空炮，3 具鱼雷发射管
装甲防护	主装甲带 30—350 毫米，装甲甲板 50/30+20 毫米，鱼雷舱壁 30 毫米，炮座 350—100 毫米，炮塔 350/250 毫米，炮台 170 毫米，前指挥塔 350—400 毫米，后指挥塔 250 毫米

"代舰－阿达尔伯特亲王"号方案 GK1

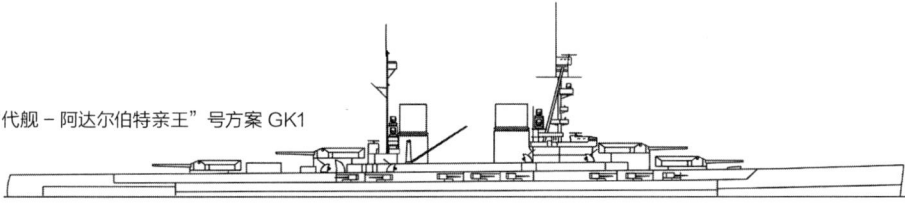

"代舰－阿达尔伯特亲王"号方案 GK2

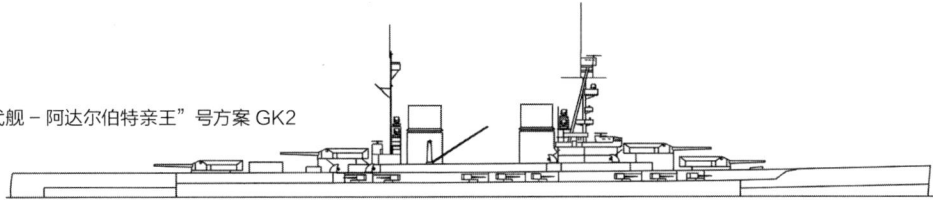

"代舰－阿达尔伯特亲王"号方案 GK3

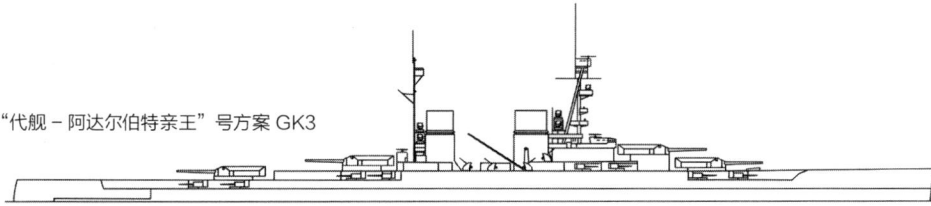

0　　20米

战列舰方案 L1

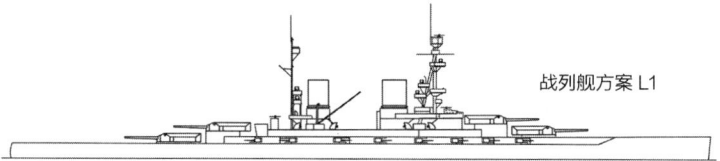

战列舰方案 L2

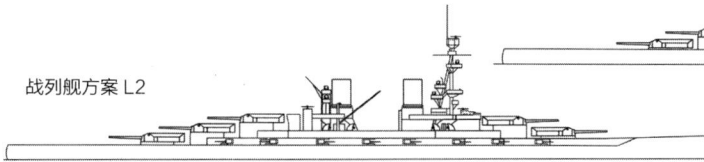

战列舰方案 L3

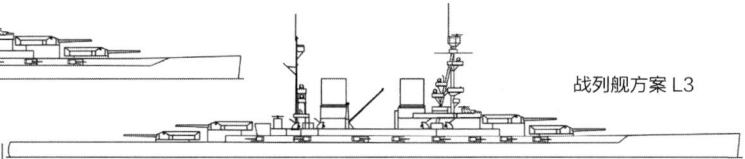

战列舰方案 L20b（1916 年 12 月 29 日）

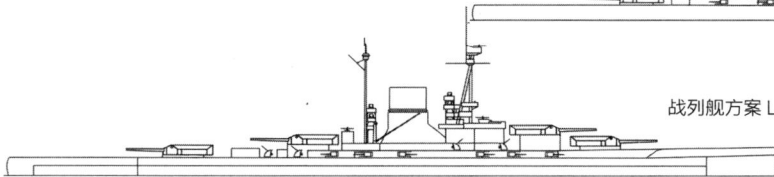

战列舰方案 L21a（1916 年 12 月 30 日）

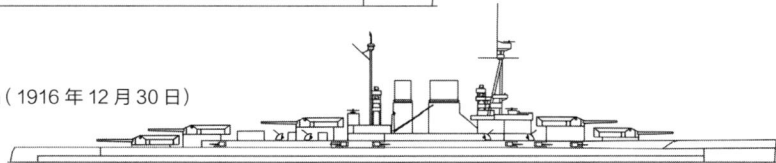

战列舰方案 L22c（1917 年 1 月 2 日）

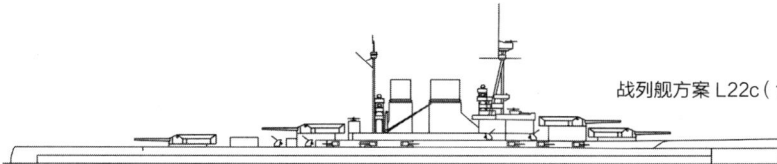

方案 L24α（1917 年 10 月 2 日）

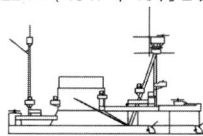

战列舰方案 L20eα
（1917 年 10 月 2 日）

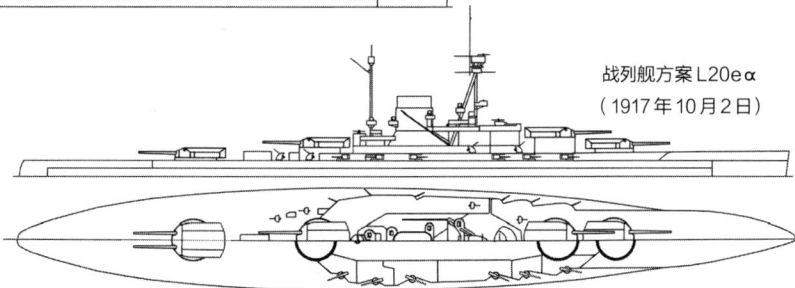

0　　20米

大型战斗舰计划

方案	GK3021	GK3022	GK3521	GK4021	GK4521	GK4531
日期	1918年3月	1918年3月	1918年3月	1918年3月	1918年3月	1918年3月2日
排水量（万吨）	3.00	3.00	3.50	4.00	4.50	4.50
尺寸						
水线长（米）	240	240	240	240	240	240
宽（米）	27	27	29.5	33	33.5	33.5
吃水（米）	8.5	8.3	9	9	10	10
燃煤锅炉（台）	16	8	16	16	16	16
燃油锅炉（台）	16	40	14	16	16	16
推进功率（马力）	14万	20万	—	—	18万	—
航速（节）	32	34	32	32	31.5	31
武备	4门350毫米火炮（2×2）	4门350毫米火炮（2×2）	4门380毫米火炮（2×2）	4门420毫米火炮（2×2）	4门420毫米火炮（2×2）	6门420毫米火炮（3×2）
	4门150毫米火炮	6门150毫米火炮	8门150毫米火炮	8门150毫米火炮	8门150毫米火炮	8门150毫米火炮
	6门150毫米防空炮	4门150毫米防空炮	4门150毫米防空炮	4门150毫米防空炮	4门150毫米防空炮	4门150毫米防空炮
	1具鱼雷发射管	1具鱼雷发射管	1具鱼雷发射管	1具鱼雷发射管	1具鱼雷发射管	1具鱼雷发射管
装甲防护						
主装甲带（毫米）	100	150	300	300	350	350
炮塔（毫米）	200	320	320	350	350	350

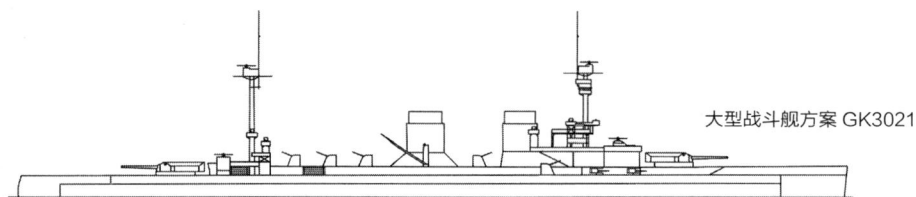

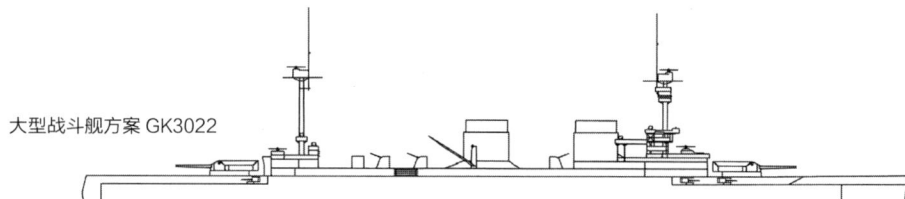

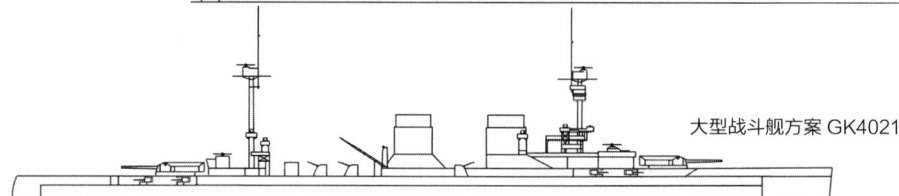

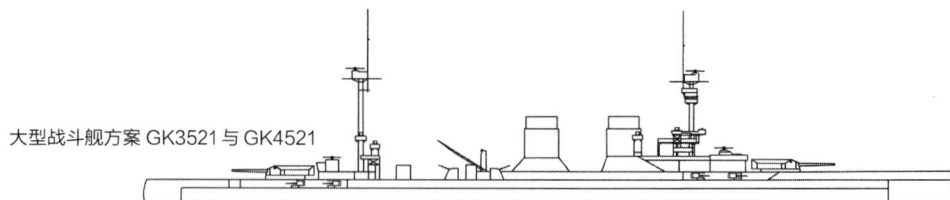

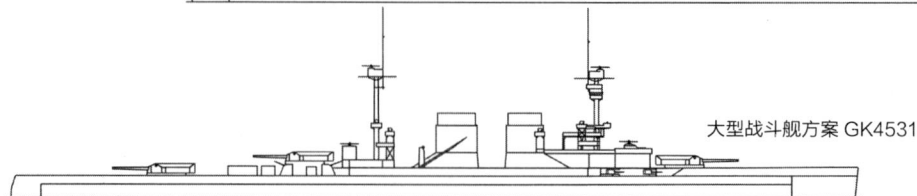

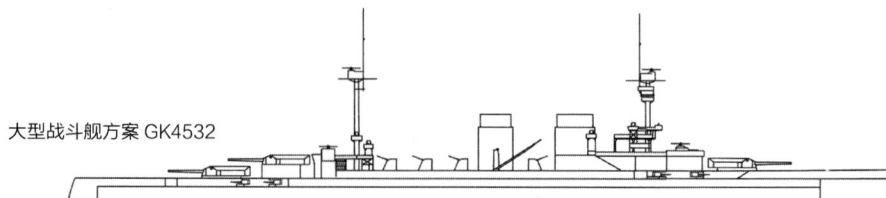

大型战斗舰方案 GK3021

大型战斗舰方案 GK3022

大型战斗舰方案 GK4021

大型战斗舰方案 GK3521 与 GK4521

大型战斗舰方案 GK4531

大型战斗舰方案 GK4532

0   20米

GK4532	GK4541	GK4542	GK4931	GK5031	L27	L28
1918年2月20日	1918年3月4日	1918年2月25日	1918年6月2日	1918年5月10日	1918年5月18日	1918年6月13日
4.50	4.50	4.50	4.90	5.00	约4.5	约4.45
240	240	240	265	270	240	240
33.5	33.5	33.5	33.5	33.5	35.5	33.5
10	10	10	9	9	9	9
16	16	16	16	16	16	16
14	12	10	14	16	10	8
16万	—	—	20万	22万	15.5万	13.5万
31	30.5	30	31	32	29	28
6门420毫米火炮（3×2）	8门420毫米火炮（4×2）	8门420毫米火炮（4×2）	6门420毫米火炮（3×2）	6门420毫米火炮（3×2）	6门420毫米火炮（3×2）	6门420毫米火炮（3×2）
8门150毫米火炮	8门150毫米火炮	8门150毫米火炮	8门150毫米火炮	8门150毫米火炮	8门150毫米火炮	8门150毫米火炮
4门150毫米防空炮	4门150毫米防空炮	4门150毫米防空炮	4门150毫米防空炮	4门150毫米防空炮	4门150毫米防空炮	4门150毫米防空炮
1具鱼雷发射管	1具鱼雷发射管	1具鱼雷发射管	1具鱼雷发射管	1具鱼雷发射管	5具鱼雷发射管	3具鱼雷发射管
350	300	300	350	350	350	350
350	350	350	350	350	350	350

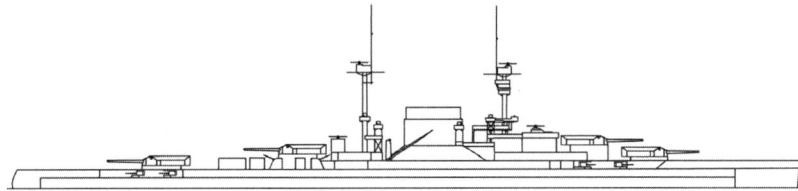

大型战斗舰方案 GK4541

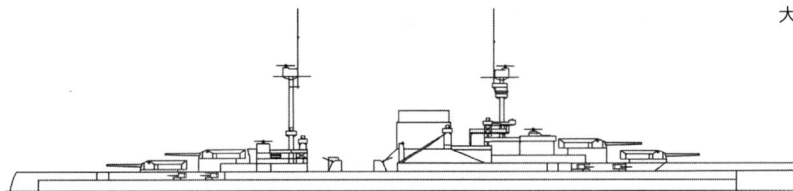

大型战斗舰方案 GK4542

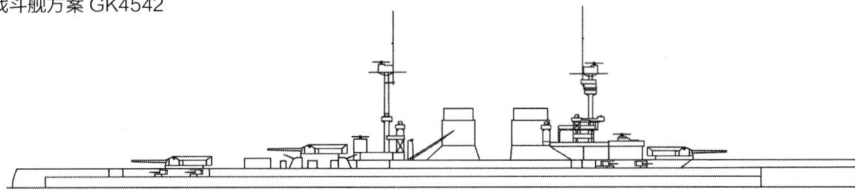

大型战斗舰方案 GK4931

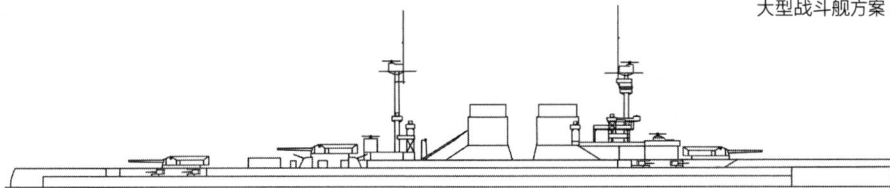

大型战斗舰方案 GK5031

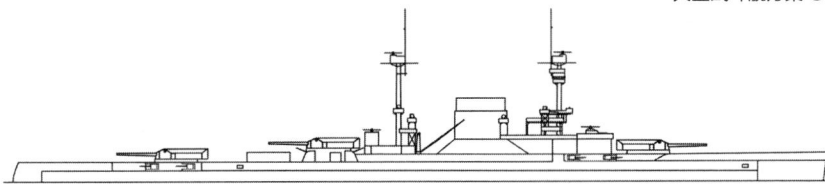

战列舰方案 L27

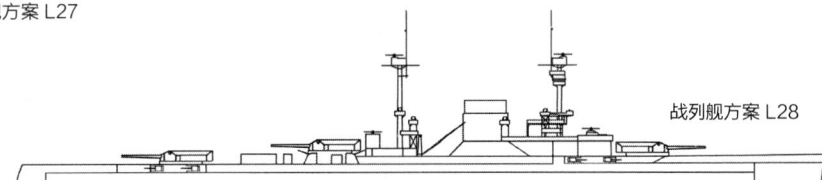

战列舰方案 L28

0　　　20米

批准建造的主力舰一览

造舰计划	新舰名	下水舰名	造舰计划	新舰名	下水舰名
1872—1873 年	装甲舰 A	"巴伐利亚"（i）号	1906 年	"代舰－巴伐利亚"号	"拿骚"号
1872—1873 年	装甲舰 B	"萨克森"（i）号	1906 年	"代舰－萨克森"号	"威斯特法伦"号
1873—1874 年	装甲舰 C	"巴登"（i）号	1906 年	大型巡洋舰 E	"布吕歇尔"（ii）号
1873—1874 年	装甲舰 D	"符腾堡"（i）号	1907 年	"代舰－巴登"号	"波森"号
1880—1881 年	装甲舰 E	"奥尔登堡"（i）号	1907 年	"代舰－符腾堡"号	"莱茵兰"号
1887—1888 年	装甲舰 O	"齐格弗里德"号	1907 年	大型巡洋舰 F	"冯·德·坦恩"号
1888—1889 年	巡洋－护卫舰 H	"奥古斯塔女皇"号	1908 年	"代舰－奥尔登堡"号	"东弗里斯兰"号
1889—1890 年	装甲舰 P	"贝奥武夫"号	1908 年	"代舰－齐格弗里德"号	"赫尔戈兰"号
1889—1890 年	装甲舰 Q	"伏里施乔夫"号	1908 年	"代舰－贝奥武夫"号	"策林根"号
1889—1890 年	装甲舰 R	"希尔德布兰德"号	1908 年	大型巡洋舰 G	"毛奇"号
1889—1890 年	装甲舰 A	"勃兰登堡"号	1909 年	"代舰－伏里施乔夫"号	"奥尔登堡"（ii）号
1889—1890 年	装甲舰 B	"沃斯"号	1909 年	"代舰－希尔德布兰德"号	"德皇"（ii）号
1889—1890 年	装甲舰 C	"魏森堡"号	1909 年	"代舰－海姆达尔"号	"弗里德里希大帝"（ii）号
1889—1890 年	装甲舰 D	"弗里德里希·威廉大帝"号	1909 年	大型巡洋舰 H	"戈本"号
1890—1891 年	装甲舰 S	"哈根"号	1910 年	"代舰－哈根"号	"皇后"号
1890—1891 年	装甲舰 U	"海姆达尔"号	1910 年	"代舰－埃吉尔"号	"路易特波尔德摄政王"号
1891—1892 年	装甲舰 V	"奥丁"号	1910 年	"代舰－奥丁"号	"阿尔贝特国王"号
1892—1893 年	装甲舰 T	"埃吉尔"号	1910 年	大型巡洋舰 J	"塞德利茨"号
1894—1895 年	"代舰－普鲁士"号	"德皇弗里德里希三世"号	1911 年	"代舰－弗里德里希·威廉大帝"号	"大选帝侯"（ii）号
1895—1896 年	巡洋－护卫舰 K	"赫塔"号	1911 年	"代舰－魏森堡"号	"边境总督"号
1895—1896 年	巡洋－护卫舰 L	"维多利亚·路易丝"号	1911 年	战列舰 S	"国王"号
1895—1896 年	"代舰－芙蕾雅"（i）号	"芙蕾雅"号	1911 年	大型巡洋舰 K	"德弗林格尔"号
1895—1896 年	"代舰－莱比锡"号	"俾斯麦侯爵"号	1912 年	"代舰－勃兰登堡"号	"王储"（ii）号
1896—1897 年	巡洋－护卫舰 M	"维内塔"号	1912 年	"代舰－奥古斯塔女皇"号	"吕佐夫"号
1896—1897 年	巡洋－护卫舰 N	"汉莎"号	1913 年	"代舰－沃斯"号	"巴登"（ii）号
1896—1897 年	"代舰－弗里德里希大帝"号	"德皇威廉二世"号	1913 年	战列舰 T	"巴伐利亚"（ii）号
1897—1898 年	"代舰－威廉国王"（i）号	"德皇威廉大帝"号	1913 年	"代舰－赫塔"号	"兴登堡"号
1898—1899 年	战列舰 A	"德皇巴巴罗萨"号	1914 年	"代舰－德皇弗里德里希三世"号	"萨克森"（ii）号
1898—1899 年	战列舰 B	"德皇卡尔大帝"号	1914 年	"代舰－维多利亚·路易丝"号	"马肯森"号
1898—1899 年	大型巡洋舰 A	"海因里希亲王"号	1915 年	"代舰－德皇威廉二世"号	"符腾堡"（ii）号
1899—1900 年	战列舰 C	"维特尔斯巴赫"号	1915 年（战时）	"代舰－布吕歇尔"号	"斯佩伯爵"号
1899—1900 年	战列舰 D	"韦廷"号	1915 年（战时）	"代舰－芙蕾雅"（ii）号	"艾特尔·弗里德里希亲王"号
1899—1900 年	战列舰 E	"策林根"号	1915 年（战时）	"代舰－弗里德里希·卡尔"号 / "代舰－A"号	"俾斯麦侯爵"或 "沙恩霍斯特"号
1900 年	战列舰 F	"施瓦本"号	1915 年（战时）	"代舰－约克"号	—
1900 年	战列舰 G	"梅克伦堡"号	1915 年（战时）	"代舰－格奈森瑙"号	—
1900 年	大型巡洋舰 B	"阿达尔伯特亲王"（iii）号	1915 年（战时）	"代舰－沙恩霍斯特"号	—
1901 年	战列舰 H	"布伦瑞克"号	1917 年 （原 1916 年）	"代舰－阿达尔伯特亲王"号	—
1901 年	战列舰 J	"阿尔萨斯"号			
1901 年	"代舰－威廉国王"（ii）号	"弗里德里希·卡尔"（ii）号			
1902 年	战列舰 K	"普鲁士"（ii）号			
1902 年	战列舰 L	"黑森"号			
1902 年	"代舰－德皇"号	"罗恩"号			
1903 年	战列舰 M	"洛林"号			
1903 年	战列舰 N	"德意志"（ii）号			
1903 年	"代舰－德意志"号	"约克"号			
1904 年	战列舰 O	"波美拉尼亚"号			
1904 年	战列舰 P	"汉诺威"号			
1904 年	大型巡洋舰 C	"格奈森瑙"号			
1905 年	战列舰 Q	"石勒苏益格－荷尔斯泰因"号			
1905 年	战列舰 R	"西里西亚"号			
1905 年	大型巡洋舰 D	"沙恩霍斯特"号			

德国缴获的舰只

"伏利亚"号
战列舰

排水量	22962 吨（设计）
尺寸	168（水线）×27.4×8.36 米
动力系统	20 台亚罗式海军型锅炉，四轴推进，帕森斯式涡轮机，最大推进功率 26000 马力，最大航速 21 节，载燃煤 1379/2337 吨，载燃油 420 吨，最大航程 2500 海里
武器装备	12 门 305 毫米（12 英寸）/52 倍径火炮（4×3），18 门 130 毫米（5.1 英寸）/55 倍径火炮，4 门 76.2 毫米（3 英寸）防空炮，4 具 450 毫米（17.7 英寸）鱼雷发射管
装甲防护	主装甲带 75—262.5 毫米，上层装甲 75—100 毫米，装甲甲板 25/50 毫米，炮塔 125—250 毫米，炮位 100 毫米，指挥塔 300 毫米
舰员数量	36+1118 人

舰名	建造方	建造时间	下水时间	服役时间	结局
"伏利亚"号（原"亚历山大三世"号），即"阿列克谢耶夫将军"号（1919 年 10 月）	俄国造船公司（Russud，尼古拉耶夫）	1911 年 10 月 20 日	1914 年 4 月 15 日	1917 年 6 月 28 日	1918 年 6 月被德国接手；1918 年 11 月 24 日划归英国和法国；1919 年 10 月划归白俄方面；1920 年 12 月 29 日被扣押在中立国；1928 年变卖给克里亚古尼公司（Kliagune）；1931 年搁浅，后被打捞出水；1936 年拆解

1918 年 10 月 15 日—11 月 11 日期间在德国海军手中进行试验

出口型舰只

定远级
清政府：战列舰

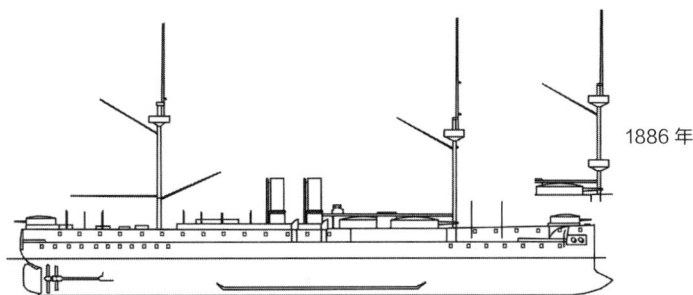

排水量	7144 吨（设计），7670 吨（满载）
尺寸	91（水线），94（全长）×18.3×6.1 米
动力系统	8 台柱式锅炉，双轴推进，HCR，最大推进功率 7500 马力，最大航速 15.7 节，载燃煤 650/1000 吨
武器装备	4 门 305 毫米 /35 倍径火炮（2×2），2 门 150 毫米 /35 倍径火炮，2 门 75 毫米火炮，8 门 37 毫米机炮，3 具 350 毫米鱼雷发射管
	1895 年"镇远"号为 4 门 305 毫米 /20 倍径火炮（2×2），4 门 152 毫米 /40 倍径火炮，2 门 57 毫米火炮，8 门 47 毫米火炮，3 具 350 毫米鱼雷发射管
装甲防护	主装甲带 355 毫米，装甲甲板 76 毫米，炮座 300—350 毫米，防弹板 22 毫米，指挥塔 200 毫米（复合）

舰名	建造方	建造时间	下水时间	服役时间	结局
"定远"号	伏尔铿造船厂（斯德丁）	1881 年 3 月 31 日	1881 年 12 月 28 日	1883 年 5 月 2 日	1895 年 2 月 5 日被鱼雷击中；1895 年 2 月 9 日炸毁；1897 年打捞出水并拆解
"镇远"号	伏尔铿造船厂（斯德丁）	1882 年 3 月 1 日	1882 年 11 月 28 日	1884 年 3 月	1914 年拆解

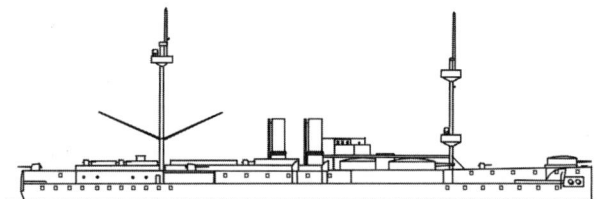

1886 年

"定远"号（1884 年）

"镇远"号（1904 年）

0　　　　20米

"八云"号

日本：一等巡洋舰；
1921 年改为一等海防舰；
1930 年改为海防舰；
1942 年改为一等巡洋舰

排水量	9646 吨（设计），10228 吨（满载）
尺寸	124.6（水线），132.3（全长）×19.6×7.21 米
动力系统	24 台贝尔维尔式锅炉（1927 年为 6 台亚罗式），双轴推进，往复式（VTE），最大推进功率 15500 马力（1927 年为 7000 马力），最大航速 20.5 节（1927 年为 16 节），载燃煤 1300 吨，10 节航速时最大航程 /000 海里
武器装备	4 门 203 毫米 /45 倍径火炮（2×2），12 门 152 毫米 /40 倍径火炮，12 门 76 毫米 /40 倍径火炮，8 门 47 毫米火炮，5 具 457 毫米鱼雷发射管； 1924 年为 4 门 203 毫米 /45 倍径火炮（2×2），12 门 152 毫米 /40 倍径火炮，8 门 76 毫米 /40 倍径火炮，1 门 76 毫米防空炮，2 具 457 毫米鱼雷发射管； 1933 年为 4 门 203 毫米 /45 倍径火炮（2×2），8 门 152 毫米 /40 倍径火炮，4 门 76 毫米 /40 倍径火炮，1 门 76 毫米防空炮； 1945 年 2 月为 4 门 152 毫米 /40 倍径火炮，4 门 127 毫米（2×2）防空炮；1 门 76 毫米防空炮；12 门 25 毫米（2×3，2×2，2×1）防空炮
装甲防护	主装甲带 88—178 毫米，装甲甲板 63 毫米，炮座 152 毫米，炮塔 152 毫米，副炮 70—150 毫米，炮台 152 毫米，指挥塔 254 毫米
舰员	648 人

舰名	建造方	建造时间	下水时间	服役时间	结局
"八云"号	伏尔铿造船厂（斯德丁）	1898 年 9 月 1 日	1899 年 7 月 8 日	1900 年 6 月 20 日	1946 年 7 月 20 日抵达日本舞鹤，由日立造船工程公司拆解

1900—1921 年为现役；1921 年 9 月 25 日编入训练分舰队；1931—1939 年编入海军军校；1943 年 9 月 5 日编入日本联合舰队；1943 年 12 月 1 日划归吴海军基地；1945 年 10 月 1 日除籍；1945 年 12 月 1 日—1946 年 6 月 19 日作为盟军遣返运输船使用；1946 年 7 月 15 日划归日本内务省

"八云"号
（1900 年）

"八云"号（1945 年）

0　　　　　20 米

1908 年俄国战列舰竞标方案

布洛姆 - 福斯造船厂 627-X 方案

排水量	22760 吨（627-XD），22658 吨（627-XF）
尺寸	172.2×27.6×8.25 米
动力系统	四轴涡轮机，航速 21.5 节
武器装备	12 门 305 毫米（12 英寸）/52 倍径火炮（4×3），20 门 120 毫米（4.7 英寸）/52 倍径火炮
装甲防护	主装甲带 127—203 毫米（5—8 英寸），装甲甲板 19 毫米（0.75 英寸），炮座 203 毫米（8 英寸），炮塔 203 毫米（8 英寸），炮台 127 毫米（5 英寸），指挥塔 203 毫米（8 英寸）

布洛姆 - 福斯造船厂 627-XD 方案

布洛姆 - 福斯造船厂 627-XF 方案

0　　　　　20 米

1911 年俄国战列巡洋舰竞标方案

伏尔铿造船厂 A-1366 方案

排水量	31400 吨
尺寸	210（全长）×29×8.84 米
动力系统	30 台海军型锅炉，三轴推进，柯蒂斯－伏尔铿式涡轮机，最大推进功率 72000 马力，航速 26.5—28 节
武器装备	9 门 356 毫米（14 英寸）火炮（3×3），24 门 130 毫米（5.1 英寸）/55 倍径火炮
装甲防护	主装甲带 260 毫米，装甲甲板 37.5 毫米，鱼雷舱壁 50 毫米，炮座 235 毫米，炮位 125 毫米，指挥塔 300 毫米

伏尔铿造船厂 A-1366A 方案

排水量	29900 吨
尺寸	210（全长）×28.4×8.74 米
动力系统	24 台海军型锅炉，四轴推进，柯蒂斯－伏尔铿式涡轮机，最大推进功率 70000 马力，航速 26.5—28 节
武器装备	9 门 356 毫米（14 英寸）火炮（3×3），20 门 130 毫米（5.1 英寸）/55 倍径火炮

布洛姆－福斯造船厂 / 普蒂洛夫斯基方案

方案	707-I	707-II	707-III	707-IV	707-V	707-VI	707-VII	707-VIII	707-IX	707-X	707-XI
排水量（万吨）	3.04	3.03	3.045	2.93	2.73	3.135	3.055	3.035	3.235	3.04	3.41
尺寸											
全长（米）	213.0	213.0	213.0	210.0	204.0	226.0	219.0	213.0	219.0	213.0	226.0
宽（米）	30.6	30.6	30.6	30.2	29.0	30.6	30.6	30.6	31.2	30.6	31.8
吃水（米）	8.65	8.65	8.65	8.54	8.4	8.8	8.65	8.65	8.8	8.65	8.8
锅炉（台）	22	22	19	24	15	20	20	—	—	—	—
推进功率（马力）	6.4 万	6.4 万	5.1 万 +1.3 万	6.3 万	5.95 万	9.8 万	8.6 万	6.4 万	8.2 万	8 万	8.6 万
航速（节）	26.5—28	26.5—28	26.5—28	26.5—28	26.5—28	30—31	29—30	—	—	—	—
武备	9 门 356 毫米火炮（3×3）	9 门 356 毫米火炮（3×3）	9 门 356 毫米火炮（3×3）	9 门 356 毫米火炮（3×3）	9 门 356 毫米火炮（3×3）	9 门 356 毫米火炮（3×3）	9 门 356 毫米火炮（3×3）	9 门 356 毫米火炮（3×3）	10 门 356 毫米火炮（2×3+2×2）	8 门 356 毫米火炮（4×2）	12 门 356 毫米火炮（4×3）
	24 门 130 毫米火炮	24 门 130 毫米火炮	24 门 130 毫米火炮	20 门 130 毫米火炮	20 门 130 毫米火炮	24 门 130 毫米火炮	24 门 130 毫米火炮	24 门 130 毫米火炮	24 门 130 毫米火炮	24 门 130 毫米火炮	24 门 130 毫米火炮
	6 具 450 毫米鱼雷发射管	6 具 450 毫米鱼雷发射管	6 具 450 毫米鱼雷发射管	6 具 450 毫米鱼雷发射管	6 具 450 毫米鱼雷发射管	6 具 450 毫米鱼雷发射管	8 具 450 毫米鱼雷发射管	6 具 450 毫米鱼雷发射管	8 具 450 毫米鱼雷发射管	8 具 450 毫米鱼雷发射管	8 具 450 毫米鱼雷发射管

707-XVII 方案

排水量	32500 吨
尺寸	219.0（水线）×31.4×8.8 米
动力系统	12 台锅炉，四轴推进，涡轮机，最大推进功率 64000—87000 马力，最大航速 26.5—28.5 节
武器装备	12 门 356 毫米（14 英寸）火炮（4×3），28 门 130 毫米（5.1 英寸）/55 倍径火炮
装甲防护	主装甲带 250 毫米，装甲甲板 37.5 毫米，炮塔 275 毫米，炮位 125 毫米，指挥塔 300 毫米

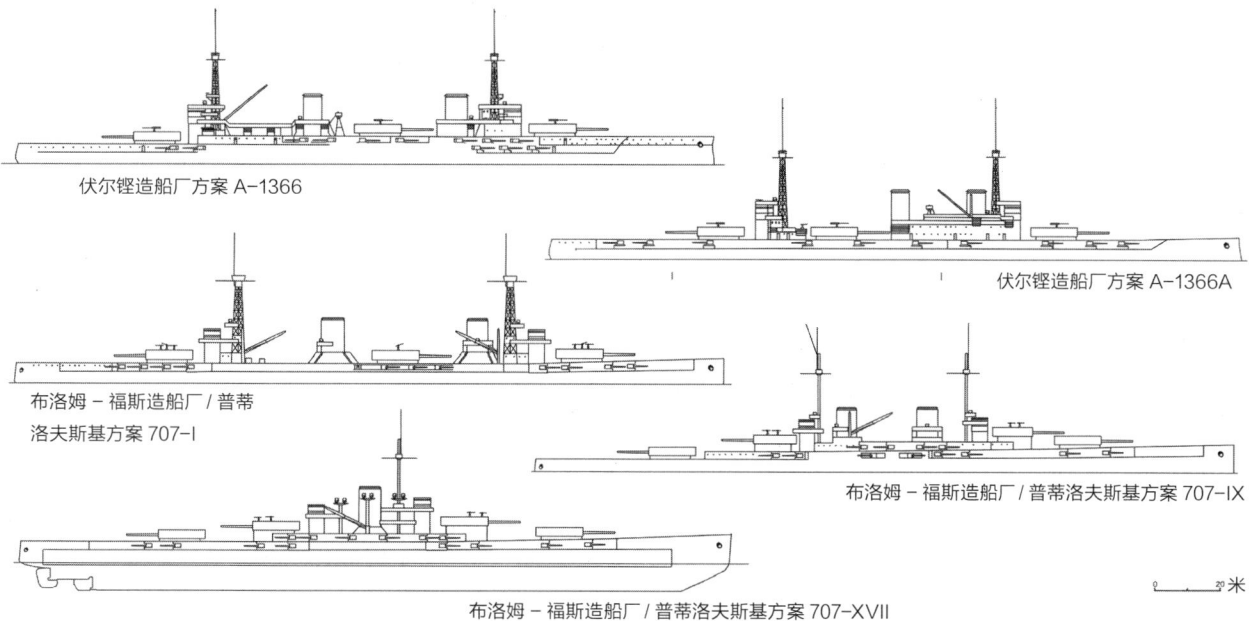

伏尔铿造船厂方案 A-1366

伏尔铿造船厂方案 A-1366A

布洛姆－福斯造船厂 / 普蒂洛夫斯基方案 707-I

布洛姆－福斯造船厂 / 普蒂洛夫斯基方案 707-IX

布洛姆－福斯造船厂 / 普蒂洛夫斯基方案 707-XVII

"萨拉米斯"号

希腊：装甲舰

1912 年 7 月设计方案

排水量	13716 吨（设计）
尺寸	139.6（全长）×21.3×7 米
动力系统	双轴推进，涡轮机最大推进功率 34500 马力，航速 21 节，10 节航速时最大航程 2500 海里
武器装备	6 门 356 毫米 /45 倍径火炮（3×2），8 门 152 毫米 /50 倍径火炮，8 门 76 毫米 /50 倍径火炮，4 门 37 毫米机炮，2 具 450 毫米鱼雷发射管
装甲防护	主装甲带为?—250 毫米，炮塔 250 毫米，炮位 180 毫米，指挥塔 300 毫米

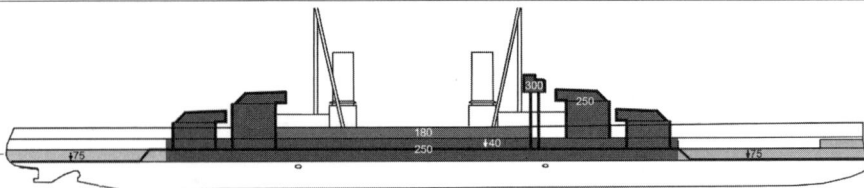

希腊：战列舰（1912 年 12 月设计方案）

排水量	19813 吨（设计）
尺寸	139.6（全长）×24.7×7.6 米
动力系统	18 台亚罗式锅炉（12 台燃煤，8 台燃油）[1]，三轴推进，AEG 涡轮机，最大推进功率 40500 马力，航速 23 节，载煤 1200 吨，载燃油 800 吨，10 节航速时最大航程 5000 海里
武器装备	8 门 356 毫米 /45 倍径火炮（3×2）[2]，12 门 152 毫米 /50 倍径火炮，12 门 76 毫米 /50 倍径火炮，3 具 500 毫米鱼雷发射管
装甲防护	主装甲带 80—100 毫米，装甲甲板 40—75 毫米，炮塔 250 毫米，炮位 180 毫米，指挥塔 300 毫米

舰名	建造方	建造时间	下水时间	服役时间	结局
"萨拉米斯"号 （1914 年 11 月改名为"瓦西利乌斯·乔治斯"号）	伏尔铿造船厂 （汉堡）	1913 年 7 月 23 日	1914 年 11 月 11 日	—	1932 年在不来梅拆解

荷兰 1913 年战列舰竞标方案

荷兰：战列舰

日耳曼尼亚造船厂 743 号设计方案

排水量	21300 吨（设计）
尺寸	174.0（全长）×27.0×8 米
动力系统	12 台日耳曼尼亚－舒尔茨锅炉（9 台燃煤 +3 台燃油），三轴推进，日耳曼尼亚式涡轮机，最大推进功率 34000 马力，航速 22 节，载煤 850/4000 吨，载燃油 600 吨，12.5 节航速时最大航程 8000 海里
武器装备	8 门 343 毫米 /50 倍径火炮（4×2），12 门 150 毫米 /50 倍径火炮，14 门 75 毫米 /50 倍径火炮，4 具 535 毫米鱼雷发射管
装甲防护	主装甲带 80—250 毫米，装甲甲板 25 毫米，鱼雷舱壁 37 毫米，炮塔 300 毫米，炮位 150 毫米，前指挥塔 400 毫米，后指挥塔 400 毫米

日耳曼尼亚造船厂 753 号设计方案

排水量	22000 吨（设计）
尺寸	174.0（全长）×27.0×8 米
动力系统	7 台日耳曼尼亚－舒尔茨锅炉（1 台燃煤 +6 台燃油），三轴推进，日耳曼尼亚式涡轮机，最大推进功率 40000 马力，航速 22.5 节，载煤 2000 吨，载燃油 2500 吨，12.5 节航速时最大航程 8000 海里
武器装备	8 门 343 毫米 /50 倍径火炮（4×2），16 门 150 毫米 /50 倍径火炮，14 门 75 毫米 /50 倍径火炮，3 具 535 毫米鱼雷发射管
装甲防护	主装甲带 80—250 毫米，装甲甲板 25 毫米，鱼雷舱壁 40 毫米，炮塔 300 毫米，炮位 150 毫米，前指挥塔 350 毫米，后指挥塔 200 毫米
船员	1015 人

日耳曼尼亚造船厂 1913 年底设计方案

排水量	20700 吨（设计）
尺寸	169.2（全长）×27.0×8 米
动力系统	7 台日耳曼尼亚－舒尔茨锅炉（燃油），三轴推进，日耳曼尼亚式涡轮机，最大推进功率 40000 马力，航速 22.5 节，12.5 节航速时最大航程 8000 海里
武器装备	8 门 343 毫米 /45 倍径火炮（2×4），16 门 150 毫米 /50 倍径火炮，12 门 75 毫米 /50 倍径火炮，3 具 535 毫米鱼雷发射管
装甲防护	主装甲带 80—250 毫米，装甲甲板 25 毫米，鱼雷舱壁 40 毫米，炮塔 300 毫米，炮位 150 毫米，前指挥塔 350 毫米，后指挥塔 200 毫米
船员	1015 人

日耳曼尼亚造船厂 806 号设计方案

排水量	24605 吨（设计），26851 吨（满载）
尺寸	184（全长）×28.0×9 米
动力系统	6 台日耳曼尼亚－舒尔茨锅炉（燃油），三轴推进，日耳曼尼亚式涡轮机，最大推进功率 38000 马力，航速 22 节，载燃油 2400 吨，12.5 节航速时最大航程 6000 海里
武器装备	8 门 356 毫米 /50 倍径火炮（4×2），16 门 150 毫米 /50 倍径火炮，12 门 75 毫米 /50 倍径火炮，3 具 535 毫米鱼雷发射管
装甲防护	主装甲带 80—250 毫米，装甲甲板 50 毫米，鱼雷舱壁 40 毫米，炮塔 300 毫米，炮位 150 毫米，前指挥塔 300 毫米，后指挥塔 200 毫米
船员	1015 人

日耳曼尼亚造船厂 733 号设计方案

排水量	26473 吨（设计）
尺寸	184（全长）×28.0×9 米
动力系统	6 台锅炉（燃煤 / 燃油），四轴推进，涡轮机最大推进功率 38000 马力，航速 22 节，载燃油 2400 吨，12.5 节航速时最大航程 6000 海里
武器装备	8 门 356 毫米 /50 倍径火炮（4×2），16 门 150 毫米 /50 倍径火炮，12 门 75 毫米 /50 倍径火炮，3 具 535 毫米鱼雷发射管
装甲防护	主装甲带 100—250 毫米

①译注：原文如此。　②译注：原文如此，显然安装方式为 4 座双联装（4×2）。

"萨拉米斯"号设计方案（1912 年 7 月）

"萨拉米斯"号设计方案（1912 年 12 月）

0 　　20 米

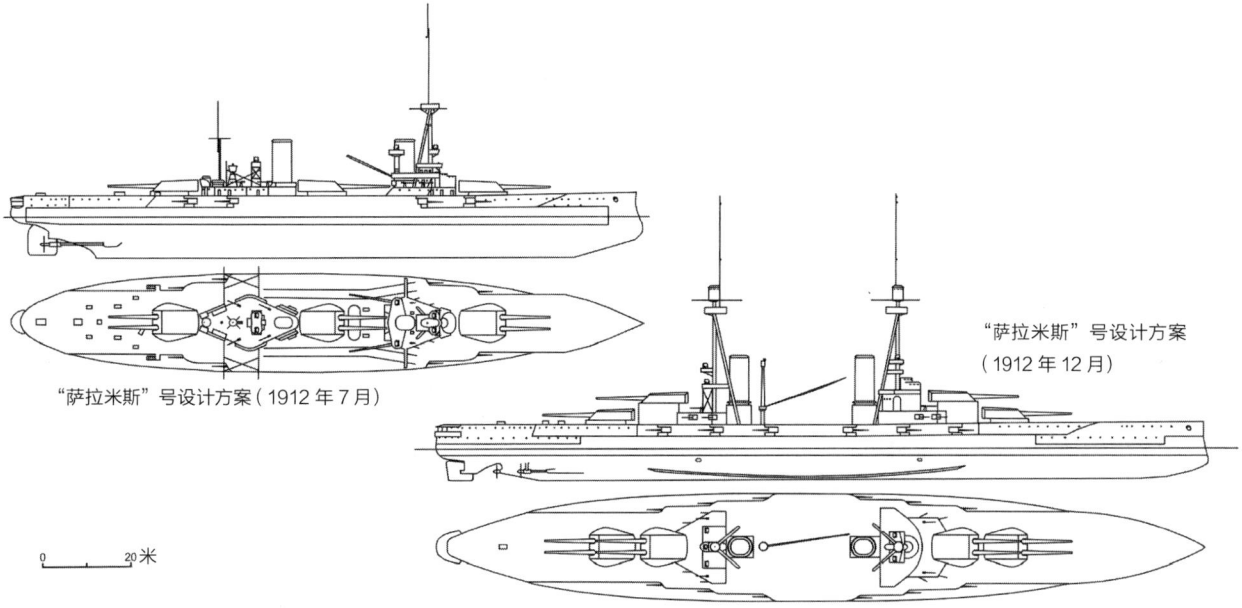

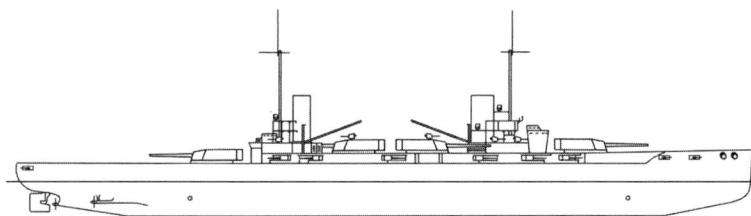

日耳曼尼亚造船厂方案 743

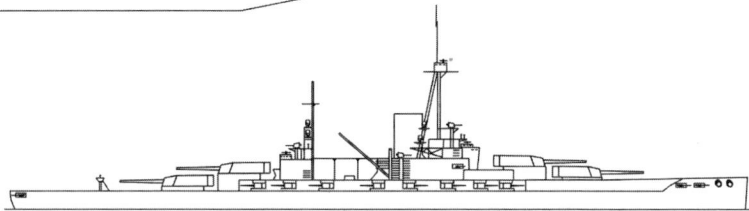

日耳曼尼亚造船厂方案 753

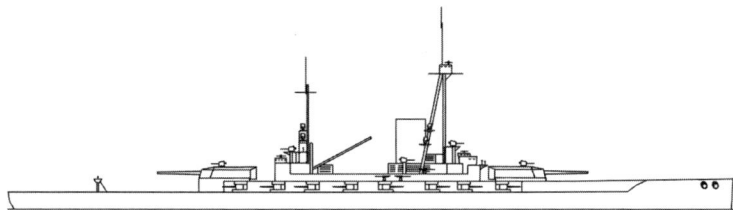

日耳曼尼亚造船厂方案（1913 年底）

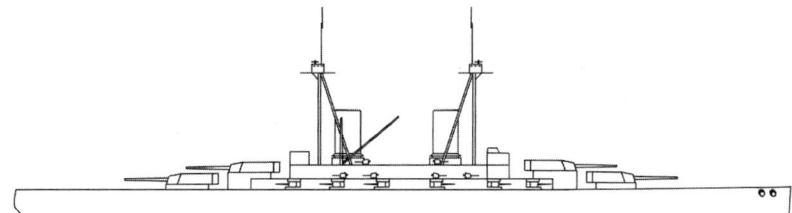

日耳曼尼亚造船厂方案 806

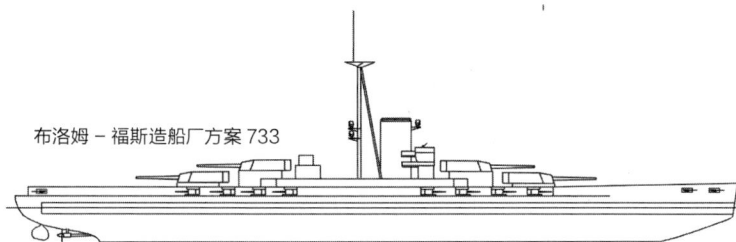

布洛姆－福斯造船厂方案 733

0 　　20 米

第二部分图片图例说明

1：轮机舱（ER，Engine Room）

2：锅炉舱（BR，Boiler Room）

3：中央轮机舱（Centre ER，Centre Engine Room）

4：舷侧轮机舱（P & S ERs，Port and starboard Engine Rooms）

5：锅炉舱（柱式锅炉）[BR(cyl. boilers)，Boiler Room(cylindrical boilers)]

6：锅炉舱（水管锅炉）[BR(w/t boilers)，watertube boilers]

7：弹药舱（Mag，Magazine）

8：鱼雷舱（Torp，Torpedo room）

9：货舱（原弹药舱）[hold(ex-Mag)]

10：锅炉舱兼轮机舱（原轮机舱）[BR+ER(ex-ER)]

11：货舱（原轮机舱）[hold(ex-ER)]

12：货舱（原锅炉舱）[hold(ex-BR)]

13：货舱（hold）

14：锅炉舱（原弹药舱）[BR(ex-Mag)]

15：锅炉舱（原轮机舱）[BR(ex-ER)]

附录

附录 1：主炮武器数据

舰级 / 舰名	口径	类型	型号	炮塔		俯角 / 仰角	射程
				安装方式	型号		
"王储"（i）号	210 毫米 /21	后装	—	单管	—	−5° /+13°	5900 米
"王储"（i）号	210 毫米 /19	后装	—	单管	—	−8° /+14.5°	5200 米
"威廉国王"号	240 毫米 /20	后装	—	单管	—	−4° /+7.5°	5000 米
"汉莎"号	210 毫米 /19	后装	—	单管	—	−8° /+14°	5700 米
"汉莎"号	210 毫米 /19	后装	—	单管	—	−5° /+13°	3200 米
普鲁士级	260 毫米 /22	后装	—	双联	—	−3° /+11°	5000 米
德皇（i）级	260 毫米 /20	后装	—	单管	—	−4° /+9°	5200 米
萨克森级	260 毫米 /22	后装	—	单管	—	−7° /+16.5°	7400 米
"奥尔登堡"（i）号	240 毫米 /30	后装	—	单管	—	−5° /+8°	8800 米
齐格弗里德 / 奥丁级	240 毫米 /35	后装	C/88	单管	MPL C/88, C/90, C/93	−4° /+25°	13000 米
勃兰登堡级	280 毫米 /40	后装	C/91	双联	C/92	−4° /+25°	14600/15900 米
勃兰登堡级	280 毫米 /35	后装	C/86	双联	C/92	−4° /+25°	14600/15900 米
德皇弗里德里希三世级	240 毫米 /40	速射	C/97	双联	DrL C/97, C/98	−4° /+30°	16900 米
维特尔斯巴赫级	240 毫米 /40	速射	C/97	双联	DrL C/98	−4° /+30°	16900 米
布伦瑞克级	280 毫米 /40	速射	C/01	双联	DrL C/01	−4° /+30°	18800 米
德意志级	280 毫米 /40	速射	C/01	双联	DrL C/01	−4° /+30°	18800 米
拿骚级	280 毫米 /45	速射	C/07	双联	DrL C/06, C/07	−6° /+20°	18900/20400 米
赫尔戈兰级	305 毫米 /50	速射	C/08	双联	DrL C/08	−8° /+13.5°	18000 米
赫尔戈兰级（1916 年）	305 毫米 /50	速射	C/08	双联	DrL C/08	−5.5° /+16°	20400 米
德皇（ii）级	305 毫米 /50	速射	C/08	双联	DrL C/09	−8° /+13.5°	18000 米
德皇（ii）级（1916 年）	305 毫米 /50	速射	C/08	双联	DrL C/09	−5.5° /+16°	20400 米
国王级	305 毫米 /50	速射	C/08	双联	DrL C/11	−8° /+13.5°	18000 米
国王级（1916 年）	305 毫米 /50	速射	C/08	双联	DrL C/11	−5.5° /+16°	20400 米
巴伐利亚级	380 毫米 /45	速射	C/13	双联	DrL C/13, C/14	−8° /+16°	20400 米
巴伐利亚级（1916 年）	380 毫米 /45	速射	C/13	双联	DrL C/13, C/14	−5° /+20°	23200 米
"奥古斯塔女皇"号	150 毫米 /35	速射	—	单管	—	—	12600 米
维多利亚·路易丝级	210 毫米 /40	速射	C/97	单管	TL C/97	−6° /+30°	16300 米
"俾斯麦侯爵"号	240 毫米 /40	速射	C/97	双联	DrL C/97	−4° /+30°	16900 米
"海因里希亲王"号	240 毫米 /40	速射	C/97	单管	DrL C/99	−4° /+30°	16900 米
阿达尔伯特亲王级	210 毫米 /40	速射	C/04	双联	DrL C/01	−5° /+30°	16300 米
罗恩级	210 毫米 /40	速射	C/04	双联	DrL C/01	−5° /+30°	16300 米
沙恩霍斯特级	210 毫米 /40	速射	C/04	双联	DrL C/01	−5° /+30°	16300 米
沙恩霍斯特级	210 毫米 /40	速射	C/04	单管	MPL C/04	−5° /+16°	12400 米
"布吕歇尔"号	210 毫米 /45	速射	C/09	双联	DrL C/06	−5° /+30°	19100 米
"冯·德·坦恩"号	280 毫米 /45	速射	C/07	双联	DrL C/07	−8° /+20°	18900/20400 米
毛奇级	280 毫米 /50	速射	C/09	双联	DrL C/08	−8° /+13.5°	18100 米
毛奇级（1916 年）	280 毫米 /50	速射	C/09	双联	DrL C/08	−5.5° /+16°	19100 米
"塞德利茨"号	280 毫米 /50	速射	C/09	双联	DrL C/10	−8° /+13.5°	18100 米
"塞德利茨"号（1916 年）	280 毫米 /50	速射	C/09	双联	DrL C/10	−5.5° /+16°	19100 米
"德弗林格尔"/"吕佐夫"号	305 毫米 /50	速射	C/08	双联	DrL C/12	−8° /+13.5°	18000 米
"德弗林格尔"/"吕佐夫"号（1916 年）	305 毫米 /50	速射	C/08	双联	DrL C/11	−5.5° /+16°	20400 米
"兴登堡"号	305 毫米 /50	速射	C/08	双联	DrL C/13	−5.5° /+16°	20400 米
马肯森级	350 毫米 /45	速射	C/14	双联	DrL C/14	−8° /+16°	—
代舰 – 约克级	380 毫米 /45	速射	C/13	双联	DrL C/14	−5° /+20°	23200 米

附录 2：试验结果数据

舰名	推进功率（指示马力）		航速（节）		舰名	推进功率（指示马力）		航速（节）	
	设计	试验	设计	试验		设计	试验	设计	试验
"阿米尼乌斯"号	1200	1440	10.0	11.2	"拿骚"号	22000	26244	19.0	20.0
"弗里德里希·卡尔"（i）号	3300	3550	13.0	13.5	"威斯特法伦"号	22000	26792	19.0	20.2
"王储"（i）号	4500	4870	13.5	14.7	"莱茵兰"号	22000	27498	19.0	20.0
"威廉国王"号	8000	8440	14.0	14.7	"波森"号	22000	28117	19.0	20.0
"汉莎"（i）号	—	3275	12.0	12.7	"赫尔戈兰"号	28000	31258	20.5	20.8
"普鲁士"（i）号	—	5471	14.0	14.0	"东弗里斯兰"号	28000	35500	20.5	21.2
"弗里德里希大帝"（i）号	—	4998	14.0	14.0	"图林根"号	28000	34944	20.5	21.0
"大选帝侯"（i）号	—	5468	14.0	—	"奥尔登堡"（ii）号	28000	34394	20.5	21.3
"德皇"（i）号	—	5779	14.0	14.6	轴马力				
"德意志"（i）号	—	5637	14.0	14.5	"德皇"（ii）号	28000	55187	21.0	23.4
"萨克森"（i）号	5600	4917	13.0	13.6	"弗里德里希大帝"（ii）号	28000	42181	21.0	22.4
"巴伐利亚"（i）号	5600	5620	13.0	13.8	"皇后"号	28000	41533	21.0	22.1
"符腾堡"（i）号	5600	4600	13.0	13.5	"阿尔贝特国王"号	28000	39813	21.0	22.1
"巴登"（i）号	5600	5600	13.5	13.9	"路易特波尔德摄政王"号	26000	38751	20.0	21.7
"奥尔登堡"（i）号	3900	3942	14.0	13.8	"国王"号	31000	43300	21.0	21.0
"齐格弗里德"号	—	5022	—	14.9	"大选帝侯"（ii）号	31000	45100	21.0	21.2
"贝奥武夫"号	—	4859	—	15.1	"边境总督"号	31000	41400	21.0	21.0
"伏里施乔夫"号	—	5250	—	15.0	"王储"（ii）号	31000	46200	21.0	21.3
"海姆达尔"号	—	4453	—	14.6	"巴伐利亚"（ii）号	35000	55967	22.0	22.0
"希尔德布兰德"号	—	4608	—	14.8	"巴登"（ii）号	35000	56275	22.0	21.0
"哈根"号	—	4608	—	14.8	指示马力				
"弗里德里希·威廉大帝"号	10000	9686	16.5	16.9	"奥古斯塔女皇"号	12000	14015	21.0	21.5
"勃兰登堡"号	10000	9997	16.5	16.3	"维多利亚·路易丝"号	10000	10574	19.5	19.2
"魏森堡"号	10000	10103	16.5	16.5	"赫塔"号	10000	10312	19.5	19.0
"沃斯"号	10000	10228	16.5	16.9	"芙蕾雅"号	10000	10355	19.5	18.4
"奥丁"号	4800	4650	15.0	14.4	"维内塔"号	10000	10646	18.5	19.6
"埃吉尔"号	4800	5129	15.0	15.1	"汉莎"（ii）号	10000	10388	18.5	18.7
"德皇弗里德里希三世"号	13000	13053	17.5	17.3	"俾斯麦侯爵"号	13500	13622	18.7	18.7
"德皇威廉二世"号	13000	13922	17.5	17.6	"海因里希亲王"号	15000	15694	20.0	19.9
"德皇威廉大帝"号	13000	13658	17.5	17.8	"阿达尔伯特亲王"（ii）①号	16200	17272	20.0	20.4
"德皇卡尔大帝"号	13000	13874	17.5	17.8	"弗里德里希·卡尔"（ii）号	17000	18541	20.5	20.5
"德皇巴巴罗萨"号	13000	13949	17.5	17.8	"罗恩"号	19000	20625	21.0	21.1
"维特尔斯巴赫"号	14000	13900	18.0	17.0	"约克"号	19000	20031	21.0	21.4
"韦廷"号	14000	15530	18.0	18.1	"沙恩霍斯特"号	26000	28785	22.5	23.5
"策林根"号	14000	14875	18.0	17.8	"格奈森瑙"（ii）号	26000	30396	22.5	23.6
"施瓦本"号	14000	13253	18.0	16.9	"布吕歇尔"（ii）号	32000	38323	24.5	25.4
"梅克伦堡"号	14000	15171	18.0	18.1	轴马力				
"布伦瑞克"号	16000	16809	18.0	18.7	"冯·德·坦恩"号	42000	79007	24.8	27.4
"阿尔萨斯"号	16000	16812	18.0	18.7	"毛奇"号	52000	85782	25.5	28.4
"黑森"号	16000	16468	18.0	18.2	"戈本"号	52000	85661	25.5	28.0
"普鲁士"（ii）号	16000	16980	18.0	18.5	"塞德利茨"号	63000	89738	26.5	28.1
"洛林"号	16000	16478	18.0	18.7	"德弗林格尔"号	63000	76634	26.5	25.5*
"德意志"（ii）号	16000	16990	18.0	18.6	"吕佐夫"号	63000	80998	26.5	26.4*
"汉诺威"号	17000	17768	18.0	18.5	"兴登堡"号	72000	95777	27.0	26.6*
"波美拉尼亚"号	17000	17686	18.0	18.7					
"西里西亚"号	17000	18923	18.0	18.5					
"石勒苏益格－荷尔斯泰因"号	17000	19330	18.0	19.1					

* 受战事影响，试验在波罗的海浅海海域进行

①译注：原文如此，实际应为"阿达尔伯特亲王"（iii）号。

附录 3：1884 年起各主力舰与巡洋舰所属序列

截至 1914 年，包含参加当年度海上演习时所属的序列。

1884 年 8 月

第 1 支队	第 2 支队	第 3 支队	第 4 支队
"巴登"号（旗舰）	"格里勒"号（旗舰）	"索菲"号	"尼俄伯"号
"萨克森"号	"野蜂"号（Hummel）	"宁芙"号	"温蒂妮"号
"巴伐利亚"号	"变色龙"号（Camaeleon）	"汉莎"号	"流浪者"号（Rover）
"符腾堡"号	"鳄鱼"号		
	"蜜蜂"号		

1885 年 8 月 / 1886 年 8 月

装甲舰支队	无装甲舰艇支队	第 1 支队	第 2 支队
"弗里德里希·卡尔"号	"箭"号	"巴登"号（旗舰）	"汉莎"号
"巴伐利亚"号	"施泰因"号（Stein）	"奥尔登堡"号	"施泰因"号
"汉莎"号	"奥尔加"号（Olga）	"萨克森"号	"索菲"号
	"索菲"号	"符腾堡"号	"毛奇"号
			"阿里阿德涅"号

1887 年 8 月

第 1 支队	第 2 支队	第 3 支队	波罗的海分舰队
"威廉国王"号	"阿达尔伯特亲王"号	"蚊蚋"号（Mücke，旗舰）	"萨克森"号
"汉莎"号	"毛奇"号	"变色龙"号	"弗里德里希·卡尔"号
"奥尔登堡"号	"施泰因"号	"蝰蛇"号（Viper）	"汉莎"号
"德皇"号	"格奈森瑙"号		

1888 年 8 月 / 1889 年 8 月

第 1 支队	第 2 支队	第 1 支队	第 2 支队
"巴登"号（旗舰）	"阿达尔伯特亲王"号	"萨克森"号	"德皇"号
"巴伐利亚"号	"毛奇"号	"巴登"号	"德意志"号
"德皇"号	"施泰因"号	"奥尔登堡"号	"普鲁士"号
"弗里德里希大帝"号	"格奈森瑙"号	"艾琳"号	"弗里德里希大帝"号

1890 年 8 月 / 1891 年 8 月

第 1 支队	第 2 支队	第 1 支队	第 2 支队
"巴登"号	"德皇"号	"巴登"号	"德皇"号
"巴伐利亚"号	"德意志"号	"巴伐利亚"号	"德意志"号
"符腾堡"号	"普鲁士"号	"齐格弗里德"号	"普鲁士"号
"奥尔登堡"号	"弗里德里希大帝"号	"奥尔登堡"号	"弗里德里希·卡尔"号

1892 年 8 月 / 1893 年 8 月

第 1 支队	第 2 支队	第 1 支队	第 2 支队
"巴登"号	"王储"号	"巴登"号	"威廉国王"号
"巴伐利亚"号	"德意志"号	"巴伐利亚"号	"德意志"号
"贝奥武夫"号	"弗里德里希·卡尔"号	"萨克森"号	"贝奥武夫"号
"符腾堡"号	"弗里德里希大帝"号	"符腾堡"号	"弗里德里希大帝"号
			"伏里施乔夫"号

1894 年 8 月

舰队旗舰："沃斯"号

第 1 支队	第 2 支队	第 3 支队	第 4 支队	侦察集群
"巴登"号（旗舰）	"威廉国王"号（旗舰）	"施泰因"号（旗舰）	"希尔德布兰德"号（旗舰）	"威廉王妃"号
"巴伐利亚"号	"德意志"号	"施托施"号（Stosch）	"伏里施乔夫"号	"鹈鹕"号（Pelikan）
"符腾堡"号	"弗里德里希大帝"号	"毛奇"号	"贝奥武夫"号	"布鲁默尔"号
	"勃兰登堡"号	"格奈森瑙"号		

1895 年 8 月

第 1 支队	第 2 支队	第 3 支队	第 4 支队	侦察舰只
"弗里德里希·威廉选帝侯"号（旗舰）	"巴登"号（旗舰）	"希尔德布兰德"号（旗舰）	"施泰因"号（旗舰）	"奥古斯塔女皇"号
"勃兰登堡"号	"巴伐利亚"号	"伏里施乔夫"号	"施托施"号	"吉菲昂"号
"魏森堡"号	"符腾堡"号	"贝奥武夫"号	"毛奇"号	"流星"号
"沃斯"号	"萨克森"号	"齐格弗里德"号	"格奈森瑙"号	"格里勒"号
				"鹈鹕"号
				"卡罗拉"号
				"哈根"号

1896 年 8 月

第 1 分舰队		第 2 分舰队		
第 1 支队	第 2 支队	第 3 支队	第 4 支队	侦察舰只
"弗里德里希·威廉选帝侯"号（旗舰）	"威廉国王"号（旗舰）	"施泰因"号（旗舰）	"希尔德布兰德"号	"奥古斯塔女皇"号
"勃兰登堡"号	"萨克森"号	"施托施"号	"齐格弗里德"号	"吉菲昂"号
"魏森堡"号	"符腾堡"号	"毛奇"号	"贝奥武夫"号	"卡罗拉"号
"沃斯"号		"格奈森瑙"号	"伏里施乔夫"号	"哈根"号
				"流星"号
				"格里勒"号

1897 年 8 月

第 1 分舰队		第 2 分舰队		
第 1 支队	第 2 支队	第 3 支队	第 4 支队	侦察舰只
"弗里德里希·威廉选帝侯"号（旗舰）	"威廉国王"号（旗舰）	"希尔德布兰德"号（旗舰）	"哈根"号（旗舰）	"夏洛特"号
"勃兰登堡"号	"萨克森"号	"齐格弗里德"号	"伏里施乔夫"号	"施泰因"号
"魏森堡"号	"符腾堡"号	"贝奥武夫"号	"海姆达尔"号	"卡罗拉"号
"沃斯"号			"伏里施乔夫"号	"吉菲昂"号
				"闪电"号
				"箭"号

1898 年 8 月

第 1 分舰队		第 2 分舰队			
第 1 支队	第 2 支队	第 1 侦察集群	第 3 支队	第 4 支队	第 2 侦察集群
"弗里德里希·威廉选帝侯"号（旗舰）	"巴登"号（旗舰）	"鸬鹚"号	"埃吉尔"号（旗舰）	"伏里施乔夫"号（旗舰）	"箭"号
"勃兰登堡"号	"巴伐利亚"号	"狮鹫"号	"奥丁"号	"贝奥武夫"号	"闪电"号
"魏森堡"号	"奥尔登堡"号	"赫拉"号	"齐格弗里德"号	"海姆达尔"号	
"沃斯"号			"哈根"号		

1899 年 8 月

第 1 分舰队		第 2 分舰队		
第 1 支队	第 2 支队	第 3 支队	第 4 支队	侦察舰只
"弗里德里希·威廉选帝侯"号（旗舰）	"巴登"号（旗舰）	"希尔德布兰德"号（旗舰）	"埃吉尔"号（旗舰）	"赫拉"号
"勃兰登堡"号	"巴伐利亚"号	"齐格弗里德"号	"奥丁"号	"狮鹫"号
"魏森堡"号	"萨克森"号	"贝奥武夫"号	"伏里施乔夫"号	"守卫"号
"沃斯"号			"闪电"号	"齐滕"号
				"鸬鹚"号
				"格里勒"号

1900 年 8 月

第 1 分舰队	第 2 分舰队
"德皇威廉二世"号（旗舰，兼舰队旗舰）	"希尔德布兰德"号（旗舰）
"德皇弗里德里希三世"号（第二旗舰）	"齐格弗里德"号
"萨克森"号	"海姆达尔"号
"符腾堡"号	"埃吉尔"号（第二旗舰）
	"奥丁"号
	"伏里施乔夫"号

1901 年 8 月
舰队旗舰："德皇威廉二世"号

第 1 分舰队	第 2 分舰队	第 1 侦察集群	第 2 侦察集群
"德皇威廉大帝"号（旗舰）	"巴登"号（旗舰）	"维多利亚·路易丝"号	"宁芙"号
"德皇巴巴罗萨"号	"萨克森"号	"赫拉"号	"瞪羚"号
"弗里德里希·威廉选帝侯"号（第二旗舰）	"符腾堡"号	"尼俄伯"号	"尼俄伯"号
"勃兰登堡"号	"埃吉尔"号（第二旗舰）		
"魏森堡"号	"齐格弗里德"号		
"沃斯"号	"哈根"号		
	"奥丁"号		

1902 年 8 月
舰队旗舰："德皇威廉二世"号

第 1 分舰队	第 2 分舰队	第 1 侦察集群	第 2 侦察集群
"德皇弗里德里希三世"号（旗舰）	"巴登"号（旗舰）	"维多利亚·路易丝"号	"海因里希亲王"号
"德皇巴巴罗萨"号	"符腾堡"号	"亚马逊"号	"尼俄伯"号
"德皇威廉大帝"号	"贝奥武夫"号	"赫拉"号	"宁芙"号
"弗里德里希·威廉选帝侯"号（第二旗舰）	"哈根"号		
"勃兰登堡"号	"海姆达尔"号		
"魏森堡"号	"希尔德布兰德"号（第二旗舰）		

1903 年 10 月
现役作战舰队

第 1 分舰队	第 2 分舰队	侦察舰只
"德皇威廉二世"号（旗舰，兼舰队旗舰）	"希尔德布兰德"号（旗舰）	"海因里希亲王"号
"德皇弗里德里希三世"号（旗舰）	"伏里施乔夫"号	"维多利亚·路易丝"号
"德皇威廉大帝"号	"奥丁"号	"亚马逊"号
"德皇巴巴罗萨"号	"贝奥武夫"号	"阿里阿德涅"号
"德皇卡尔大帝"号		"弗劳恩洛布"号
"策林根"号		"尼俄伯"号
"维特尔斯巴赫"号（第二旗舰）		"美杜莎"号
"韦廷"号		"阿科纳"号

1904 年 10 月
舰队旗舰："德皇威廉二世"号

第 1 分舰队	第 2 分舰队	侦察舰只
"维特尔斯巴赫"号（旗舰）	"德皇弗里德里希三世"号（旗舰）	"海因里希亲王"号（旗舰）
"策林根"号	"德皇威廉大帝"号	"弗劳恩洛布"号
"韦廷"号	"沃斯"号（第二旗舰）	"阿科纳"号
"梅克伦堡"号	"魏森堡"号	"汉堡"号
"德皇卡尔大帝"号	"阿尔萨斯"号	"阿里阿德涅"号
	"布伦瑞克"号	"亚马逊"号
		"美杜莎"号
		"尼俄伯"号

1905 年 10 月
舰队旗舰："德皇威廉二世"号

第 1 分舰队	第 2 分舰队	第 1 侦察集群	第 2 侦察集群
"维特尔斯巴赫"号（旗舰）	"普鲁士"号（旗舰）	"弗里德里希·卡尔"号（旗舰）	"海因里希亲王"号（第二旗舰）
"策林根"号	"布伦瑞克"号（第二旗舰）	"阿科纳"号	"弗劳恩洛布"号
"韦廷"号	"勃兰登堡"号	"美杜莎"号	"阿里阿德涅"号
"梅克伦堡"号	"魏森堡"号	"汉堡"号	"柏林"号
"德皇威廉大帝"号	"沃斯"号		
"德皇卡尔大帝"号			
"德皇弗里德里希三世"号（第二旗舰）			

1906 年 10 月
舰队旗舰："德意志"号

第 1 分舰队	第 2 分舰队	侦察舰只
"维特尔斯巴赫"号（旗舰）	"普鲁士"号（旗舰）	"约克"号（旗舰）
"策林根"号	"黑森"号	"罗恩"号
"韦廷"号	"阿尔萨斯"号	"吕贝克"号
"梅克伦堡"号	"布伦瑞克"号	"汉堡"号
"德皇威廉大帝"号	"洛林"号	"柏林"号
"德皇卡尔大帝"号	"勃兰登堡"号	"弗里德里希·卡尔"号（第二旗舰）
"德皇威廉二世"号	"弗里德里希·威廉选帝侯"号（第二旗舰）	"美杜莎"号
"德皇弗里德里希三世"号（第二旗舰）		"弗劳恩洛布"号
		"阿科纳"号

1909 年 10 月
舰队旗舰："德意志"号

公海舰队

第 1 分舰队	第 2 分舰队	侦察舰只
"汉诺威"号（旗舰）	"普鲁士"号（旗舰）	"约克"号（旗舰）
"西里西亚"号	"黑森"号	"格奈森瑙"号
"梅克伦堡"号	"阿尔萨斯"号	"但泽"号
"策林根"号	"波美拉尼亚"号	"柯尼斯堡"号
"德皇卡尔大帝"号	"洛林"号	"汉堡"号
"德皇巴巴罗萨"号	"布伦瑞克"号（第二旗舰）	"罗恩"号（第二旗舰）
"韦廷"号		"柏林"号
"维特尔斯巴赫"号		"吕贝克"号
		"斯德丁"号

预备役舰队

第 3 分舰队	第 7 支队	第 3 侦察集群
"希尔德布兰德"号（旗舰）	"施瓦本"号（旗舰，兼舰队旗舰）	"阿达尔伯特亲王"号（旗舰）
"伏里施乔夫"号	"弗里德里希·威廉选帝侯"号	"弗里德里希·卡尔"号
"齐格弗里德"号	"魏森堡"号	"斯图加特"号
"贝奥武夫"号		"慕尼黑"号
"海姆达尔"号		"温蒂妮"号
"奥丁"号		
"哈根"号		
"埃吉尔"号（第二旗舰）		

1912 年 10 月
舰队旗舰："德意志"号

公海舰队			预备役舰队	
第 1 分舰队	第 2 分舰队	侦察舰只	北海支队	波罗的海支队
"东弗里斯兰"号	"普鲁士"号（旗舰）	"毛奇"号	"维特尔斯巴赫"号	"德皇威廉二世"号
"图林根"号	"石勒苏益格－荷尔斯泰因"号	"冯·德·坦恩"号	"策林根"号	"弗里德里希三世"号
"赫尔戈兰"号	"黑森"号	"约克"号	"梅克伦堡"号	"德皇巴巴罗萨"号
"威斯特法伦"号	"洛林"号	5 艘小型巡洋舰	"施瓦本"号	"德皇威廉大帝"号
"拿骚"号	"波美拉尼亚"号			
"波森"号	"布伦瑞克"号（第二旗舰）			
"莱茵兰"号	"汉诺威"号			
"阿尔萨斯"号	"西里西亚"号			

1914 年 8 月
舰队旗舰："弗里德里希大帝"号

第 1 分舰队	第 2 分舰队	第 3 分舰队	第 4 分舰队	第 5 分舰队	第 6 分舰队
"东弗里斯兰"号（旗舰）	"普鲁士"号（旗舰）	"路易特波尔德摄政王"号（旗舰）	"维特尔斯巴赫"号（旗舰）	"德皇威廉二世"号（旗舰）	"希尔德布兰德"号（旗舰）
"图林根"号	"普鲁士"号（旗舰）	"皇后"号	"韦廷"号	"德皇威廉大帝"号	"海姆达尔"号
"赫尔戈兰"号	"黑森"号	"德皇"号	"策林根"号	"德皇巴巴罗萨"号	"哈根"号
"奥尔登堡"号	"洛林"号	"阿尔贝特国王"号	"施瓦本"号	"德皇弗里德里希三世"号（第二旗舰）	"伏里施乔夫"号
"波森"号（第二旗舰）	"汉诺威"号（第二旗舰）	"大选帝侯"号	"梅克伦堡"号	"德皇卡尔大帝"号	"奥丁"号
"莱茵兰"号	"石勒苏益格－荷尔斯泰因"号		"布伦瑞克"号（第二旗舰）	"沃斯"号	"贝奥武夫"号
"拿骚"号	"波美拉尼亚"号		"阿尔萨斯"号	"勃兰登堡"号	"齐格弗里德"号
"威斯特法伦"号	"德意志"号				"埃吉尔"号（第二旗舰）

第 1 侦察集群	第 2 侦察集群	第 3 侦察集群	第 4 侦察集群	第 5 侦察集群
"塞德利茨"号（旗舰）	"科隆"号（旗舰）	"罗恩"号（旗舰）	"慕尼黑"号（旗舰）	"汉莎"号（旗舰）
"毛奇"号	"美因茨"号	"约克"号	"但泽"号	"维内塔"号
"布吕歇尔"号	"施特拉尔松德"号	"阿达尔伯特亲王"号	"斯图加特"号	"维多利亚·路易丝"号
"冯·德·坦恩"号（第二旗舰）	"科尔贝格"号	"海因里希亲王"号	"弗劳恩洛布"号	"赫塔"号
"德弗林格尔"号	"罗斯托克"号		"赫拉"号	
	"斯特拉斯堡"号			
	"格劳登茨"号			

1916 年 5 月
舰队旗舰："弗里德里希大帝"号

第 1 分舰队	第 2 分舰队	第 3 分舰队	第 1 侦察集群	第 2 侦察集群	第 4 侦察集群
"东弗里斯兰"号（旗舰）	"德意志"号（旗舰）	"国王"号（旗舰）	"吕佐夫"号（旗舰）	"法兰克福"号（旗舰）	"斯德丁"号（旗舰）
"赫尔戈兰"号	"波美拉尼亚"号	"大选帝侯"号	"毛奇"号	"皮劳"号	"慕尼黑"号
"图林根"号	"西里西亚"号	"边境总督"号	"冯·德·坦恩"号	"埃尔宾"号	"弗劳恩洛布"号
"奥尔登堡"号	"汉诺威"号（第二旗舰）	"王储"号	"塞德利茨"号	"威斯巴登"号	"斯图加特"号
"波森"号（第二旗舰）	"石勒苏益格－荷尔斯泰因"号	"德皇"号（第二旗舰）	"德弗林格尔"号		"汉堡"号
"莱茵兰"号	"黑森"号	"皇后"号			
"拿骚"号		"路易特波尔德摄政王"号			
"威斯特法伦"号					

1918 年 11 月
舰队旗舰："巴登"号

第 1 分舰队	第 2 分舰队	第 4 分舰队	第 1 侦察集群	第 2 侦察集群	第 4 侦察集群
"东弗里斯兰"号（旗舰）	"国王"号（旗舰）	"弗里德里希大帝"号（旗舰）	"兴登堡"号（旗舰）	"柯尼斯堡"号（旗舰）	"雷根斯堡"号（旗舰）
"图林根"号	"巴伐利亚"号	"阿尔贝特国王"号	"德弗林格尔"号	"卡尔斯鲁厄"号	"布雷姆斯"号
"波森"号	"大选帝侯"号	"皇后"号	"毛奇"号	"皮劳"号	"布鲁默尔"号
"拿骚"号	"威廉王储"号	"路易特波尔德摄政王"号	"冯·德·坦恩"号	"纽伦堡"号	"斯特拉斯堡"号
"奥尔登堡"号	"边境总督"号	"德皇"号	"塞德利茨"号	"科隆"号	"施特拉尔松德"号
"威斯特法伦"号（训练舰）				"德累斯顿"号	
"赫尔戈兰"号				"格劳登茨"号	

东亚支队

1月 旗舰	1894年	1896年	1898年	1900年	1902年	1904年	1906年	1908年
	"阿科纳"号	"德皇"号	"德皇"号	"德意志"号	"俾斯麦侯爵"号	"俾斯麦侯爵"号	"俾斯麦侯爵"号	"俾斯麦侯爵"号
	"艾琳"号	"阿科纳"号	"阿科纳"号	"艾琳"号	"奥古斯塔女皇"号	"赫塔"号	"汉莎"号	"尼俄伯"号
	"狼"号	"艾琳"号	"艾琳"号	"奥古斯塔女皇"号	"赫塔"号	"汉莎"号		"莱比锡"号
	"玛丽"号	"威廉王妃"号	"威廉王妃"号	"吉菲昂"号	"汉莎"号	"忒提丝"号		"阿科纳"号
		"鸬鹚"号	"鸬鹚"号	"汉莎"号	"忒提丝"号	"雀鹰"号		
		"吉菲昂"号	"奥古斯塔女皇"号		(Thetis)	"秃鹰"号		
			"吉菲昂"号		"燕子"号	"鸢"号		
					"秃鹰"号			
					"鸢"号			

1月 旗舰	1910年		1912年		1914年			
	"沙恩霍斯特"号		"沙恩霍斯特"号		"沙恩霍斯特"号			
	"莱比锡"号		"格奈森瑙"号		"格奈森瑙"号			
	"阿科纳"号		"莱比锡"号		"莱比锡"号			
			"纽伦堡"号		"纽伦堡"号			
			"埃姆登"号		"埃姆登"号			

参考文献

1. Allen, M J, 'The Loss & Salvage of the "Leonardo da Vinci"', *Warship International* 1 (1964), pp.23-26.

2. Barrett, M B, *Operation Albion: The German Conquest of the Baltic Islands* (Bloomington, IN: Indiana University Press, 2008).

3. Beeler, J, *Birth of the Battleship: British Capital Ship Design 1870-1881* (London: Chatham Publishing, 2001).

4. Bjerg, H C, 'When the Monitors Came to Europe: The Danish Monitor Rolf Krake, 1863'. *International Journal of Naval History* 1/2 (2002).

5. Booth, T, *Cox's Navy: Salvaging the German High Seas Fleet at Scapa Flow, 1924-1931* (Barnsley: Pen & Sword, 2005).

6. Bowman, G, *The Man Who Bought a Navy: The Story of the World's Greatest Salvage Achievement at Scapa Flow* (London: Harrap, 1964; republished by Peter Rowlands & Stephen Birchall, 1998).

7. Breyer, S, *Battleships and Battle Cruisers, 1905-1970: Historical Development of the Capital Ship* (London: Macdonald, 1973).

8. _____, *Linienschiffe Schleswig-Holstein und Schlesien: Die "Bügeleisen" der Ostsee*. Marine-Arsenal 21 (Friedberg: Podzun-Pallas-Verlag GmbH, 1992).

9. _____, *Die Marine der Weimarer Republik*. Marine-Arsenal Sonderheft 5 (Friedberg: Podzun-Pallas-Verlag GmbH, 1992).

10. _____, *Die Linienschiffe der Deutschland-Klasse*. Marine-Arsenal 45 (Wölfersheim-Berstadt: Podzun-Pallas-Verlag GmbH, 1999).

11. Brook, P, *Warships for Export: Armstrong's Warships 1867-1927* (Gravesend: World Ship Society, 1999).

12. Brown, D K, 'Seamanship, Steam and Steel: HMS *Calliope* at Samoa 15-16 March 1889'. *Warship* 48 (1988), pp.30-36.

13. _____, 'Sir Stanley V. Goodall, KCB, OBE, RCNC', *Warship 1997-1998*, pp.52-63.

14. Burrows, C W, *Scapa with a Camera: Pictorial Impressions of Five Years Spent at the Grand Fleet Base* (London: Country Life, 1921).

15. Burt, R A, *British Battleships of World War One*, new revised edition (Barnsley: Seaforth, 2012).

16. Buxton, I, *Metal Industries: Shipbreaking at Rosyth and Charlestown* (Kendal: World Ship Society, 1992).

17. _____, *Big Gun Monitors: Design, Construction and Operations 1914-1945*, 2nd edition (Barnsley: Seaforth Publishing, 2008).

18. _____, 'Admiralty Floating Docks', *Warship 2010*, pp.27-42.

19. Campbell, N J M, 'German dreadnoughts and their Protection'. *Warship* 1/4 (1977), pp.12-20.

20. _____, *Jutland: an Analysis of the Fighting* (London: Conway Maritime Press, 1986).

21. Cernuschi, E, and V P O'Hara, 'Search for a Flattop: The Italian Navy and the Aircraft Carrier 1907-2007', *Warship 2007*, pp.61-80.

22. Cole, M T, 'SMS *Moltke* Visits America: International Tensions and the German Threat to the Western Hemisphere before 1914', *Warship International* 46 (2009), pp.241-246.

23. Cummins, C L, 1993. *Diesel's Engine* (Wilsonville, OR: Carnot Press, 1993).

24. Dodson, A M, '*Derfflinger*: an inverted life'. *Warship 2016* (forthcoming).

25. _____, 'After the Kaiser: the Imperial German Navy's Light Cruisers after 1918', *Warship 2017* (forthcoming).

26. Eger, C L, 'Hudson-Fulton Naval Celebration'. *Warship International* 49 (2012), pp.123-151.

27. Eberspaecher, C, 'Arming the Beiyang Navy. Sino-German Naval Cooperation 1879-1895', *International Journal of Naval History* 8/1 (2009), pp.1-10.

28. Feron, L, 'The Cruiser Dupuy-de-Lôme', *Warship 2011*, pp.32-47.

29. _____, 'The Cruiser Dupuy-de-Lôme', *Warship 2012*, p.182.

30. Fiorini, M, 'Turgut Reis Battery on the Dardanelles Strait'. *Casemate* 102 (2015), pp.43-45.

31. Forstmeier, F, and Breyer, S, *Deutsche Grösskampfschiffe 1915-1918: Die Entwicklung der Typenfrage im Ersten Weltkrieg* (Bonn: Bernard & Graefe, 1970).

32. Fotakis, E, *Greek Naval Strategy and Policy 1910-1919* (London: Routledge, 2005).

33. _____, 'Greek Naval Policy and Strategy, 1923-1932', *Nausivios Chora: a Journal in Naval Sciences and Technology* (2010), pp. 365-393. < http://nausivios.snd.edu.gr/nausivios/ed2010.php>

34. Friedman, N, *U.S. Battleships: an Illustrated Design History* (Annapolis, MD: Naval Institute Press, 1985).

35. _____, *Naval Firepower: Battleship Guns and Gunnery in the Dreadnought Era* (Barnsley: Seaforth Publishing, 2008).

36. _____, *Naval Weapons of World War One: Guns, Torpedoes, Mines and ASW Weapons of All Nations* (Barnsley: Seaforth Publishing, 2011).

37. _____, *Fighting the Great War at Sea: Strategy, Tactics and Technology* (Barnsley: Seaforth Publishing, 2014).

38. _____ (ed), *German Warships of World War I: The Royal Navy's Official Guide to the Capital Ships, Cruisers, Destroyers, Submarines and Small Craft, 1914-1918* (London: Greenhill Books, 1992).

39. George, S C, *Jutland to Junkyard* (Cambridge: Patrick Stevens Ltd, 1973).

40. Goldrick, J, 2015. *Before Jutland: The Naval War in Northern European Waters, August 1914-February 1915* (Annapolis, MD: Naval Institute Press, 2015).

41. Goodall, S V, 'The Ex-German Battleship Baden', *Transactions of the Institution of Naval Architects* 63 (1921), pp.13-32.

42. Greger, R, 'German Seaplane and Aircraft Carriers in Both World Wars', *Warship International* 1 (1921), pp.87-91.

43. Grießmer, A, *Große Kreuzer der Kaiserlichen Marine 1906-1918: Konstruktionen und Entwürfe im Zeichen des Tirpitz-Planes* (Bonn: Bernard & Graefe, 1996).

44. _____, *Linienschiffe der Kaiserlichen Marine 1906 - 1918: Konstruktionen zwischen Rüstungskonkurrenz und Flottengesetz* (Bonn: Bernard & Graefe, 1999) .

45. Gröner, E, *German Warships 1815 - 1945*, I: *Major Surface Vessels*, revised and expanded by Dieter Jung and Martin Maass (London: Conway Maritime Press, 1990) .

46. Güleryüz, A, *Goeben & Breslau become Yavuz & Midilli* (Istanbul: Denizler Kitabevi, 2011) .

47. Hase, G O I von, *Skagerrak, die größte Seeschlacht der Weltgeschichte* (Leipzig: Hase & Koehler, 1920) .

48. Harris, D G, 'The Swedish Armoured Coastal Defence Ships', *Warship 1996*, pp.9 - 24.

49. Herwig, H H, 'Admirals versus Generals: the War Aims of Imperial Germany, 1914 - 1918', *Central European History* 5 (1972) , pp.208 - 233.

50. Jarczyk, M, and M S Sobański, 'Zapomniane pancerniki Wilhelma II.' *Okręty Wojenne* 113 (2012) , pp.30 - 39.

51. Jones, C, 'The Limits of Naval Power', *Warship 2012*, pp.162 - 168.

52. Kisieliow, D, 'Krążownik pancernopokładowy "Jiyuan"' . *Okręty Wojenne* 113 (2012) , pp.15 - 29.

53. Koop, G, 'The Imperial German Navy and the Hurricane at Samoa', *Warship* 48 (1988) , pp.36–42.

54. _____, and K–P Schmolke, *Die Linienschiffe der Bayern–Klasse* (Bonn: Bernard & Graefe, 1996) .

55. _____, *Die grossen Kreuzer: Von der Tann bis Hindenburg* (Bonn: Bernard & Graefe, 1998) .

56. _____, *Linienschiffe: von der Nassau– zur König-Klasse* (Bonn: Bernard & Graefe, 1999) .

57. _____, *Pocket Battleships of the Deutschland Class*, translated by G Brooks (London, Greenhill Books/ Annapolis MD, Naval Institute Press, 2000) .

58. _____, *Die Panzer– und Linienschiffe der Brandenburg–, Kaiser Friedrich III–, Wittlesbach–, Braunschweig– und Deutschland–Klasse* (Bonn: Bernard & Graefe Verlag, 2001) .

59. _____, *Die grossen Kreuzer: Kaiserin Augusta bis Blücher* (Bonn: Bernard und Graefe, 2002) .

60. Kuznetsov, L, *Lineinye kreisera tipa "Izmail": "Izmail", "Borodino", "Kinburn", "Navarin"* (Moscow: Iauza/Eskmo/Gangut, 2013) .

61. Lacroix, E, and L Wells III, *Japanese Cruisers of the Pacific War* (Annapolis, MD: Naval Institute Press, 1997) .

62. Lambert, A, 'The Rise of the Submarine', *Warship* XI (1987) 193.

63. Lambi, I N, *The Navy and German Power Politics, 1862 - 1914* (Boston: Allen & Unwin, 1984) .

64. Langensiepen, B, and A Güleryüz, *The Ottoman Steam Navy: 1828 - 1923* (London: Conway Maritime Press, 1995) .

65. _____, D Nottelmann and J Krüsmann, *Halbmond und Kaiseradler: Goeben und Breslau am Bosporus, 1914 - 1918* (Hamburg: Mittler & Sohn, 1999) .

66. Layman, R D, 'The Day the Admirals Wept: Ostfriesland and the Anatomy of a Myth', *Warship 1995*, pp.74 - 78.

67. Lemachko, B V, *Deutsche Schiffe unter den Roten Stern*, edited by S Breyer. Marine–Arsenal Sonderheft Band 4 (Friedberg: Podzun–Pallas–Verlag GmbH, 1992) .

68. Le Masson, H, 'The Normandie Class Battleship with Quadruple Turrets', *Warship International* 21 (1984) , pp.409 - 419.

69. Livermore, S W, 'Battleship diplomacy in South America: 1905 - 1925', *Journal of Modern History* 16 (1944) , pp.31 - 48.

70. Mach, A, 'The Chinese Battleships' . *Warship* VIII (1984) , pp.9 - 18.

71. Mäkelä, M E, *Auf den Spuren der Goeben* (Bonn: Bernard & Graefe, 1999) .

72. McCallum, I, 'The Riddle of the Shells', *Warship* 2002–2003, pp.3 - 25; 2004, pp.9 - 20; 2005, pp.9 - 24.

73. McLaughlin, S, *Russian & Soviet Battleships* (Annapolis: Naval Institute Press, 2003) .

74. _____, 'The Underside of Warship Design: A Preliminary History of Pumping and Drainage, Part II: the dreadnought era', *Warship* 2006, pp.28 - 37.

75. Milanovich, K, 'Armoured Cruisers of the Imperial Japanese Navy', *Warship 2014*, pp.70 - 92.

76. Nottelmann, D, *Die Brandenburg–Klasse: Höhepunkt des deutschen Panzerschiffbaus* (Hamburg: Mittler, 2002) .

77. _____, 'From Ironclads to Dreadnoughts: The Development of the German Navy 1864 - 1918, Part III: The von Caprivi Era', *Warship International* 49 (2012) , pp.317 - 355.

78. _____, 'From Ironclads to Dreadnoughts: The Development of the German Navy 1864 - 1918, Part IV: The Kaiser's Navy' . *Warship International* 50 (2013) , pp.209 - 249.

79. _____, 'From Ironclads to Dreadnoughts: The Development of the German Navy 1864 - 1918, Part V: The Kaiser's Navy', *Warship International* 51 (2014) , pp.43 - 90.

80. _____, 'From Ironclads to Dreadnoughts: The Development of the German Navy 1864 - 1918, Part VI: "The Great Step Forward"' , *Warship International* 52 (2015) , pp.137 - 174, 304 - 321.

81. Nykiel, P, 'Pancerniki typu "Brandenburg" w służbie tureckiej' . *Okręty Wojenne* 115 (2012) , pp.20¬ - 209; 116, pp.9 - 13.

82. Oliver, D H, *German Naval Strategy 1856 - 1888: Forerunners of Tirpitz* (London: Frank Cass, 2004) .

83. Paloczi–Horvath, G, 'The German Navy from Versailles to Hitler', *Warship* 1997 - 1998, pp.64 - 76.

84. Philbin, T R G, *SMS König* (Warship Profile 37) (Windsor: Profile Publications, 1973) .

85. Putnam, A A, 'ROLF KRAKE, Europe's First Turreted Ironclad', *Mariner's Mirror* 84/1 (1998) , pp.56 - 63.

86. Rippon, P M, *The Evolution of Engineering in the Royal Navy, I: 1827 - 1939* (Tunbridge Wells: Spellmount, 1988) .

87. Roberts, S S, 'The French Coast Defence Ship Rochambeau', *Warship International* 30 (1993) , pp.333 - 345.

88. Roberts, W H, '"Thunder Mountain" : The Ironclad Ram Dunderberg', *Warship International* 30 (1993) , pp.363 - 400.

89. Rohwer, J, and M S Monakov, *Stalin's Ocean-Going Fleet: Soviet Naval Strategy and Shipbuilding Programmes 1935 - 1953* (London/

Portland OR: Frank Cass, 2001）.

90. Scheltema de Heere, R F, 'Austro–Hungarian Battleships', *Warship International* 10（1973）, pp.11–97.

91. Schenk, P, D Nottelmann and D M Sullivan, 'From Ironclads to Dreadnoughts: The Development of the German Navy 1864–1918, Part I: The First German Armored Ships – The Foreign–built Ironclads', *Warship International* 48（2011）, pp.241–273.

92. _____, 'From Ironclads to Dreadnoughts: The Development of the German Navy 1864–1918, Part II: The German–built Ironclads', *Warship International* 49（2012）, pp.59–84.

93. Schleihauf, W, 'The Baden Trials', *Warship* 2007, pp.81–90.

94. Schmalenbach, P, 'SMS Blücher', *Warship International* 8（1971）, pp.171–181.

95. Schultz, W, *Linienschiff Schleswig–Holstein: Flottendienst in drei Marinen*, 2nd edition（Herford: Koehlers, 1992）.

96. Skvortsov, A V, *Lineinye korabli tipa "Sevastopol"*, Midel' –shpangout 1/6（St Petersburg: Gangut, 2003）.

97. Sondhaus, L, *Preparing for Weltpolitik: German Sea Power Before the Tirpitz Era*（Annapolis: Naval Institute Press, 1997）.

98. Staff, G, *Battle of the Baltic Islands 1917: Triumph of the Imperial German Navy*（Barnsley: Pen and Sword Maritime, 2008）.

99. _____, *German Battleships 1914–1918*, 2vv（Oxford: Osprey Publishing, 2010）.

100. _____, *Battle on the Seven Seas: German Cruiser Battles 1914–1918*（Barnsley: Pen and Sword Maritime, 2011）.

101. _____, *German Battlecruisers of World War One: their design, construction and operations*（Barnsley: Seaforth Publishing, 2014）.

102. Steensen, R S, *Vore Panserskibe*（Copenhagen: Marinehistorisk Selskab, 1968）.

103. Sullivan, D M, 'Phantom Fleet: The Confederacy's Unclaimed European Warships', *Warship International* 24（1987）, pp.13–32.

104. Tarrant, V E, *Jutland: the German Perspective*（London: Arms and Armour Press, 1995）.

105. Taylor, J C, *German Warships of World War I*（London: Ian Allan, 1969）.

106. Topliss, D, 'The Brazilian Dreadnoughts, 1904–1914', *Warship International* 25（1988）, pp.240–289.

107. Trzcinski, M, 'The battleship that started World War Two', *Diver*（May 2009）<http://www.divernet.com/Wrecks/242302/ the_battleship_ that_started_world_war_two.html>

108. Underwood, H W, 'Professional Notes', *Proceedings of the United States Naval Institute* 46/9（1920）, pp.1493–1539.

109. Van Dijk, A, 'The Drawingboard Battleships for the Royal Netherlands Navy'. *Warship International* 15（1988）, pp.353–361; 16 1989）, pp.30–35, 395–403.

110. Vinogradov, S E, *Poslednie ispoliny rossiiskogo imperatorskogo folta. Lineinye korabli s 16' artilleriei v programmakh razvitiia flota 1914–1917 gg*（St Petersburg: Galeia Print, 1999）.

111. Weir, G E, *Building the Kaiser's Navy: The Imperial Naval Office and German Industry in the von Tirpitz Era, 1890–1919*（Annapolis, MD: Naval Institute Press, 1992）.

112. Whitley, M J, *German Capital Ships of World War Two*（London: Arms and Armour Press, 1989）.

113. Wildenberg, T, *Billy Mitchell's War with the Navy: the Interwar Rivalry Over Naval Air Power*（Annapolis, MD: Naval Institute Press, 2013）.

114. Woodward, D, 'Mutiny at Wilhelmshaven 1918', *History Today* 18（1968）, pp.779–785.

115. Wright, R N J, 'The Peiyang and Nanyang Cruisers of the 1880s', *Warship* 1996, pp.95–110.

116. _____, *The Chinese Steam Navy, 1862–1945*（London: Chatham Publishing, 2000）.

117. Zimmerman, G T, 'More Fact than Fiction – The Sinking of the Ostfriesland', *Warship International* 12（1975）, pp.142–154.

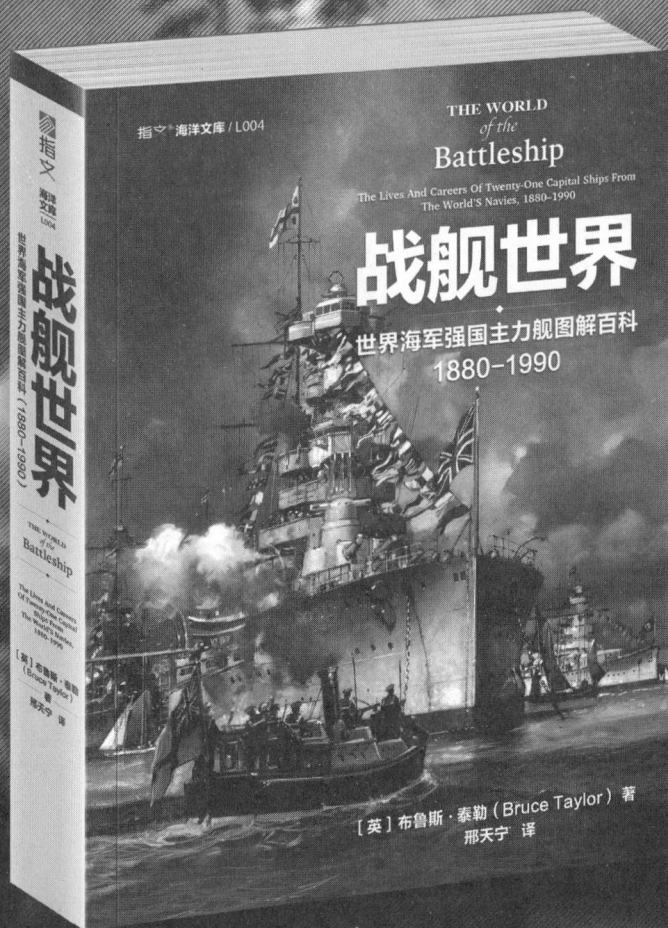